MATHEMATICS

기초대학수학

박진원 · 이경언 · 진현성 · 김성운 공저

문운당

차례

제 1 장 함수

제 2 장 방정식

제 3 장 함수의 극한과 연속

제 4 장 미분

제 5 장 미분의 응용

제 6 장 적분

제 7 장 적분의 응용

제 1 장

함수

이 장에서는 함수에 관한 기본 개념을 소개하며 여기서 다루는 모든 집합은 실수 전체 집합 $\mathbb{R}$의 부분집합으로 가정한다.

1.1 함수의 정의

공집합이 아닌 실수의 집합 X, Y에 대하여 함수를 다음과 같이 정의한다.

[정의 1.1] 집합 X의 각 원소 x에 대하여 Y의 단 하나의 원소 y을 대응시키는 규칙을 X에서 Y로의 **함수** f라 하고 다음과 같이 나타낸다.

$$f : X \to Y, \quad y = f(x)$$

이때 $y = f(x)$을 x에서 f의 **함숫값**이라 하며 x을 **독립변수**, y을 **종속변수**라고 한다. 또한 집합 X을 함수 f의 **정의역**, Y을 **공역**이라 하고, Y의 부분집합 $f(X) = \{f(x) \mid x \in X\}$을 **치역**이라 부른다.

함수 f의 정의역을 특별히 명시하지 않을 때는 f가 정의되는 실수들의 가장 큰 집합을 f의 정의역으로 하고 $dom(f)$로 나타낸다.

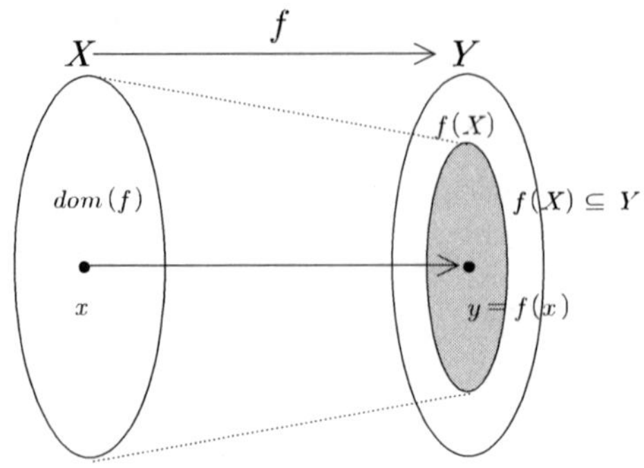

그림 1.1 정의역, 치역, 공역

예제 1.1

두 집합 X, Y에 대하여 다음의 대응들 중 함수인 것은? 함수인 경우 정의역, 공역, 치역을 구하라.

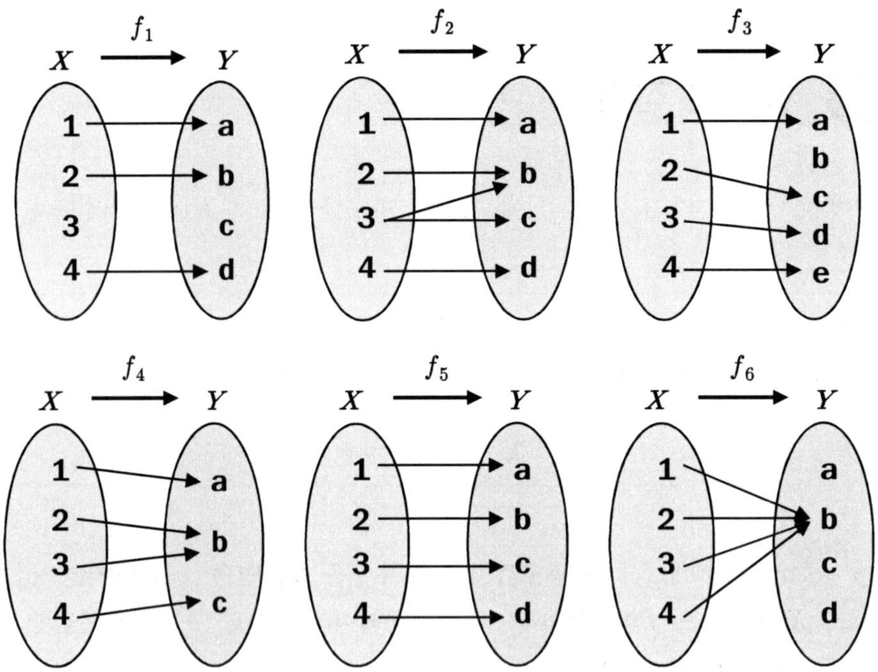

[풀이]

함수인 것은 f_3, f_4, f_5, f_6이다. 정의역은

$$dom(f_3) = dom(f_4) = dom(f_5) = dom(f_6) = \{1,2,3,4\}$$

이다. 함수 f_3의 공역과 치역은

$$Y = \{a,b,c,d,e\}, \quad f_3(X) = \{a,c,d,e\}$$

이다. 함수 f_4의 공역과 치역은

$$Y = \{a,b,c\}, \quad f_4(X) = \{a,b,c\}$$

이다. 함수 f_5의 공역과 치역은

$$Y = \{a,b,c,d,\}, \quad f_5(X) = \{a,b,c,d\}$$

이다. 함수 f_6의 공역과 치역은

$$Y = \{a,b,c,d\}, \quad f_6(X) = \{b\}$$

예제 1.2

다음과 같이 실수 전체의 집합 $\mathbb{R}$ 에서 $\mathbb{R}$ 로의 함수 $f: \mathbb{R} \to \mathbb{R}$, $y = f(x)$ 가 주어졌을 때 정의역과 치역을 구하라.

(1) $y = x + 1$

(2) $y = x^2$

(3) $y = \sqrt{x-1}$

(4) $y = \dfrac{1}{\sqrt{x-1}}$

[풀이]

(1) 임의의 실수 x에 대하여 $x+1$도 실수이다. 따라서 f 의 정의역은 $dom(f) = \mathbb{R}$ 이고 치역은 $f(\mathbb{R}) = \mathbb{R}$ 이다.

(2) 임의의 실수 x에 대하여 $x^2 \geq 0$이다. 따라서 정의역은 $dom(f) = \mathbb{R}$ 이고 치역은 $f(\mathbb{R}) = \{y \in \mathbb{R} \mid 0 \leq y < \infty\}$ 이다

(3) $x \geq 0$에 대하여 제곱근 $\sqrt{x}$가 존재하고 $\sqrt{x} \geq 0$이므로, f 의 정의역은 $dom(f) = \{x \in \mathbb{R} \mid x - 1 \geq 0\}$이고, 치역은 $\{y \in \mathbb{R} \mid y \geq 0\}$ 이다

(4) (3)에서 살펴보았듯이 $\sqrt{x-1}$ 이 존재하기 위한 x의 범위는 $x \geq 1$이다. 그런데 분수가 존재하기 위해서는 분모가 0이 아니므로 $\sqrt{x-1} > 0$이다. 따라서 f 의 정의역은 $dom(f) =$

$\{x \in \mathbb{R} \mid x > 1\}$이다. 또한 $x > 1$인 임의의 실수 x에 대하여 $y = \dfrac{1}{\sqrt{x-1}} > 0$이므로 f의 치역은 $\{y \in \mathbb{R} \mid y > 0\}$ 이다.

공집합이 아닌 임의의 집합 X에 대하여 X의 각 원소를 자기 자신으로 대응시키는 함수 $f(x) = x$ 을 **항등함수**라 하고 $I_X(x) = x$ 로 나타낸다. 또한 X의 모든 원소 x가 집합 Y안의 오로지 한 원소 c로 대응하는 경우, 즉 모든 $x \in X$에 대하여 $y = f(x) = c$ 일 때 f 을 **상수함수**라 한다.

함수 $f: X \to Y$, $y = f(x)$ 에 대한 자취를 좌표평면위에 나타낼 수 있는데 이 자취를 함수 f 의 그래프라 한다. 예를 들어, 함수 $f: \mathbb{R} \to \mathbb{R}$, $f(x) = x^2$ 가 주어졌을 때 그림 1.2와 같이 각 순서쌍 $(x, f(x))$ 을 좌표평면 위의 점 (x, y) 에 대응시킴으로써 주어진 함수의 그래프를 좌표평면 위에 있는 점의 집합으로 나타낼 수 있다.

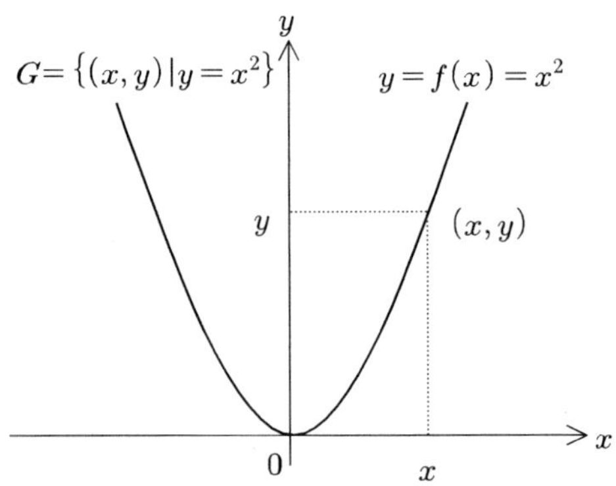

그림 1.2 함수 $y = f(x) = x^2$**의 그래프**

> **[정의 1.2]** 함수 $f: X \to Y$에 대하여 정의역 X의 모든 원소 x와 그에 대응하는 함숫값 $f(x)$의 순서쌍 $(x, f(x))$ 전체의 집합
>
> $$G = \{(x, f(x)) \mid x \in X\} = \{(x, y) \mid y = f(x),\ x \in X\}$$
>
> 을 함수 f 의 **그래프**라 한다.

어떤 곡선이 수직선과 두 점 이상에서 만나면 이 곡선은 함수의 그래프가 될 수 없다. 왜냐하면 x의 값에 y의 값이 꼭 하나만 대응해야 함수가 되기 때문이다. 이를 **수직선 판정법**이라 한다.

예제 1.3

다음 곡선이 함수의 그래프가 될 수 있는지 판정하라.

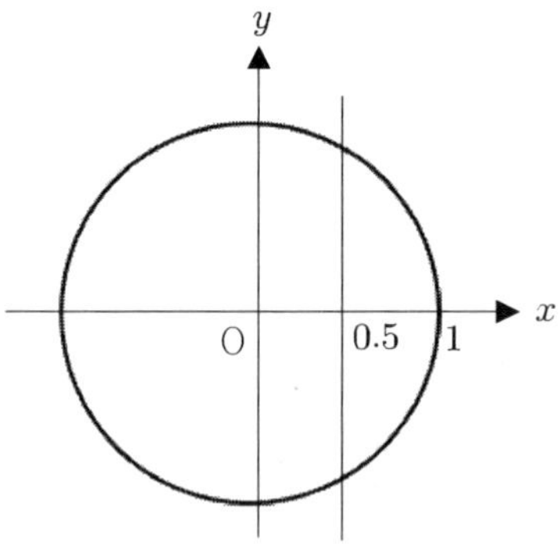

그림 1.3 함수의 그래프가 아니다

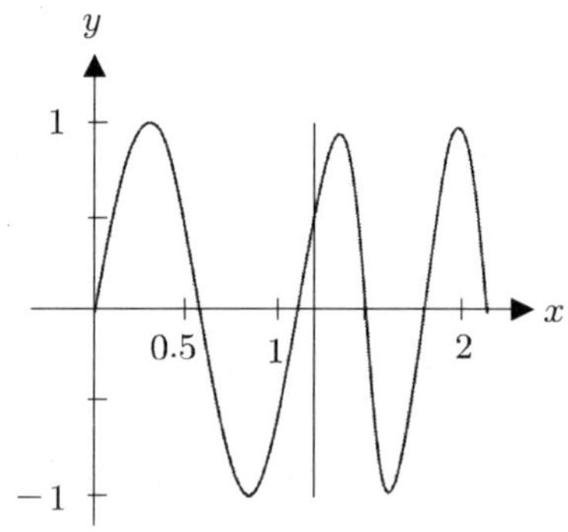

그림 1.4 함수의 그래프이다

두 함수 f와 g의 정의역이 동일하고 정의역 안의 모든 원소 x에 대하여 $f(x)=g(x)$일 때, 두 함수 f와 g는 같다고 하고 $f=g$로 나타낸다. 그러므로 정의역이 다르거나 또는 적어도 하나의 원소 x에 대하여 $f(x)\neq g(x)$이면 $f\neq g$이다.

[정의 1.3] 두 함수 f, g의 정의역이 각각 X_1, X_2라고 하자. 함수의 사칙연산을 모든 $x\in X_1\cap X_2$에 대하여 다음과 같이 정의한다.

$$(f+g)(x)=f(x)+g(x)$$
$$(f-g)(x)=f(x)-g(x)$$
$$(fg)(x)=f(x)g(x)$$
$$\left(\frac{f}{g}\right)(x)=\frac{f(x)}{g(x)} \quad (\text{단, } g(x)\neq 0)$$

예제 1.4

두 함수 $f(x)=3x+1$ 와 $g(x)=x-2$ 에 대하여 $f+g$, $f-g$, fg, $\dfrac{f}{g}$ 을 구하고 각각의 정의역을 구하라.

[풀이]
두 함수 $f(x)=3x+1$ 와 $g(x)=x-2$ 의 사칙연산을 구하면

$$(f+g)(x)=f(x)+g(x)=(3x+1)+(x-2)=4x-1$$
$$(f-g)(x)=f(x)-g(x)=(3x+1)-(x-2)=2x+3$$
$$(fg)(x)=f(x)g(x)=(3x+1)(x-2)=3x^2-5x-2$$
$$\left(\frac{f}{g}\right)(x)=\frac{f(x)}{g(x)}=\frac{3x+1}{x-2}$$

이고 $dom(f)=dom(g)=\mathbb{R}$ 이므로 각 함수의 정의역은

$$dom(f+g)=dom(f-g)=dom(fg)=dom(f)\cap dom(g)=\mathbb{R}$$
$$dom\left(\frac{f}{g}\right)=dom(f)\cap dom(g)-\{x \mid g(x)=0\}=\mathbb{R}-\{2\}$$

이다.

$f(x)=x^2$의 그래프를 x축을 따라 **수평 이동**한 그래프는 그림 1.5와 같다. $f(x)=(x-2)^2$는 $f(x)=x^2$의 그래프를 x축을 따라 오른쪽으로 2만큼 수평 이동한 그래프이고, $f(x)=(x+2)^2$는 $f(x)=x^2$의 그래프를 x축을 따라 -2만큼 수평 이동한 그래프이다. 즉, 왼쪽으로 2만큼 수평 이동한 그래프이다. 따라서 $p>0$에 대해여 $y=f(x)$을 x축을 따라 오른쪽으로 p만큼 수평 이동한 함수는 $y=f(x-p)$이고, 왼쪽으로 p만큼 수평 이동한 함수는 $y=f(x+p)$이다.

$f(x)=x^2$의 그래프를 y축을 따라 **수직 이동**한 그래프는 그림 1.6과 같다. $f(x)=x^2+1$은 $f(x)=x^2$의 그래프를 y축을 따라 위쪽으로 1만큼 수직 이동한 그래프이고, $f(x)=x^2-1$은 $f(x)=x^2$의 그래프를 y축을 따라 -1만큼 수직 이동한 그래프이다. 즉, 아래쪽으로 1만큼 수직 이동한 그래프이다. 그러므로 $q>0$에 대하여 $y=f(x)$을 y축을 따라 q만큼 위쪽으로 수직 이동한 함수는 $y=f(x)+q$이고, 아래쪽으로 q만큼 수직 이동한 함수는 $y=f(x)-q$가 된다.

$f(x)=x^2$의 그래프를 x축에 대칭시킨 $f(x)=-x^2$의 그래프는 그림 1.7이다. $f(x)=1-(x+2)^2$의 그래프는 대칭과 평행 이동이 된 그림 1.8 형태이다.

함수 $y=f(x)$의 이동과 대칭 $(p, q>0)$	
오른쪽으로 p만큼 수평 이동:	$y=f(x-p)$
왼쪽으로 p만큼 수평 이동:	$y=f(x+p)$
위쪽으로 q만큼 수직 이동:	$y=f(x)+q$
아래쪽으로 q만큼 수직 이동:	$y=f(x)-q$
x축에 대하여 대칭:	$y=-f(x)$
y축에 대하여 대칭:	$y=f(-x)$
원점에 대하여 대칭:	$y=-f(-x)$

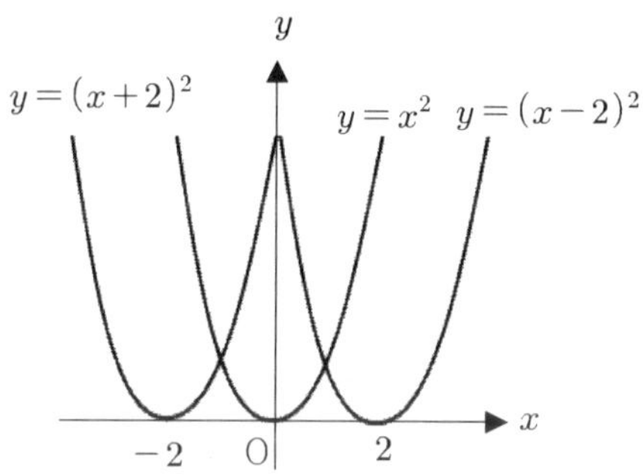

그림 1.5 $f(x)=x^2$의 수평이동

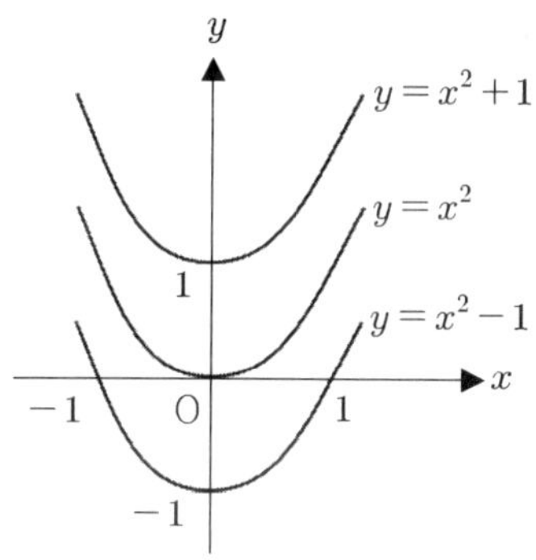

그림 1.6 $f(x)=x^2$의 수직이동

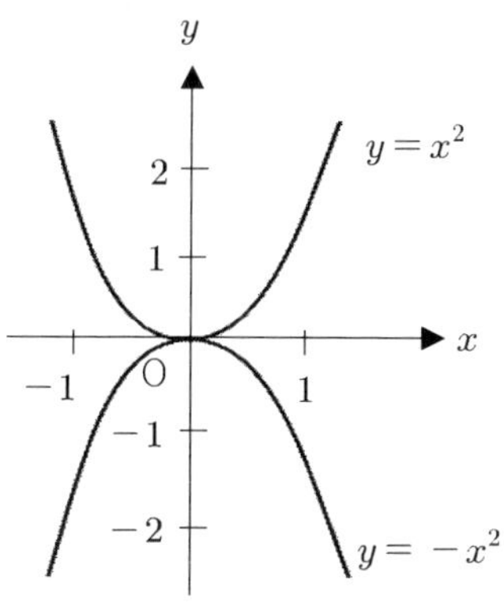

그림 1.7 $f(x)=x^2$의 x축에 대한 대칭

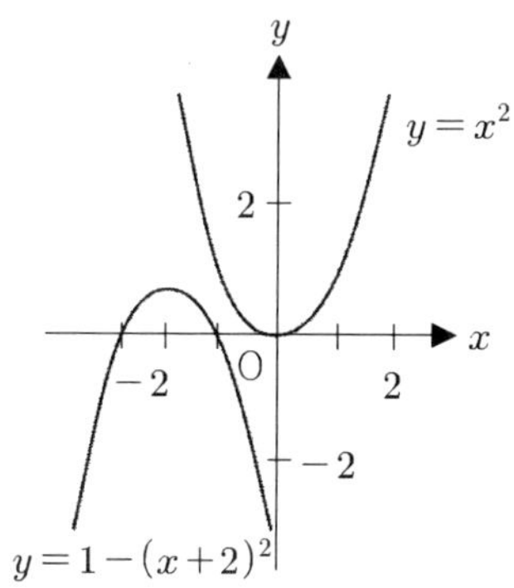

그림 1.8 $f(x)=x^2$의 대칭, 평행이동

예제 1.5

함수 $y=2x$에 대하여 주어진 대칭, 평행 이동된 함수를 구하라.

(1) 왼쪽으로 3만큼 수평이동
(2) 위쪽으로 4만큼 수직이동
(3) x축에 대한 대칭이동과 아래쪽으로 3만큼 수직이동

[풀이]
(1) $y=f(x+3)=2(x+3)$
(2) $y=f(x)+4=2x+4$
(3) $y=-f(x)-3=-(2x)-3$

[정의 1.4] 두 함수 $f:X\to Y$와 $g:Y\to Z$에 대하여 $g\circ f:X\to Z$을

$$(g\circ f)(x)=g(f(x))$$

라 정의하고 이때 $g\circ f$을 f와 g의 **합성함수**라 한다.

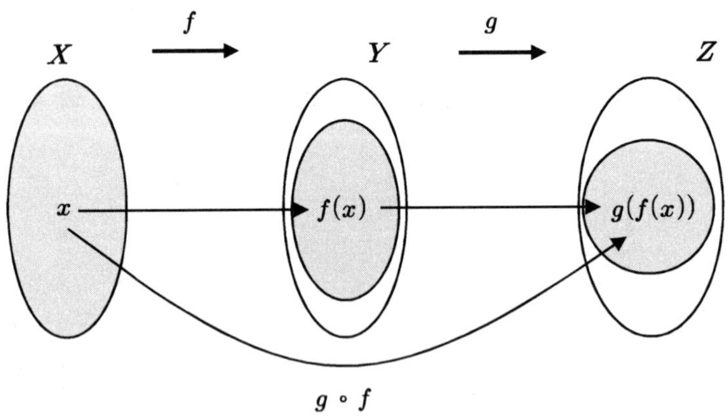

그림 1.9 두 함수의 합성

예제 1.6

함수 $f(x)=2x+1$ 와 $g(x)=x^2-3$ 에 대하여 합성함수 $f\circ g$와 $g\circ f$을 구하라.

[풀이]
합성함수의 정의에 의해

$$(f\circ g)(x)=f(g(x))=2g(x)+1=2(x^2-3)+1=2x^2-5$$
$$(g\circ f)(x)=g(f(x))=f(x)^2-3=(2x+1)^2-3$$

이다.

따라서 일반적으로 $f\circ g\neq g\circ f$ 인 것을 알 수 있다.

연습문제 1.1

1. 다음 그래프가 함수인지 아닌지 결정하라.

(1)

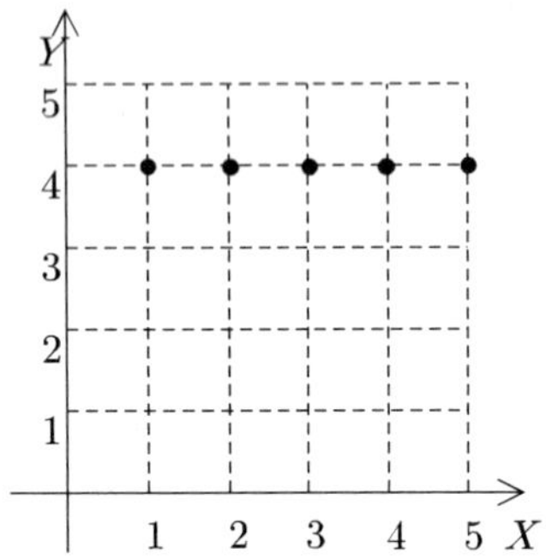

(2)

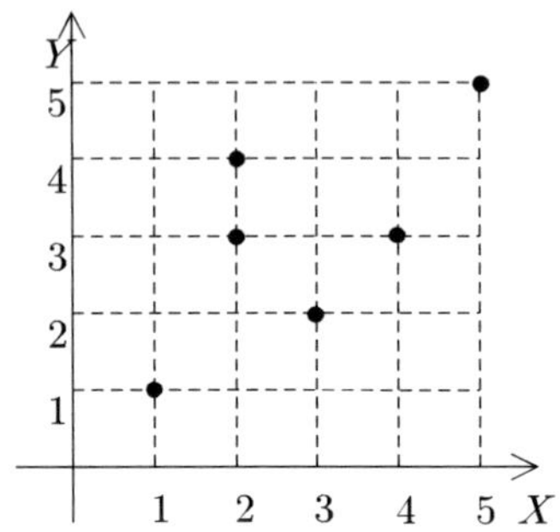

(3)

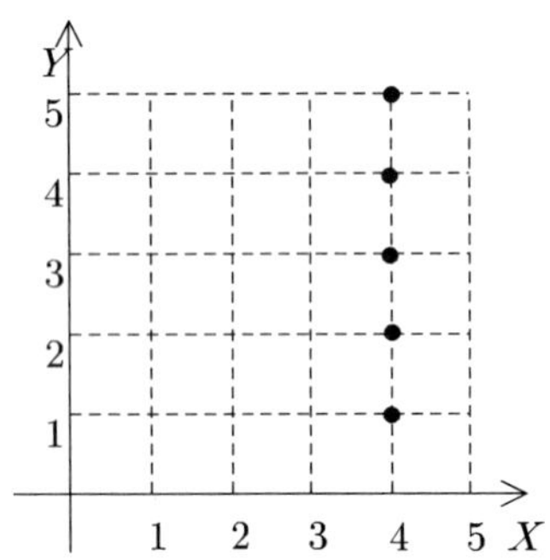

(4)

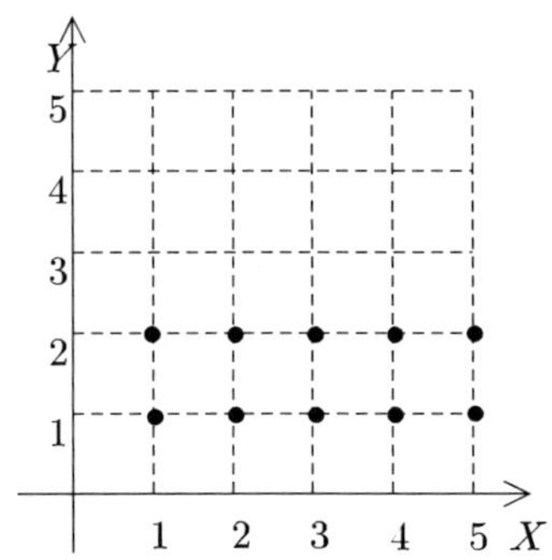

2. 다음 두 함수 f와 g에 대하여 $f+g$, $f-g$, $f\cdot g$, $\dfrac{f}{g}$, $\dfrac{g}{f}$을 구하고 각각의 정의역을 구하라.

(1) $f(x)=2x-5$, $g(x)=\sqrt{x+2}$

(2) $f(x)=\dfrac{1}{x-3}$, $g(x)=x^2-1$

[3~7] 다음 함수 $f(x)$에 대하여 주어진 방향으로 평행 이동한 함수 $g(x)$을 구하라.

3. $f(x)=3x+1$을 위로 3만큼, 오른쪽으로 1만큼 이동한 함수
4. $f(x)=-2x^2+1$을 아래로 1만큼, 왼쪽으로 2만큼 이동한 함수
5. $f(x)=\sqrt{x+2}$을 위로 -2만큼, 왼쪽으로 1만큼 이동한 함수
6. $f(x)=\dfrac{2}{x}$을 3만큼 수직이동, -1만큼 수평 이동한 함수
7. $f(x)=|x|$을 -2만큼 수직이동, -1만큼 수평 이동한 함수

[8~11] 다음 함수를 x축, y축 그리고 원점에 대하여 대칭 이동한 함수를 각각 구하라.

8. $f(x)=\dfrac{1}{x+2}$
9. $f(x)=\dfrac{2}{x}+1$
10. $f(x)=-x+1+\dfrac{1}{2x^2}$
11. $f(x)=\sqrt{2x-1}$

12. 함수 $f(x)=|x|$의 그래프를 이용하여 다음 함수의 그래프를 그려라.

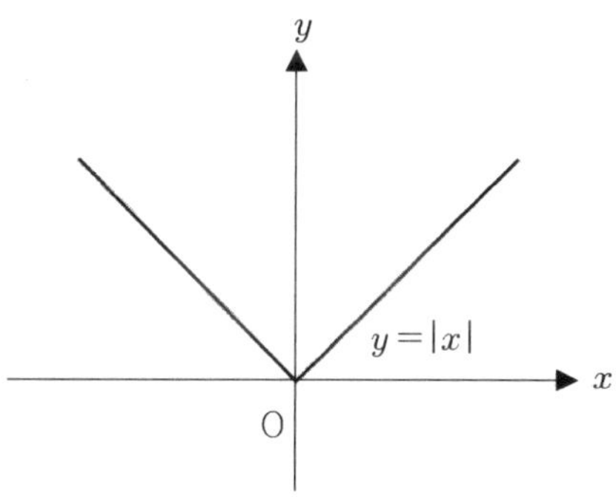

(1) $f(x)=|x-3|$
(2) $f(x)=|x|-2$
(3) $f(x)=|x-3|-2$
(4) $f(x)=-|x-3|$
(5) $f(x)=|-x+3|$
(6) $f(x)=|-x+3|+2$

13. 함수 $f(x)=x+1$, $g(x)=\sqrt{x-2}$, $h(x)=\dfrac{1}{x^2}$에 대하여 다음 합성함수를 구하고 각각의 정의역을 구하라.

(1) $(f\circ g)(x)$
(2) $(g\circ f)(x)$
(3) $((g\circ f)\circ h)(x)$
(4) $(g\circ(f\circ h))(x)$

1.2 함수의 종류

이 절에서는 다항함수, 유리함수, 무리함수에 대해 공부하고 전단사함수와 역함수 등 여러 가지 함수의 종류에 대해 알아본다.

[정의 1.5] 함수 $y=f(x)$가 다음과 같이 상수 $a_n(a_n \neq 0), a_{n-1}, \cdots a_1, a_0$에 대하여 x에 관한 n차 다항식일 때, 이 함수 $f(x)$을 n**차 다항함수**라 한다.

$$y=f(x)=a_nx^n+a_{n-1}x^{n-1}+\ \cdots\ +a_2x^2+a_1x+a_0$$

특히 상수 $a(a \neq 0)$, b, c, d에 대하여 $f(x)=ax+b$을 **일차함수**, $f(x)=ax^2+bx+c$을 **이차함수** 그리고 $f(x)=ax^3+bx^2+cx+d$을 **삼차함수**라고 한다.

일차함수 $f(x)=ax+b$에 대해서 살펴보자. 일차항의 계수 a을 기울기라 한다. 기울기가 $a>0$이면 x가 증가할 때 함숫값 y도 증가하고, 반면에 $a<0$이면 x가 증가할 때 함숫값 y는 감소한다. 그림 1.10과 같이 일차함수의 그래프는 직선으로 x축과 y축의 한 점을 지나게 되며, 이와 같이 좌표축에서 만나는 점을 절편이라 한다. 일차함수 $f(x)=ax+b$에서 x축 절편은 $x=-\dfrac{b}{a}$이고 $x=0$일 때 y축 절편은 $y=b$다. 따라서 일차함수 $y=ax+b$을 직선의 방정식이라 부르기도 한다.

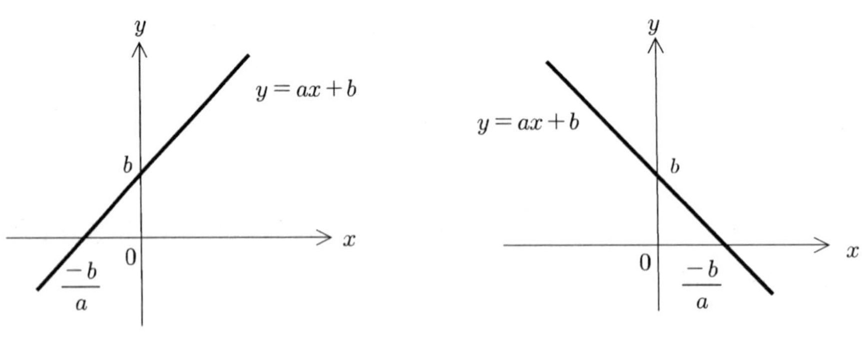

(a) $a>0$ (b) $a<0$

그림 1.10 일차함수의 기울기와 절편

[정리 1.6]

(1) 직선의 기울기 m과 지나는 한 점 (x_1, y_1)이 주어졌을 때 직선의 방정식은 다음과 같다.

$$y - y_1 = m(x - x_1)$$

(2) 직선이 지나는 두 점 (x_1, y_1), (x_2, y_2)가 주어졌을 때는 직선의 기울기는

$$m = \frac{y_2 - y_1}{x_2 - x_1}$$

이고, 직선의 방정식은 다음과 같다.

$$y - y_1 = \frac{y_2 - y_1}{x_2 - x_1}(x - x_1)$$

예제 1.7

다음 직선의 방정식을 구하고 그래프를 그려라.

(1) 기울기가 3이고 지나는 점 $(1, -2)$

(2) 지나는 두 점 $(2, -1)$, $(-4, 8)$

[풀이]

(1) 기울기는 $m = 3$이고 $(x_1, y_2) = (1, -2)$이므로 정리 1.6에 의해

$$y + 2 = 3(x - 1)$$

을 얻는다. 간단히 하면 $y = 3x - 5$이다. 기울기가 3, y절편이 -5이고 x절편이 $\frac{5}{3}$인 직선의 그래프는 그림 1.11과 같다.

(2) $(x_1, y_1) = (2, -1)$, $(x_2, y_2) = (-4, 8)$라 두면, 정리 1.6에 의해 직선의 방정식

$$y + 1 = \frac{8 + 1}{-4 - 2}(x - 2)$$

을 얻는다. 간단히 정리하면 $y = -\frac{3}{2}x + 2$이다. 기울기가 $-\frac{3}{2}$, y절편이 2이고 x절편이 $\frac{4}{3}$인 직선의 그래프는 그림 1.12와 같다.

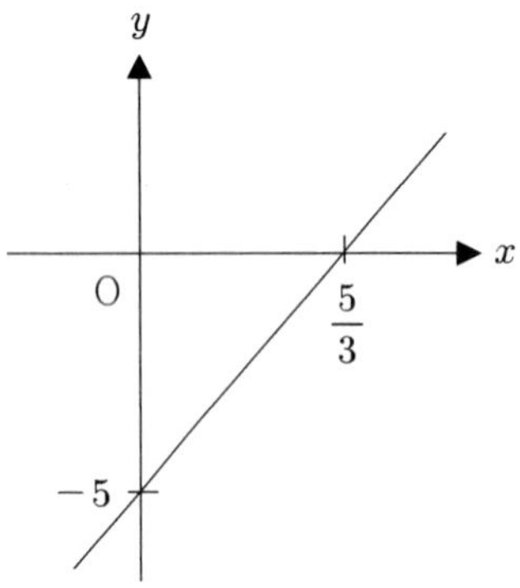

그림 1.11 $y = 3x - 5$

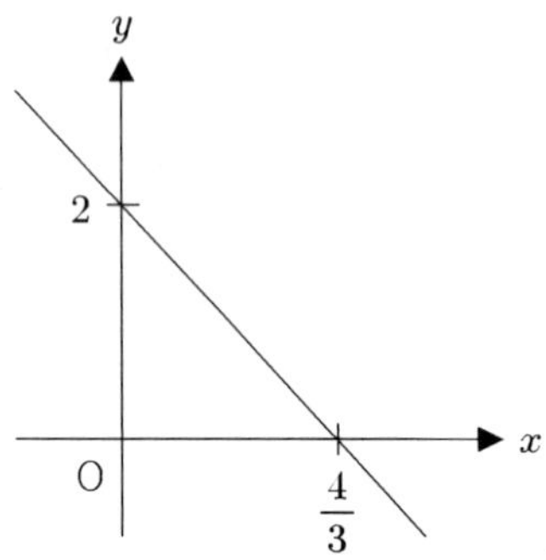

그림 1.12 $y = -\frac{3}{2}x + 2$

이차함수 $f(x) = ax^2 + bx + c$의 그래프는 포물선 모양이다. 이차항의 계수가 $a > 0$이면 아래로 볼록인 형태의 포물선이고, $a < 0$이면 위로 볼록인 형태의 포물선이 된다. 상수항 c는 y축 절편을 나타낸다. 이차함수는 포물선 모양이므로 꼭짓점을 가지며 꼭짓점의 좌표를 구하기 위해 다음과 같이 완전제곱식으로 변형한다.

$$\begin{aligned} f(x) &= ax^2 + bx + c = a\left(x^2 + \frac{b}{a}x\right) + c \\ &= a\left(x + \frac{b}{2a}\right)^2 - \frac{b^2}{4a} + c = a\left(x + \frac{b}{2a}\right)^2 - \frac{b^2 - 4ac}{4a} \\ &= a(x-p)^2 + q \end{aligned}$$

그러면 $p = -\frac{b}{2a}$, $q = -\frac{b^2 - 4ac}{4a}$이고 꼭짓점의 좌표는 (p, q)다. 그러므로 볼록성을 결정하는 이차항의 계수가 a이고 꼭짓점의 좌표가 (p, q)인 이차함수의 식은 다음과 같다.

$$f(x) = a(x-p)^2 + q$$

이 식을 표준형이라 부른다. 그림 1.13 같이 $a > 0$이면 꼭짓점에서 이차함수는 최소가 되고,

$a<0$이면 꼭짓점에서 이차함수는 최대가 된다. 따라서 이차함수 $f(x)=ax^2+bx+c$의 최솟값 또는 최댓값은 다음과 같다.

$$f(p)=q=-\frac{b^2-4ac}{4a}$$

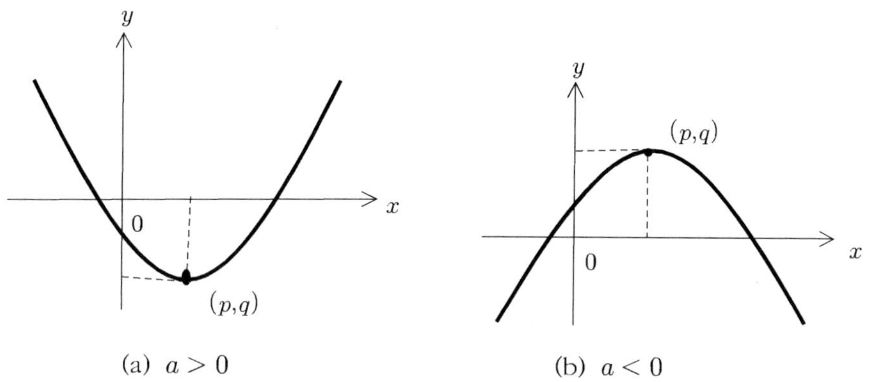

그림 1.13 이차함수 $y=ax^2+bx+c$의 볼록성, 꼭짓점과 최대 · 최소

예제 1.8

다음 이차함수의 그래프를 그리라.

(1) $f(x)=x^2-4x+2$ (2) $f(x)=-x^2-4x+2$

(3) $f(x)=5x^2-2x+1$ (4) $f(x)=-2x^2-2x+1$

[풀이]

(1) 완전제곱식으로 변형하면

$$\begin{aligned} f(x) &= x^2-4x+2=(x^2-4x)+2=(x-2)^2-4+2 \\ &= (x-2)^2-2 \end{aligned}$$

이다. 따라서 그래프는 꼭짓점 $(p,q)=(2,-2)$을 지나고 y축 절편이 2인 아래로 볼록인 포물선인 그림 1.14이다.

(2) 완전제곱식으로 변형하면

$$\begin{aligned} f(x) &= -x^2-4x+2=-(x^2+4x)+2=-(x+2)^2+4+2 \\ &= -(x+2)^2+6 \end{aligned}$$

이다. 따라서 그래프는 꼭짓점 $(p,q)=(-2,6)$을 지나고 y축 절편이 2인 위로 볼록인 포물선인 그림 1.15이다.

(3) 완전제곱식으로 변형하면

$$f(x)=5x^2-2x+1=5\left(x^2-\frac{2}{5}x\right)+1=5\left(x-\frac{1}{5}\right)^2-\frac{5}{25}+1$$
$$=5\left(x-\frac{1}{5}\right)^2+\frac{4}{5}$$

이다. 따라서 그래프는 꼭짓점 $(p,\ q)=\left(\frac{1}{5},\ \frac{4}{5}\right)$을 지나고 y축 절편이 1인 아래로 볼록인 포물선인 그림 1.16이다.

(4) 완전제곱식으로 변형하면

$$g(x)=-2x^2-2x+1=-2(x^2+x)+1=-2\left(x+\frac{1}{2}\right)^2+\frac{2}{4}+1$$
$$=-2\left(x+\frac{1}{2}\right)^2+\frac{3}{2}$$

이므로 그래프는 꼭짓점 $(p,q)=\left(-\frac{1}{2},\frac{3}{2}\right)$을 지나고 y축 절편이 1인 위로 볼록인 포물선인 그림 1.17과 같다.

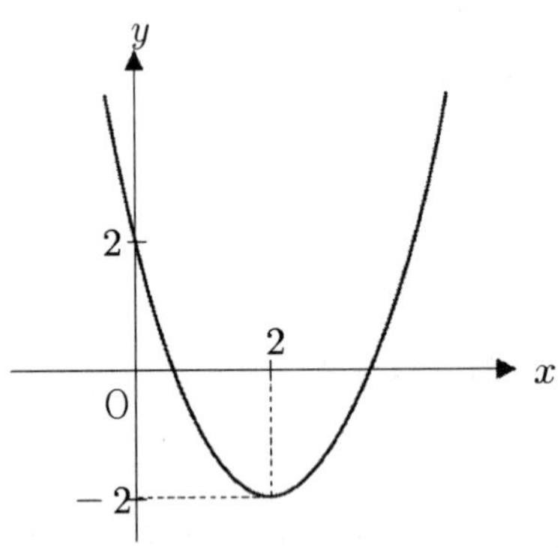

그림 1.14 $f(x)=x^2-4x+2$

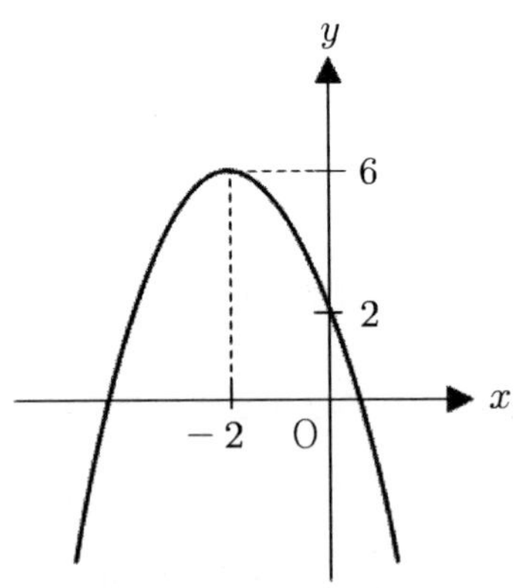

그림 1.15 $f(x)=-x^2-4x+2$

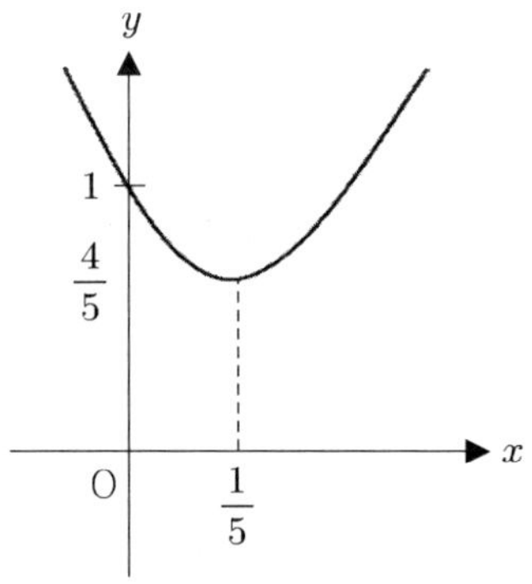

그림 1.16 $f(x)=5x^2-2x+1$

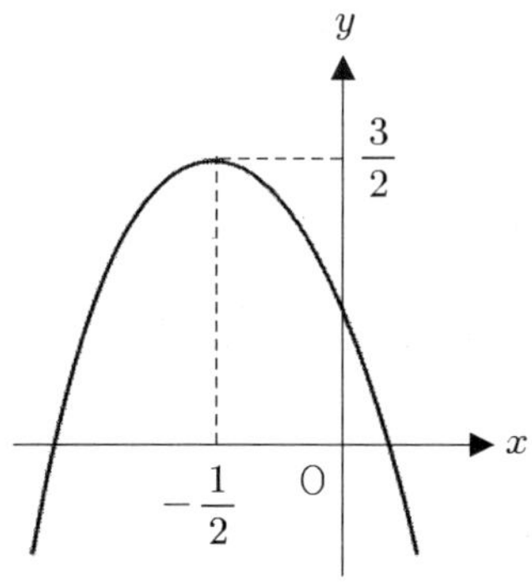

그림 1.17 $f(x)=-2x^2-2x+1$

[정의 1.7] $p(x)$와 $q(x)$가 다항식일 때

$$f(x)=\frac{p(x)}{q(x)}=\frac{a_nx^n+a_{n-1}x^{n-1}+\cdots+a_1x+a_0}{b_mx^m+b_{m-1}x^{m-1}+\cdots+b_1x+b_0},\quad q(x)\neq 0$$

을 **유리함수**라 하며 유리함수의 정의역은 분모가 0이 되는 경우를 제외한 모든 실수다.

예를 들어

$$f(x)=\frac{1}{x},\quad g(x)=\frac{-2}{x}$$

의 그래프는 그림 1.18과 같고 정의역은 $dom(f)=\mathbb{R}-\{0\}=dom(g)$이며 f와 g치역은 모두 $\mathbb{R}-\{0\}$이다.

즉, 유리함수

$$f(x)=\frac{k}{x}\qquad (k\text{는 상수})$$

의 그래프는 $k>0$일 때 제1, 3사분면에 있는 쌍곡선 모양이고 $k<0$이면 제2, 4사분면에 있는 쌍곡선 모양이다. 또한 유리함수

$$f(x) = \frac{k}{x-p} + q \quad (k, p, q\text{는 상수})$$

의 그래프는 $y = \frac{k}{x}$의 그래프를 x축으로 p만큼 y축으로 q만큼 평행이동한 그래프이다. 따라서 f의 정의역은 $\mathbb{R} - \{p\}$이고, 치역은 $\mathbb{R} - \{q\}$이다.

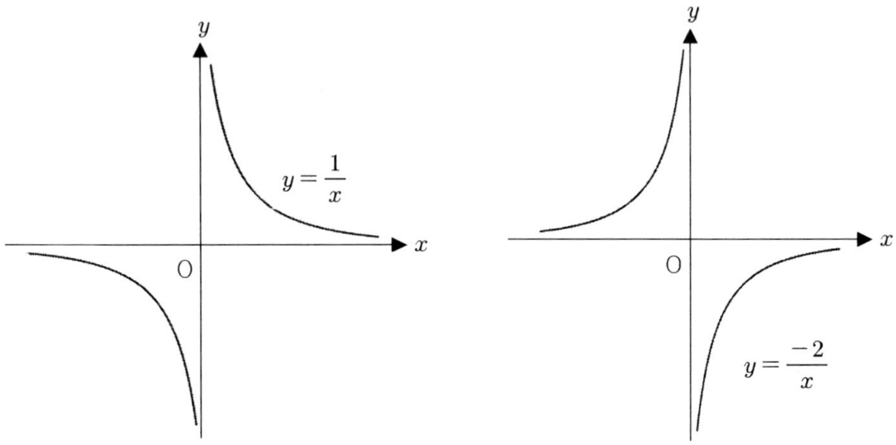

그림 1.18 유리함수의 그래프

예제 1.9

다음 유리함수의 그래프를 그리고 정의역과 치역을 구하라.

(1) $f(x) = \frac{2x-1}{x-1}$ (2) $f(x) = \frac{3x+1}{-2x}$

[풀이]

(1) 유리함수의 정의역은 분모가 $x-1 \neq 0$인 모든 실수이다. 따라서 정의역은 $dom(f) = \mathbb{R} - \{1\}$이다. 유리함수를

$$f(x) = \frac{2x-1}{x-1} = \frac{1}{x-1} + 2$$

로 쓸 수 있으므로 $y = \frac{1}{x}$의 그래프는 x축 방향으로 1만큼 y축 방향으로 2만큼 평행 이동한

그림 1.19를 얻는다. 위 식에서 $\dfrac{1}{x-1} \neq 0$이므로 $f(x) \neq 2$이다. 따라서 치역은 $\mathbb{R} - \{2\}$이다.
(2) 유리함수의 정의역은 분모가 $-2x \neq 0$인 모든 실수이다. 따라서 $dom(f) = \mathbb{R} - \{0\}$이다. 유리함수를

$$f(x) = \frac{3x+1}{-2x} = -\frac{3}{2} + \frac{-1/2}{x}$$

로 쓸 수 있으므로 $y = \dfrac{-1/2}{x}$의 그래프를 y축 방향으로 $-\dfrac{3}{2}$만큼 평행 이동하여 그림 1.20이 된다. 위 식에서 $\dfrac{-1/2}{x} \neq 0$이므로 $f(x) \neq -\dfrac{3}{2}$이다. 따라서 치역은 $\mathbb{R} - \{-\dfrac{3}{2}\}$이다.

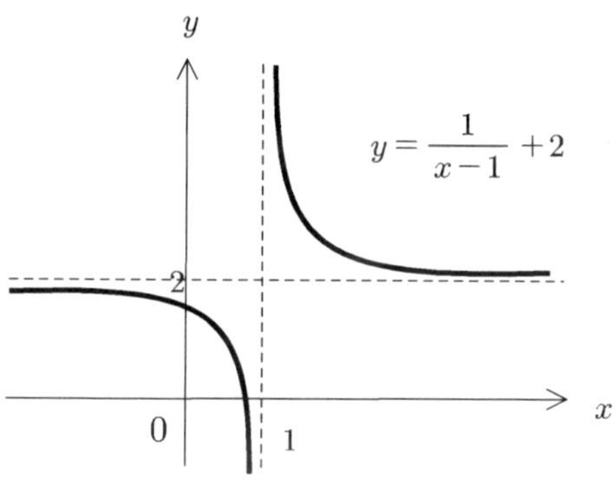

그림 1.19 $f(x) = \dfrac{2x-1}{x-1}$

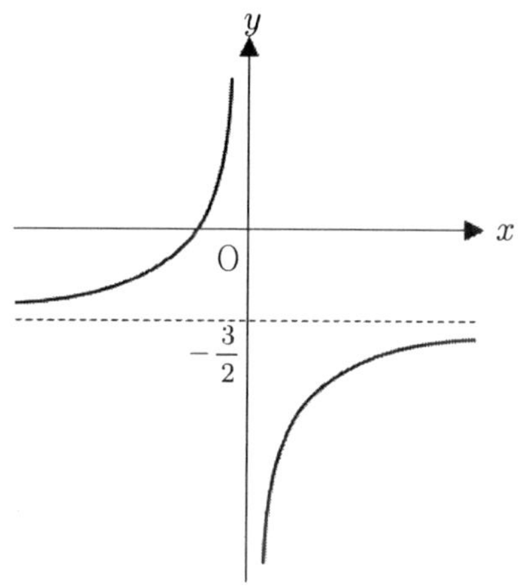

그림 1.20 $f(x) = \dfrac{3x+1}{-2x}$

[정의 1.8] x에 관한 무리식으로 표현되는 함수를 **무리함수**라 한다. 무리함수의 정의역은 근호의 값이 실수이어야 하므로 짝수근호 안의 값이 음수가 아니어야 한다.

예를 들어 $f(x) = \sqrt{x-1} - 1$의 정의역은 $x - 1 \geq 0$이어야 하므로

$$dom(f) = \{x \in \mathbb{R} \mid x - 1 \geq 0\} = \{x \in \mathbb{R} \mid x \geq 1\}$$

이고 이 함수의 그래프는 $y=\sqrt{x}$의 그래프를 x축 방향으로 1만큼 y축 방향으로 -1만큼 평행 이동한 그래프로 그림 1.22와 같다.

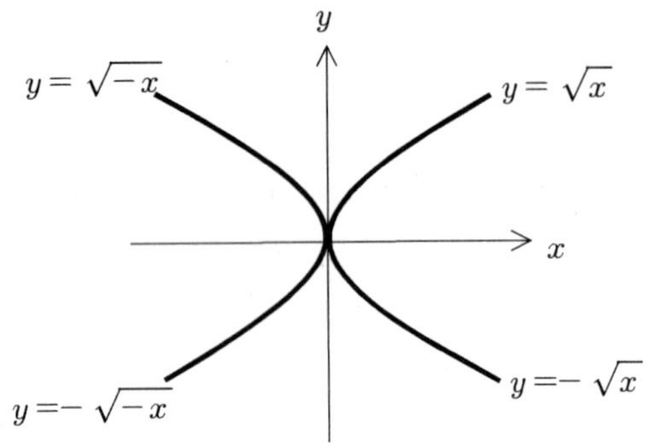

그림 1.21 무리함수의 그래프

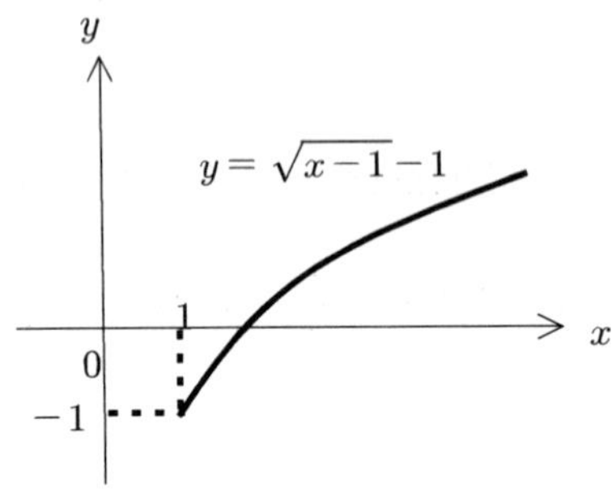

그림 1.22 $f(x)=\sqrt{x-1}-1$

[정의 1.9]

(1) 함수 $f: X \to Y$에 대하여 공역과 치역이 일치하면, 즉

$$Y=f(X)$$

일 때 f을 **전사함수** 또는 **위로의 함수**라 한다.

(2) 모든 $x_1, x_2 \in X$에 대하여

$$x_1 \neq x_2 \text{ 이면 } \quad f(x_1) \neq f(x_2)$$

일 때 f을 **단사함수** 또는 **일대일함수**라 한다.

(3) f가 전사함수이면서 단사함수일 때 f을 **전단사함수** 또는 **일대일대응**이라 부른다.

함수 $f: X \to Y$가 일대일대응이고 정의역 X와 공역 Y가 유한집합이면 두 집합 X와 Y는 원소의 수가 동일하다.

한편 단사함수이기 위한 필요충분조건은

$$f(x_1)=f(x_2) \text{ 이면 } x_1 = x_2$$

와 같다. 따라서 어떤 곡선이 수평선과 두 점 이상에서 만나면 이 곡선은 단사함수의 그래프가 될 수 없다. 왜냐하면 y의 값에 x의 값이 꼭 하나만 대응되어야 단사함수가 되기 때문이다. 이를 단사함수의 **수평선 판정법**이라 한다.

예제 1.10

예제 1.1에 있는 함수 중 f_3은 전사함수는 아니지만 단사함수이고, f_4는 전사함수이지만 단사함수가 아니다. 한편 f_5는 전단사함수이다.

예제 1.11

다음 함수에서 단사함수, 전사함수, 전단사함수를 구별하라.

(1) $f(x)=x^3$, $f:\mathbb{R}\to\mathbb{R}$ (2) $g(x)=x^2$, $f:\mathbb{R}\to\mathbb{R}^+$

(3) $h(x)=x^2$, $f:\mathbb{R}^+\to\mathbb{R}$ (4) $l(x)=x^2$, $f:\mathbb{R}^+\to\mathbb{R}^+$

단, $\mathbb{R}^+$는 음이 아닌 실수전체의 집합이다.

[풀이]

(2)는 전사함수이지만 단사함수가 아니다. (3)는 단사함수이지만 전사함수가 아니다. (1)와 (4)는 전단사함수이다.

(1)

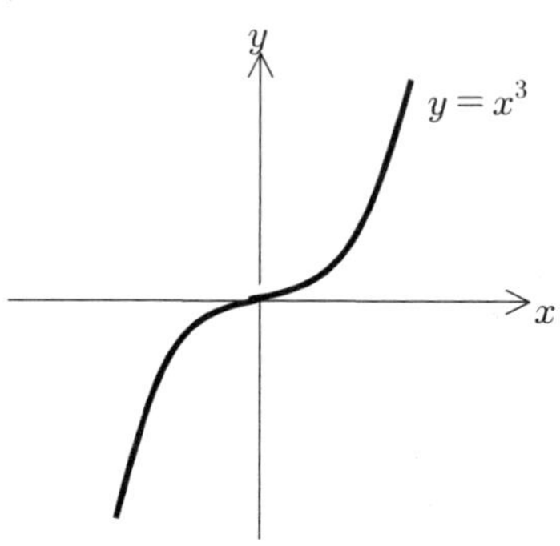

(2)

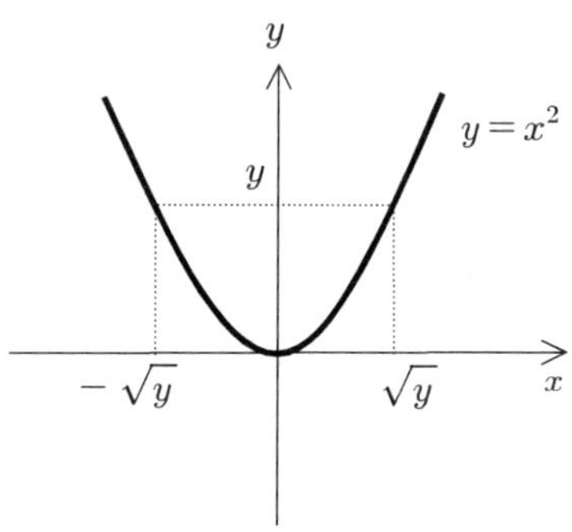

(3)

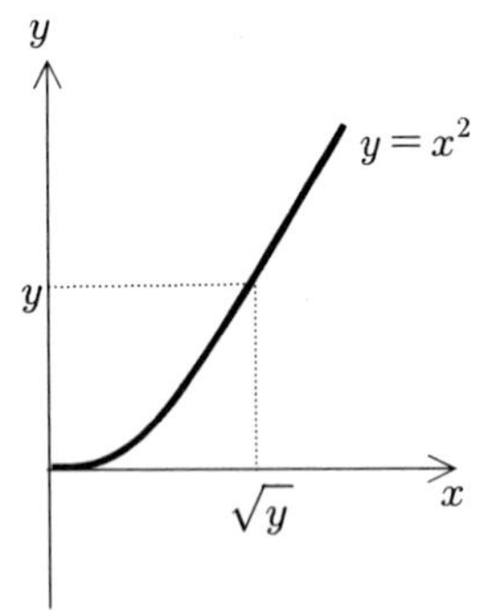

(4)

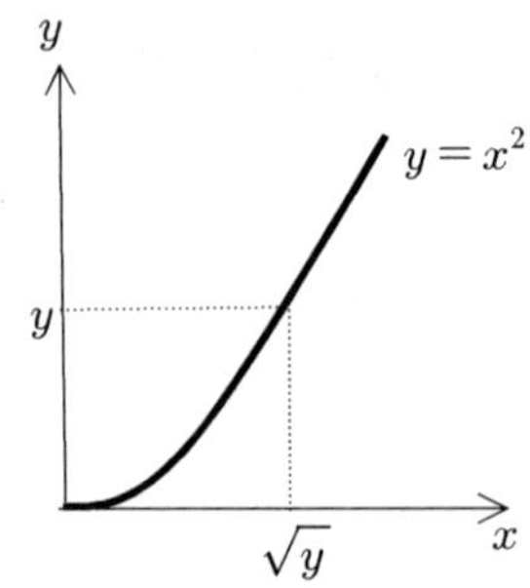

함수 $f: X \to Y$가 전단사함수이면 정의역 X와 공역 Y안의 원소들이 일대일 대응을 이룬다. 이때 그림 1.23과 같이 집합 Y안의 각 원소 y에 대하여 $y=f(x)$에 의한 X안의 유일한 원소 x로 대응시키는 함수 $g: Y \to X$가 존재한다. 따라서 모든 $x \in X$에 대하여 $y=f(x)$라 할 때 $g: Y \to X$는 $x=g(y)$이므로 $g: Y \to X$는 함수의 조건을 만족할 뿐만 아니라 전단사함수의 조건을 만족한다.

> **[정의 1.10]** 전단사함수 $y=f(x)$의 치역을 정의역으로 하고 $y=f(x)$의 대응관계를 역대응하는 함수 $g: Y \to X$, $x=g(y)$을 $f: X \to Y$의 **역함수**라 하고 $g=f^{-1}$로 나타낸다.

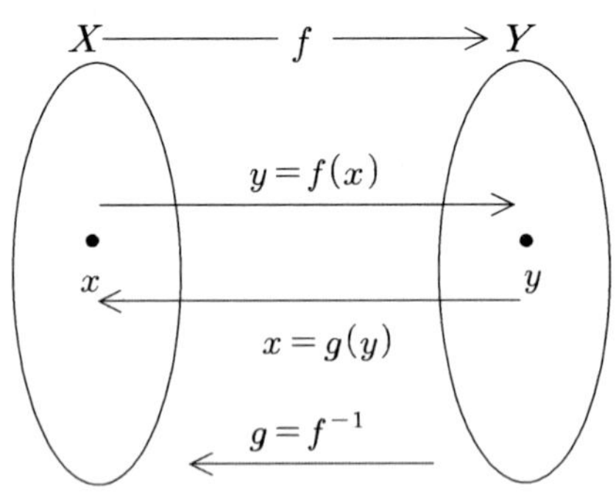

그림 1.23 함수 f와 역함수 f^{-1}

따라서 $f: X \to Y$와 $f^{-1}: Y \to X$ 사이에 다음 합성관계가 성립한다.

(1) 모든 $x \in X$에 대하여 $(f^{-1} \circ f)(x) = f^{-1}(f(x)) = f^{-1}(y) = x$

즉, $f^{-1} \circ f = I_X$

(2) 모든 $y \in Y$에 대하여 $(f \circ f^{-1)}(y) = f(f^{-1}(y)) = f(x) = y$

즉, $f \circ f^{-1} = I_Y$

함수 $y = f(x)$의 역함수를 구하기 위해서는 다음과 같은 방법을 사용한다.

(1) 식 $y = f(x)$에서 x을 y에 관한 식으로 고친다. 즉 $x = g(y)$ 형태로 쓴다.

(2) $x = g(y)$에서 x와 y을 바꾸어 쓰면 역함수 $y = g(x) = f^{-1}(x)$을 얻는다.

결국, $y = f(x)$의 역함수는 $y = f(x)$에서 x와 y을 바꾼 다음 x에 관한 식으로 고친 함수이므로 역함수와 원래의 함수는 직선 $y = x$에 관하여 대칭이 된다.

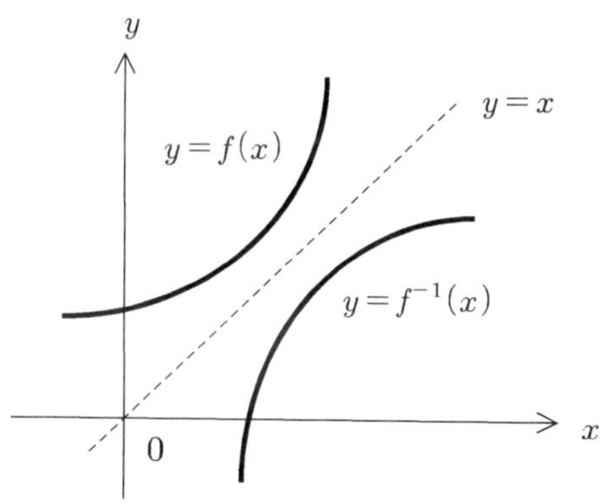

그림 1.24 f와 f^{-1}의 그래프

예제 1.12

주어진 함수 $f(x)$의 정의역과 치역을 구하고 역함수 $f^{-1}(x)$을 구하라.

(1) $f(x) = 3x + 5$ (2) $f(x) = 2x^2 + 1,\ x \geq 0$ (3) $f(x) = \dfrac{x}{2 - x}$

[풀이]

(1) f의 정의역과 치역은 $\mathbb{R}$이고 전단사함수이므로 역함수가 존재한다. $y = 3x + 5$의 y에 관한 식은 $x = \dfrac{y-5}{3}$이 되므로 역함수는

$$f^{-1}(x) = \frac{x-5}{3}$$

이 된다.

(2) f는 정의역이 $\{x \mid x \geq 0\}$이고, 치역은 $f(x) = 2x^2 + 1 \geq 1$이다. 따라서 $f : \{x \mid x \geq 0\} \rightarrow \{y \mid y \geq 1\}$인 전단사함수이다. $y = 2x^2 + 1$의 y에 관한 식은 $x = \pm\sqrt{\frac{y-1}{2}}$ 인데 $x \geq 0$이므로 역함수는 다음과 같다.

$$y = \sqrt{\frac{x-1}{2}}$$

(3) f의 정의역은 $\mathbb{R} - \{2\}$이다. $f(x) = \frac{x}{2-x} = -1 + \frac{2}{2-x}$ 이고 $\frac{2}{2-x} \neq 0$ 이므로 $f(x) \neq -1$이다. 따라서 f의 치역은 $\mathbb{R} - \{-1\}$이다. $f : \mathbb{R} - \{2\} \rightarrow \mathbb{R} - \{-1\}$은 전단사함수이므로 역함수가 존재한다. $y = \frac{x}{2-x}$의 y에 관한 식은 $x = \frac{2y}{1+y}$ 이 되므로 역함수는

$$f^{-1}(x) = \frac{2x}{1+x}$$

이다.

예제 1.13

$f(x) = 2x^3 - 1$와 $g(x) = \sqrt[3]{\frac{x+1}{2}}$ 는 서로 역함수임을 보여라.

[풀이]
두 함수의 합성함수를 구하면

$$f(g(x)) = 2g(x)^3 - 1 = 2\left(\frac{x+1}{2}\right) - 1 = x$$

$$g(f(x)) = \sqrt[3]{\frac{f(x)+1}{2}} = \sqrt[3]{\frac{(2x^3-1)+1}{2}} = \sqrt[3]{\frac{(2x^3-1)+1}{2}}$$
$$= \sqrt[3]{x^3} = x$$

이므로 f와 g는 서로 역함수이다.

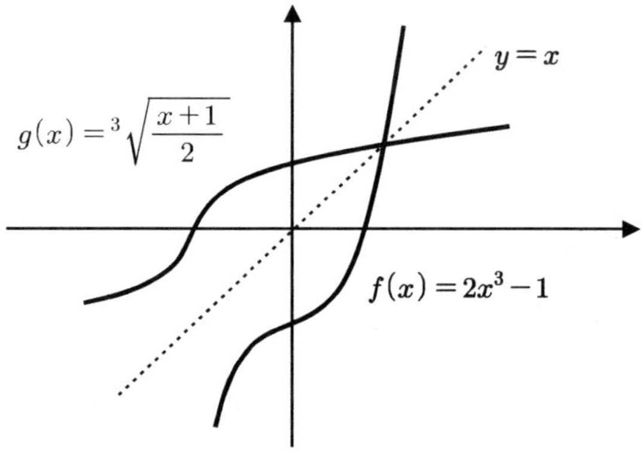

그림 1.25

[정의 1.11] 임의의 $x \in X$에 대하여

$$f(-x)=f(x)$$

을 만족하는 함수를 **우함수**라 하고,

$$f(-x)=-f(x)$$

을 만족하는 함수를 **기함수**라 한다.

예를 들어, $f(x)=x^2$, $f(x)=x^4+2x^2+1$, $f(x)=|x|-1$은 모두 $f(-x)=f(x)$이 성립하므로 우함수이고, $f(x)=x^3$, $f(x)=x^5-2x^7$은 모두 $f(-x)=-f(x)$이 성립하므로 기함수이다. 그림 1.26과 같이 우함수의 그래프는 y축에 관하여 대칭이며 기함수의 그래프는 원점에 관하여 대칭이다.

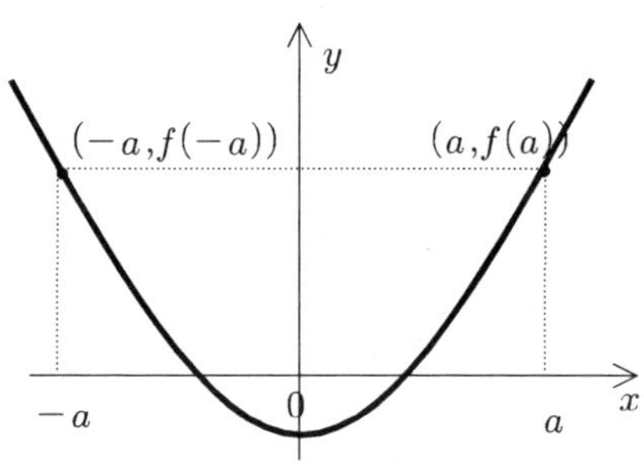

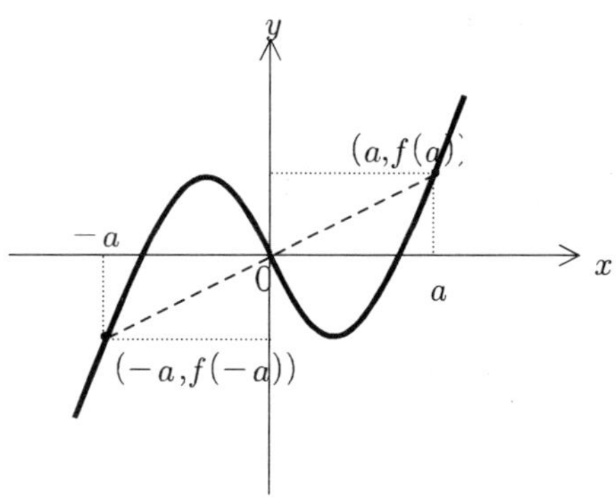

그림 1.26 우함수와 기함수

연습문제 1.2

1. 다음 함수의 정의역과 치역을 구하라.

(1) $y=\sqrt{x+1}$

(2) $y=\sqrt[3]{x+1}$

(3) $y=\dfrac{1}{\sqrt{x+1}}$

(4) $y=\dfrac{1}{\sqrt[7]{x+1}}$

(5) $y=\sqrt{x-1}+2$

(6) $y=1-\sqrt{-x^2+4}$

(7) $y=\dfrac{x+1}{x^2-3x-4}$

(8) $y=\dfrac{1}{\sqrt{4-x^2}}$

(9) $y=\sqrt[4]{x^2-2x-3}$

(10) $y=\sqrt[5]{x^2-2x-3}$

2. $f(x)=\sqrt{3-x}$, $g(x)=\sqrt{x}$ 일 때 다음 함수와 정의역을 구하라.

(1) $f\circ g$ (2) $g\circ f$ (3) $f\circ f$ (4) $g\circ g$

3. 다음 함수가 전단사함수인지를 판정하라.

(1) $f:[-1,2]\to[0,3]$, $f(x)=|1-x^2|$

(2) $g:[2,3]\to[9,16]$, $g(x)=(x+1)^2$

(3) $h:[1,\infty)\to[0,\infty)$, $h(x)=\sqrt{x-1}$

(4) $i:[-1,2]\to\left[\dfrac{1}{4},1\right]$, $i(x)=\dfrac{1}{x+2}$

4. 다음 함수의 역함수를 구하라.

(1) $y=3x^5+10$

(2) $y=x^2-2x,\ [1,\infty)$

(3) $y=\dfrac{x-1}{2x+1}$

(4) $y=\sqrt{x-1}+3$

5. 두 우함수의 곱과 두 기함수의 곱은 우함수임을 증명하라.

1.3 지수함수와 로그함수

지수함수를 정의하기 위하여 기본이 되는 거듭제곱과 거듭제곱근에 대하여 알아보자. 어떤 수 a을 n번 곱한 것

$$a^n = \underbrace{a \cdot a \cdot \cdots \cdot a}_{n}$$

을 a의 n제곱이라 하고, 이것을 a^n으로 나타낸다. 특히, $a^1 = a$로 나타내며, a, a^2, a^3, $\cdots$을 모두 a의 거듭제곱이라고 한다. 또한 a^n에서 a을 거듭제곱의 밑, n을 거듭제곱의 지수라고 한다. 그리고 어떤 수 b을 제곱하여 실수 a가 되는 경우, 즉 $b^2 = a$일 때, b을 a의 **제곱근**이라 하고 특히 b가 양의 실수이면 $b = \sqrt{a}$로 나타낸다. 또한 어떤 수 b을 세제곱하여 실수 a가 될 때 b을 a의 **세제곱근**이라 하고 $b = \sqrt[3]{a}$로 나타낸다. 일반적으로 양의 정수 n에 대하여 어떤 수 b을 n제곱하여 a가 되는 수, 즉 $b^n = a$의 근 b을 a의 n**제곱근**이라 하고 $b = \sqrt[n]{a}$로 나타낸다.

다음 정리는 실수 a의 n제곱근의 성질을 나타낸다.

[정리 1.12]

(1) $a > 0$일 때,

n이 짝수이면 a의 실수인 n제곱근은 $\pm\sqrt[n]{a}$이다.

n이 홀수이면 a의 실수인 n제곱근은 $\sqrt[n]{a}$이다.

(2) $a < 0$일 때,

n이 홀수인 경우에만 a의 실수인 n제곱근 $\sqrt[n]{a}$가 존재한다.

특히, 지수가 0, 음수, 분수인 경우는 다음과 같이 확장하여 정의한다.

$$a^0 \equiv 1, \quad \frac{1}{a^n} \equiv a^{-n}, \quad \sqrt[n]{a} \equiv a^{\frac{1}{n}}, \quad \sqrt[n]{a^m} = a^{\frac{m}{n}}$$

이제 지수를 실수 범위로 확장하기 위하여 $a > 0$일 때 지수 r가 무리수인 a^r의 의미를 알아보

자. 예를 들어 $2^{\sqrt{2}}$을 어떻게 정의할 것인지, 그리고 만약에 정의된다면 어떤 실수가 되는지 생각해 보자. 먼저 $\sqrt{2}$을 소수로 나타내면

$$\sqrt{2} = 1.414213562373\cdots$$

이므로 다음과 같은 방법으로 유리수 지수를 갖는 수의 나열을 생각할 수 있다.

$$\begin{array}{rcl}
1 < \sqrt{2} < 2 & \Rightarrow & 2^1 < 2^{\sqrt{2}} < 2^2 \\
1.4 < \sqrt{2} < 1.5 & \Rightarrow & 2.639016\cdots = 2^{1.4} < 2^{\sqrt{2}} < 2^{1.5} = 2.828427\cdots \\
1.41 < \sqrt{2} < 1.42 & \Rightarrow & 2.657372\cdots = 2^{1.41} < 2^{\sqrt{2}} < 2^{1.42} = 2.675855\cdots \\
1.414 < \sqrt{2} < 1.415 & \Rightarrow & 2.664750\cdots = 2^{1.414} < 2^{\sqrt{2}} < 2^{1.415} = 2.666597\cdots \\
1.4142 < \sqrt{2} < 1.4143 & \Rightarrow & 2.665119\cdots = 2^{1.4142} < 2^{\sqrt{2}} < 2^{1.4143} = 2.665304\cdots \\
1.41421 < \sqrt{2} < 1.41422 & \Rightarrow & 2.665138\cdots = 2^{1.41421} < 2^{\sqrt{2}} < 2^{1.41422} = 2.665156\cdots \\
1.414213 < \sqrt{2} < 1.414214 & \Rightarrow & 2.665143\cdots = 2^{1.414213} < 2^{\sqrt{2}} < 2^{1.414214} = 2.665145\cdots \\
1.4142135 < \sqrt{2} < 1.4142136 & \Rightarrow & 2.665144\cdots = 2^{1.4142135} < 2^{\sqrt{2}} < 2^{1.4142136} = 2.665144\cdots \\
\vdots & & \vdots
\end{array}$$

이때 2^1, $2^{1.4}$, $2^{1.41}$, $2^{1.414}$, $2^{1.4142}$, $2^{1.41421}$, $2^{1.414213}$ $2^{1.4142135}$,$\cdots$와 같은 유리지수를 갖는 수열은 $2^{\sqrt{2}}$보다는 작지만 점점 커지는 것을 알 수 있다. 또한 2^2, $2^{1.5}$, $2^{1.42}$, $2^{1.415}$, $2^{1.4143}$, $2^{1.41422}$, $2^{1.414214}$, $2^{1.4142136}$, $\cdots$ 수열은 $2^{\sqrt{2}}$보다는 크지만 점점 작아지는 것을 알 수 있다. 이와 같은 두 수열은 동일한 실수로 수렴하는 것으로 알려져 있으며 그 극한을 $2^{\sqrt{2}}$으로 정의할 수 있다. 소수점 이하 6자리까지만 생각하면 두 수열은 동일한 수 2.665144에 수렴한다. 즉 소수점 6자리에서 $2^{\sqrt{2}} = 2.665144$다. 그리고 유효숫자 20자리로 근삿값을 구하면

$$2^{\sqrt{2}} = 2.6651441426902251886 5\cdots$$

인 순환하지 않는 무한소수이다. 이와 같이 양의 실수 $a\ (a \neq 1)$에 대하여 무리수 r을 지수로 갖는 a^r은 순환하지 않는 무한소수이다. 그러나 $a < 0$이면 무리수 r에 대하여 a^r은 실수가 아닌 복소수이다. 예를 들어

$$(-2)^{\sqrt{2}} = -0.70960886\cdots - i(2.568939189\cdots)$$

이고 $0^{\sqrt{2}} = 0$ 이다. 따라서 임의의 실수 r과 $a > 0$에 대하여 실수 a^r이 정의되며 다음과 같이 실수 지수로 지수법칙을 일반화 할 수 있다.

지수법칙으로 알려진 거듭제곱에 대한 성질과 거듭제곱근의 성질을 알아보자

[정리 1.13] 임의의 양의 실수 a, b와 임의의 실수 p, q에 대하여

(1) $a^p a^q = a^{p+q}$ (2) $(a^p)^q = a^{pq}$

(3) $(ab)^p = a^p b^p$ (4) $\left(\dfrac{a}{b}\right)^p = \dfrac{a^p}{b^p}\ (b \neq 0)$

(5) $a^p \div a^q = a^{p-q}$

예제 1.14

다음을 간단히 하라.

(1) $2^{\frac{1}{2}} \cdot 4^{\frac{3}{4}}$ (2) $\left(\dfrac{1}{3}\right)^{-2} \div \sqrt{3}$ (3) $\sqrt[3]{\sqrt{81}}$

[풀이]

(1) $4^{\frac{3}{4}} = (2^2)^{\frac{3}{4}} = 2^{2 \cdot \frac{3}{4}} = 2^{\frac{3}{2}}$ 이므로

$$2^{\frac{1}{2}} \cdot 4^{\frac{3}{4}} = 2^{\frac{1}{2}} \cdot 2^{\frac{3}{2}} = 2^{\frac{1}{2}+\frac{3}{2}} = 2^{\frac{4}{2}} = 2^2 = 4$$

(2) $\left(\dfrac{1}{3}\right)^{-2} = (3^{-1})^{-2} = 3^{(-1)\cdot(-2)} = 3^2$ 이므로

$$\left(\frac{1}{3}\right)^{-2} \div \sqrt{3} = 3^2 \div 3^{\frac{1}{2}} = 3^{2-\frac{1}{2}} = 3^{\frac{3}{2}} = 3\sqrt{3}$$

(3) $\sqrt[3]{\sqrt{81}} = (\sqrt{81})^{\frac{1}{3}} = (81^{\frac{1}{2}})^{\frac{1}{3}} = 81^{\frac{1}{6}} = (3^4)^{\frac{1}{6}} = 3^{\frac{4}{6}} = 3^{\frac{2}{3}} = \sqrt[3]{9}$

예제 1.15

다음을 간단히 하라. 단 $a > 0, b > 0$이다.

(1) $\dfrac{\sqrt{a^3}}{\sqrt[3]{a^6}}$ (2) $\sqrt[4]{a^{-8}b^4}$

[풀이]

(1) $\dfrac{\sqrt{a^3}}{\sqrt[3]{a^6}} = \dfrac{a^{\frac{3}{2}}}{a^{\frac{6}{3}}} = a^{\frac{3}{2}-\frac{6}{3}} = a^{-\frac{1}{2}} = (\sqrt{a})^{-1} = \dfrac{1}{\sqrt{a}}$

(2) $\sqrt[4]{a^{-8}b^4} = (a^{-8}b^4)^{\frac{1}{4}} = (a^{-8})^{\frac{1}{4}}(b^4)^{\frac{1}{4}} = a^{\frac{-8}{4}}b^{\frac{4}{4}} = a^{-2}b^1 = \dfrac{b}{a^2}$

[정의 1.14] 임의의 실수 $a>0$이고 $a \neq 1$이라 하자. x가 실수일 때

$$y = a^x$$

을 **지수함수**라 한다. 이때 a을 **밑**, x을 **지수**라 한다.

지수함수의 정의역은 $\mathbb{R}$ 이고 치역은 $\{y \mid y>0\}$ 이다. 지수함수의 그래프 모양은 밑 a에 따라 $a>1$인 경우 $y=a^x$은 증가함수이고 $0<a<1$ 경우 $y=a^x$은 감소함수이다. 그래프는 점 $(0, 1)$을 지나고 x축을 점근선으로 갖는다.

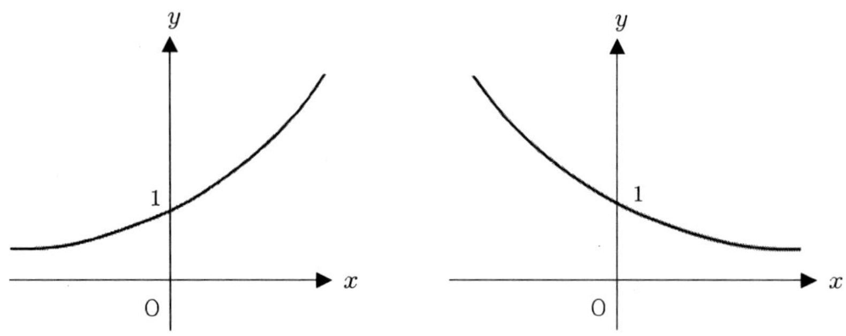

(a) $a>1$　　(b) $0<a<1$

그림 1.27 $y=a^x$ **의 그래프**

그림 1.28과 같이 $a>1$이면 a가 커질수록 그래프의 모양은 가파르게 증가한다. 그리고 $0<a<1$이면 a가 커질수록 그래프의 모양은 완만하게 감소한다.

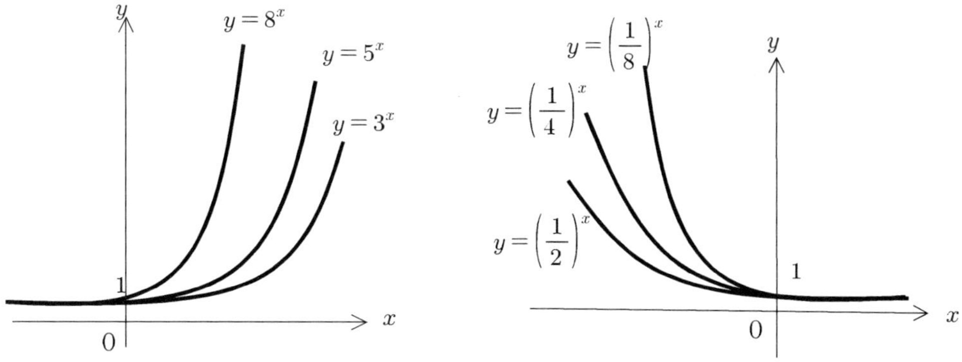

그림 1.28 a**에 따른** $y=a^x$**의 그래프**

무리수 e는 다음과 같이 수열의 극한으로 정의한다.

$$\lim_{n\to\infty}\left(1+\frac{1}{n}\right)^n = e \approx 2.7182818284590452\cdots$$

e을 밑으로 하는 지수함수

$$f(x)=e^x$$

을 **자연지수함수**라 하며, $e>1$이므로 그래프는 그림 1.29와 같이 $a>1$인 지수함수의 성질을 갖는다.

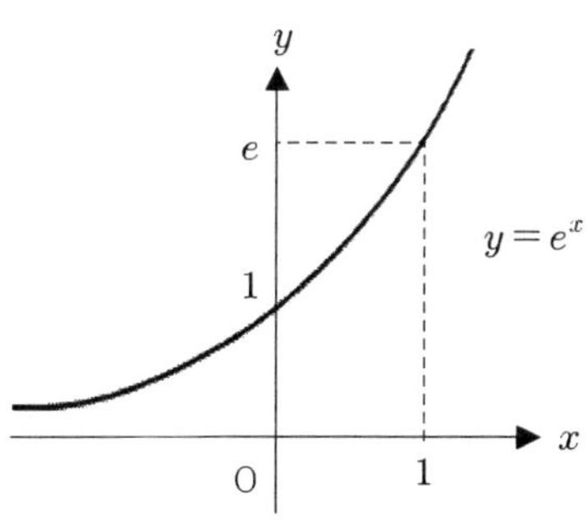

그림 1.29 $y=e^x$**의 그래프**

예제 1.16

다음 지수함수의 그래프를 그려라

(1) $y=2^{-x}$ (2) $y=-4^{x}$

(3) $y=-5^{-x}$ (4) $y=\frac{1}{2}e^{-x}-1$

[풀이]

(1) $y=2^{-x}=\left(\frac{1}{2}\right)^{x}$이므로 밑이 $\frac{1}{2}$인 지수함수의 그래프이다.

(2) $y=-4^{x}$의 그래프는 $y=4^{x}$의 그래프를 x축에 대칭한 그래프이다.

(3) $y=-5^{-x}=-\left(\frac{1}{5}\right)^{x}$의 그래프는 $y=\left(\frac{1}{5}\right)^{x}$의 그래프를 x축에 대칭한 그래프이다.

(4) $y=\frac{1}{2}e^{-x}-1$의 그래프는 $y=\frac{1}{2}e^{-x}$ 그래프를 -1만큼 수직 이동한 것이다. 이때 y절편은 $(0,-1/2)$이다.

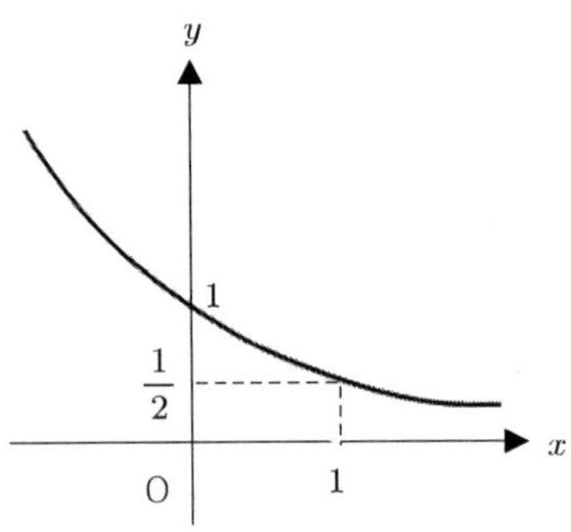

그림 1.30 $y=\left(\frac{1}{2}\right)^{x}$의 그래프

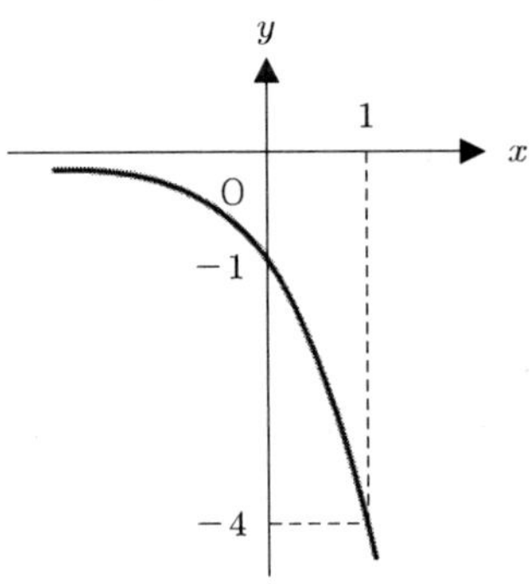

그림 1.31 $y=-4^{x}$의 그래프

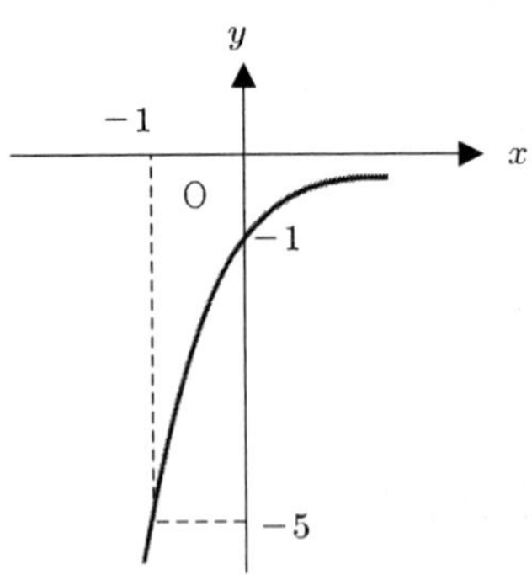

그림 1.32 $y=-5^{-x}$의 그래프

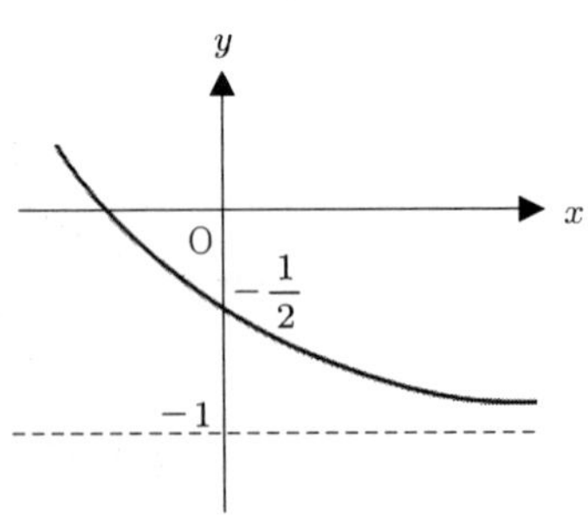

그림 1.33 $y=\frac{1}{2}e^{-x}-1$의 그래프

한편 $a>0,\ a\neq 1$에 대하여 $f(x)=a^x$은 증가하거나 감소하는 함수이고 $f:\mathbb{R}\to(0,\infty)$인 전단사함수이므로 역함수 $f^{-1}:(0,\infty)\to\mathbb{R}$을 갖는다. 이때 이 역함수를 밑이 a인 로그함수라 하고 $\log_a$로 나타낸다. 즉, 지수함수와 로그함수는 서로 역함수 관계이며 다음이 성립한다.

$$y=a^x \iff x=\log_a y$$

[정의 1.15] $a>0$이고 $a\neq 1$이라 하자. x가 양의 실수일 때

$$y=\log_a x$$

을 **로그함수**라 한다. 이때 a을 **밑**, x을 **진수**라 한다. 특히, $a=e$일 때를 **자연로그함수**라 하고 다음과 같이 표현한다.

$$y=\log_e x=\ln x$$

지수함수의 역함수인 로그함수의 정의역은 $\{x\mid x>0\}$이고 치역은 $\mathbb{R}$이다. 로그함수의 그래프는 밑 a에 따라 $a>1$인 경우 $y=\log_a x$는 증가하고 $0<a<1$ 경우 $y=\log_a x$는 감소한다. 역함수 관계에 있는 두 함수는 $y=x$에 관하여 대칭이므로 그림 1.34와 같다. 로그함수는 점 $(1,0)$을 항상 지나고 y축을 점근선으로 갖는다.

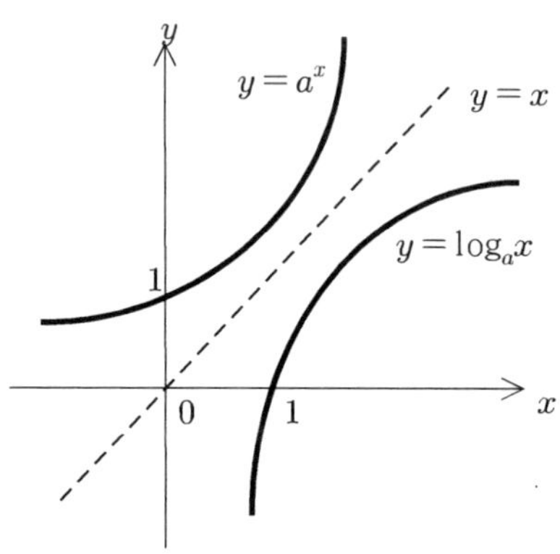

(a) $a>1$

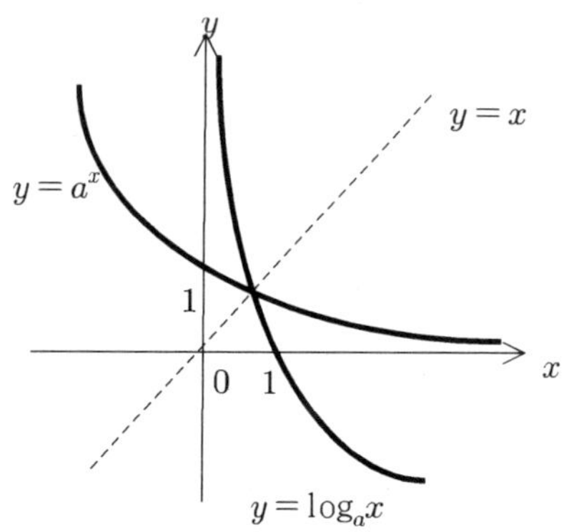

(b) $0<a<1$

그림 1.34 지수함수와 로그함수의 관계

예제 1.17

다음 로그함수의 정의역을 구하라.

(1) $y = \log_2(3x-1)$

(2) $y = \log_5(x^2 - x)$

[풀이]

진수는 반드시 양의 값을 가져야 한다.

(1) $3x-1>0$이어야 하므로 $x > \dfrac{1}{3}$이 정의역이다.

(2) $x^2 - x = x(x-1) > 0$이어야 하므로 $x>1$ 또는 $x<0$이 정의역이다.

앞에서 다룬 지수법칙을 역으로 이용하면 다음의 기본적인 로그성질을 얻을 수 있다.

[정리 1.16] $a>0,\ a\neq 1$이고 $x>0,\ y>0$일 때 다음이 성립한다.

(1) $\log_a a^x = x,\ \ a^{\log_a x} = x$

(2) $\log_a 1 = 0,\ \ \log_a a = 1$

(3) $\log_a xy = \log_a x + \log_a y$

(4) $\log_a\left(\dfrac{x}{y}\right) = \log_a x - \log_a y$

(5) m이 실수일 때, $\log_a x^m = m\log_a x$

(6) $\log_a x = \dfrac{\log_c x}{\log_c a}$ 단, $c\neq 1$인 양수

(7) $\log_a b = \dfrac{1}{\log_b a}$ 단, $b\neq 1$인 양수

(8) $\log_{a^n} x^m = \dfrac{m}{n}\log_a x$

(9) $a^{\log_c x} = x^{\log_c a}$ 단, $c\neq 1$인 양수

예제 1.18

다음 식을 간단히 하라.

(1) $\log_2 4 + \log_2 32$ (2) $\log_{81}3 - \log_9 3$

(3) $2^{\log_2 4} + \log_4 64$ (4) $\frac{1}{3}\log_3 5 - \log_3 \frac{\sqrt[3]{6}}{9}$

[풀이]
정리 1.16의 로그성질을 이용하면

(1) $\log_2 4 + \log_2 32 = \log_2 2^2 + \log_2 2^5 = 2\log_2 2 + 5\log_2 2 = 2 + 5 = 7$

(2) $\log_{81}3 - \log_9 3 = \frac{1}{\log_3 81} - \frac{1}{\log_3 9} = \frac{1}{\log_3 3^4} - \frac{1}{\log_3 3^2}$

$= \frac{1}{4\log_3 3} - \frac{1}{2\log_3 3} = \frac{1}{4} - \frac{1}{2} = -\frac{1}{4}$

(3) $2^{\log_2 4} + \log_4 64 = 4 + \log_{2^2} 2^6 = 4 + \frac{6}{2}\log_2 2 = 4 + 3 = 7$

(4) $\frac{1}{3}\log_3 5 - \log_3 \frac{\sqrt[3]{5}}{9} = \log_3 \sqrt[3]{5} - (\log_3 \sqrt[3]{5} - \log_3 9)$

$= \log_3 3^2 = 2\log_3 3 = 2$

예제 1.19

정리 1.16의 (6) 식이 성립함을 보여라. 이때, 이 식을 **밑의 변환공식**이라 한다.

$$\log_a x = \frac{\log_c x}{\log_c a}$$

[풀이]
$\log_a x = y$라 하면 $a^y = x$이고, 양변에 c을 밑으로 하는 로그를 취하면

$$\log_c a^y = \log_c x$$

이다. 로그성질에 의하여

$$y\log_c a = \log_c x$$

이 성립한다. $a \neq 1$이므로 $\log_c a \neq 0$이고 따라서 다음이 성립한다.

$$y = \frac{\log_c x}{\log_c a}, \quad 즉\ \log_a x = \frac{\log_c x}{\log_c a}$$

자연로그함수는 자연지수함수의 역함수라는 사실과 로그성질로부터 자연로그에 대한 다음 성질을 얻는다.

[따름정리 1.17]

(1) $y = \ln x \Leftrightarrow e^y = x$

(2) 모든 실수 x에 대하여 $\ln(e^x) = x$

(3) 모든 양의 실수 x에 대하여 $e^{\ln x} = x$

(4) $\log_a x = \dfrac{\log_e x}{\log_e a} = \dfrac{\ln x}{\ln a}$

예제 1.20

다음 식을 간단히 하라.

(1) $\log_4(a-b) - \log_2(a+b)$

(2) $\ln e^{x+y} - \ln e^{x-y}$

[풀이]

(1)
$$\begin{aligned}\log_4(a-b) - \log_2(a+b) &= \log_{2^2}(a-b) - \log_2(a+b) \\ &= \frac{1}{2}\log_2(a-b) - \log_2(a+b) \\ &= \log_2(a-b)^{1/2} - \log_2(a+b) \\ &= \log_2\left(\frac{\sqrt{a-b}}{a+b}\right)\end{aligned}$$

(2)
$$\begin{aligned}\ln e^{x+y} - \ln e^{x-y} &= (x+y)\ln e - (x-y)\ln e \\ &= x+y-(x-y) = 2y\end{aligned}$$

예제 1.21

다음 식을 자연로그를 이용하여 간단히 하라.

$$\log_2(x^2-y^2)-\log_4(x-y)$$

[풀이]

$\log_2(x^2-y^2)=\dfrac{\ln((x+y)(x-y))}{\ln 2}=\dfrac{\ln(x+y)+\ln(x-y)}{\ln 2}$ 이고

$\log_4(x-y)=\dfrac{\ln(x-y)}{\ln 4}=\dfrac{\ln(x-y)}{2\ln 2}$ 이므로

$$\begin{aligned}\log_2(x^2-y^2)-\log_4(x-y)&=\frac{\ln(x+y)+\ln(x-y)}{\ln 2}-\frac{\ln(x-y)}{2\ln 2}\\&=\frac{1}{\ln 2}\left(\ln(x+y)+\ln(x-y)-\frac{1}{2}\ln(x-y)\right)\\&=\frac{1}{\ln 2}\left(\ln(x+y)+\frac{1}{2}\ln(x-y)\right)\\&=\frac{\ln\left((x+y)\sqrt{x-y}\right)}{\ln 2}\end{aligned}$$

예제 1.22

다음 함수의 역함수를 $f^{-1}(x)$라 할 때, $f^{-1}(4)$을 구하라.

(1) $f(x)=2^{2x-1}$

(2) $f(x)=\log_2(x^3-11)$

[풀이]

$f^{-1}(4)=a$라 할 때 $f(a)=4$인 a을 찾는다.

(1) $f(a)=2^{2a-1}=4=2^2$이므로 $2a-1=2$이다. 따라서 $a=\dfrac{3}{2}$이다.

(2) $f(a)=\log_2(a^3-11)=4$이므로 로그성질에 의해 $a^3-11=2^4$이다. 따라서 $a^3=27$이므로 $a=3$이다.

예제 1.23

다음 함수의 정의역과 치역을 찾고 역함수를 구하라.

(1) $y = e^{x+2} - 1$　　　　(2) $y = \log_2(4x-2)$

[풀이]

(1) $f(x) = e^{x+2} - 1$의 그래프는 $y = e^x$의 그래프를 왼쪽으로 2만큼 수평이동하고 아래쪽으로 1만큼 수직 이동한 그래프이다. 따라서 정의역은 $\mathbb{R}$이고 치역은 $y > -1$이다. 즉 $f : \mathbb{R} \to (-1, \infty)$인 전단사함수이다. 역함수를 구하기 위해 y에 대한 식을 구하면

$$\begin{aligned} &e^{x+2} = y+1 \\ &\ln e^{x+2} = \ln(y+1) \\ &(x+2)\ln e = \ln(y+1) \\ &x = \ln(y+1) - 2 \end{aligned}$$

이다. x와 y을 바꾸면

$$y = \ln(x+1) - 2$$

을 얻는다. 따라서 역함수는 $f^{-1}(x) = \ln(x+1) - 2$이다.

(2) 로그함수의 진수는 $4x - 2 > 0$이므로 정의역은 $x > \frac{1}{2}$이다. 즉 $f : (\frac{1}{2}, \infty) \to \mathbb{R}$ 인 전단사 함수이다. 역함수를 구하기 위해 y에 대한 식을 구하면

$$\begin{aligned} &4x - 2 = 2^y \\ &x = \frac{1}{4}(2^y + 2) = 2^{y-2} + \frac{1}{2} \end{aligned}$$

이다. x와 y을 바꾸면

$$y = 2^{x-2} + \frac{1}{2}$$

을 얻는다. 따라서 역함수는 $f^{-1}(x) = 2^{x-2} + \frac{1}{2}$이다.

연습문제 1.3

1. 다음 식을 간단히 하라.

(1) $\sqrt{2} \div \sqrt[3]{4} \times \sqrt[5]{64}$ (2) $\sqrt[3]{9} \times \sqrt{3} \div \sqrt[6]{81}$

(3) $2^{\log_2 8}$ (4) $e^{\ln 3} \div e^{\ln 6}$

(5) $\log_2 x - \log_4 (x-2)$ (6) $-\ln(e+1) + \ln(e^2+e)$

(7) $e^{-2\ln 5}$ (8) $\ln(\ln e^{e^{20}})$

(9) $2^{(\log_2 3 + \log_2 5)}$ (10) $\log_{\frac{1}{2}}(\sqrt{3}-\sqrt{2}) - \log_2(\sqrt{3}+\sqrt{2})$

2. 다음 함수의 역함수를 구하고 그 정의역을 구하라.

(1) $y = 2^{x+1} - 3$ (2) $y = 3^{-x+1} + 5$

(3) $y = e^x + e^{-x}$ $(x > 0)$ (4) $y = \sqrt{3 - e^{2x}}$

(5) $y = \ln(x+3)$ (6) $y = \log_2(x^3+1)$

3. 다음 함수의 역함수를 $f^{-1}(x)$라 할 때, $f^{-1}(4)$을 구하라.

(1) $f(x) = 2^{2x+1} + 4$ (2) $f(x) = \dfrac{2^x+1}{2^x-1}$

(3) $f(x) = \log_2 x + 1$ (4) $f(x) = \log_2(x^2 - 6x)$

4. 함수 $f(x) = \ln(x + \sqrt{x^2+1})$라 하자.

(1) 함수 $f(x)$의 정의역을 구하라.

(2) f는 기함수임을 보라.

(3) f의 역함수를 구하라.

1.4 삼각비, 삼각함수와 역삼각함수

각은 평면 위의 두 반직선 $\overrightarrow{OA}$와 $\overrightarrow{OB}$에 의하여 결정되고 $\angle AOB$로 나타낸다. 정점 O을 중심으로 고정된 반직선 $\overrightarrow{OA}$을 기준으로 반직선 $\overrightarrow{OB}$가 θ만큼 회전했을 때 θ을 $\angle AOB$의 크기라 하고 $\angle AOB=\theta$로 나타낸다. 수평으로 고정된 반직선 $\overrightarrow{OA}$을 시초선이라 하고 회전하는 반직선 $\overrightarrow{OB}$을 $\angle AOB$에 대한 동경이라 한다. 동경 $\overrightarrow{OB}$가 시계 반대 방향으로 회전하여 생긴 각은 양의 각이라 하고, 시계 방향으로 회전하여 생긴 각은 음의 각이라 한다.

각을 표현하는 방법에는 **60분법**과 **호도법**이 있다. 60분법은 그림 1.35와 같이 시계 반대방향으로 1회전할 때마다 360° 씩 증가하며 시계방향으로 1회전할 때마다 360° 씩 감소한다. 반면에, 라디안을 이용하여 각의 크기를 표현하는 방법을 호도법이라 한다. 이때 1라디안은 그림 1.36과 같이 반지름의 길이와 동일한 호의 길이를 갖는 중심각의 크기이다. 중심각 1라디안의 크기는 반지름의 길이에 무관하게 일정하다.

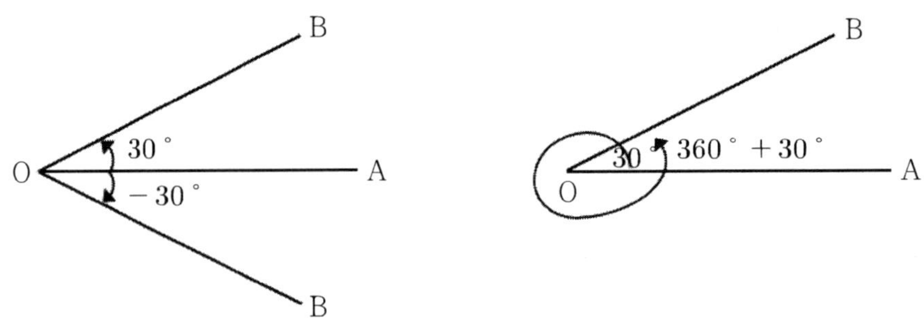

그림 1.35 60분법에 의한 각

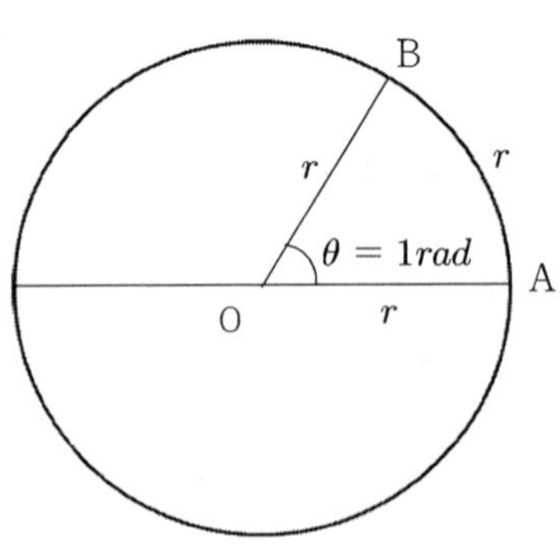

그림 1.36 라디안의 정의

그러면 호의 길이는 중심각에 비례하므로 비례식 $1\text{rad} : 360° = r : 2\pi r$에 의해

$$1\text{rad} = \frac{180°}{\pi} \approx 57.2958°, \quad 180° = \pi\,\text{rad}$$

임을 알 수 있다. 60분법과 호도법의 관계는 다음과 같다.

60분법	$0°$	$30°$	$45°$	$60°$	$90°$	$135°$	$180°$	$270°$	$360°$
호도법	0	$\frac{\pi}{6}$	$\frac{\pi}{4}$	$\frac{\pi}{3}$	$\frac{\pi}{2}$	$\frac{3\pi}{4}$	π	$\frac{3}{2}\pi$	2π

호도법을 이용하면 부채꼴의 호의 길이와 넓이를 쉽게 구할 수 있다. 그림 1.37과 같이 반지름의 길이가 r인 원에서 중심각이 θ인 부채꼴 AOB의 호의 길이를 l, 부채꼴의 넓이를 S라 하자. 이때 중심각과 호의 길이, 중심각과 넓이 사이에 비례식

$$l : 2\pi r = \theta : 2\pi, \qquad S : \pi r^2 = \theta : 2\pi$$

이 성립한다. 그러므로 반지름의 길이가 r인 원에서 중심각이 θ인 부채꼴의 호의 길이 l과 부채꼴의 넓이 S을 다음과 같이 얻는다.

$$l = r\theta, \quad S = \frac{1}{2}r^2\theta = \frac{1}{2}rl$$

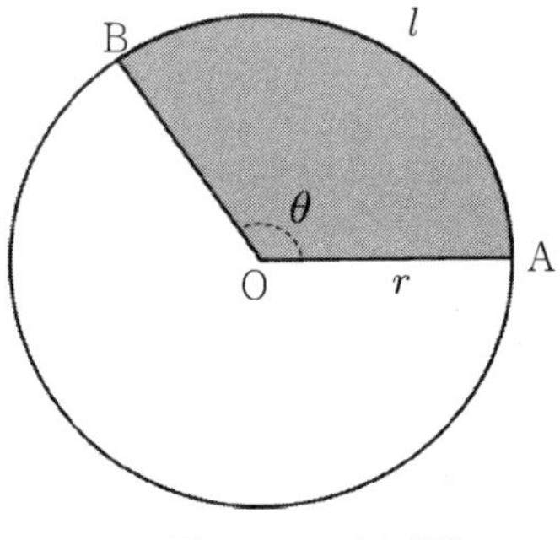

그림 1.37 부채꼴

그림 1.38과 같이 반지름 길이가 r인 원주 위의 점을 $P(a,b)$라 하자. 동경 OP와 양의 x축이 이루는 각 θ에 대해 **삼각비**를 다음과 같이 정의한다.

$\sin\theta = \dfrac{b}{r}$	$\cos\theta = \dfrac{a}{r}$	$\tan\theta = \dfrac{b}{a}$
$\csc\theta = \dfrac{1}{\sin\theta} = \dfrac{r}{b}$	$\sec\theta = \dfrac{1}{\cos\theta} = \dfrac{r}{a}$	$\cot\theta = \dfrac{1}{\tan\theta} = \dfrac{a}{b}$

주의 $\csc\theta$을 $\text{cosec}\,\theta$로 쓰기도 한다.

6가지 삼각비는 4개의 사분면에서 주어진 편각 θ에 대하여 각각 그림 1.38과 같은 직각삼각형 POA의 세 변에 대한 비례 값으로 정의된다.

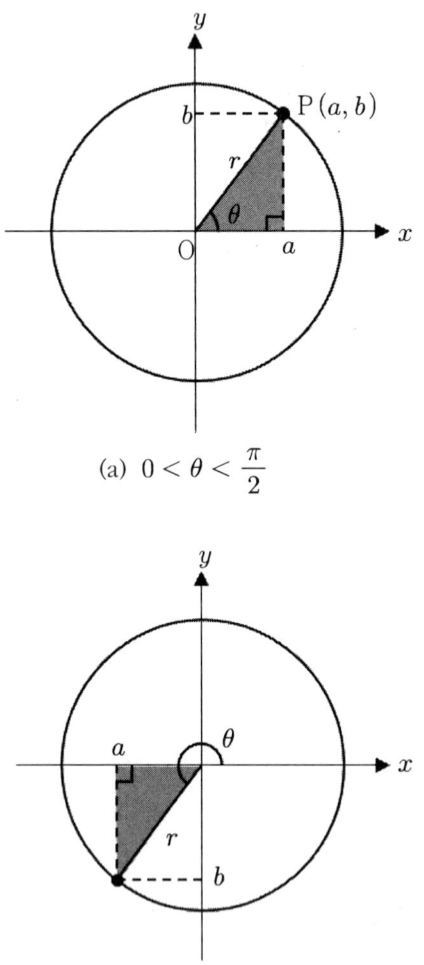

(a) $0 < \theta < \dfrac{\pi}{2}$ (b) $\dfrac{\pi}{2} < \theta < \pi$

(c) $\pi < \theta < \dfrac{3}{2}\pi$ (d) $\dfrac{3}{2}\pi < \theta < 2\pi$

그림 1.38 삼각비

이때 각 사분면에서 부호가 양수인 삼각비만 나타내면 다음 그림 1.39와 같다.

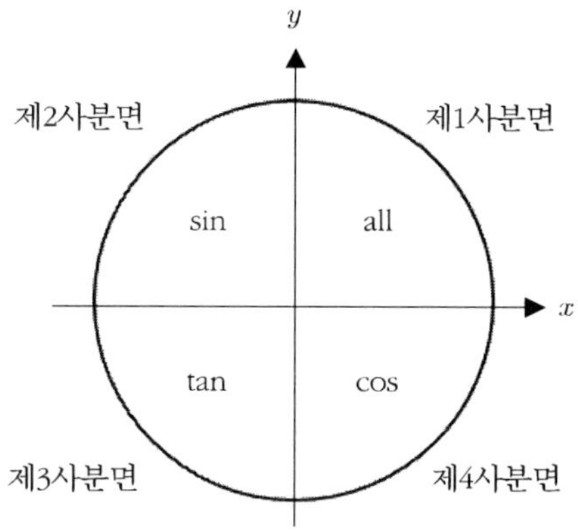

그림 1.39 각 사분면에서 양수인 삼각비

특수각에 대한 삼각비는 다음과 같다.

θ	$0(=0^\circ)$	$\frac{\pi}{6}(=30^\circ)$	$\frac{\pi}{4}(=45^\circ)$	$\frac{\pi}{3}(=60^\circ)$	$\frac{\pi}{2}(=90^\circ)$
$\sin\theta$	0	$\frac{1}{2}$	$\frac{\sqrt{2}}{2}$	$\frac{\sqrt{3}}{2}$	1
$\cos\theta$	1	$\frac{\sqrt{3}}{2}$	$\frac{\sqrt{2}}{2}$	$\frac{1}{2}$	0
$\tan\theta$	0	$\frac{\sqrt{3}}{3}$	1	$\sqrt{3}$	∞

각 사분면에서 특수각에 대한 삼각비를 구해보자. 예를 들어

$$\sin\frac{5\pi}{6}=\frac{1}{2},\quad \cos\frac{5\pi}{4}=-\frac{\sqrt{2}}{2},\quad \tan\frac{5\pi}{3}=-\sqrt{3}$$

이다. 또한 그림 1.40과 같이 양의 각 $\frac{7\pi}{6}$와 음의 각 $-\frac{5\pi}{6}$의 동경은 동일하므로

$$\sin\left(-\frac{5\pi}{6}\right) = \sin\frac{7\pi}{6} = -\sin\frac{\pi}{6} = -\frac{1}{2}$$

$$\cos\left(-\frac{5\pi}{6}\right) = \cos\frac{7\pi}{6} = -\cos\frac{\pi}{6} = -\frac{\sqrt{3}}{2}$$

$$\tan\left(-\frac{5\pi}{6}\right) = \tan\frac{7\pi}{6} = \tan\frac{\pi}{6} = \frac{\sqrt{3}}{3}$$

임을 알 수 있다.

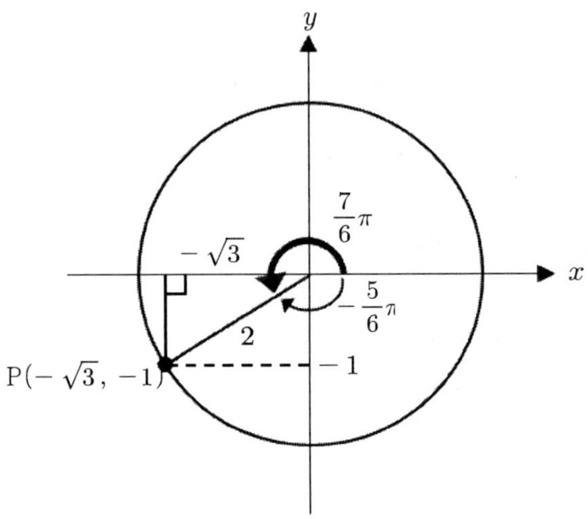

그림 1.40

예제 1.24

다음 주어진 각도 θ에 대한 삼각비 $\sin\theta$, $\cos\theta$, $\tan\theta$을 구하여 비교하라.

(1) $\theta = -\frac{\pi}{4}$ (2) $\theta = \frac{7\pi}{4}$

[풀이]

(1) $\theta = -\frac{\pi}{4}$는 음의 방향인 예각이므로 제4사분면의 각이다. 따라서 삼각비를 나타내면 그림 1.41과 같으므로 삼각비는 다음과 같다.

$$\sin\theta = -\frac{\sqrt{2}}{2},\quad \cos\theta = \frac{\sqrt{2}}{2},\quad \tan\theta = -1$$

(2) $\theta = \dfrac{7\pi}{4}$는 제4사분면의 각이고 삼각비를 나타내면 $\theta = -\dfrac{\pi}{4}$과 같은 동경을 가지므로 그림 1.41과 같다. 따라서 $\theta = -\dfrac{\pi}{6}$와 비교하면 같은 삼각비를 갖게 된다.

$$\sin\frac{11\pi}{6} = \sin\left(-\frac{\pi}{6}\right),\quad \cos\frac{11\pi}{6} = \cos\left(-\frac{\pi}{6}\right),\quad \tan\frac{11\pi}{6} = \tan\left(-\frac{\pi}{6}\right)$$

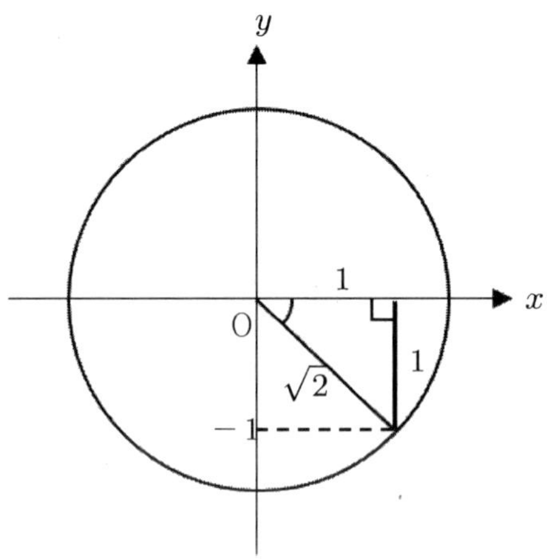

그림 1.41

예제 1.25

θ가 제2사분면의 각이고 $\tan\theta = -\dfrac{3}{4}$일 때 나머지 삼각비의 값을 구하라.

[풀이]

θ가 제2사분면의 각이고 $\tan\theta = \dfrac{b}{a} = -\dfrac{3}{4}$이므로 $a = -4$, $b = 3$이다.

따라서 $r = \sqrt{a^2 + b^2} = \sqrt{(-4)^2 + 3^2} = 5$이므로 삼각비를 나타내면 다음 그림 1.42와 같다.
따라서 나머지 삼각비는

$$\sin\theta = \frac{3}{5},\ \cos\theta = -\frac{4}{5},\ \sec\theta = -\frac{5}{4},\ \csc\theta = \frac{5}{3},\ \cot\theta = -\frac{4}{3}$$

이다.

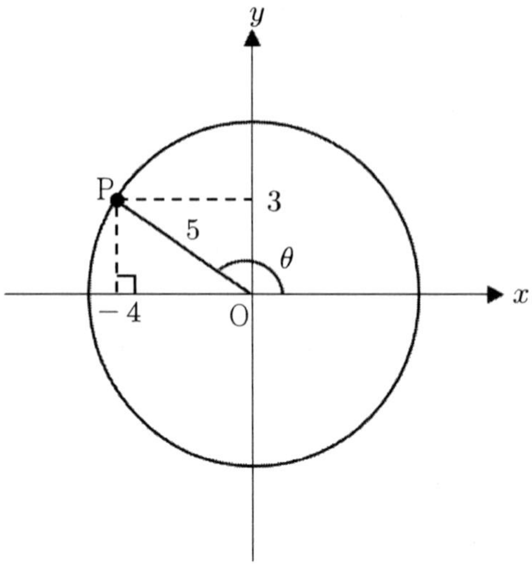

그림 1.42

다음 장에서 유용하게 사용되는 삼각비의 항등식을 정리하면 다음과 같다.

[정리 1.18]

(1) $\sin^2\theta+\cos^2\theta=1$ (2) $1+\tan^2\theta=\sec^2\theta$

(3) $1+\cot^2\theta=\csc^2\theta$

[정리 1.19] 덧셈정리

(1) $\sin(\alpha\pm\beta)=\sin\alpha\cos\beta\pm\cos\alpha\sin\beta$

(2) $\cos(\alpha\pm\beta)=\cos\alpha\cos\beta\mp\sin\alpha\sin\beta$

(3) $\tan(\alpha\pm\beta)=\dfrac{\tan\alpha\pm\tan\beta}{1\mp\tan\alpha\tan\beta}$

[정리 1.20] 배각공식

(1) $\sin 2\alpha = 2\sin\alpha\cos\alpha$

(2) $\cos 2\alpha = \cos^2\alpha - \sin^2\alpha = 1 - 2\sin^2\alpha = 2\cos^2\alpha - 1$

(3) $\tan 2\alpha = \dfrac{2\tan\alpha}{1-\tan^2\alpha}$

[정리 1.21] 반각공식

(1) $\sin^2\alpha = \dfrac{1-\cos 2\alpha}{2}$ (2) $\cos^2\alpha = \dfrac{1+\cos 2\alpha}{2}$

(3) $\tan^2\alpha = \dfrac{1-\cos 2\alpha}{1+\cos 2\alpha}$

[정리 1.22] 곱을 합 · 차로 바꾸는 공식

(1) $\sin\alpha\cos\beta = \dfrac{1}{2}[\sin(\alpha+\beta)+\sin(\alpha-\beta)]$

(2) $\cos\alpha\sin\beta = \dfrac{1}{2}[\sin(\alpha+\beta)-\sin(\alpha-\beta)]$

(3) $\cos\alpha\cos\beta = \dfrac{1}{2}[\cos(\alpha+\beta)+\cos(\alpha-\beta)]$

(4) $\sin\alpha\sin\beta = -\dfrac{1}{2}[\cos(\alpha+\beta)-\cos(\alpha-\beta)]$

[정리 1.23] 합 · 차를 곱으로 바꾸는 공식

(1) $\sin A + \sin B = 2\sin\dfrac{A+B}{2}\cos\dfrac{A-B}{2}$

(2) $\sin A - \sin B = 2\cos\dfrac{A+B}{2}\sin\dfrac{A-B}{2}$

(3) $\cos A + \cos B = 2\cos\dfrac{A+B}{2}\cos\dfrac{A-B}{2}$

(4) $\cos A - \cos B = -2\sin\dfrac{A+B}{2}\sin\dfrac{A-B}{2}$

호도법으로 주어진 각 x에 삼각비의 값을 대응시키는 함수를 **삼각함수**라고 한다. **사인 함수** $f(x)=\sin x$와 **코사인 함수** $g(x)=\cos x$그래프는 각각 그림 1.43과 1.44와 같다.

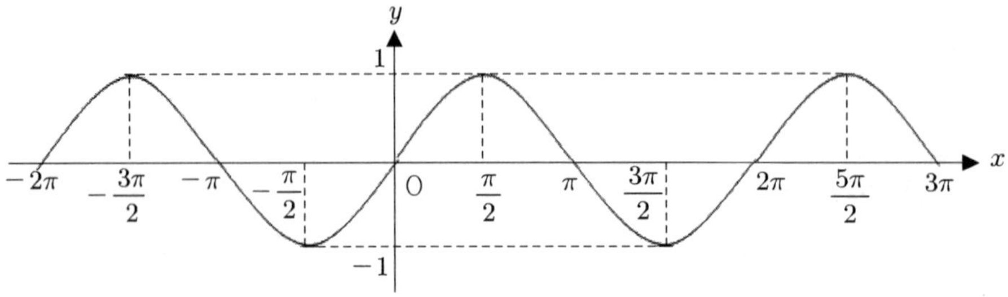

그림 1.43 $f(x)=\sin x$

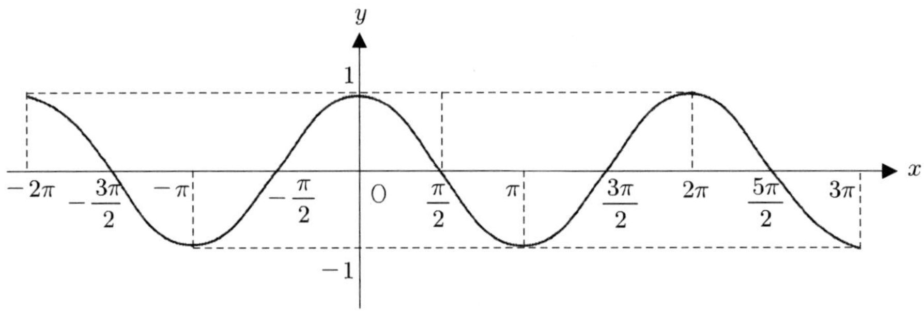

그림 1.44 $g(x)=\cos x$

사인과 코사인 함수의 정의역은 모든 실수 $(-\infty,\infty)$이며 치역은 폐구간 $[-1,1]$이다. 그러므로 모든 x값에 대해

$$-1\le \sin x\le 1 \qquad -1\le \cos x\le 1$$

이다. 사인과 코사인 함수는 그래프가 반복되는 2π 주기함수이다. 즉, 모든 x값에 대해

$$\sin(x+2\pi)=\sin x \qquad \cos(x+2\pi)=\cos x$$

이다. 특히, 사인 함수는 원점에 대하여 대칭이고, 코사인 함수는 y축에 대한 대칭이며, 모든 x값에 대해

$$\sin x = -\sin(-x) \qquad \cos x = \cos(-x)$$

을 만족하므로 사인 함수는 기함수이고 코사인 함수는 우함수이다. 또한 임의의 정수 n에 대해 사인과 코사인 함수는 다음을 만족한다.

$$\sin n\pi = 0, \qquad \cos\left(n\pi + \frac{\pi}{2}\right) = 0\ ,\quad n\text{은 정수}$$

탄젠트 함수 $y = \tan x$는 다음 식

$$\tan x = \frac{\sin x}{\cos x}$$

에 의해 사인과 코사인 함수와 연관되어 있다. 그래프는 그림 1.45에 나타나 있다.

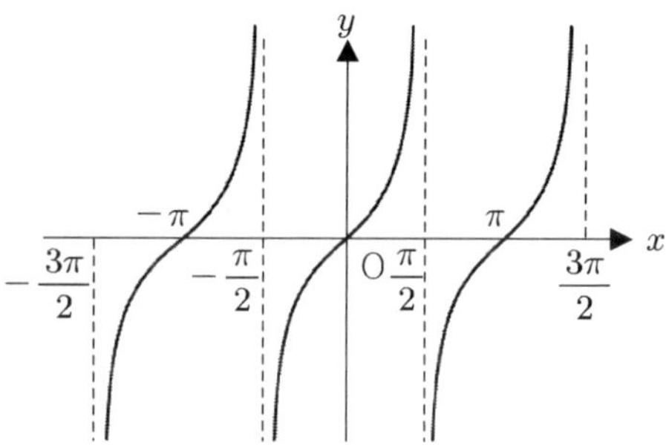

그림 1.45 $y = \tan x$

$x = \pm\frac{\pi}{2},\ \pm\frac{3\pi}{2},\ \cdots$일 때 $\cos x = 0$이므로 탄젠트 함수는 정의되지 않고 치역은 $(-\infty, \infty)$이다. 탄젠트 함수는 주기가 π인 주기함수이고 원점에 대한 대칭인 기함수이다. 즉, 모든 x값에 대해

$$\tan(x + \pi) = \tan x \qquad \tan x = -\tan(-x)$$

이다. 또한 $\sin x = 0$이면 $\tan x = 0$이므로

$$\tan n\pi = 0,\quad n\text{은 정수}$$

이다. 지금까지 살펴본 삼각함수에 대한 내용을 정리하면 다음과 같다.

구분	$y=\sin x$	$y=\cos x$	$y=\tan x$
정의역	$\mathbb{R}$	$\mathbb{R}$	$\mathbb{R}-\left\{\frac{(2n+1)}{2}\pi : n\in\mathbb{Z}\right\}$
치역	$[-1,\ 1]$	$[-1,\ 1]$	$\mathbb{R}$
주기	2π	2π	π
대칭성	원점대칭(기함수)	y축대칭(우함수)	원점대칭(기함수)
x 절편	$x=n\pi$	$x=\frac{2n+1}{2}\pi$	$x=n\pi$

예제 1.26

$x=\frac{\pi}{3},\ \frac{3\pi}{4},\ \frac{4\pi}{3},\ -\frac{\pi}{6}$ 에서 다음의 함숫값을 구하라.

(1) $f(x)=\sin x$

(2) $f(x)=\cos x$

(3) $f(x)=\tan x$

(4) $f(x)=\sin 2x+\cos 2x$

[풀이]

(1) $f\left(\frac{\pi}{3}\right)=\sin\frac{\pi}{3}=\frac{\sqrt{3}}{2}$, $\quad f\left(\frac{3\pi}{4}\right)=\sin\frac{3\pi}{4}=\frac{\sqrt{2}}{2}$

$f\left(\frac{4\pi}{3}\right)=\sin\frac{4\pi}{3}=-\frac{\sqrt{3}}{2}$, $\quad f\left(-\frac{\pi}{6}\right)=\sin\left(-\frac{\pi}{6}\right)=-\frac{1}{2}$

(2) $f\left(\frac{\pi}{3}\right)=\cos\frac{\pi}{3}=\frac{1}{2}$, $\quad f\left(\frac{3\pi}{4}\right)=\cos\frac{3\pi}{4}=-\frac{\sqrt{2}}{2}$

$f\left(\frac{4\pi}{3}\right)=\cos\frac{4\pi}{3}=-\frac{1}{2}$, $\quad f\left(-\frac{\pi}{6}\right)=\sin\left(-\frac{\pi}{6}\right)=\frac{\sqrt{3}}{2}$

(3) $f\left(\frac{\pi}{3}\right)=\tan\frac{\pi}{3}=\sqrt{3}$, $\quad f\left(\frac{3\pi}{4}\right)=\tan\frac{3\pi}{4}=-1$

$f\left(\frac{4\pi}{3}\right)=\tan\frac{4\pi}{3}=\sqrt{3}$, $\quad f\left(-\frac{\pi}{6}\right)=\tan\left(-\frac{\pi}{6}\right)=-\frac{\sqrt{3}}{3}$

(4) $f\left(\frac{\pi}{3}\right)=\sin\frac{2\pi}{3}+\cos\frac{2\pi}{3}=\frac{\sqrt{3}}{2}-\frac{1}{2}=\frac{\sqrt{3}-1}{2}$

$f\left(\frac{3\pi}{4}\right)=\sin\frac{6\pi}{4}+\cos\frac{6\pi}{4}=\sin\frac{3\pi}{2}+\cos\frac{3\pi}{2}=-1+0=-1$

$$f\left(\frac{4\pi}{3}\right)=\sin\frac{8\pi}{3}+\cos\frac{8\pi}{3}=\sin\frac{2\pi}{3}+\cos\frac{2\pi}{3}=\frac{\sqrt{3}-1}{2}$$

$$f\left(-\frac{\pi}{6}\right)=\sin\left(-\frac{2\pi}{6}\right)+\cos\left(-\frac{2\pi}{6}\right)=\sin\left(-\frac{\pi}{3}\right)+\cos\left(-\frac{\pi}{3}\right)$$

$$=-\frac{\sqrt{3}}{2}+\frac{1}{2}=\frac{-\sqrt{3}+1}{2}$$

코시컨트 함수 $f(x)=\csc x$, **시컨트 함수** $f(x)=\sec x$, **코탄젠트 함수** $f(x)=\cot x$는 각각 사인, 코사인, 탄젠트 함수의 역수이며 그래프는 그림 1.46, 1.47, 1.48과 같고 다음 표와 같이 정리할 수 있다.

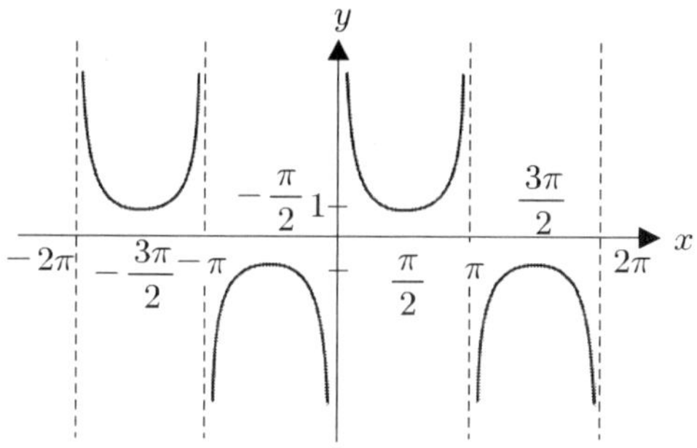

그림 1.46 $f(x)=\csc x$

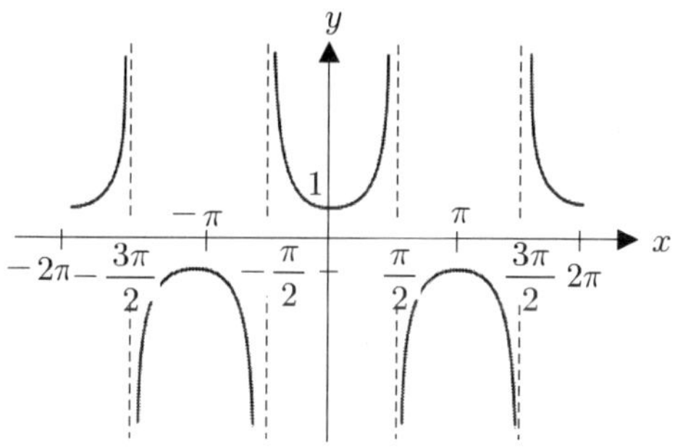

그림 1.47 $f(x)=\sec x$

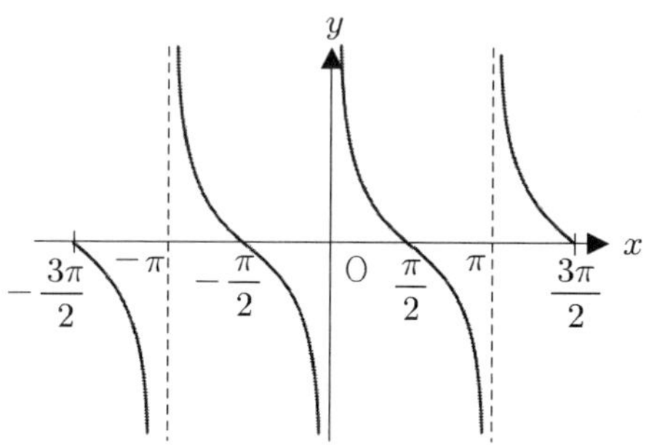

그림 1.48 $f(x)=\cot x$

구분	$y=\csc x$	$y=\sec x$	$y=\cot x$
정의역	$\mathbb{R}-\{n\pi : n\in\mathbb{Z}\}$	$\mathbb{R}-\left\{\dfrac{(2n+1)}{2}\pi : n\in\mathbb{Z}\right\}$	$\mathbb{R}-\{n\pi : n\in\mathbb{Z}\}$
치역	$(-\infty,-1]\cup[1,\infty)$	$(-\infty,-1]\cup[1,\infty)$	$\mathbb{R}$
주기	2π	2π	π
대칭성	원점대칭(기함수)	y축대칭(우함수)	원점대칭(기함수)
x 절편	없음	없음	$x=\dfrac{(2n+1)\pi}{2}$

예제 1.27

$x=\dfrac{\pi}{6},\ -\dfrac{\pi}{3}$에서 다음 함숫값을 구하라.

(1) $f(x)=\csc x$ (2) $f(x)=\sec x$ (3) $f(x)=\cot x$

[풀이]

(1) $f\left(\dfrac{\pi}{6}\right)=\csc\dfrac{\pi}{6}=\dfrac{1}{\sin\dfrac{\pi}{6}}=\dfrac{1}{1/2}=2$

$f\left(-\dfrac{\pi}{3}\right)=\csc\left(-\dfrac{\pi}{3}\right)=\dfrac{1}{\sin\left(-\dfrac{\pi}{3}\right)}=\dfrac{1}{-\sqrt{3}/2}=-\dfrac{2}{\sqrt{3}}$

(2) $f\left(\dfrac{\pi}{6}\right)=\sec\dfrac{\pi}{6}=\dfrac{1}{\cos\dfrac{\pi}{6}}=\dfrac{1}{\sqrt{3}/2}=\dfrac{2}{\sqrt{3}}$

$f\left(-\dfrac{\pi}{3}\right)=\sec\left(-\dfrac{\pi}{3}\right)=\dfrac{1}{\cos\left(-\dfrac{\pi}{3}\right)}=\dfrac{1}{1/2}=2$

(3) $f\left(\dfrac{\pi}{6}\right)=\cot\dfrac{\pi}{6}=\dfrac{1}{\tan\dfrac{\pi}{6}}=\dfrac{1}{1/\sqrt{3}}=\sqrt{3}$

$f\left(-\dfrac{\pi}{3}\right)=\cot\left(-\dfrac{\pi}{3}\right)=\dfrac{1}{\tan\left(-\dfrac{\pi}{3}\right)}=\dfrac{1}{-\sqrt{3}}$

그림 1.43에서 보듯이 사인 함수 $f(x)=\sin x$는 전단사함수가 아니므로 역함수가 존재하지 않는다. 그러나 정의역을 $-\frac{\pi}{2}\le x\le\frac{\pi}{2}$로 제한하면 그림 1.49에서 보듯이

$$f:\left[-\frac{\pi}{2},\frac{\pi}{2}\right]\to[-1,1]\ ,\ y=\sin x$$

는 전단사함수가 되어 역함수

$$f^{-1}:[-1,1]\to\left[-\frac{\pi}{2},\frac{\pi}{2}\right],\ x=\sin y$$

가 존재하게 된다. 이 함수를 **역사인 함수**라 하고 다음과 같이 정의한다.

$$y=\sin^{-1}x \quad\Leftrightarrow\quad \sin y=x\ ,\ -\frac{\pi}{2}\le y\le\frac{\pi}{2}$$

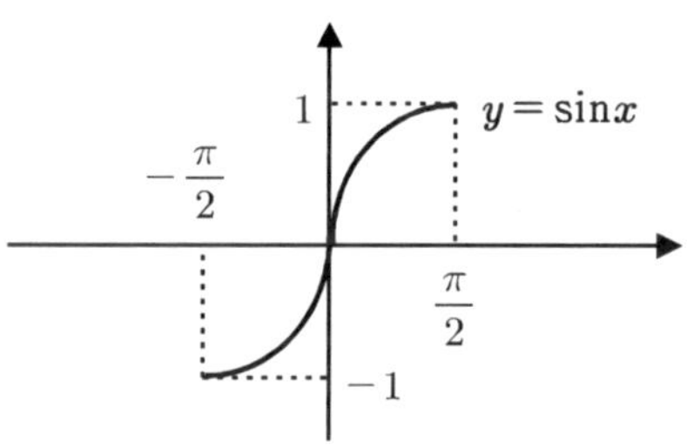

그림 1.49 $\left[-\frac{\pi}{2},\frac{\pi}{2}\right]$**에서** $y=\sin x$

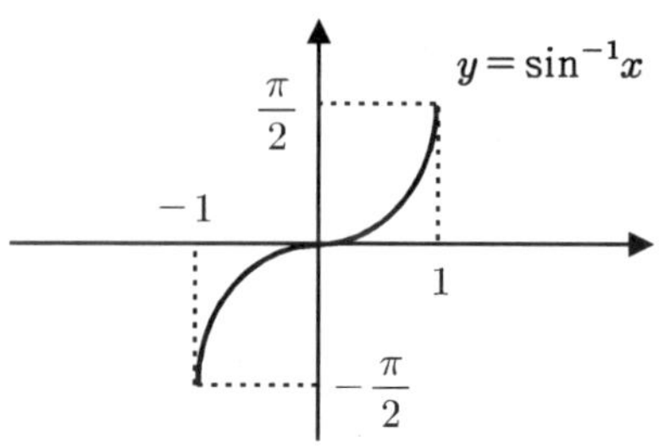

그림 1.50 역사인함수

특히 사인 함수와 역사인 함수를 합성하면 다음 성질을 만족한다.

$$\sin(\sin^{-1}y)=y,\ -1\le y\le 1$$
$$\sin^{-1}(\sin x)=x,\ -\frac{\pi}{2}\le x\le\frac{\pi}{2}$$

위의 성질은 모든 실수에서 성립하는 것이 아니라, 제한된 구간에서만 성립하는 것에 주의한다. 예를 들면, $\sin^{-1}(\sin\pi)=\pi$가 아니라

$$\sin^{-1}(\sin\pi)=\sin^{-1}(0)=0$$

이다.

주의 $\sin^{-1}x$는 $\arcsin x$라고도 쓰며, 역사인 함수 또는 arcsin(아크사인) 함수라 읽는다.

예제 1.28

다음의 값을 구하라.

(1) $\sin\left(\sin^{-1}\frac{2}{3}\right)$ (2) $\sin\left(\sin^{-1}\frac{6}{5}\right)$

(3) $\sin^{-1}\left(\sin\frac{\pi}{7}\right)$ (4) $\sin^{-1}\left(\sin\frac{5\pi}{4}\right)$

[풀이]

(1) $\frac{2}{3}$는 -1과 1 사이에 있으므로 $\sin\left(\sin^{-1}\frac{2}{3}\right)=\frac{2}{3}$이다.

(2) $\frac{6}{5}$는 -1과 1 사이에 있지 않으므로 $\sin\left(\sin^{-1}\frac{6}{5}\right)$는 정의되지 않는다.

(3) $\frac{\pi}{7}$는 $-\frac{\pi}{2}$와 $\frac{\pi}{2}$ 사이에 있으므로 $\sin^{-1}\left(\sin\frac{\pi}{7}\right)=\frac{\pi}{7}$이다.

(4) $\frac{5\pi}{4}$는 $-\frac{\pi}{2}$와 $\frac{\pi}{2}$ 사이에 있지 않지만, $\sin\frac{5\pi}{4}=-\frac{\sqrt{2}}{2}$이므로

$$\sin^{-1}\left(\sin\frac{5\pi}{4}\right)=\sin^{-1}\left(-\frac{\sqrt{2}}{2}\right)=-\frac{\pi}{4}$$

코사인 함수 $y=\cos x$의 정의역을 $0\le x\le\pi$로 제한하면 그림 1.51과 같이 $f:[0,\pi]\to[-1,1]$, $y=\cos x$는 전단사함수가 되어 역함수 $f^{-1}:[-1,1]\to[0,\pi]$, $x=\cos y$가 존재하게 된다. 이 함수를 **역코사인 함수**라 하고 다음과 같이 정의한다.

$$y=\cos^{-1}x \quad\Leftrightarrow\quad \cos y=x,\ 0\le y\le\pi$$

여기서

$$\cos(\cos^{-1}y)=y,\ -1\le y\le 1$$
$$\cos^{-1}(\cos x)=x,\ 0\le x\le\pi$$

이다.

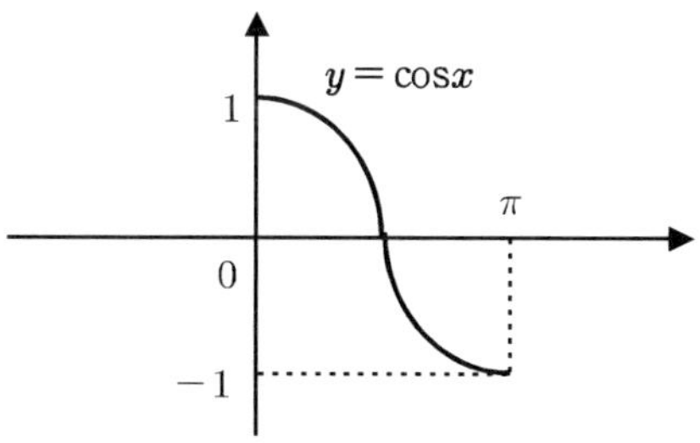

그림 1.51 $[0, \pi]$에서 $y = \cos x$

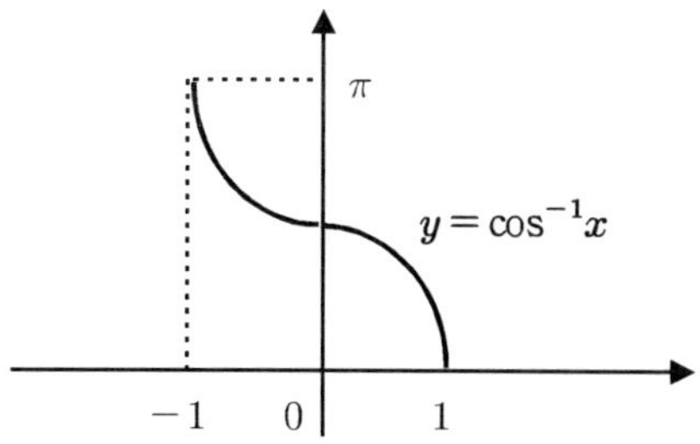

그림 1.52 역코사인 함수

예제 1.29

다음 식의 값을 구하라.

(1) $\cos\left(\cos^{-1}\dfrac{1}{4}\right)$　　(2) $\cos\left(\cos^{-1}\dfrac{5}{2}\right)$

(3) $\cos^{-1}\left(\cos\dfrac{\pi}{6}\right)$　　(4) $\cos^{-1}\left(\cos\dfrac{5\pi}{3}\right)$

[풀이]

(1) $\dfrac{1}{4}$는 -1과 1 사이에 있으므로 $\cos\left(\cos^{-1}\dfrac{1}{4}\right) = \dfrac{1}{4}$이다.

(2) $\dfrac{5}{2}$는 1보다 크므로 $\cos\left(\cos^{-1}\dfrac{5}{2}\right)$은 정의되지 않는다.

(3) $\dfrac{\pi}{6}$은 0과 π 사이에 있으므로 $\cos^{-1}\left(\cos\dfrac{\pi}{6}\right) = \dfrac{\pi}{6}$이다.

(4) $\dfrac{5\pi}{3}$는 0과 π 사이에 있지 않지만, $\cos\dfrac{5\pi}{3} = \dfrac{1}{2}$이므로

$$\cos^{-1}\left(\cos\frac{5\pi}{3}\right) = \cos^{-1}\left(\frac{1}{2}\right) = \frac{\pi}{3}$$ 이다.

예제 1.30

다음 식의 값을 구하라.

(1) $\cos^{-1}(0)$　　(2) $\cos^{-1}\left(-\dfrac{\sqrt{2}}{2}\right)$

(3) $\sin\left(\cos^{-1}\left(\dfrac{1}{3}\right)\right)$　　(4) $\cos^{-1}\left(\cos\dfrac{3\pi}{4}\right)$

[풀이]

(1) $\cos^{-1}(0)=x$라 하면 $0 \le x \le \pi$에서 $\cos x = 0$이므로 $x = \dfrac{\pi}{2}$이다.

(2) $\cos^{-1}\left(-\dfrac{\sqrt{2}}{2}\right)= x$라 하면 $0 \le x \le \pi$에서 $\cos x = -\dfrac{\sqrt{2}}{2}$인 x을 찾는다. 코사인 함수는 제2사분면에서 음의 값을 가지므로 $\cos\dfrac{3\pi}{4} = -\dfrac{\sqrt{2}}{2}$이다. 따라서 $x = \dfrac{3\pi}{4}$이다.

(3) $\cos^{-1}\left(\dfrac{1}{3}\right)= x$라 하면 $0 \le x \le \pi$에서 $\cos x = \dfrac{1}{3}$이므로 직각삼각형으로 나타낼 수 있다.

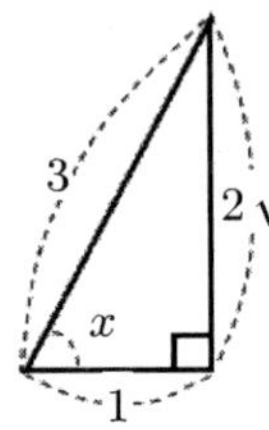

따라서 $\sin x$을 구하면

$$\sin\left(\cos^{-1}\left(\frac{1}{3}\right)\right) = \sin x = \frac{2\sqrt{2}}{3}$$

(4) $\dfrac{3\pi}{4}$는 0과 π 사이에 있으므로 $\cos^{-1}\left(\cos\dfrac{3\pi}{4}\right) = \dfrac{3\pi}{4}$이다.

탄젠트 함수 $y = \tan x$는 그림 1.48에서 보았듯이 전단사함수가 아니지만 정의역을 $-\dfrac{\pi}{2} < x < \dfrac{\pi}{2}$로 제한하면 그림 1.53에서 보듯이 $f : \left(-\dfrac{\pi}{2}, \dfrac{\pi}{2}\right) \to \mathbb{R}$, $y = \tan x$는 전단사함수가 되어 역함수 $f^{-1} : \mathbb{R} \to \left(-\dfrac{\pi}{2}, \dfrac{\pi}{2}\right)$, $x = \tan y$가 존재하게 된다. 이 함수를 **역탄젠트 함수**라 하고 다음과 같이 정의한다.

$$y = \tan^{-1} x \quad \Leftrightarrow \quad \tan y = x, \quad -\frac{\pi}{2} < y < \frac{\pi}{2}$$

특히 탄젠트 함수와 역탄젠트 함수를 합성하면 다음 성질을 만족한다.

$$\tan(\tan^{-1} y) = y, \quad -\infty < y < \infty$$

$$\tan^{-1}(\tan x) = x, \quad -\frac{\pi}{2} < x < \frac{\pi}{2}$$

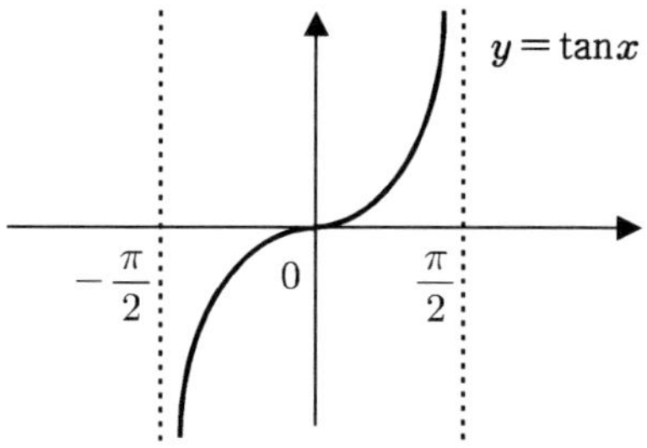

그림 1.53 $\left(-\frac{\pi}{2}, \frac{\pi}{2}\right)$에서 $y = \tan x$

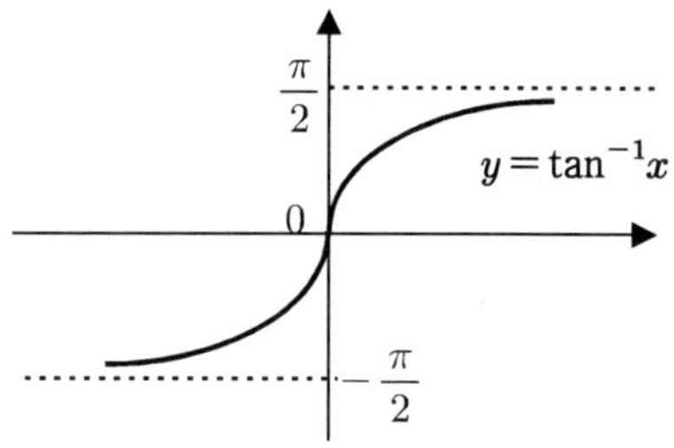

그림 1.54 역탄젠트 함수

예제 1.31

다음 식의 값을 구하라.

(1) $\tan^{-1}\sqrt{3}$

(2) $\tan^{-1}\left(-\frac{1}{\sqrt{3}}\right)$

(3) $\sin\left(\tan^{-1}\left(\frac{5}{12}\right)\right)$

(4) $\tan^{-1}\left(\tan\frac{3\pi}{4}\right)$

[풀이]

(1) $\tan^{-1}\sqrt{3} = x$라 하면 $-\frac{\pi}{2} < x < \frac{\pi}{2}$에서 $\tan x = \sqrt{3}$이므로 $x = \frac{\pi}{3}$

(2) $\tan^{-1}\left(-\frac{1}{\sqrt{3}}\right) = x$라 하면 $-\frac{\pi}{2} < x < \frac{\pi}{2}$에서 $\tan x = -\frac{1}{\sqrt{3}}$인 x을 찾는다. 탄젠트 함수는 4사분면에서 음의 값을 가지므로 $x = -\frac{\pi}{6}$이다.

(3) $\tan^{-1}\left(\frac{5}{12}\right) = x$라 하면 $-\frac{\pi}{2} < x < \frac{\pi}{2}$에서 $\tan x = \frac{5}{12}$이므로 직각삼각형으로 나타낼 수 있다.

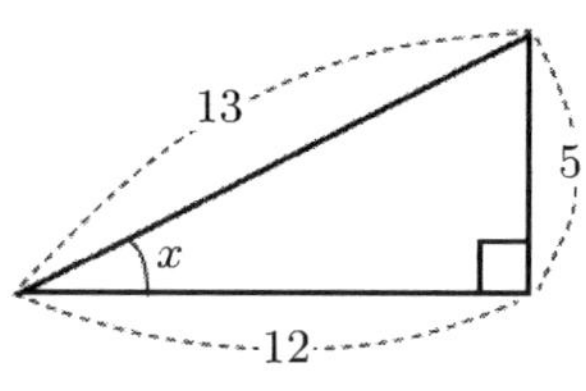

따라서 $\sin x$을 구하면

$$\sin\left(\tan^{-1}\left(\frac{5}{12}\right)\right)=\sin x=\frac{5}{13}$$

(4) $\frac{3\pi}{4}$는 $-\frac{\pi}{2}$와 $\frac{\pi}{2}$ 사이에 있지 않지만 $\tan\frac{3\pi}{4}=-1$이므로

$$\tan^{-1}\left(\tan\frac{3\pi}{4}\right)=\tan^{-1}(-1)=-\frac{\pi}{4}$$

이다.

예제 1.32

$\sin(\cos^{-1}x)$와 $\tan(\cos^{-1}x)$을 간단히 하라.

[풀이]

$\cos^{-1}x=\theta$라 하면 $\cos\theta=x$이다. 다음 그림과 같이 대각선의 길이가 1이고 인접각이 θ인 직각삼각형을 그리면 삼각비의 정의에 의해 $\sin\theta$와 $\tan\theta$을 찾을 수 있다.

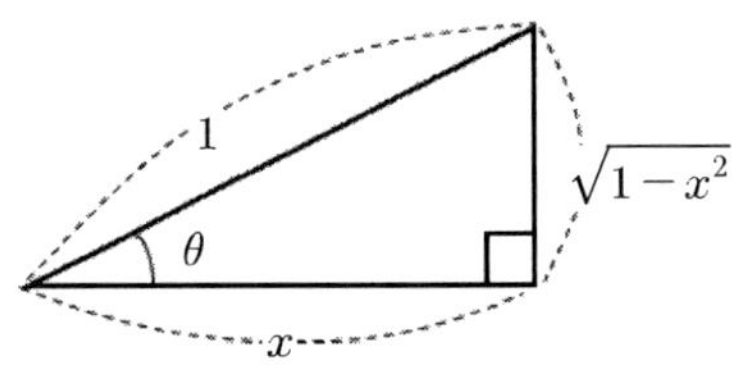

따라서

$$\sin(\cos^{-1}x)=\sin\theta=\sqrt{1-x^2}$$
$$\tan(\cos^{-1}x)=\tan\theta=\frac{\sqrt{1-x^2}}{x}$$

이다.

같은 방법으로 제한된 영역에서 나머지 삼각함수의 역함수인 **역코시컨트 함수**, **역시컨트 함수**, **역코탄젠트 함수**를 정의할 수 있고 그래프는 그림 1.55와 같다.

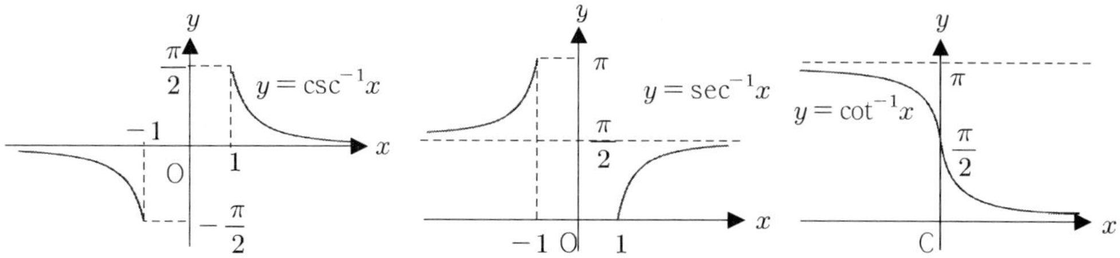

그림 1.55 $y=\csc^{-1}x$, $y=\sec^{-1}x$, $y=\cot^{-1}x$**의 그래프**

지금까지 살펴본 역삼각함수를 다음과 같이 정리할 수 있다.

역삼각함수	삼각함수	정의역	치역
$x=\sin^{-1}y$	$y=\sin x$	$-1\le y\le 1$	$-\frac{\pi}{2}\le x\le \frac{\pi}{2}$
$x=\cos^{-1}y$	$y=\cos x$	$-1\le y\le 1$	$0\le x\le \pi$
$x=\tan^{-1}y$	$y=\tan x$	$-\infty<y<\infty$	$-\frac{\pi}{2}<x<\frac{\pi}{2}$
$x=\csc^{-1}y$	$y=\csc x$	$y\le -1,\ y\ge 1$	$-\frac{\pi}{2}\le x\le \frac{\pi}{2},\ x\ne 0$
$x=\sec^{-1}y$	$y=\sec x$	$y\le -1,\ y\ge 1$	$0\le x\le \pi,\ x\ne \frac{\pi}{2}$
$x=\cot^{-1}y$	$y=\cot x$	$-\infty<y<\infty$	$0<x<\pi$

연습문제 1.4

1. θ가 제3사분면의 각이고 $\tan\theta = \dfrac{3}{5}$일 때 나머지 5가지 삼각비의 값을 구하라.

2. $\sin\theta\cos\theta < 0$, $\cos\theta\tan\theta > 0$을 동시에 만족하는 θ가 몇 사분면의 각인가?

[3~4] $x = \dfrac{\pi}{4}, \dfrac{2\pi}{3}, -\dfrac{\pi}{4}, -\dfrac{5\pi}{6}$에서 다음 함수값을 구하라.

3. $f(x) = \sin x - \tan x$

4. $f(x) = \cos x + \cot x$

다음 값을 구하라.

5. $\cos\left(\cos^{-1}\dfrac{2}{3}\right)$

6. $\tan\left(\tan^{-1}\left(-\dfrac{1}{6}\right)\right)$

7. $\sin^{-1}\left(\sin\left(-\dfrac{4\pi}{3}\right)\right)$

8. $\cos^{-1}\left(\cos\left(-\dfrac{2\pi}{3}\right)\right)$

9. $\tan^{-1}\left(\tan\dfrac{\pi}{3}\right)$

10. $\tan^{-1}\left(\tan\dfrac{3\pi}{4}\right)$

11. $\cos\left(\sin^{-1}\dfrac{1}{2} + \cos^{-1}\dfrac{1}{2}\right)$

12. $\sin\left(\tan^{-1}(-2) - \tan^{-1}3\right)$

13. $\cos\left(\cos^{-1}\dfrac{2}{3} + \cos^{-1}\dfrac{1}{4}\right)$

14. $\sin\left(\sin^{-1}\dfrac{1}{2} + \sin^{-1}\left(-\dfrac{3}{4}\right)\right)$

15. $\tan\left(\tan^{-1}(-1) + \tan^{-1}\dfrac{1}{5}\right)$

16. $\cos\left(\cot^{-1}2 - \csc^{-1}\left(-\dfrac{5}{3}\right)\right)$

17. 다음 함수의 정의역을 구하라.

(1) $y=\cos^{-1}(3x-1)$ (2) $y=\sin^{-1}(x^2-4)$

(3) $y=\ln(\cos^{-1}\sqrt{x})$ (4) $y=\sqrt{\pi-\cos^{-1}x}$

18. $x>0$에서 다음 항등식이 성립함을 보여라.

(1) $\cos^{-1}x+\sin^{-1}x=\dfrac{\pi}{2}$ (2) $\tan^{-1}x+\tan^{-1}\dfrac{1}{x}=\dfrac{\pi}{2}$

MEMO

제 2 장

방정식

2.1 분수방정식

식 $\dfrac{2}{x-2}+\dfrac{x}{x^2-1}=1$과 같이 미지수에 관한 분수식을 포함하는 방정식을 **분수방정식**이라 한다. 분수방정식은 분수식을 다항식으로 고쳐서 푼다. 즉, 분수방정식의 양변에 분모의 최소공배수를 곱하면 다항방정식으로 고칠 수 있다.

예제 2.1

분수방정식 $\dfrac{1}{x-2}-\dfrac{1}{x+1}=\dfrac{3}{4}$의 해를 구하라.

[풀이]
양변에 $4(x-2)(x+1)$을 곱하면

$$4(x+1)-4(x-2)=3(x-2)(x+1)$$

를 얻는다. 이 식을 정리하면 $0=3(x^2-x-6)$이고 인수분해하면

$$3(x-3)(x+2)=0$$

이다. 따라서 $x=3$ 또는 $x=-2$이다. 주어진 분수방정식에 대입하면 둘 다 해가 된다. 따라서 해는 $x=3,\ -2$이다.

예제 2.2

분수방정식 $\frac{1}{x}+\frac{3}{x(x-3)}=1$의 해를 구하라.

[풀이]
양변에 $x(x-3)$을 곱하면

$$x-3+3=x(x-3)$$

를 얻는다. 이 식을 정리하면 $x^2-4x=0$이고 인수분해하면

$$x(x-4)=0$$

이다. 따라서 $x=0$ 또는 $x=4$이다. 그런데 $x=0$을 주어진 분수방정식에 대입하면 분모가 0이 되므로 해가 아니다. 따라서 해는 $x=4$이다.

분수방정식을 다항방정식으로 고친 후 다항방정식을 풀어서 구한 해 중에는 원래 분수방정식의 해가 아닌 것이 있을 수 있는데 그 해를 **무연근**이라 한다. 무연근은 분수식의 분모가 0이 되는 x 값에서 생긴다. 무연근이 생기는 이유는 다음과 같다. 주어진 분수방정식을

$$f(x)=g(x) \tag{2.1}$$

라 하자. 그리고 양변에 분모의 최소공배수 $h(x)$를 곱해서 얻은 다항방정식을

$$h(x)f(x)=h(x)g(x) \tag{2.2}$$

이라 하자. 분수방정식 (2.1)을 풀기 위해서는 다항방정식 (2.2)를 풀면 된다. 그러나 (2.1)이 성립하면 (2.2)가 성립하지만 (2.2)가 성립한다고 해서 (2.1)이 성립하는 것은 아니다. 즉, (2.2)에서 얻은 해 중에는 (2.1)의 해가 아닌 것이 있을 수 있다. 따라서 분수방정식을 풀 때에는 무연근을 확인하는 것이 매우 중요하다. 즉, 구한 x값이 분모가 0을 만족하는지 반드시 확인해야 한다.

예제 2.3

분수방정식 $\frac{4}{x^2-4}-\frac{1}{x-2}=1$의 해를 구하라.

[풀이]

양변에 x^2-4을 곱하면

$$4-(x+2)=x^2-4$$

이다. 이 식을 정리하면 $x^2+x-6=0$이고 인수분해하면

$$(x+3)(x-2)=0$$

이다. 따라서 $x=-3$ 또는 $x=2$이다. 그런데 $x=2$은 무연근이므로 해는 $x=-3$이다.

예제 2.4

분수방정식 $\frac{1}{x+1}-\frac{2}{x+2}=\frac{a}{x^2+3x+2}$가 근을 갖지 않을 때 실수 a의 값을 구하라.

[풀이]

양변에 $(x+1)(x+2)$를 곱하면

$$(x+2)-2(x+1)=a$$

이다. 따라서 $x=-a$이다. 분수방정식의 근이 존재하지 않으려면 $-a$가 무연근이어야 하므로 $-a=-1$ 또는 $-a=-2$이다. 따라서 $a=1$ 또는 $a=2$이다.

예제 2.5

강물이 흐르는 속력은 매시 4 km이다. 이 강을 따라 5 km의 거리를 배로 왕복하는데 걸린 시간이 1시간 40분이다. 잔잔한 강물 위에서 이 배의 속력을 구하라.

[풀이]
구하는 배의 속력을 x km/h라 하면 강물을 거슬러 올라갈 때 걸리는 시간은 $\frac{5}{x-4}$ 시간이고 강물을 따라 내려올 때 걸리는 시간은 $\frac{5}{x+4}$ 시간이다. 따라서

$$\frac{5}{x-4}+\frac{5}{x+4}=\frac{5}{3}$$

이다. 양변에 $3(x-4)(x+4)$를 곱하면

$$15(x+4)+15(x-4)=5(x-4)(x+4)$$

이다. 이 식을 정리하면

$$x^2-6x-16=0$$

이고 인수분해하면 $(x-8)(x+2)=0$이므로 $x=8$ 또는 $x=-2$이다. 이 때 배의 속력은 4보다 커야 강물을 거슬러 올라갈 수 있으므로 구하는 배의 속력은 8 km/h이다.

2.2 무리방정식

식 $\sqrt{x^2-2}=x-1$과 같이 미지수에 관한 무리식을 포함하는 방정식을 **무리방정식**이라 한다. 무리방정식을 푸는 과정도 분수방정식을 푸는 과정과 마찬가지로 다항방정식으로 고쳐서 풀면 된다.

예제 2.6

무리방정식 $\sqrt{x^2-2}=x-1$의 해를 구하라.

[풀이]
주어진 방정식의 양변을 제곱하면

$$x^2-2=x^2-2x+1$$

이 된다. 이 식을 정리하면 $2x=3$이므로 $x=\dfrac{3}{2}$이다. 이것을 주어진 무리방정식에 대입하면 등식이 성립한다. 따라서 해는 $x=\dfrac{3}{2}$이다.

예제 2.7

무리방정식 $x+\sqrt{x-2}=4$의 해를 구하라.

[풀이]

이항하면 $\sqrt{x-2}=4-x$이고 양변을 제곱하면

$$x-2=16-8x+x^2$$

이다. 이 식을 정리하여 인수분해하면 $(x-3)(x-6)=0$이므로 $x=3$ 또는 $x=6$이다. 그런데 $x=6$을 주어진 무리방정식에 대입하면 좌변이 8이 되므로 식이 성립하지 않는다. 그리고 $x=3$을 대입하면 좌변이 4이므로 식이 성립한다. 따라서 해는 $x=3$이다.

분수방정식과 마찬가지로 무리방정식을 다항방정식으로 고친 후 다항방정식을 풀어서 구한 해 중에는 원래 무리방정식의 해가 아닌 것이 있을 수 있는데 그 해를 무연근이라 한다. 무연근이 생기는 이유는 다음과 같다. 주어진 무리방정식을

$$f(x)=g(x) \tag{2.3}$$

라 하자. 그리고 양변을 제곱하여 얻은 다항방정식을

$$(f(x))^2=(g(x))^2 \tag{2.4}$$

이라 하자. 무리방정식 (2.3)을 풀기 위해서는 다항방정식 (2.4)을 풀면 된다. 식(2.4)을 풀 때에는 $(f(x)-g(x))(f(x)+g(x))=0$을 풀면 된다. 그런데 (2.3)이 성립하면 (2.4)가 성립하지만 (2.4)가 성립한다고 해서 (2.3)이 성립하는 것은 아니다. 즉, $f(x)+g(x)=0$을 풀어서 얻은 해 중에는 (2.3)의 해가 아닌 것이 있을 수 있다. 따라서 무리방정식을 풀 때에도 무연근을 확인하는 것이 매우 중요하다.

예제 2.8

무리방정식 $\sqrt{x^2-2x+10}+x^2-2x=2$ 의 해를 구하라.

[풀이]

$x^2-2x=X$로 두면 주어진 무리방정식은

$$\sqrt{X+10}+X=2$$

가 된다. 이항하면 $\sqrt{X+10}=2-X$이고 양변을 제곱하면

$$X+10=4-4X+X^2$$

이다. 이 식을 정리하여 인수분해하면 $(X-6)(X+1)=0$이므로 $X=6$ 또는 $X=-1$이다. 그런데 $X=6$은 무연근이므로 해는 $X=-1$이다. $x^2-2x=-1$을 풀면 $x=1$이다.

무리방정식의 무연근은 그래프를 이용하여 확인할 수도 있다. 예를 들어 무리방정식 $\sqrt{x+1}=1-x$의 해는 두 함수 $y=\sqrt{x+1}$과 $y=1-x$의 교점의 x좌표이므로 $x=0$이다. 그러나 양변을 제곱하여 풀면 $y=-\sqrt{x+1}$과 $y=1-x$의 교점인 $x=3$ 또한 해로 나타나게 되는데 이 값은 원래 무리방정식의 해가 아닌 무연근이다.

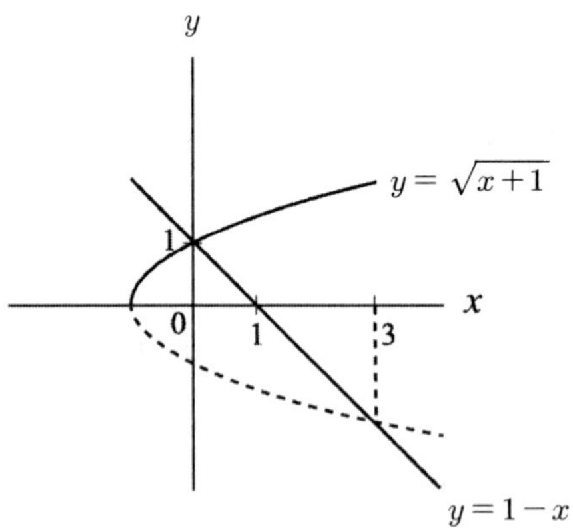

예제 2.9

직각을 낀 한 변의 길이가 4 cm이고 둘레의 길이가 12 cm인 직각삼각형의 나머지 두 변의 길이를 구하라.

[풀이]

직각삼각형의 빗변의 길이를 x cm라 하면 나머지 두 변의 길이는 4 cm, $\sqrt{x^2-16}$ cm이다. 따라서

$$4+x+\sqrt{x^2-16}=12$$

이다. 이항하면 $\sqrt{x^2-16}=8-x$이고 양변을 제곱하면

$$x^2-16=64-16x+x^2$$

이다. 이 식을 정리하여 풀면 $x=5$이다. 그리고 나머지 한 변의 길이는 $\sqrt{5^2-16}=3$이다.

2.3 지수방정식

식 $2^x=8$과 같이 지수에 미지수가 포함된 방정식을 **지수방정식**이라 한다. 양변의 밑수를 같게 표현할 수 있는 지수방정식은 다음 성질을 이용하면 쉽게 풀 수 있다.

$$a>0 \text{ 이고 } a\neq 1 \text{ 일 때 } \quad a^x=a^y \iff x=y$$

예제 2.10

다음 지수방정식을 풀라.

(1) $8^x=256$

(2) $\left(\dfrac{1}{3}\right)^{x-1}=9\sqrt{3}$

(3) $e^{x-2}=e$

(4) $e^{3x}-e^{\frac{1}{x}}=0$

[풀이]

(1) $8^x = 2^{3x}$이고 $256 = 2^8$이므로

$$2^{3x} = 2^8$$

이다. 따라서 $3x = 8$이고 $x = \frac{8}{3}$이다.

(2) $\left(\frac{1}{3}\right)^{x-1} = 3^{1-x}$이고 $9\sqrt{3} = 3^{\frac{5}{2}}$이므로

$$3^{1-x} = 3^{\frac{5}{2}}$$

이다. 따라서 $1 - x = \frac{5}{2}$이고 $x = -\frac{3}{2}$이다.

(3) 주어진 방정식 $e^{x-2} = e^1$에서 지수가 서로 같으므로

$$x - 2 = 1$$

이다. 따라서 해는 $x = 3$이다.

(4) 주어진 방정식에서 $e^{3x} = e^{\frac{1}{x}}$이므로

$$3x = \frac{1}{x}$$

인 분수방정식을 얻는다. 양변에 x를 곱하면 $3x^2 = 1$이므로 해는 $x = \pm\frac{1}{\sqrt{3}}$이다.

예제 2.11

지수방정식 $9^x - 12 \cdot 3^x + 27 = 0$을 풀라.

[풀이]

$3^x = X$로 두면 $9^x = X^2$이므로 주어진 지수방정식은

$$X^2 - 12X + 27 = 0$$

이 된다. 인수분해하면 $(X-9)(X-3) = 0$이므로 $X = 9$ 또는 $X = 3$이다. 따라서 $3^x = 9$일 때 $x = 2$이고 $3^x = 3$일 때 $x = 1$이다.

양변의 밑수를 같게 표현할 수 없는 지수방정식은 로그를 이용하여 풀 수 있다.

예제 2.12

다음 지수방정식을 풀라.

(1) $2^{3x}=7$ (2) $e^{-0.2x}=8$ (3) $9^x-3\cdot 3^x-10=0$

[풀이]

(1) 양변에 밑수가 2인 로그를 취하면 정리 1.16에 의해 $\log_2 2=1$이므로

$$3x=\log_2 7$$

을 얻는다. 따라서 $x=\frac{1}{3}\log_2 7$이다.

(2) 양변에 자연로그를 취하면 정리 1.16에 의해 $\ln e=1$이므로

$$-0.2x=\ln 8=3\ln 2$$

을 얻는다. 따라서 $x=-15\ln 2$이다.

(3) $3^x=X$로 두면 $9^x=X^2$이므로 주어진 지수방정식은

$$X^2-3X-10=0$$

이다. 인수분해하면 $(X-5)(X+2)=0$이므로 $X=5$ 또는 $X=-2$이다. 그런데 $X>0$이므로 $X=-2$는 해가 아니다. 그러므로 $3^x=5$이고 따라서 $x=\log_3 5$이다.

2.4 로그방정식

식 $\log_5 x=25$와 같이 진수에 미지수가 포함된 방정식을 **로그방정식**이라 한다. 로그방정식의 풀이법은 지수방정식의 풀이법과 비슷하다. 로그방정식의 양변의 밑수를 같게 표현하여 다음 성질을 이용하면 쉽게 풀 수 있다.

$$\log_a x = \log_a y \iff x = y$$

로그방정식의 경우는 진수가 양수라는 조건이 있으므로 주의해야 한다.

예제 2.13

다음 로그방정식을 풀라.

(1) $\log_2(3x+2) = \log_2(x^2-2x-4)$ (2) $\log(x-5) + \log(x-2) = 1$

[풀이]

(1) 밑수가 2로 같으므로

$$3x+2 = x^2-2x-4$$

를 풀면 된다. 이 식을 정리하여 인수분해하면 $(x-6)(x+1)=0$이므로 $x=6$ 또는 $x=-1$이다. 그런데 진수는 양수이어야 하므로

$$3x+2>0\ ,\ \ x^2-2x-4>0$$

을 만족해야 한다. 이때 $x=-1$은 해가 되지 않는다. 따라서 해는 $x=6$이다.

(2) 로그의 성질 정리 1.16에 의하여

$$\log(x-5)(x-2) = 1$$

이고, 따라서 $(x-5)(x-2)=10$이다. 이 식을 정리하면 $x^2-7x=0$이다. 따라서 $x=0$ 또는 $x=7$이다. 그런데 진수는 양수이어야 하므로

$$x-5>0\ ,\ \ x-2>0$$

을 만족해야 한다. 이때 $x=0$는 해가 되지 않는다. 따라서 해는 $x=7$이다.

예제 2.14

다음 로그방정식을 풀라.

(1) $(\log_2 x)^2 - 12 \cdot \log_2 x + 32 = 0$

(2) $(x+1)^{\log_3(x+1)+4} = 81(x+1)$

[풀이]

(1) $\log_2 x = X$라 두면 주어진 로그방정식은

$$X^2 - 12X + 32 = 0$$

이다. 이 식을 인수분해하면 $(X-4)(X-8) = 0$이다. 따라서 $X = 4$ 또는 $X = 8$이고 $\log_2 x = X$이므로 $x = 2$ 또는 $x = 3$이다. 두 값 모두 진수의 조건을 만족하므로 해는 2와 3이다.

(2) 양변에 밑수가 3인 로그를 취하면

$$[\log_3(x+1)+4]\log_3(x+1) = \log_3 81 + \log_3(x+1)$$

이다. $\log_3(x+1) = X$로 두면

$$(X+4)X = 4 + X$$

이다. 이 식을 정리하여 인수분해하면 $(X+4)(X-1) = 0$이고 따라서 $X = -4$ 또는 $X = 1$이다. $\log_3(x+1) = -4$ 또는 $\log_3(x+1) = 1$이므로 양변에 지수를 취하면 정리 1.16에 의해

$$3^{\log_3(x+1)} = 3^{-4}\text{일 때 } (x+1) = \frac{1}{3^4}$$

또는

$$3^{\log_3(x+1)} = 3^1\text{일 때 } (x+1) = 3$$

이다. 따라서 $x = -\dfrac{80}{81}$ 또는 $x = 2$이다. 두 값 모두 진수의 조건 $x+1 > 0$을 만족하므로 해는 $-\dfrac{80}{81}$과 2이다.

예제 2.15

다음 방정식을 풀라.

(1) $2^{\log_2 3}+2^{\log_2 5}=2^{\log_2 2x}$　　　(2) $\log_2(x-3)=\log_4(x-1)$

[풀이]

(1) 정리 1.16에 의하여 $2^{\log_2 3}=3$이고 $2^{\log_2 2x}=2x$이므로 주어진 방정식은 $3+5=2x$로 쓸 수 있다. 따라서 $x=4$이다. 이 때 $2x>0$인 진수조건을 만족하므로 $x=4$는 해가 된다.

(2) 양변의 밑을 일치시키기 위하여 우변의 식을 다음과 같이 변형한다.

$$\log_2(x-3)=\frac{1}{2}\log_2(x-1)$$

이제 다음과 같은 x에 관한 이차방정식을 얻을 수 있다.

$$2\log_2(x-3)=\log_2(x-1)$$
$$\log_2(x-3)^2=\log_2(x-1)$$
$$(x-3)^2=x-1$$
$$(x-2)(x-5)=0$$

따라서 $x=2$ 또는 $x=5$이다. 이때 진수조건

$$x-3>0,\quad x-1>0$$

을 만족하는 해는 $x=5$이다.

연습문제 2

[1~14] 다음 방정식의 해를 구하라.

1. $\left(x+\frac{1}{x}\right)^2=4$

2. $\frac{6}{x(x-2)}-\frac{3}{x-2}=1$

3. $x^2-2x+\frac{24}{x^2-2x}=11$

4. $\frac{x^2+3x}{2}-\frac{18}{x^2+3x}=8$

5. $\frac{1}{x-1}-\frac{1}{x}=\frac{x^2-x-1}{2}$

6. $\frac{1}{x+1}-\frac{1}{x+2}=\frac{1}{x+3}-\frac{1}{x+4}$

7. $\sqrt{2x^2+1}=7-2x$

8. $x^2+3x=-\sqrt{x^2+3x+6}$

9. $\sqrt{x+2}-\sqrt{3-x}=1$

10. $x^2-2x+\sqrt{x^2-2x-2}=4$

11. $2^{4x+2}=1024$

12. $e^{4x}-7e^{2x}-18=0$

13. $\log_3(x-5)+\log_3(x+3)=2$

14. $\log_2(\log_4 x)=8$

15. 다음 방정식을 x에 관하여 풀라.

(1) $2^{x^2-x}=8^2$

(2) $e^{2-x}-e^{1/x}=0$

(3) $e^{3-x}=5$

(4) $e^{e^x}=10$

(5) $e^x-6e^{-x}=1$

(6) $e^{2x}=4e^{3x}$

(7) $\left(\frac{1}{\sqrt[4]{3}}\right)^{3x}=9^{2-x}$

(8) $32^{2x}=(\sqrt{2})^{4-2x}$

(9) $\log_{\frac{1}{4}}x=\frac{1}{2}$

(10) $\ln(3x+4)=2$

(11) $2\log_2 x=\log_2 3+\log_2\left(\frac{4}{3}-x\right)$

(12) $3\ln(e^{2x})=2$

(13) $\ln(3x+1)=2-\ln x$

(14) $\ln(x^2-2)=\ln(x+4)$

(15) $(\log_4 x)^2-3\log_2 x+8=0$

(16) $(x+2)^{\log_5(x+2)+4}=\frac{x+2}{25}$

16. 분수방정식 $\frac{1}{x+1}+\frac{1}{x-2}=\frac{a}{x^2-x-2}$가 해를 갖지 않을 때 실수 a의 값을 구하라.

17. 시속 $2\,\mathrm{km/h}$의 속력으로 일정하게 흐르는 강물을 따라 $6\,\mathrm{km}$의 거리를 배로 왕복하는 데 걸린 시간이 1시간 15분일 때, 잔잔한 강물 위에서 이 배의 속력을 구하라.

18. 무리방정식 $\sqrt{x-1}=x+k$가 서로 다른 두 실근을 갖기 위한 실수 k의 값의 범위를 구하라.

제 3 장

함수의 극한과 연속

이 장에서는 x가 정점 a에 가까이 갈 때 함수 $f(x)$의 자취에 대하여 살펴본다.

3.1 극한의 개념

함수 $f(x)=\dfrac{x^2-4}{x-2}$는 $x=2$에서 정의되지 않지만, $x=2$ 근방에서 표 3.1과 같이 함숫값들을 구할 수 있다. 그림 3.1에 있는 $y=f(x)$의 그래프에서 x가 2에 가까이 갈 때 $f(x)$의 값은 4에 가까워짐을 확인할 수 있다.

표 3.1

$x<2$	$f(x)$	$x>2$	$f(x)$
1.9	3.9	2.1	4.1
1.99	3.99	2.01	4.01
1.999	3.999	2.001	4.001
1.9999	3.9999	2.0001	4.0001
1.99999	3.99999	2.00001	4.00001
1.999999	3.999999	2.000001	4.000001

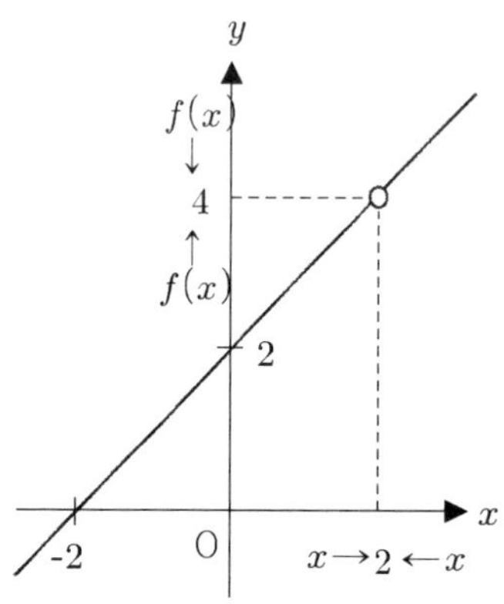

그림 3.1 $f(x)=\dfrac{x^2-4}{x-2}$

이것을 "x가 2에 접근할 때 함수 $f(x)=\dfrac{x^2-4}{x-2}$의 극한은 4이다."라고 말하고

$$\lim_{x\to 2}\frac{x^4-4}{x-2}=4$$

라고 나타낸다. 극한의 일반적인 정의는 다음과 같다.

> **[정의 3.1]** $x\,(\neq a)$가 a에 가까워 갈 때 L에 충분히 가까운 $f(x)$값을 얻을 수 있으면
>
> $$\lim_{x\to a} f(x)=L$$
>
> 로 나타내고 "x가 a에 접근할 때 $f(x)$의 **극한**은 L이다."라고 말한다.

위의 정의는 a와 같지 않은 x가 a에 접근할 때 $f(x)$값은 점점 더 L에 가까워진다는 것을 의미한다. 이것을

$$x\to a \text{ 일 때 } f(x)\to L$$

로 나타내기도 하고 "x가 a에 접근할 때 $f(x)$는 L에 접근한다."라고 말한다.

그림 3.1의 그래프에 표시된 화살표와 같이 $x=2$을 기준으로 x가 2의 왼쪽에서 가까워지는 경우와 2의 오른쪽에서 가까워지는 경우를 생각 할 수 있다. 표 3.1의 첫 번째 열에서 x값은 2보다 작지만 2로 접근하고 있고, 세 번째 열에서는 x값은 2보다 크지만 2로 접근하고 있다. 두 경우 각각 함숫값의 움직임은 4에 가까워지고 있다.

[정의 3.2]

(1) x가 a의 왼쪽에서 접근할 때 (즉 $x < a$이면서 $x \to a$일 때) $f(x)$는 L_1에 가까워지면

$$\lim_{x \to a^-} f(x) = L_1$$

과 같이 나타내고 L_1을 $f(x)$의 **좌극한**이라 한다.

(2) x가 a의 오른쪽에서 접근할 때 (즉 $x > a$이면서 $x \to a$일 때) $f(x)$는 L_2에 가까워지면

$$\lim_{x \to a^+} f(x) = L_2$$

과 같이 나타내고 L_2을 $f(x)$의 **우극한**이라 한다.

그림 3.1에 있는 함수 $f(x) = \dfrac{x^2-4}{x-2}$는 $x=2$에 대한 좌극한과 우극한이 일치한다. 즉,

$$\lim_{x \to 2^-} \frac{x^2-4}{x-2} = \lim_{x \to 2^+} \frac{x^2-4}{x-2} = 4$$

이다. 반면에 다음과 같이 정의되는 **헤비사이드 함수**

$$H(t) = \begin{cases} 0, & t < 0 \\ 1, & t \geq 0 \end{cases}$$

는 그림 3.2에서 보는 바와 같이

$$\lim_{t \to 0^-} H(t) = 0, \qquad \lim_{t \to 0^+} H(t) = 1$$

이다.

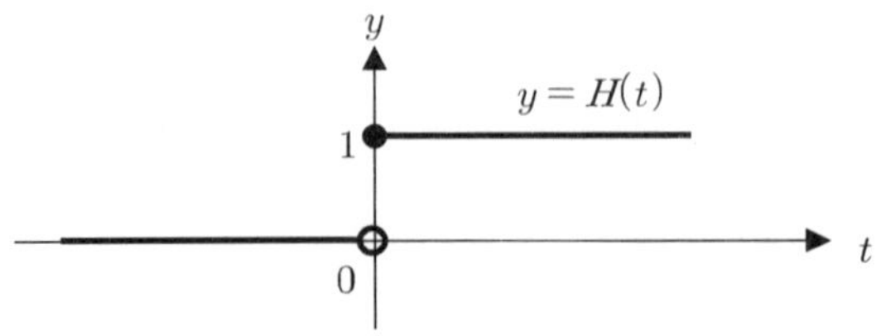

그림 3.2 헤비사이드 함수 $H(t)$

이와 같이 $\lim_{x \to a^-} f(x) = L_1$이고 $\lim_{x \to a^+} f(x) = L_2$일 때 $L_1 \neq L_2$이면 x가 a에 접근할 때 함숫값 $f(x)$가 접근하는 유일한 값이 존재하지 않게 된다. 따라서 이 경우에는 극한이 존재하지 않는다고 한다. 그러므로 극한의 정의는 다음과 같은 성질을 얻게 된다.

> $\lim_{x \to a} f(x) = L$이기 위한 필요충분조건은 $\lim_{x \to {}^-} f(x) = \lim_{x \to a^+} f(x) = L$이다.

예제 3.1

다음 그래프를 갖는 함수 $f(x)$에 대하여 극한을 구하라.

(1) $\lim_{x \to 4^-} f(x)$ (2) $\lim_{x \to 4^+} f(x)$ (3) $\lim_{x \to 4} f(x)$

(4) $\lim_{x \to 8^-} f(x)$ (5) $\lim_{x \to 8^+} f(x)$ (6) $\lim_{x \to 8} f(x)$

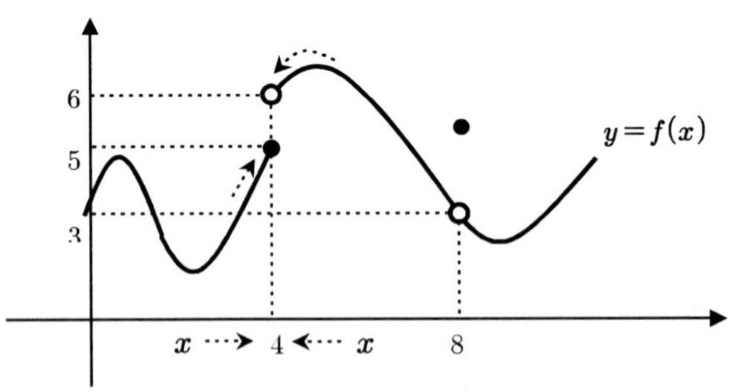

그림 3.3

[풀이]

(1) $\lim_{x \to 4^-} f(x) = 5$　　(2) $\lim_{x \to 4^+} f(x) = 6$

(3) (1)과 (2)에서 좌극한과 우극한이 다르므로 $\lim_{x \to 4} f(x)$는 존재하지 않는다.

(4) $\lim_{x \to 8^-} f(x) = 3$　　(5) $\lim_{x \to 8^+} f(x) = 3$

(6) (4)와 (5)에서 좌극한과 우극한이 같으므로 $\lim_{x \to 8} f(x) = 3$이다.

예제 3.2

$\lim_{x \to 2} (x^2 - 2x + 3)$을 구하라.

[풀이]

그림 3.4의 그래프로부터 x가 2에 가까워질수록 좌극한과 우극한이 모두 $f(x)$는 3에 가까워짐을 알 수 있다. 따라서

$$\lim_{x \to 2} (x^2 - 2x + 3) = 3$$

이다.

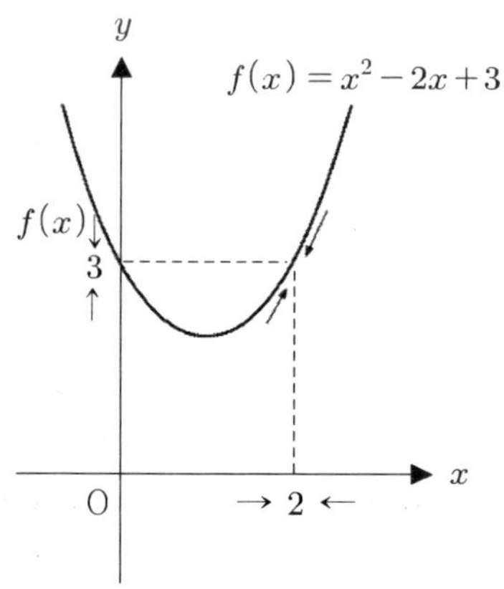

그림 3.4 $f(x) = x^2 - 2x + 3$

예제 3.3

다음 함수의 그래프를 그리고, $x=2$에서 극한을 구하라.

(1) $f(x)=x+2$

(2) $g(x)=\dfrac{x^2-4}{x-2}$

(3) $h(x)=\begin{cases}\dfrac{x^2-4}{x-2}, & x\neq 2\\ 3, & x=2\end{cases}$

(4) $k(x)=\begin{cases}\dfrac{x^2-4}{x-2}, & x\neq 2\\ 4, & x=2\end{cases}$

[풀이]

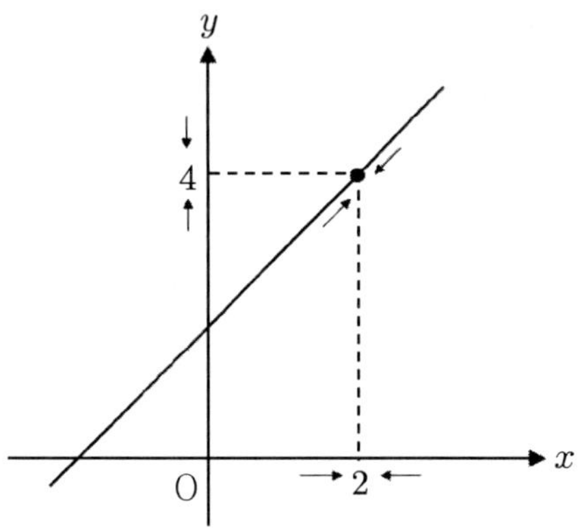

(1) $f(x)=x+2$

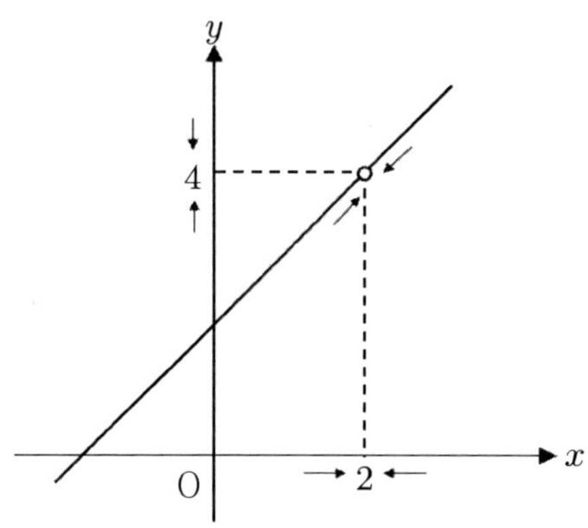

(2) $g(x)=\dfrac{x^2-4}{x-2}$

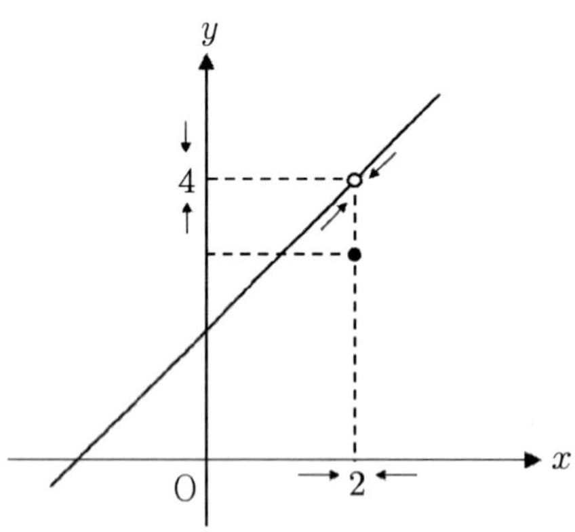

(3) $h(x)=\begin{cases}\dfrac{x^2-4}{x-2}, & x\neq 2\\ 3, & x=2\end{cases}$

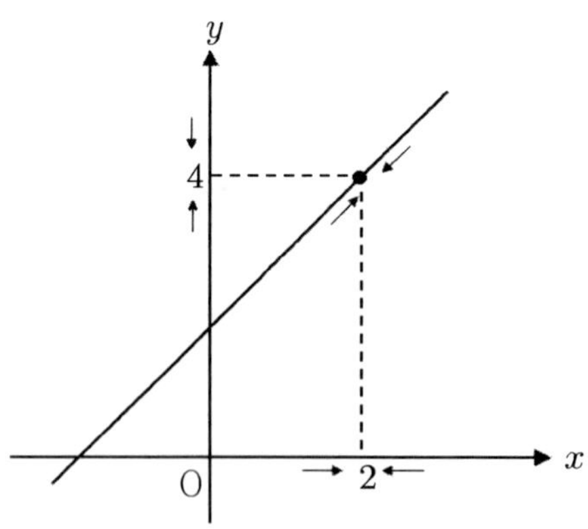

(4) $k(x)=\begin{cases}\dfrac{x^2-4}{x-2}, & x\neq 2\\ 4, & x=2\end{cases}$

(1) $\lim_{x\to2} f(x)=4$

(2) $\lim_{x\to2} g(x)=4$

(3) $\lim_{x\to2} h(x)=4$

(4) $\lim_{x\to2} k(x)=4$

예제 3.4

$\lim_{x\to0}|x|=0$ 임을 보이라.

[풀이]

$x<0$이면 $|x|=-x$이므로

$$\lim_{x\to0-}|x|=\lim_{x\to0-}(-x)=0$$

이다. $x>0$이면 $|x|=x$이므로

$$\lim_{x\to0+}|x|=\lim_{x\to0+}x=0$$

이다. 좌극한과 우극한이 같으므로 $\lim_{x\to0}|x|=0$ 이다.

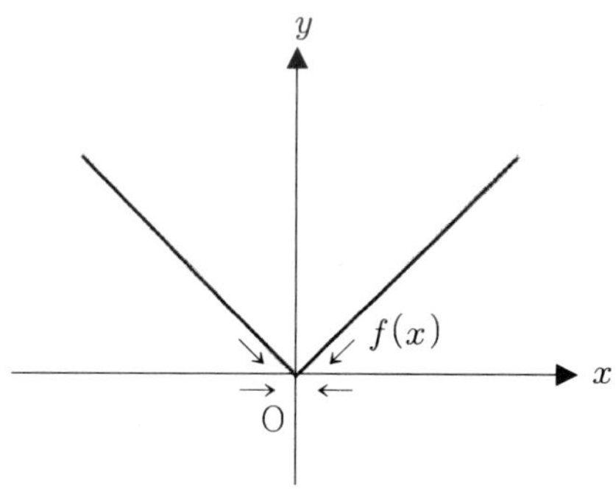

그림 3.5 $f(x)=|x|$

예제 3.5

함수 $f(x)=\dfrac{|x|}{x}$에 대하여 $x=0$에서 극한을 구하라.

[풀이]

$x<0$이면 $|x|=-x$이므로

$$f(x)=\frac{|x|}{x}=\frac{-x}{x}=-1$$

이다. 따라서 $\lim\limits_{x\to 0-}f(x)=-1$이다. 한편 $x>0$이면 $|x|=x$이므로

$$f(x)=\frac{|x|}{x}=\frac{x}{x}=1$$

이다. 따라서 $\lim\limits_{x\to 0^+}f(x)=1$이다. 좌극한과 우극한이 다르므로 $\lim\limits_{x\to 0}f(x)$은 존재하지 않는다. $f(x)$의 그래프는 $x=0$에서 정의되지 않는 그림 3.6과 같다.

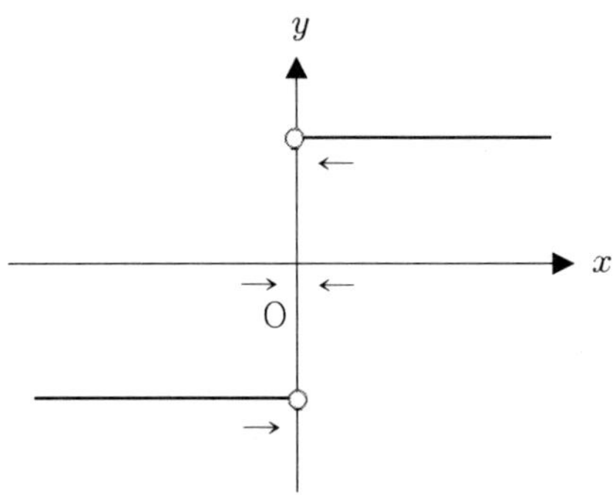

그림 3.6 $f(x)=\dfrac{|x|}{x}$

최대정수함수 $y=[[x]]$는 x를 넘지 않는 가장 큰 정수로 정의한다. 예를 들면, $[[3.5]]=3$, $[[0.9]]=0$, $[[0]]=0$, $[[\pi]]=3$, $[[-0.5]]=-1$, $[[-5.9]]=-7$이다. 즉

$$-2\le x<-1\text{이면}\quad [[x]]=-2$$

$-1 \le x < 0$이면 $[[x]] = -1$
$0 \le x < 1$ 이면 $[[x]] = 0$
$1 \le x < 2$이면 $[[x]] = 1$
$2 \le x < 3$이면 $[[x]] = 2$

이다. 최대정수함수의 그래프는 그림 3.7과 같다.

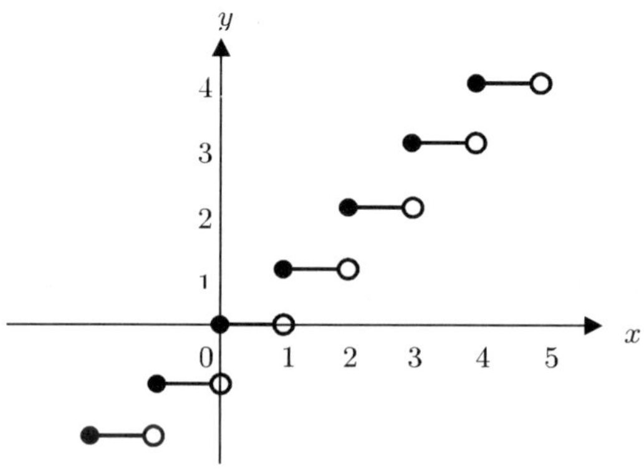

그림 3.7 최대정수함수 $y = [[x]]$

예제 3.6

$\lim_{x \to 3}[[x]]$는 존재하지 않음을 보여라.

[풀이]
$3 \le x < 4$에 대하여 $[[x]] = 3$이므로

$$\lim_{x \to 3+} [[x]] = \lim_{x \to 3+} 3 = 3$$

이다. $2 \le x < 3$에 대하여 $[[x]] = 2$이므로

$$\lim_{x \to 3-} [[x]] = \lim_{x \to 3-} 2 = 2$$

이다. 우극한과 좌극한이 같지 않으므로 $\lim_{x \to 3}[[x]]$는 존재하지 않는다.

예제 3.6에서 보듯이 임의의 정수 a에 대해서 $\lim_{x\to a}[[x]]$는 존재하지 않는다. 따라서 임의의 정수 $x=a$에서 최대정수함수 $y=[[x]]$는 극한을 갖지 않는다.

예제 3.7

$\lim_{x\to 0}\sin\dfrac{\pi}{x}$을 조사하라.

[풀이]

함수 $f(x)=\sin\dfrac{\pi}{x}$는 $x=0$에서 정의되지 않는다. 그림 3.8에서와 같이 x가 0에 가까워질 때 $f(x)=\sin\dfrac{\pi}{x}$의 값은 한없이 1과 -1 사이에서 진동하고 있다. 따라서 x가 0에 가까워질 때 $f(x)$의 값은 어떤 특정한 수에 접근하지 않으므로 $\lim_{x\to 0}\sin\dfrac{\pi}{x}$는 존재하지 않는다.

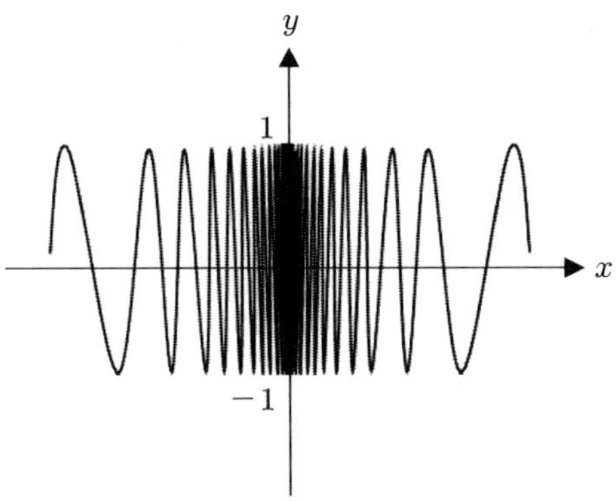

그림 3.8 $f(x)=\sin\dfrac{\pi}{x}$

연습문제 3.1

1. 함수 $y=g(x)$ 의 그래프가 다음과 같을 때 다음 값이 존재하면 구하고, 존재하지 않으면 그 이유를 설명하라.

(1) $\lim_{x \to 2^-} g(x)$ (2) $\lim_{x \to 2^+} g(x)$ (3) $\lim_{x \to 2} g(x)$

(4) $\lim_{x \to 5^-} g(x)$ (5) $\lim_{x \to 5^+} g(x)$ (6) $\lim_{x \to 5} g(x)$

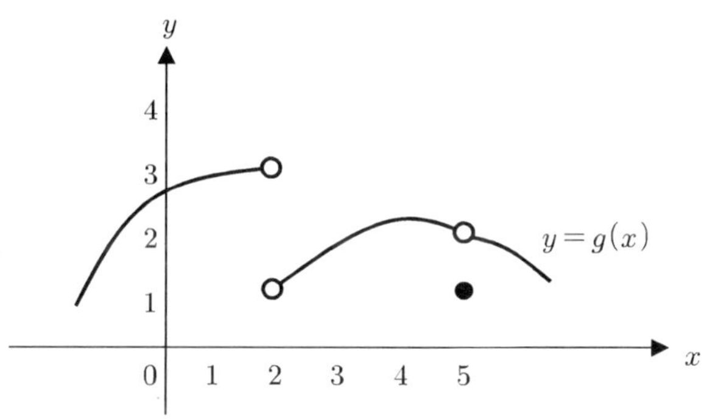

2. 그래프를 이용하여 다음 극한이 존재하면 값을 구하고 극한이 존재하지 않으면 그 이유를 설명하라.

(1) $\lim_{x\to1}(x+1)^2$ (2) $\lim_{x\to3}\dfrac{x-3}{|x-3|}$

(3) $\lim_{x\to\pi/2}\tan x$ (4) $\lim_{x\to0}\sec x$

3. 다음 함수의 그래프를 그리고 $\lim_{x\to1}f(x)$을 구하라.

(1) $f(x)=x+1$ (2) $f(x)=\dfrac{x^2-1}{x-1}$

(3) $f(x)=\begin{cases} \dfrac{x^2-1}{x-1}, & x \neq 1 \\ 2, & x=1 \end{cases}$

(4) $f(x)=\begin{cases} \dfrac{x^2-1}{x-1}, & x \neq 1 \\ 1, & x=1 \end{cases}$

[4~5] 실수 전체의 집합에서 정의되는 다음 함수 $f(x)$에 대하여 $\lim\limits_{x \to 0} f(x)$을 구하라.

4. $f(x)=\begin{cases} 1, & x\text{는 무리수} \\ 0, & x\text{는 유리수} \end{cases}$

5. $f(x)=\begin{cases} x, & x\text{는 무리수} \\ 0, & x\text{는 유리수} \end{cases}$

3.2 극한의 계산

3.1절에서는 그래프를 사용하여 함수의 극한값을 추정하였다. 그러나 모든 함수의 그래프를 정확하게 그리는 일은 어려우므로 이 방법은 정확한 해답을 얻는 데는 한계가 있다. 이 절에서는 **극한법칙**을 이용하여 극한을 구해보자.

[정리 3.3] 임의의 상수 c와 임의의 실수 a에 대하여 다음이 성립한다.

(1) $\lim\limits_{x \to a} c = c$　　　(2) $\lim\limits_{x \to a} x = a$

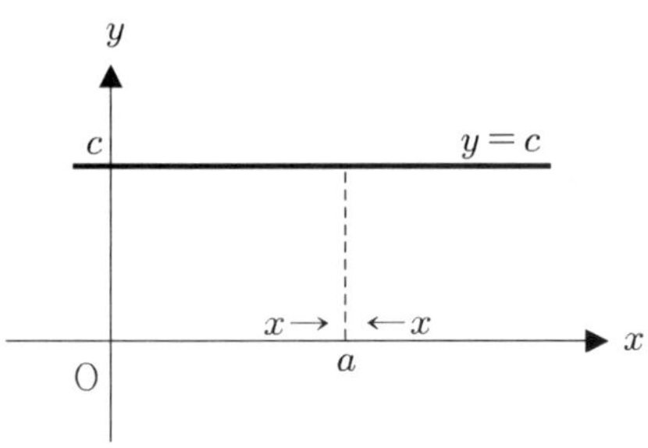

그림 3.9 $\lim\limits_{x \to a} c = c$

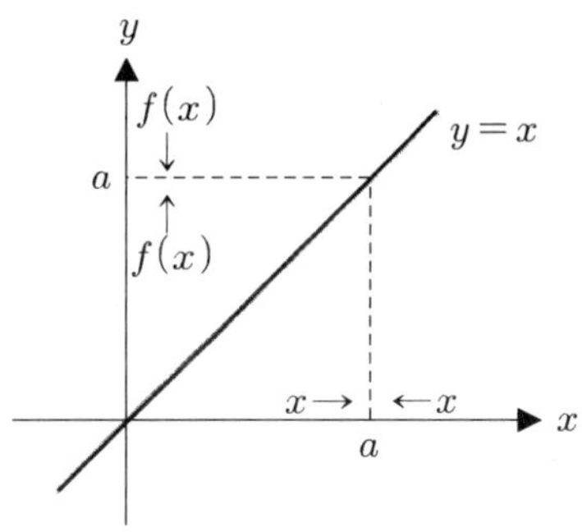

그림 3.10 $\lim\limits_{x \to a} x = a$

[정리 3.4] $\lim\limits_{x \to a} f(x)$와 $\lim\limits_{x \to a} g(x)$가 존재하고 c을 임의의 상수라고 할 때 다음 성질이 성립한다.

(1) $\lim\limits_{x \to a} [f(x) \pm g(x)] = \lim\limits_{x \to a} f(x) \pm \lim\limits_{x \to a} g(x)$

(2) $\lim\limits_{x \to a} [f(x) \cdot g(x)] = \lim\limits_{x \to a} f(x) \cdot \lim\limits_{x \to a} g(x)$

(3) $\lim\limits_{x \to a} \dfrac{f(x)}{g(x)} = \dfrac{\lim\limits_{x \to a} f(x)}{\lim\limits_{x \to a} g(x)}$ (단, $\lim\limits_{x - a} g(x) \neq 0$)

(4) $\lim\limits_{x \to a} [cf(x)] = c \lim\limits_{x \to a} f(x)$

예제 3.8

$\lim_{x\to 2} f(x) = -3$와 $\lim_{x\to 2} g(x) = 2$일 때 다음 극한을 구하라.

(1) $\lim_{x\to 2}[f(x)-2g(x)]$ (2) $\lim_{x\to 2}[f(x)\cdot g(x)]$ (3) $\lim_{x\to 2}\dfrac{f(x)}{g(x)}$

[풀이]
정리 3.4를 이용하면

(1) $\lim_{x\to 2}[f(x)-2g(x)] = \lim_{x\to 2} f(x) - 2\lim_{x\to 2} g(x) = -3-2\cdot 2 = -7$

(2) $\lim_{x\to 2}[f(x)\cdot g(x)] = \lim_{x\to 2} f(x)\cdot \lim_{x\to 2} g(x) = (-3)\cdot 2 = -6$

(3) $\lim_{x\to 2}\dfrac{f(x)}{g(x)} = \dfrac{\lim_{x\to 2} f(x)}{\lim_{x\to 2} g(x)} = \dfrac{-3}{2}$

예제 3.9

다음 극한을 구하라.

(1) $\lim_{x\to 2}(x+5)$ (2) $\lim_{x\to 2}(-3x)$

(3) $\lim_{x\to 2} x^2$ (4) $\lim_{x\to 2}\dfrac{2}{x}$

[풀이]
정리 3.4의 성질을 이용하면

(1) $\lim_{x\to 2}(x+5) = \lim_{x\to 2} x + \lim_{x\to 2} 5 = 2+5 = 7$

(2) $\lim_{x\to 2}(-3x) = (-3)\lim_{x\to 2} x = (-3)\cdot 2 = -6$

(3) $\lim_{x\to 2} x^2 = \left(\lim_{x\to 2} x\right)\left(\lim_{x\to 2} x\right) = 2\cdot 2 = 4$

(4) $\lim_{x\to 2}\dfrac{2}{x} = \dfrac{\lim_{x\to 2} 2}{\lim_{x\to 2} x} = \dfrac{2}{2} = 1$

정리 3.4를 이용하면 다음의 성질들을 쉽게 얻을 수 있다.

[따름정리 3.5] $\lim_{x\to a} f(x)$가 존재할 때 임의의 자연수 n에 대하여 다음이 성립한다.

$$\lim_{x\to a}[f(x)]^n = \left[\lim_{x\to a} f(x)\right]^n$$

[따름정리 3.6] 임의의 자연수 n과 임의의 실수 a에 대하여

$$\lim_{x\to a} x^n = a^n$$

이 성립한다. 또한 $p(x)$, $q(x)$가 다항함수일 때

$$\lim_{x\to a} p(x) = p(a) \qquad \lim_{x\to a}\frac{p(x)}{q(x)} = \frac{p(a)}{q(a)}$$

가 성립한다.

[정리 3.7] n이 홀수이면 모든 실수 a에 대하여, 그리고 n이 짝수이면 실수 $a>0$에 대하여 n제곱근의 극한이 성립한다.

$$\lim_{x\to a}\sqrt[n]{x} = \sqrt[n]{a}$$

$\lim_{x\to a} f(x)$가 존재할 때 (n이 짝수이면 $\lim_{x\to a} f(x) > 0$으로 가정) 다음이 성립한다.

$$\lim_{x\to a}\sqrt[n]{f(x)} = \sqrt[n]{\lim_{x\to a} f(x)}$$

예제 3.10

다음 극한을 구하라.

(1) $\lim_{x\to 1}(x^3+5x-2)$

(2) $\lim_{x\to -2}\frac{x^3+2x^2-1}{5-3x}$

(3) $\lim_{x\to 2}\sqrt{x^2+x-1}$

(4) $\lim_{x\to -1}\frac{\sqrt[3]{x^3+9}}{\sqrt{x^2+3}}$

[풀이]

(1) $\lim_{x\to 1}(x^3+5x-2)=1^3+5\cdot 1-2=4$

(2) $\lim_{x\to -2}\dfrac{x^3+2x^2-1}{5-3x}=\dfrac{(-2)^3+2(-2)^2-1}{5-3(-2)}=-\dfrac{1}{11}$

(3) $\lim_{x\to 2}\sqrt{x^2+x-1}=\sqrt{2^2+2-1}=\sqrt{5}$

(4) $\lim_{x\to -1}\dfrac{\sqrt[3]{x^3+9}}{\sqrt{x^2+3}}=\dfrac{\sqrt[3]{(-1)^3+9}}{\sqrt{(-1)^2+3}}=\dfrac{\sqrt[3]{8}}{\sqrt{4}}=\dfrac{2}{2}=1$

지금까지 살펴본 극한의 성질은 다음 초월함수들에도 적용된다.

[정리 3.8] 임의의 실수 c가 주어진 삼각함수, 지수함수, 자연로그함수의 정의역에 속하면 다음이 성립한다.

$$\lim_{x\to c}\sin x=\sin c \qquad \lim_{x\to c}\csc x=\csc c$$

$$\lim_{x\to c}\cos x=\cos c \qquad \lim_{x\to c}\sec x=\sec c$$

$$\lim_{x\to c}\tan x=\tan c \qquad \lim_{x\to c}\cot x=\cot c$$

$$\lim_{x\to c}a^x=a^c \qquad \lim_{x\to c}\ln x=\ln c$$

예제 3.11

다음 극한을 구하라.

(1) $\lim_{x\to \pi/2}\sin x$ (2) $\lim_{x\to \pi/3}\tan x$

(3) $\lim_{x\to 1}3^{-x}$ (4) $\lim_{x\to 4}\log_2 x$

[풀이]

(1) $\lim_{x\to\pi/2}\sin x = \sin\frac{\pi}{2} = 1$

(2) $\lim_{x\to\pi/3}\tan x = \tan\frac{\pi}{3} = \sqrt{3}$

(3) $\lim_{x\to 1} 3^{-x} = 3^{-1} = \frac{1}{3}$

(4) $\lim_{x\to 4}\log_2 x = \log_2 4 = 2$

예제 3.12

다음 극한을 구하라.

(1) $\lim_{x\to\pi}(x\cos x)$

(2) $\lim_{x\to 0}\frac{\tan x}{x^3-1}$

(3) $\lim_{x\to -1} x^2e^x$

(4) $\lim_{x\to e}\ln x^2$

[풀이]

(1) $\lim_{x\to\pi}(x\cos x) = \left(\lim_{x\to\pi}x\right)\left(\lim_{x\to\pi}\cos x\right) = \pi\cos(\pi) = -\pi$

(2) $\lim_{x\to 0}\frac{\tan x}{x^3-1} = \frac{\lim_{x\to 0}\tan x}{\lim_{x\to 0}x^3-1} = \frac{0}{0^3-1} = 0$

(3) $\lim_{x\to -1} x^2e^x = \left(\lim_{x\to -1}x^2\right)\left(\lim_{x\to -1}e^x\right) = (-1)^2e^{-1} = e^{-1}$

(4) $\lim_{x\to e}\ln x^2 = \lim_{x\to e} 2\ln x = 2\cdot\ln e = 2$

극한 $\lim_{x\to a}\frac{f(x)}{g(x)}$을 구할 때 $x=a$을 직접대입하면 분수식이 $\frac{0}{0}$ 형태가 나오는 경우가 있다. 이와 같은 표현은 이 식만으로는 극한을 알 수 없기 때문에 **부정형**이라 한다. 극한을 구할 때 이런 모양이 생기면 분수식을 다시 나타내어 분모의 극한이 0이 되지 않도록 변형해야 한다. 이것을 해결하는 두 가지 방법이 다음 예제 3.13과 3.14에 소개되어 있다. 첫 번째는 분자와 분모의 공통인수를 약분하는 방법이고, 두 번째는 함수식에 존재하는 무리식을 유리화하는 방법이다.

예제 3.13

$x=1$에서 다음 함수의 극한을 구하라.

(1) $f(x)=\dfrac{2x^2+x-3}{x^2-1}$ (2) $g(x)=\sqrt{\dfrac{x-1}{x^3-1}}$

[풀이]

(1) $\lim\limits_{x\to 1}(2x^2+x-3)=0$이고 $\lim\limits_{x\to 1}(x^2-1)=0$이므로 $0/0$형태의 부정형이다. 그런데 $x\neq 1$ 이면

$$f(x)=\frac{2x^2+x-3}{x^2-1}=\frac{(x-1)(2x+3)}{(x-1)(x+1)}=\frac{2x+3}{x+1}$$

이므로

$$\lim_{x\to 1}f(x)=\lim_{x\to 1}\frac{2x+3}{x+1}=\frac{\lim\limits_{x\to 1}(2x+3)}{\lim\limits_{x\to 1}(x+1)}=\frac{5}{2}$$

(2) $\lim\limits_{x\to 1}\sqrt{x^3-1}=0$이고 $\lim\limits_{x\to 1}\sqrt{x-1}=0$이므로 $0/0$형태의 부정형이지만 $x\neq 1$이면

$$h(x)=\sqrt{\frac{x-1}{x^3-1}}=\sqrt{\frac{x-1}{(x-1)(x^2+x+1)}}=\sqrt{\frac{1}{x^2+x+1}}$$

이므로

$$\lim_{x\to 1}h(x)=\lim_{x\to 1}\sqrt{\frac{1}{x^2+x+1}}=\sqrt{\lim_{x\to 1}\frac{1}{x^2+x+1}}=\sqrt{\frac{1}{3}}=\frac{1}{\sqrt{3}}$$

예제 3.14

다음 극한을 계산하라.

(1) $\lim\limits_{x\to 0}\dfrac{\sqrt{x+3}-\sqrt{3}}{x}$ (2) $\lim\limits_{x\to 1}\dfrac{x-1}{\sqrt{x}-1}$

[풀이]

(1) $x \to 0$일 때 분자 $\sqrt{x+3}-\sqrt{3}$와 분모 x가 0에 접근하므로 0/0형태의 부정형이다. 위의 예제 3.13과 달리 분자를 인수분해 할 수 없다. 그러나 다음과 같이 분자를 유리화할 수 있다.

$$\frac{\sqrt{x+3}-\sqrt{3}}{x}=\frac{(\sqrt{x+3}-\sqrt{3})(\sqrt{x+3}+\sqrt{3})}{x(\sqrt{x+3}+\sqrt{3})}=\frac{x+3-3}{x(\sqrt{x+3}+\sqrt{3})}$$
$$=\frac{x}{x(\sqrt{x+3}+\sqrt{3})}=\frac{1}{\sqrt{x+3}+\sqrt{3}}$$

$x \to 0$일 때 $x \neq 0$이므로 위 식에서 x을 약분할 수 있다. 따라서

$$\lim_{x\to 0}\frac{\sqrt{x+3}-\sqrt{3}}{x}=\lim_{x\to 0}\frac{1}{\sqrt{x+3}+\sqrt{3}}=\frac{1}{\sqrt{3}+\sqrt{3}}=\frac{1}{2\sqrt{3}}$$

(2) $x \to 1$일 때 분자와 분모가 0에 접근하므로 0/0형태의 부정형이다. 분모를 유리화하면

$$\frac{x-1}{\sqrt{x}-1}=\frac{(x-1)(\sqrt{x}+1)}{(\sqrt{x}-1)(\sqrt{x}+1)}=\frac{(x-1)(\sqrt{x}+1)}{x-1}=\sqrt{x}+1$$

이다. $x \to 1$일 때 $x \neq 1$이므로 위 식에서 $x-1$을 약분할 수 있다. 따라서

$$\lim_{x\to 1}\frac{x-1}{\sqrt{x}-1}=\lim_{x\to 1}(\sqrt{x}+1)=\sqrt{1}+1=2$$

[정리 3.9] a의 근방에 있는 x에서(a는 제외할 수 있음) $f(x) \le g(x)$이고 $\lim_{x\to a} f(x)$와 $\lim_{x\to a} g(x)$가 존재하면

$$\lim_{x\to a} f(x) \le \lim_{x\to a} g(x)$$

[정리 3.10] (조임정리)

a의 근방에 있는 x에서(a는 제외할 수 있음) $f(x) \le g(x) \le h(x)$이고

$$\lim_{x\to a} f(x)=\lim_{x\to a} h(x)=L$$

이면

$$\lim_{x\to a} g(x)=L$$

정리 3.10을 샌드위치정리 또는 압축정리라고도 부른다.

예제 3.15

$\lim_{x \to 0} x^2 \sin \frac{1}{x} = 0$ 임을 보이라.

(주의) $\lim_{x \to 0} \sin \frac{1}{x}$은 존재하지 않으므로 (예제 3.7 참조), 정리 3.4에 있는 극한성질

$$\lim_{x \to 0} x^2 \sin \frac{1}{x} = \lim_{x \to 0} x^2 \cdot \lim_{x \to 0} \sin \frac{1}{x}$$

은 성립하지 않는다.

[풀이]

$x \neq 0$인 모든 실수 x에 대해 $-1 \leq \sin \frac{1}{x} \leq 1$이므로

$$-x^2 \leq x^2 \sin \frac{1}{x} \leq x^2$$

이 성립한다. 그런데 $\lim_{x \to 0} x^2 = 0$이고 $\lim_{x \to 0}(-x^2) = 0$이다. 조임정리에 의해

$$\lim_{x \to 0} x^2 \sin \frac{1}{x} = 0$$

이다.

[정리 3.11] $\lim_{x \to 0} \frac{\sin x}{x} = 1$

[증명]

먼저 우극한 $\lim_{x \to 0+} \frac{\sin x}{x} = 1$을 보이자. 이를 위해 $0 < x < \frac{\pi}{2}$라 두면 편리하다. 이제 반지름이 1인 원에서 중심각이 x인 부채꼴 OAB을 생각하자.

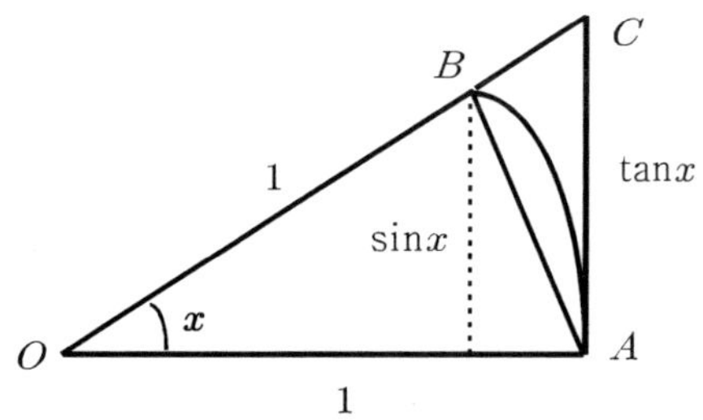

그림에서 세 도형의 면적에 대해

$$\text{삼각형 } OAB \le \text{부채꼴 } OAB \le \text{직각삼각형 } OAC$$

이다. 즉

$$\left(\frac{1}{2}\right)(1)\sin x \le \left(\frac{1}{2}\right)(1^2)x \le \left(\frac{1}{2}\right)(1)\tan x$$

이고 이를 정리하면 $\sin x \le x \le \dfrac{\sin x}{\cos x}$이다. 이때 $0 < x < \dfrac{\pi}{2}$에서 $\sin x > 0$이므로 각 변을 $\sin x$로 나누면 $1 \le \dfrac{x}{\sin x} \le \dfrac{1}{\cos x}$이다. 이제 각 변을 역수로 취하면

$$\cos x \le \frac{\sin x}{x} \le 1$$

이다. 그런데 $\lim\limits_{x \to 0+} 1 = \lim\limits_{x \to 0+} \cos x = 1$이므로 조임정리에 의하여

$$\lim_{x \to 0+} \frac{\sin x}{x} = 1 \tag{3.1}$$

이다. 다음으로 좌극한 $\lim\limits_{x \to 0-} \dfrac{\sin x}{x} = 1$ 을 보이자. 이를 위해 $-\dfrac{\pi}{2} < x < 0$이라 두면 편리하다.

이제 $x = -t$라 두면 $0 < t < \dfrac{\pi}{2}$이 되고 $x \to 0^-$일 때 $t \to 0+$이므로

$$\lim_{x \to 0-} \frac{\sin x}{x} = \lim_{t \to 0+} \frac{\sin(-t)}{-t} = \lim_{t \to 0+} \frac{-\sin t}{-t} = \lim_{t \to 0+} \frac{\sin t}{t} = 1 \tag{3.2}$$

이다. 따라서 (3.1)과 (3.2)에 의하여 우극한과 좌극한이 같으므로 $\lim\limits_{x \to 0} \dfrac{\sin x}{x} = 1$ 이다. ■

예제 3.16

다음 극한을 구하라.

(1) $\lim_{x\to 0}\frac{x}{\sin x}$

(2) $\lim_{x\to 0}\frac{\sin(cx)}{cx}$ (단, $c\neq 0$인 상수)

(3) $\lim_{x\to 0}\frac{\sin(2x)}{3x}$

(4) $\lim_{x\to 0}\frac{\tan x}{x}$

[풀이]

(1) 정리 3.11에서 $\lim_{x\to 0}\frac{\sin x}{x}=1$이므로 정리 3.4(3)에 의해 $\lim_{x\to 0}\frac{x}{\sin x}=1$이다.

(2) $c\neq 0$일 때 $cx=t$라 두자. 그러면 $x\to 0$일 때 $t\to 0$이므로

$$\lim_{x\to 0}\frac{\sin(cx)}{cx}=\lim_{t\to 0}\frac{\sin t}{t}=1$$

(3) $$\lim_{x\to 0}\frac{\sin(2x)}{3x}=\lim_{x\to 0}\frac{\sin(2x)}{2x}\frac{2x}{3x}=\lim_{x\to 0}\frac{\sin(2x)}{2x}\cdot\lim_{x\to 0}\frac{2x}{3x}=1\cdot\frac{2}{3}=\frac{2}{3}$$

(4) $$\lim_{x\to 0}\frac{\tan x}{x}=\lim_{x\to 0}\left(\frac{\sin x}{\cos x}\frac{1}{x}\right)=\lim_{x\to 0}\left(\frac{\sin x}{x}\right)\left(\frac{1}{\cos x}\right)$$
$$=\lim_{x\to 0}\left(\frac{\sin x}{x}\right)\cdot\lim_{x\to 0}\left(\frac{1}{\cos x}\right)=1\cdot 1=1$$

연습문제 3.2

다음 극한을 구하라.

1. $\lim_{x \to -2} (3x^4 - 2x^2 + x - 1)$

2. $\lim_{x \to 3} (x^2 - 4)(x^3 + 5x - 1)$

3. $\lim_{x \to 1} \frac{2x+1}{3x-2}$

4. $\lim_{x \to \sqrt{2}} \frac{x^2 - 2}{x^2 + 2}$

5. $\lim_{x \to 2-} \sqrt{4 - x^2}$

6. $\lim_{x \to \pi} (x^2 + \sin x)$

7. $\lim_{x \to 2} \frac{x^4 - 16}{x - 2}$

8. $\lim_{t \to 0} \frac{(4+t)^2 - 16}{t}$

9. $\lim_{x \to 3} \frac{\sqrt{x+6} - 3}{x - 3}$

10. $\lim_{x \to 8} \frac{\sqrt[3]{x^2} - 4}{x - 8}$

11. $\lim_{x \to 4} \sqrt[3]{\frac{x^3 - 64}{x - 4}}$

12. $\lim_{t \to 0} \left(\frac{1}{t\sqrt{1+t}} - \frac{1}{t} \right)$

13. $\lim_{h \to 0} \frac{h}{\sqrt{1+3h} - 1}$

14. $\lim_{x \to 0} \frac{\sin x}{\tan x}$

다음 극한을 구하라.

15. $\lim_{x \to 0} \frac{\sin 4x}{x}$

16. $\lim_{x \to 0} \frac{\tan 2x}{5x}$

17. $\lim_{x \to 0} \frac{\sin 2x}{\sin 3x}$

18. $\lim_{x \to 0} \frac{\cos 2x - 1}{x}$

19. $\lim_{x \to 0} \frac{\sin^2 x}{4x}$

20. $\lim_{x \to 0} \frac{\cos x - 1}{x^2}$

21. $\lim_{x \to 0} x \cot 2x$

22. $\lim_{x \to 0} 2x \csc 3x$

[23~24] 다음 주어진 함수에 대하여 극한 $\lim_{x \to 0} f(x)$ 을 구하라.

23. $f(x) = x \cos \frac{1}{x}$

24. $f(x) = (x^3 + 5x^2 + 1) \cos \frac{1}{x}$

25. 조임정리를 이용하여 $\lim_{x \to 0+} \left[\sqrt{x} \sin^2\left(\frac{1}{x}\right) \right] = 0$임을 보이라.

26. $g(x) = \frac{x^2 - 4}{|x-2|}$라 하자.

(1) $\lim_{x \to 2-} g(x)$와 $\lim_{x \to 2+} g(x)$을 구하라.

(2) $\lim_{x \to 2} g(x)$가 존재하는가?

(3) $g(x)$의 그래프를 그려라.

27. $f(x) = [[2x]] + [[-2x]]$일 때 $\lim_{x \to 1} f(x)$는 존재하지만 $f(1)$과 같지 않음을 보이라.

28. $\lim_{x \to 2} \frac{3x^2 - ax + a + 3}{x^2 - x - 2}$이 존재하도록 하는 a을 찾고 극한값을 구하라.

3.3 함수의 연속성

일반적으로 함수 $f(x)$가 연속이라고 표현할 때 직관적으로 생각하는 것은 그래프가 끊어지지 않은 그림이다. 어떤 지점에서 끊겨 있다면 불연속점이라 말한다. 그림 3.12에서 불연속점을 찾아보자.

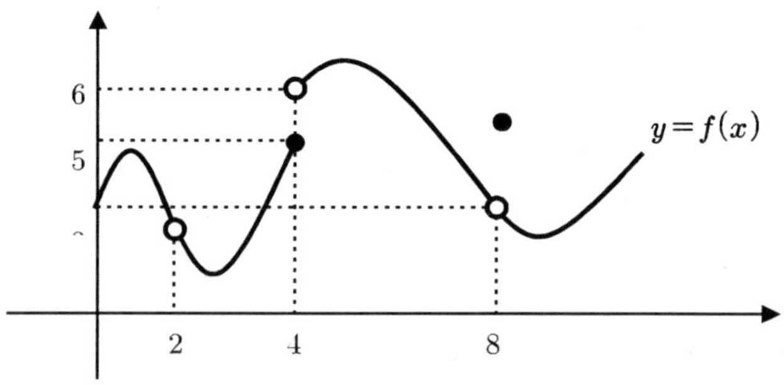

그림 3.12

함수 $f(x)$의 불연속점을 모두 찾으면 $x=2,4,8$이다. 먼저 $x=2$에서 함숫값 $f(2)$는 정의되어 있지 않다. $x=4$에서 극한을 구해보면 $\lim\limits_{x\to4^-}f(x)\neq\lim\limits_{x\to4^+}f(x)$이므로 $\lim\limits_{x\to4}f(x)$가 존재하지 않는다. $x=8$에서는 함숫값과 극한이 모두 존재하지만 $\lim\limits_{x\to8}f(x)\neq f(8)$이다.

이러한 것을 바탕으로 다음과 같이 함수의 연속성을 정의할 수 있다.

[정의 3.12] 함수 $f(x)$가 다음 세 가지 조건을 만족할 때 즉,

(i) $f(a)$가 존재하고,

(ii) $\lim\limits_{x\to a}f(x)$가 존재하며,

(iii) $\lim\limits_{x\to a}f(x)=f(a)$

을 만족하면 함수 $f(x)$가 $x=a$에서 **연속**이라고 한다. 그렇지 않다면 함수 $f(x)$는 $x=a$에서 **불연속**이라고 한다.

예제 3.17

다음 함수는 $x=2$에서 연속인지 불연속인지 설명하라.

(1) $f(x)=x+2$

(2) $g(x)=\dfrac{x^2-4}{x-2}$

(3) $h(x)=\begin{cases}\dfrac{x^2-4}{x-2}, & x\neq 2\\ 3, & x=2\end{cases}$

(4) $k(x)=\begin{cases}\dfrac{x^2-4}{x-2}, & x\neq 2\\ 4, & x=2\end{cases}$

[풀이]

예제 3.3에서 $\lim_{x\to 2}f(x)=\lim_{x\to 2}g(x)=\lim_{x\to 2}h(x)=\lim_{x\to 2}k(x)=4$임을 참조한다.

(1) $\lim_{x\to 2}f(x)=4=f(2)$이므로 $f(x)$는 $x=2$에서 연속이다.

(2) 함숫값 $g(2)$가 정의되지 않으므로 $g(x)$는 $x=2$에서 불연속이다.

(3) $\lim_{x\to 2}h(x)=4$이고 $h(2)=3$이므로 $\lim_{x\to 2}h(x)\neq h(2)$이다. 따라서 $h(x)$는 $x=2$에서 불연속이다.

(4) $\lim_{x\to 2}k(x)=4=k(2)$이므로 $k(x)$는 $x=2$에서 연속이다.

예제 3.18

다음 함수에서 불연속인 점을 구하라.

(1) $f(x)=\dfrac{x^2-2x-8}{x-4}$

(2) $g(x)=\begin{cases}\dfrac{x^2-2x-8}{x-4}, & x\neq 4\\ 1, & x=4\end{cases}$

(3) $h(x)=[[x]]$

[풀이]

(1) $f(x)$는 $x=4$에서 정의되지 않으므로 $f(x)$는 $x=4$에서 불연속이다. $x\neq 4$이면

$$f(x)=\frac{x^2-2x-8}{x-4}=\frac{(x-4)(x+2)}{x-4}=x+2$$

이므로 함수 f는 직선이다. 따라서 $x\neq 4$인 그 외의 점에서 f는 연속이다.

(2) $x \neq 4$이면

$$g(x) = \frac{(x-4)(x+2)}{x-4} = x+2$$

이므로

$$\lim_{x \to 4} g(x) = \lim_{x \to 4}(x+2) = 6$$

이다. 하지만 $\lim_{x \to 4} g(x) \neq g(4) = 1$이므로 $g(x)$는 $x=4$에서 불연속이다. $x \neq 4$인 그 외의 점에서 g는 f와 같으며 연속이다.

(3) 그림 3.7에서 보듯이 최대정수함수 $h(x)$는 모든 정수인 점에서 좌극한과 우극한이 서로 다르므로 모든 정수에서 불연속이다.

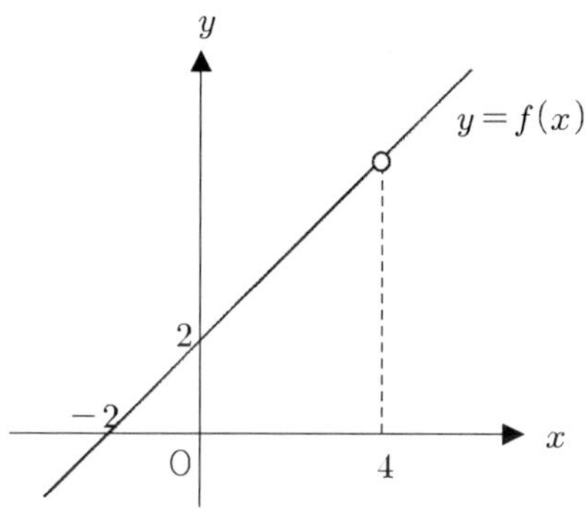

그림 3.13 $y=f(x)$

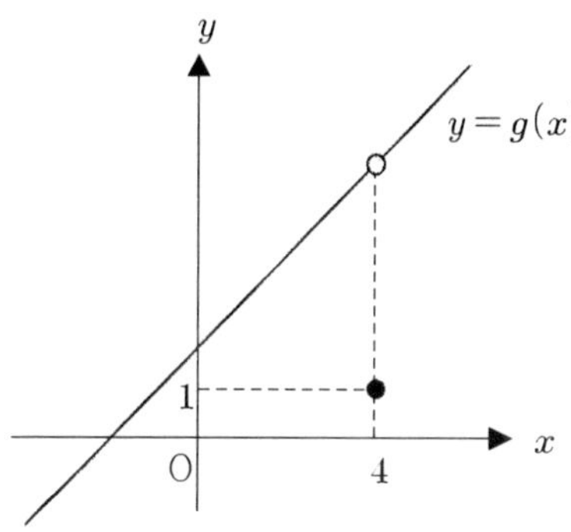

그림 3.14 $y=g(x)$

예제 3.19

다음 함수가 모든 점에서 연속이 되도록 b을 정의하라.

$$g_1(x) = \begin{cases} \dfrac{x^2-2x-8}{x-4}, & x \neq 4 \\ b, & x = 4 \end{cases}$$

[풀이]

$x=4$에서 연속이기 위해 $\lim_{x \to 4} g_1(x) = g_1(4)$이어야 한다. 예제 3.18에서 $\lim_{x \to 4} g_1(x) = 6$이므로 $b=6$이다. 함수 g_1의 그래프는 점 $(4,6)$을 제외하고 그림 3.13의 $f(x)$의 그래프와 같다.

위와 같이 어떤 점에서 함숫값을 다시 정의하여 불연속인 점을 제거할 수 있을 때 이것을 제거 가능한 불연속이라고 한다. 그러나 모든 불연속점이 제거 가능한 불연속은 아니다. 그림 3.12에서 불연속점 $x=2, 8$은 제거 가능하지만 $x=4$는 제거 가능하지 않다.

함수 $y=f(x)$가 열린구간 (a, b)안의 모든 점에서 연속이면 $f(x)$는 열린구간 (a, b)에서 연속이라 한다. 특히 $f(x)$가 열린구간 (a, b)에서 연속이고 양 끝점에서

$$\lim_{x \to a^+} f(x) = f(a) \qquad (a\text{의 오른쪽에서 연속, 우연속})$$

$$\lim_{x \to b^-} f(x) = f(b) \qquad (b\text{의 왼쪽에서 연속, 좌연속})$$

이면 함수 $f(x)$는 닫힌구간 $[a, b]$에서 연속이라 정의한다. 그리고 정의역 안의 모든 점에서 연속인 함수를 연속함수라 한다. 그러면 앞에서 살펴본 바와 같이 다항함수, 유리함수, 무리함수, 지수함수, 로그함수, 삼각함수, 역삼각함수는 각각의 정의역에서 연속함수이다. 특히, 다항함수, 지수함수, 사인함수, 코사인함수는 모든 실수 범위에서 연속함수이다.

[정리 3.13]

(1) 다항함수는 모든 실수에서 연속이다.

(2) $\sin x$, $\cos x$, $\tan^{-1}x$, a^x, e^x는 모든 실수에서 연속이다.

(3) $\sin^{-1}x$, $\cos^{-1}x$는 $-1 < x < 1$에서 연속이다.

(4) $\log_a x$, $\ln x$는 양의 실수에서 연속이다.

(5) $\sqrt[n]{x}$는 n이 홀수이면 모든 실수에서 연속이고, n이 짝수이면 양의 실수에서 연속이다.

[정리 3.14] 함수 $f(x)$, $g(x)$가 $x=a$에서 연속이면 다음 함수들도 $x=a$에서 연속이다.

(1) $f(x) \pm g(x)$ (2) $cf(x)$

(3) $f(x) \cdot g(x)$ (4) $\dfrac{f(x)}{g(x)}$ (단, $g(a) \neq 0$)

예제 3.20

함수 $f(x)=\dfrac{\ln x+\tan^{-1}x}{x^2-1}$ 가 연속인 점들의 집합을 구하라.

[풀이]

지수함수 $\ln x$는 $x>0$에서 연속이고 역탄젠트 함수 $\tan^{-1}x$는 모든 실수에서 연속이므로 분자 $\ln x+\tan^{-1}x$는 $(0,\infty)$에서 연속함수이다. 분모인 x^2-1은 다항식이므로 모든 실수에서 연속함수이지만 $f(x)$는 $x^2-1=0$을 만족하는 점에서 정의되지 않으므로 $x=\pm 1$을 제외한다. 따라서 $f(x)$는 $(0,1)\cup(1,\infty)$에서 연속함수이다.

[정리 3.15] 함수 g가 $x=a$에서 연속이고 함수 f가 $g(a)$에서 연속이면 합성함수 $(f\circ g)(x)=f(g(x))$는 $x=a$에서 연속이다.

예제 3.21

다음 함수가 연속인 점들의 집합을 구하라.

(1) $f(x)=\ln(1+\cos x)$ (2) $g(x)=\sqrt{x^2-1}$

[풀이]

(1) $1+\cos x$는 모든 실수에서 연속이고 $\ln x$는 양의 실수에서 연속이므로 두 함수의 합성함수 $f(x)=\ln(1+\cos x)$는 $1+\cos x>0$에서 정의되고 연속이다. 따라서 $\cos x=-1$일 때 정의되지 않고 이는 $x=(2n+1)\pi$ (n은 정수)일 때 이다. 그러므로 $f(x)$는 $x=(2n+1)\pi$ (n은 정수)일 때를 제외한 실수 구간에서 연속이다.

(2) $\sqrt{x}$는 $x\ge 0$에서 연속이고 x^2-1은 다항함수이므로 모든 실수에서 연속이다. 두 함수를 합성한 $g(x)=\sqrt{x^2-1}$는 $x^2-1\ge 0$을 만족하는 $(-\infty,-1]\cup[1,\infty)$에서 연속이다.

> **[정리 3.16]** $\lim_{x\to a} g(x) = L$이고 $f(x)$가 $x=L$에서 연속이면 다음이 성립한다.
>
> $$\lim_{x\to a} f(g(x)) = f\left(\lim_{x\to a} g(x)\right) = f(L)$$

예제 3.22

다음 극한을 구하라.

(1) $\lim_{x\to 1} e^{\frac{1-x}{x^2-1}}$　　(2) $\lim_{x\to 0} \log_2\left(\frac{\sin x}{x}\right)$

(3) $\lim_{x\to 1} \sin^{-1}\left(\frac{1-\sqrt{x}}{1-x}\right)$　　(4) $\lim_{x\to 0} [\ln(2x+1) - \ln(x+2)]$

[풀이]

(1) $$\lim_{x\to 1}\frac{1-x}{x^2-1} = \lim_{x\to 1}\frac{1-x}{-(1-x)(1+x)} = \lim_{x\to 1}\frac{1}{-(1+x)} = -\frac{1}{2}$$

이고 지수함수 e^x는 연속함수이므로 정리 3.16에 의해

$$\lim_{x\to 1} e^{\frac{1-x}{x^2-1}} = e^{\left(\lim_{x\to 1}\frac{1-x}{x^2-1}\right)} = e^{-\frac{1}{2}} = \frac{1}{\sqrt{e}}$$

(2) 로그함수 $\log_2 x$는 연속함수이므로 정리 3.16에 의해

$$\lim_{x\to 0}\log_2\left(\frac{\sin x}{x}\right) = \log_2\left(\lim_{x\to 0}\frac{\sin x}{x}\right) = \log_2 1 = 0$$

(3) 역사인함수 $\sin^{-1}x$는 연속함수이므로 정리 3.16에 의해

$$\lim_{x\to 1}\sin^{-1}\left(\frac{1-\sqrt{x}}{1-x}\right) = \sin^{-1}\left(\lim_{x\to 1}\frac{1-\sqrt{x}}{1-x}\right)$$

$$= \sin^{-1}\left(\lim_{x\to 1}\frac{1-\sqrt{x}}{(1-\sqrt{x})(1+\sqrt{x})}\right) = \sin^{-1}\left(\lim_{x\to 1}\frac{1}{1+\sqrt{x}}\right)$$

$$= \sin^{-1}\left(\frac{1}{2}\right) = \frac{\pi}{6}$$

(4) 로그함수 $\ln x$는 연속함수이므로

$$\lim_{x\to 0}[\ln(2x+1)-\ln(x+2)] = \lim_{x\to 0}\ln\frac{2x+1}{x+2} = \ln\left(\lim_{x\to 0}\frac{2x+1}{x+2}\right)$$
$$= \ln\left(\frac{0+1}{0+2}\right) = -\ln 2$$

[정리 3.17] (중간값 정리)
함수 f가 닫힌구간 $[a, b]$에서 연속이고 $f(a) \neq f(b)$이면 $f(a)$와 $f(b)$사이의 임의의 실수 k에 대하여

$$f(c) = k$$

을 만족하는 c가 열린구간 (a, b)안에 적어도 하나 존재한다.

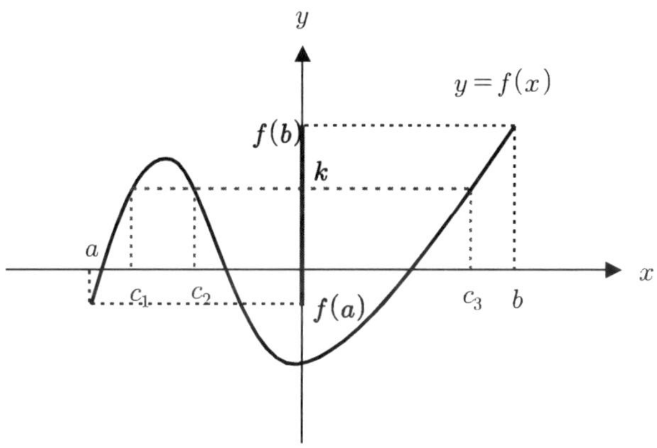

그림 3.15 중간값 정리

중간값 정리의 특별한 경우로 함수 f가 닫힌구간 $[a, b]$에서 연속이고 $f(a) \cdot f(b) < 0$이면 즉, $f(a)$와 $f(b)$가 서로 반대부호를 갖는다면 $k=0$에 대하여

$$f(c) = 0$$

을 만족하는 c가 열린구간 (a, b)안에 적어도 하나 존재한다. 따라서 그림 3.16과 같이 중간값 정리는 $f(x)$가 연속이고 $f(x)$의 부호가 바뀌는 x의 범위에서 방정식 $f(x)=0$의 실근이 존재함을 보여준다.

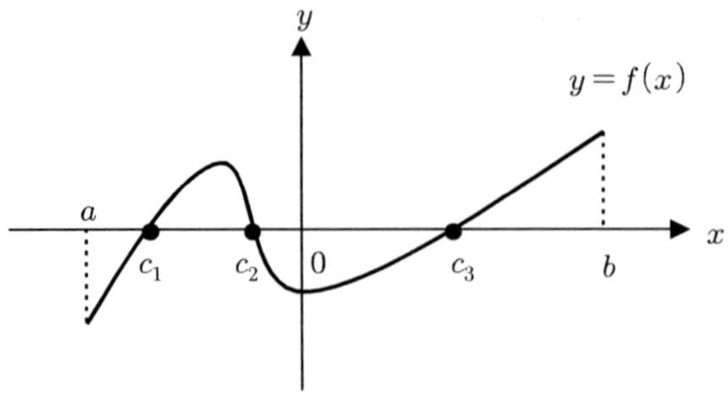

그림 3.16

예제 3.23

방정식 $4x^3-6x^2+3x-2=0$의 실근이 $(1, 2)$ 에 적어도 하나 존재함을 보이라.

[풀이]

$f(x) = 4x^3-6x^2+3x-2$ 라 두면 $f(x)$는 다항함수이므로 $[1, 2]$ 에서 연속이다. 또한

$$f(1)f(2)=(-1)\cdot 12<0$$

이므로 중간값 정리에 의하여 $f(c)=0$ 이 되는 $c\in(1, 2)$ 가 적어도 하나 존재한다. 따라서 $4x^3-6x^2+3x-2=0$ 의 근이 $(1, 2)$에 적어도 하나 있다.

연습문제 3.3

[1~4] 다음 함수들의 정의역을 찾고, 정의역의 모든 점에서 연속임을 설명하라.

1. $f(x)=\dfrac{x}{x^2+4x+5}$

2. $g(x)=x^2+\sqrt{3x-1}$

3. $h(x)=e^x\sin 3x$

4. $G(x)=\ln(x^4-1)$

5. 다음 함수의 모든 불연속점을 찾고 그 이유를 설명하라.

$$y=\frac{1}{2+e^{1/x}}$$

[6~8] 다음 함수들이 주어진 점 a에서 불연속인 이유를 설명하고 그래프를 그리라.

6. $f(x)=\ln|x-2|$: $a=2$

7. $f(x)=\begin{cases} e^x, & x<0 \\ x^2, & x\geq 0 \end{cases}$: $a=0$

8. $f(x)=\begin{cases} \dfrac{x^2-2x-8}{x+2}, & x\neq -2 \\ -5, & x=-2 \end{cases}$: $a=-2$

9. 다음 함수 f가 실수 전체 집합에서 연속이 되는 상수 b을 찾으라.

$$f(x)=\begin{cases} bx+1, & x\leq 3 \\ bx^2-1, & x>3 \end{cases}$$

10. 다음 함수 f가 점 a에서 제거 가능한 불연속점을 갖는 것은 어떤 것인가? 불연속성이 제거 가능하다면 $x\neq a$일 때 f와 같으면서 실수 전체 집합에서 연속인 함수 g를 구하라.

(1) $f(x)=\dfrac{x^2-x-6}{x+2}$, $a=-2$

(2) $f(x)=\dfrac{x-5}{|x-5|}$, $\quad a=5$

(3) $f(x)=\dfrac{x^3+64}{x+4}$, $\quad a=-4$

(4) $f(x)=\dfrac{\sin 2x}{x}$, $\quad a=0$

[11~14] 다음 극한을 구하라.

11. $\lim\limits_{x\to 1} e^{(1-\sqrt{x})/(x-1)}$

12. $\lim\limits_{x\to 2} \log_2\left(\dfrac{x-2}{x^2-4}\right)^2$

13. $\lim\limits_{x\to 1} \sin^{-1}\left(\dfrac{1-x}{x^2-1}\right)$

14. $\lim\limits_{x\to e} \cos^{-1}(\ln\sqrt{x})$

[15~16] 중간값 정리를 이용하여 주어진 구간에서 다음 방정식의 근이 존재함을 보이라.

15. $x^4+x-3=0$, $\quad (1,\ 2)$

16. $\cos x = x$, $\quad (0,\ 1)$

17. 방정식 $e^x=2-x$는 적어도 하나의 실근을 가짐을 증명하라.

3.4 무한극한

$\lim_{x\to0}\frac{1}{x^2}$과 $\lim_{x\to0}\left(-\frac{1}{x^2}\right)$ 값을 살펴보자. x가 0에 가까워질 때 x^2도 0에 가깝게 되므로 $\frac{1}{x^2}$은 아주 커지게 되고, $-\frac{1}{x^2}$은 음수이면서 절댓값이 한없이 커진다.

x	x^2	$\frac{1}{x^2}$	$-\frac{1}{x^2}$
0.1	0.01	100	-100
0.01	0.0001	10000	-10000
0.001	0.000001	1000000	-1000000
0.0001	0.00000001	100000000	-100000000
0.00001	0.0000000001	10000000000	-10000000000
⋮	⋮	⋮	⋮

그림 3.17과 3.18은 x가 충분히 0에 가까워질 때 $y=\frac{1}{x^2}$은 한없이 커지게 된다는 것을 나타내고 $y=-\frac{1}{x^2}$은 한없이 작은 음수가 된다는 것을 나타낸다. 따라서 이들 함수는 어떤 일정한 값에 접근하지 않으므로 극한값은 존재하지 않는다. 이와 같은 움직임을

$$\lim_{x\to0}\frac{1}{x^2}=\infty \qquad \lim_{x\to0}\left(-\frac{1}{x^2}\right)=-\infty$$

로 나타낸다.

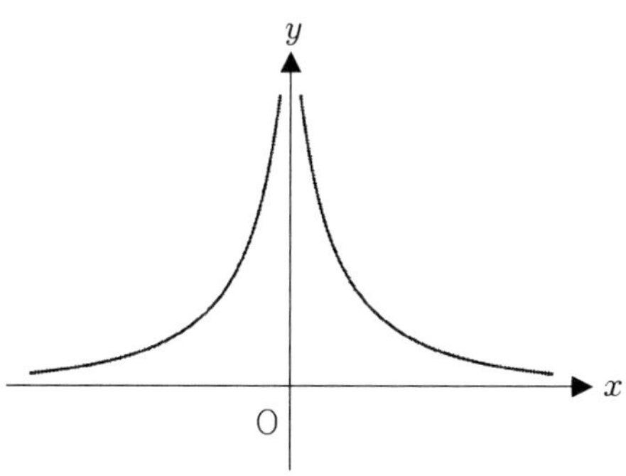

그림 3.17 $y=\frac{1}{x^2}$

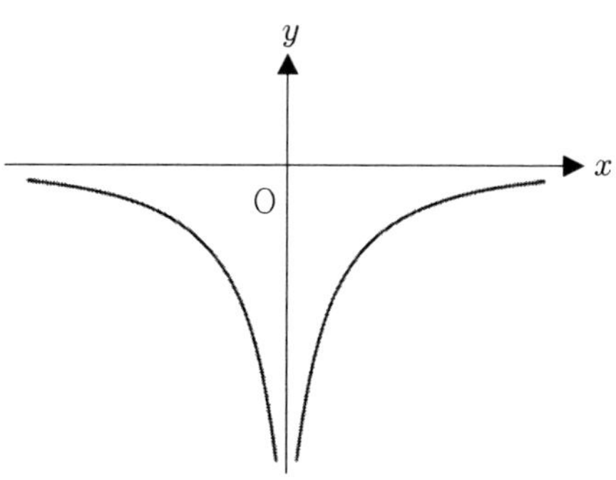

그림 3.18 $y=-\frac{1}{x^2}$

[정의 3.18] f가 a의 근방(a 자신은 제외 가능)에서 정의된 함수라 하자.

(1) $x\,(\neq a)$을 a에 충분히 가깝게 잡을 때 $f(x)$의 값이 한없이 커지면

$$\lim_{x\to a} f(x) = \infty$$

로 나타내고 "x가 a에 접근할 때 $f(x)$는 무한대로 **발산**한다."라고 한다.

(2) $x\,(\neq a)$을 a에 충분히 가깝게 잡을 때 $f(x)$의 값이 음수이면서 절댓값이 한없이 커지면

$$\lim_{x\to a} f(x) = -\infty$$

로 나타내고 "x가 a에 접근할 때 $f(x)$는 음의 무한대로 발산한다."라고 한다.

한쪽 무한극한에 대해서도 $x\to a^-$가 $x<a$에 대해서만 생각하는 의미이고, $x\to a^+$가 $x>a$인 경우만 생각한다는 의미임을 상기하여 비슷하게

$$\lim_{x\to a^-} f(x) = \infty \qquad \lim_{x\to a^+} f(x) = \infty$$

$$\lim_{x\to a^-} f(x) = -\infty \qquad \lim_{x\to a^+} f(x) = -\infty$$

을 정의할 수 있다. 그림 3.19는 이들 네 가지 경우를 설명하고 있다.

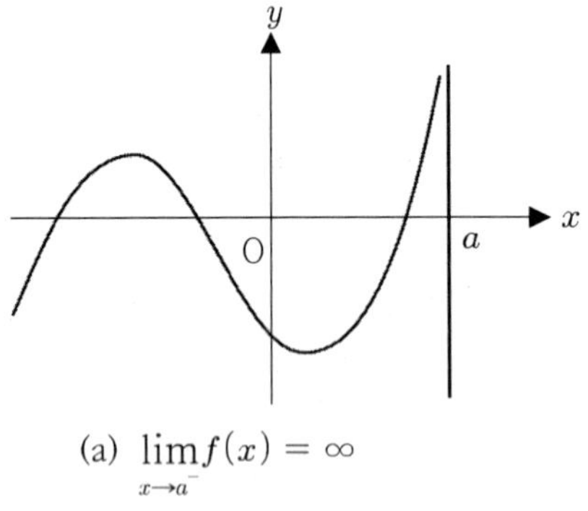

(a) $\lim_{x\to a^-} f(x) = \infty$

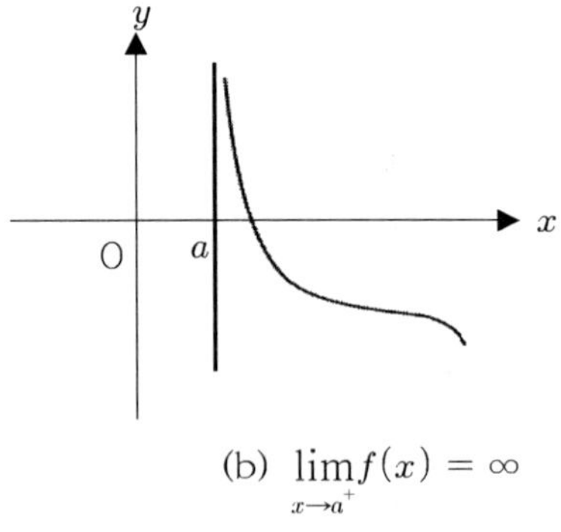

(b) $\lim_{x\to a^+} f(x) = \infty$

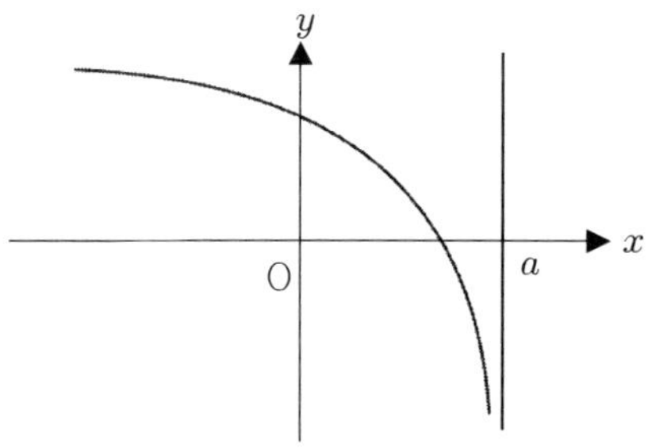

(c) $\lim_{x \to a^-} f(x) = -\infty$

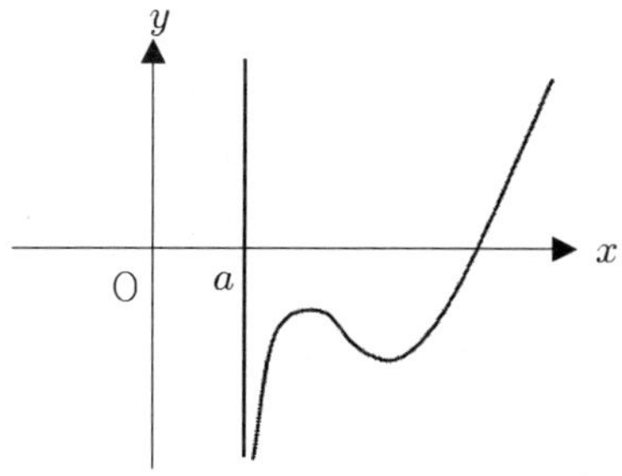

(d) $\lim_{x \to a^+} f(x) = -\infty$

그림 3.19

예를 들어 $f(x) = \dfrac{1}{x}$ 인 경우

$$\lim_{x \to 0^-} \frac{1}{x} = -\infty \qquad \lim_{x \to 0^+} \frac{1}{x} = \infty$$

이고 $g(x) = \dfrac{-2}{x}$ 이면

$$\lim_{x \to 0^-} \frac{-2}{x} = \infty \qquad \lim_{x \to 0^+} \frac{-2}{x} = -\infty$$

임을 그림 3.20과 3.21에서 확인할 수 있다.

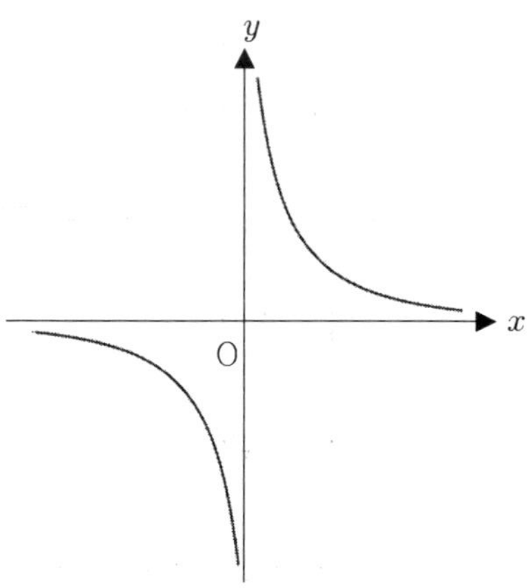

그림 3.20 $y = \dfrac{1}{x}$

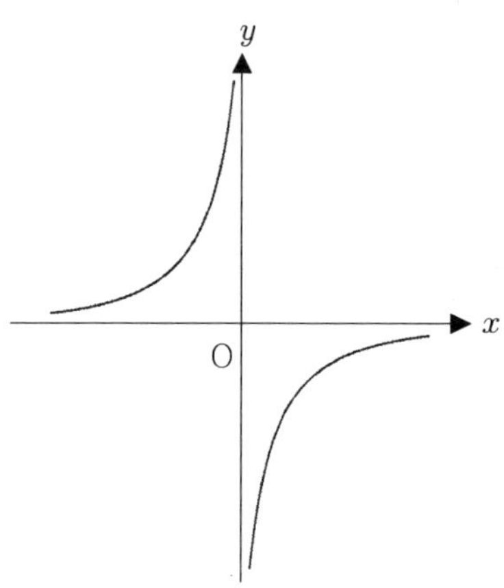

그림 3.21 $y = \dfrac{-2}{x}$

앞에서 살펴본 바와 같이 그림 1.34에 의해 로그함수에 대한 극한은 다음과 같다.

$a>1$인 경우 $\lim_{x\to 0^+}\log_a x = -\infty$

$0<a<1$인 경우 $\lim_{x\to 0^+}\log_a x = \infty$

특히 자연로그함수에 대해서

$$\lim_{x\to 0^+}\ln x = -\infty$$

예제 3.24

다음 극한을 구하라.

(1) $\lim_{x\to 2^+}\frac{3}{x-2}$ (2) $\lim_{x\to 2^-}\frac{3}{x-2}$

(3) $\lim_{x\to -1^+}\ln(x+1)$ (4) $\lim_{x\to 0}\csc x$

[풀이]

(1) $y=\frac{3}{x-2}$의 그래프는 제1, 3사분면에 있는 $y=\frac{3}{x}$의 그래프를 오른쪽으로 2만큼 수평 이동한 그래프로 그림 3.22와 같다. 따라서

$$\lim_{x\to 2^+}\frac{3}{x-2}=\infty$$

(2) 그림 3.22에 의해

$$\lim_{x\to 2^-}\frac{3}{x-2}=-\infty$$

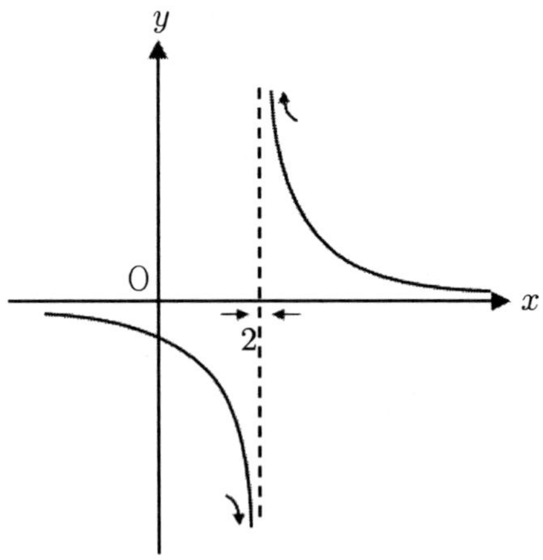

그림 3.22 $y=\frac{3}{x-2}$

(3) $y=\ln(x+1)$의 그래프는 $y=\ln x$의 그래프를 왼쪽으로 1만큼 수평 이동한 그래프이다. 그림 3.23에 의해

$$\lim_{x\to -1^{+}} \ln(x+1) = -\infty$$

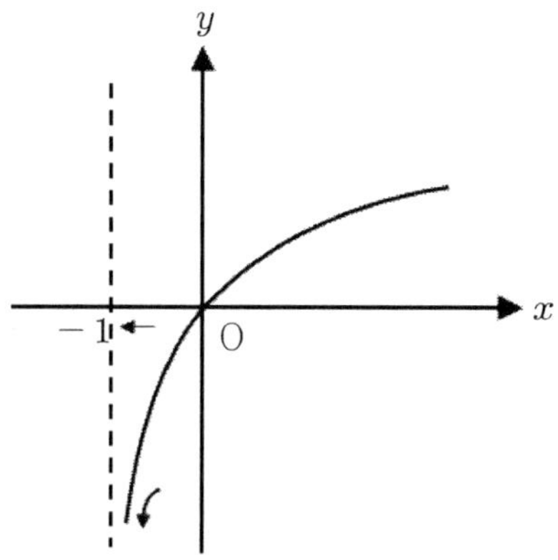

그림 3.23 $y=\ln(x+1)$

(4) $\csc x = \dfrac{1}{\sin x}$이고 $x\to 0^{+}$일 때 $\sin x \to 0^{+}$이며 $x\to 0^{-}$일 때 $\sin x\to 0^{-}$이므로

$$\lim_{x\to 0^{+}} \csc x = \lim_{x\to 0^{+}} \frac{1}{\sin x} = \infty$$

$$\lim_{x\to 0^{-}} \csc x = \lim_{x\to 0^{-}} \frac{1}{\sin x} = -\infty$$

이다. 따라서 $\lim_{x\to 0} \csc x$은 존재하지 않는다.

무한극한의 성질을 정리하면 다음과 같다.

[정리 3.19] a와 M이 실수이고 함수 f, g가

$$\lim_{x\to a} f(x) = \infty \qquad \lim_{x\to a} g(x) = M$$

을 만족하면 다음 성질이 성립한다.

(1) $\lim_{x\to a}[f(x) \pm g(x)] = \infty$

(2) $\lim_{x\to a}[f(x)g(x)] = \begin{cases} \infty, & M>0 \\ -\infty, & M<0 \end{cases}$

(3) $\lim_{x\to a}\frac{g(x)}{f(x)} = 0$

예제 3.25

다음 극한을 구하라.

(1) $\lim_{x\to 0}\left(1-\frac{8}{x^2}\right)$

(2) $\lim_{x\to 0^+} \ln x^4$

(3) $\lim_{x\to 1^-} \cot \pi x$

(4) $\lim_{x\to 1^+}\frac{-2x}{\ln(x-1)}$

[풀이]

(1) $\lim_{x\to 0}\frac{1}{x^2} = \infty$ 이므로

$$\lim_{x\to 0}\left(1-\frac{8}{x^2}\right) = 1 - \infty = -\infty$$

(2) $\lim_{x\to 0^+} \ln x^4 = \lim_{x\to 0^+} 4\ln x = 4\lim_{x\to 0^+} \ln x = \infty$

(3) $x\to 1^-$일 때 $\cos\pi x \to -1$이고 $\sin \pi x \to 0^+$이다. $\cot \pi x = \frac{\cos \pi x}{\sin \pi x}$ 이므로

$$\lim_{x\to 1^-} \cot \pi x = -\infty$$

(4) $x \to 1^+$일 때 $\ln(x-1) \to -\infty$이고 $(-2x) \to -2$이다. 따라서

$$\lim_{x\to 1^+}\frac{-2x}{\ln(x-1)} = 0$$

[정의 3.20] 다음 명제들 중 적어도 하나가 참이면 직선 $x=a$을 곡선 $y=f(x)$의 **수직점근선**이라 한다.

$$\lim_{x\to a} f(x)=\infty \qquad \lim_{x\to a-} f(x)=\infty \qquad \lim_{x\to a+} f(x)=\infty$$

$$\lim_{x\to a} f(x)=-\infty \qquad \lim_{x\to a-} f(x)=-\infty \qquad \lim_{x\to a+} f(x)=-\infty$$

예를 들면 $x=0$(y축)은 $f(x)=\dfrac{1}{x}$과 $g(x)=\dfrac{-2}{x}$의 수직점근선이다. 또한 $x=0$(y축)은 로그함수 $y=\ln x$의 수직점근선이다.

예제 3.26

극한 $\displaystyle\lim_{x\to 3+}\frac{2x}{x-3}$와 $\displaystyle\lim_{x\to 3-}\frac{2x}{x-3}$을 구하고 수직점근선을 결정하라.

[풀이]

$$y=\frac{2x}{x-3}=\frac{2(x-3)+6}{x-3}=\frac{6}{x-3}+2$$

의 그래프는 그림 3.24와 같다. 따라서

$$\lim_{x\to 3+}\frac{2x}{x-3}=\infty \quad \text{그리고} \quad \lim_{x\to 3-}\frac{2x}{x-3}=-\infty$$

이다. 그러므로 직선 $x=3$은 수직점근선이다.

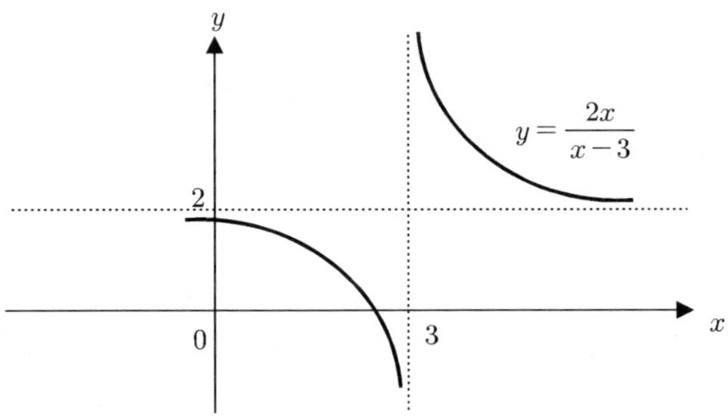

그림 3.24 $y=\dfrac{2x}{x-3}$

[정리 3.21] $\lim_{x\to c} f(x) = f(c) \neq 0$ 이고 $\lim_{x\to c} g(x) = g(c) = 0$이면

$$h(x) = \frac{f(x)}{g(x)}$$

는 $x = c$을 수직점근선으로 갖는다.

예제 3.27

$f(x) = \tan x$의 수직점근선을 구하라.

[풀이]

$\tan x = \dfrac{\sin x}{\cos x}$이므로 $\cos x = 0$인 x에서 수직점근선이 존재할 가능성이 있다. 실제로

$$x \to \left(\frac{\pi}{2}\right)^{-} \text{일 때 } \cos x \to 0^{+}$$

$$x \to \left(\frac{\pi}{2}\right)^{+} \text{일 때 } \cos x \to 0^{-}$$

이다. 반면에

$$x \to \left(\frac{\pi}{2}\right) \text{일 때 } \sin x \to 1$$

이므로

$$\lim_{x\to(\pi/2)^{-}} \tan x = \infty, \qquad \lim_{x\to(\pi/2)^{+}} \tan x = -\infty$$

이다. 따라서 $x = \dfrac{\pi}{2}$는 수직점근선이다. 비슷하게 $x = \dfrac{2n+1}{2}\pi$(n은 정수)가 모두 $f(x) = \tan x$의 수직점근선임을 보여준다. 그림 1.45에서 이를 확인할 수 있다.

지수함수 $y = \left(\dfrac{1}{2}\right)^{x}$는 x가 커질수록 0에 가까워지고 $y = 2^{x}$는 음수 x가 작아질수록 0에 가까워진다. 이와 같은 움직임을 다음의 극한으로 정의한다.

$$\lim_{x\to\infty}\left(\frac{1}{2}\right)^{x} = 0 \qquad \lim_{x\to-\infty} 2^{x} = 0$$

[정의 3.22] (1) x가 커질수록 함수 $f(x)$가 어떤 일정한 실수 L에 가까워진다면

$$\lim_{x\to\infty} f(x) = L$$

로 나타내고 "무한대에서 함수 $f(x)$는 극한 L을 갖는다."라고 한다.

(2) 음수 x가 작아질수록 함수 $f(x)$가 어떤 일정한 실수 L에 가까워진다면

$$\lim_{x\to-\infty} f(x) = L$$

로 나타내고 "음의 무한대에서 함수 $f(x)$는 극한 L을 갖는다."라고 한다.

예제 3.28

다음 함수의 음의 무한대와 양의 무한대에서 극한을 구하라.

(1) $y = \dfrac{1}{x}$ (2) $y = \dfrac{-2}{x}$

[풀이]

(1) $x \to \pm\infty$일 때 $\dfrac{1}{x}$는 점점 더 0에 가까워진다. 즉,

$$\lim_{x\to\infty} \frac{1}{x} = 0, \qquad \lim_{x\to-\infty} \frac{1}{x} = 0$$

임을 그림 3.20에서 확인 할 수 있다.

(2) $x \to \pm\infty$일 때 $\dfrac{-2}{x}$는 점점 더 0에 가까워진다. 즉,

$$\lim_{x\to\infty} \frac{-2}{x} = 0, \qquad \lim_{x\to-\infty} \frac{-2}{x} = 0$$

임을 그림 3.21에서 확인할 수 있다.

[정리 3.23] 모든 x에 대해 x^r이 정의되는 유리수 $r>0$에 대해

$$\lim_{x\to\infty} \frac{c}{x^r} = 0, \qquad \lim_{x\to-\infty} \frac{c}{x^r} = 0 \qquad (c\text{는 상수})$$

예제 3.29

다음 극한을 구하라.

(1) $\lim_{x\to\infty} -5x^{-1/2}$ (2) $\lim_{x\to-\infty} \frac{3}{x^3}$

[풀이]

(1) $\lim_{x\to\infty} -5x^{-1/2} = \lim_{x\to\infty} \frac{-5}{\sqrt{x}} = 0$

(2) $\lim_{x\to-\infty} \frac{3}{x^3} = 0$

[정의 3.24]

(1) $\lim_{x\to\infty} f(x) = \infty$

은 x가 커짐에 따라 $f(x)$의 값도 한없이 커진다는 것을 나타낸다.

(2) $\lim_{x\to\infty} f(x) = -\infty$

은 x가 커짐에 따라 $f(x)$의 값은 음수로 한없이 작아진다는 것을 나타낸다.

(3) $\lim_{x\to-\infty} f(x) = \infty$

은 음수 x가 작아질수록 $f(x)$의 값은 한없이 커진다는 것을 나타낸다.

(4) $\lim_{x\to-\infty} f(x) = -\infty$

은 음수 x가 작아질수록 $f(x)$의 값도 음수로 한없이 작아진다는 것을 나타낸다.

예제 3.30

다음 극한을 구하라.

(1) $\lim_{x\to\infty}(3x^2 + x)$ (2) $\lim_{x\to\infty} 2^x$ (3) $\lim_{x\to\infty} \log_{\frac{1}{3}} x$

[풀이]

(1) $x \to \infty$일 때 $x^2 \to \infty$이므로 $\lim_{x\to\infty}(3x^2+x)=\infty$

(2) 지수함수 $y=2^x$의 그래프는 밑이 2이므로 $a>1$인 경우 그림 1.27(a)과 같다. 따라서

$$\lim_{x\to\infty}2^x=\infty$$

(3) 로그함수 $y=\log_{\frac{1}{3}}x$의 그래프는 밑이 $\frac{1}{3}$이므로 $0<a<1$인 경우 그림 1.34(b)와 같다. 따라서

$$\lim_{x\to\infty}\log_{\frac{1}{3}}x=-\infty$$

앞에서 살펴본 바와 같이 그림 1.27과 1.34에 의해 지수함수와 로그함수에 대한 극한을 요약하면 다음과 같다.

지수함수 $f(x)=a^x$		로그함수 $f(x)=\log_a x$	
$a>1$인 경우	$0<a<1$인 경우	$a>1$인 경우	$0<a<1$인 경우
$\lim_{x\to-\infty}a^x=0$ $\lim_{x\to-\infty}e^x=0$	$\lim_{x\to-\infty}a^x=\infty$	$\lim_{x\to0^+}\log_a x=-\infty$ $\lim_{x\to0^+}\ln x=-\infty$	$\lim_{x\to0^+}\log_a x=\infty$
$\lim_{x\to\infty}a^x=\infty$ $\lim_{x\to\infty}e^x=\infty$	$\lim_{x\to\infty}a^x=0$	$\lim_{x\to\infty}\log_a x=\infty$ $\lim_{x\to\infty}\ln x=\infty$	$\lim_{x\to\infty}\log_a x=-\infty$

예제 3.31

다음 극한을 구하라.

(1) $\lim_{x\to\infty}(2x^3+x-100)$

(2) $\lim_{x\to-\infty}\left(e^x+\frac{3}{7x+5}\right)$

[풀이]

(1) $x\to\infty$일 때 $x^3\to\infty$이므로

$$\lim_{x\to\infty}(2x^3+x-100)=\infty$$

(2) $x \to -\infty$일 때 $(7x+5) \to -\infty$이므로

$$\lim_{x \to -\infty}\left(e^x + \frac{3}{7x+5}\right) = \lim_{x \to -\infty} e^x + \lim_{x \to -\infty} \frac{3}{7x+5} = 0+0=0$$

예제 3.32

극한값 $\lim_{x \to \infty} \cos x$을 구하라.

[풀이]

x가 커질 때 $\cos x$의 값은 1과 -1 사이를 무수히 진동하고 따라서 어떤 값에 접근하지 않는다. 그러므로 $\lim_{x \to \infty} \cos x$는 존재하지 않는다.

예제 3.33

$\lim_{x \to 0-} e^{1/x}$을 구하라.

[풀이]

$t = \dfrac{1}{x}$라 놓으면, $x \to 0^-$일 때 $t \to -\infty$이다. 따라서

$$\lim_{x \to 0^-} e^{1/x} = \lim_{t \to -\infty} e^t = 0$$

극한 $\lim_{x \to a} \dfrac{f(x)}{g(x)}$을 구할 때 분수식이 $\dfrac{\infty}{\infty}$ 형태인 부정형인 경우에는 분모의 최고차항으로 분자와 분모를 나누어 준다. 한편 $\infty - \infty$ 형태의 부정형은 최고차항으로 묶거나 무리식이 있으면 유리화한다.

예제 3.34

다음 극한을 구하라.

(1) $\lim_{x\to\infty}\frac{2x+1}{x-1}$　　(2) $\lim_{x\to\infty}\frac{x^2+2x}{3-x}$　　(3) $\lim_{x\to\infty}\frac{e^x}{e^x+1}$

[풀이]

(1) x가 커질 때 분자와 분모 모두 커지므로 분모의 최고차항인 x로 분자와 분모를 나눈다.

$\lim_{x\to\infty}\frac{1}{x}=0$이므로

$$\lim_{x\to-\infty}\frac{2x+1}{x-1}=\lim_{x\to\infty}\frac{2+\frac{1}{x}}{1-\frac{1}{x}}=\frac{2+0}{1-0}=2$$

(2) 분모의 최고차항인 x로 분자와 분모를 나누면

$$\lim_{x\to\infty}\frac{x^2+2x}{3-x}=\lim_{x\to\infty}\frac{x+2}{\frac{3}{x}-1}=-\infty$$

(3) $\lim_{x\to\infty}\frac{1}{e^x}=0$이므로 e^x으로 분자와 분모를 나누면 다음과 같다.

$$\lim_{x\to\infty}\frac{e^x}{e^x+1}=\lim_{x\to\infty}\frac{1}{1+\frac{1}{e^x}}=\frac{1}{1+0}=1$$

예제 3.35

다음 극한을 구하라.

(1) $\lim_{x\to\infty}(x^2-2x+5)$　　(2) $\lim_{x\to\infty}(\sqrt{x^2+2}-x)$

[풀이]

(1) $x\to\infty$일 때 x^2와 $2x$ 둘 다 커지므로 그들의 차가 어떻게 될지 알기 어렵기 때문에 함수식을

변형하기 위해 최고차항으로 묶어서 쓴다. 그러면 $\lim_{x\to\infty}\frac{1}{x}=\lim_{x\to\infty}\frac{1}{x^2}=0$이므로 다음과 같이 계산할 수 있다.

$$\lim_{x\to\infty}(x^2-2x+5)=\lim_{x\to\infty}x^2\left(1-\frac{2}{x}+\frac{5}{x^2}\right)=\infty\cdot(1-0+0)=\infty$$

(2) $x\to\infty$일 때 함수식은 $\infty-\infty$ 형태의 부정형을 갖게 되므로 식을 변형하기 위해 무리식을 유리화하면

$$\lim_{x\to\infty}(\sqrt{x^2+2}-x)=\lim_{x\to\infty}(\sqrt{x^2+2}-x)\frac{\sqrt{x^2+2}+x}{\sqrt{x^2+2}+x}$$

$$=\lim_{x\to\infty}\frac{x^2+2-x^2}{\sqrt{x^2+2}+x}=\lim_{x\to\infty}\frac{2}{\sqrt{x^2+2}+x}=0$$

[정의 3.25] 무한대 또는 음의 무한대에서 함수 $f(x)$가 극한 L을 가지면 즉,

$$\lim_{x\to\infty}f(x)=L \quad \text{또는} \quad \lim_{x\to-\infty}f(x)=L$$

을 만족하는 경우에 $y=L$을 $f(x)$의 **수평점근선**이라 한다.

예를 들면 $y=0$(x축)은 $y=\left(\frac{1}{2}\right)^x$과 $y=2^x$의 수평점근선이다. 또한 예제 3.28에 의해 $y=0$(x축)은 $y=\frac{1}{x}$과 $y=\frac{-2}{x}$의 수평점근선이다.

예제 3.36

다음 함수의 수평점근선을 찾으라.

(1) $y=\dfrac{5x^2+7}{x^2+3x-1}$

(2) $y=\dfrac{e^x+e^{-x}}{e^x-e^{-x}}$

[풀이]

(1) 분모의 최고차항인 x^2으로 분자와 분모를 나누면

$$\lim_{x\to\pm\infty}\frac{5x^2+7}{x^2+3x-1}=\lim_{x\to\pm\infty}\frac{5+\dfrac{7}{x^2}}{1+\dfrac{3}{x}-\dfrac{1}{x^2}}=\frac{5+0}{1+0-0}=5$$

이므로 수평점근선은 $y=5$이다.

(2) $x\to\infty$일 때 e^x으로 분자와 분모를 나누면

$$\lim_{x\to\infty}\frac{e^x+e^{-x}}{e^x-e^{-x}}=\lim_{x\to\infty}\frac{1+e^{-2x}}{1-e^{-2x}}=\frac{1+0}{1-0}=1$$

이다. 한편 $x\to-\infty$일 때 e^{-x}으로 분자와 분모를 나누면

$$\lim_{x\to-\infty}\frac{e^x+e^{-x}}{e^x-e^{-x}}=\lim_{x\to-\infty}\frac{e^{2x}+1}{e^{2x}-1}=\frac{0+1}{0-1}=-1$$

이다. 따라서 수평점근선은 $y=1$과 $y=-1$이다

예제 3.37

함수 $f(x)=\dfrac{x+1}{x-1}$의 수평, 수직점근선을 찾으라.

[풀이]

분자와 분모를 x로 나누고 $\lim_{x\to\pm\infty}\frac{1}{x}=0$ 을 사용하면

$$\lim_{x\to\pm\infty}\frac{x+1}{x-1}=\lim_{x\to\pm\infty}\frac{1+\dfrac{1}{x}}{1-\dfrac{1}{x}}=\frac{1+0}{1-0}=1$$

이다. 따라서 $y=1$은 f의 수평점근선이다.

한편, 분모 $x-1=0$일 때 즉 $x=1$일 때 수직점근선이 생길 가능성이 있다. $x\to1^+$일 때 $(x-1)\to0^+$이고 $x\to1^-$일 때 $(x-1)\to0^-$이므로

$$\lim_{x\to1^+}\frac{x+1}{x-1}=\infty,\qquad \lim_{x\to1^-}\frac{x+1}{x-1}=-\infty$$

이다. 따라서 $x=1$은 수직점근선이다. 그림 3.25에서 점근선을 확인할 수 있다.

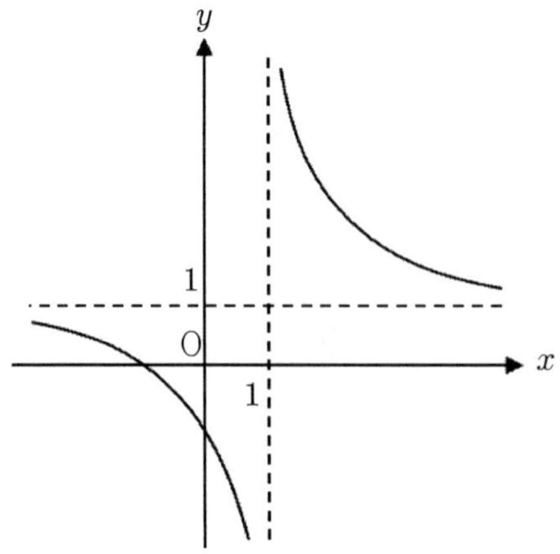

그림 3.25 $f(x)=\dfrac{x+1}{x-1}$

예제 3.38

$\lim\limits_{x\to\infty}\dfrac{2x^2-4x}{x+1}$ 을 계산하라.

[풀이]

분모의 최고차항인 x으로 분모와 분자를 나누면 극한은 다음과 같다.

$$\lim_{x\to\infty}\frac{2x^2-4x}{x+1}=\lim_{x\to\infty}\frac{2x-4}{1+\dfrac{1}{x}}=\infty$$

예제 3.38의 함수식을

$$\frac{2x^2-4x}{x+1}=2x-6+\frac{6}{x+1}$$

로 나타내 보자. 이 때 마지막 항은 $x\to\infty$일 때 0으로 접근한다. 그러므로 위 분수함수는 $x\to\infty$일 때 $2x-6$로 접근한다. 이 경우 함수는 **사점근선**을 갖는다고 한다. 즉 수직이나 수평점근선 대신에 이 함수의 그래프는 그림 3.26과 같이 사점근선 $y=2x-6$로 접근한다.

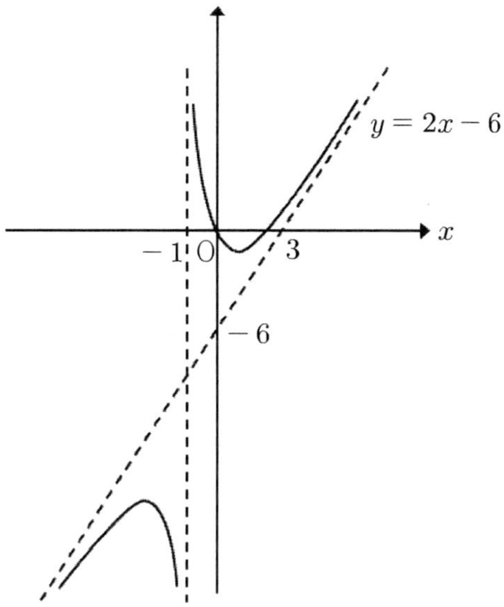

그림 3.26 $f(x) = \dfrac{2x^2 - 4x}{x+1}$

예제 3.39

함수 $f(x) = \dfrac{4x^3 + 5}{-2x^2 + x}$ 의 사점근선을 구하라.

[풀이]
함수식을

$$f(x) = \frac{4x^3 + 5}{-2x^2 + x} = -2x - 1 + \frac{x+5}{-2x^2 + x}$$

로 나타낼 수 있다. 이 때 마지막 항은 $x \to \infty$ 일 때 0으로 접근한다. 그러므로 $f(x)$는 $x \to \infty$ 일 때 $-2x-1$로 접근한다. 이 함수의 그래프는 사점근선 $y = -2x - 1$을 갖는다.

연습문제 3.4

[1~16] 다음 극한을 구하라.

1. $\lim_{x\to -1+} \frac{1-2x}{x^2-1}$

2. $\lim_{x\to -1-} \frac{1-2x}{x^2-1}$

3. $\lim_{x\to \pi/2} \frac{x}{\tan x}$

4. $\lim_{x\to \pi/2} \frac{x}{\cos x}$

5. $\lim_{x\to -\infty} \tan^{-1}x$

6. $\lim_{x\to \infty} \tan^{-1}x$

7. $\lim_{x\to \infty} \frac{4x^4+5}{(x^2+2)(2x^2-1)}$

8. $\lim_{x\to \infty} \frac{\sqrt{9x^6-x}}{x^3+1}$

9. $\lim_{x\to -\infty} \frac{-x}{\sqrt{4+x^2}}$

10. $\lim_{x\to \infty} \left(\sqrt{x^2+ax}-\sqrt{x^2+bx}\right)$

11. $\lim_{x\to (\pi/2)-} \ln|\cos x|$

12. $\lim_{x\to -1-} (x^2-2x-3)^{-2/3}$

13. $\lim_{x\to 1-} e^{1/(1-x)}$

14. $\lim_{x\to \pi/2} e^{-\tan x}$

15. $\lim_{x\to -\infty} e^x \cos x$

16. $\lim_{x\to \infty} e^{-3x}\cos 2x$

17. 조임정리를 이용하여 $\lim_{x\to \infty} \frac{\sin x}{x}$을 구하라.

[18~23] 다음 함수의 수평, 사, 수직점근선을 구하라.

18. $f(x)=\frac{x}{\sqrt{9+x^2}}$

19. $f(x)=\frac{x}{9-x^2}$

20. $f(x)=\frac{x^3}{9-x^2}$

21. $f(x)=\frac{x^3}{x^2+x-2}$

22. $f(x)=e^{-x}\cos x$

23. $f(x)=\frac{\sqrt{3x^2+1}}{2x-7}$

제 4 장

미분

4.1 도함수

정의역이 열린구간 (a,b)인 함수 $f:(a,b)\to\mathbb{R}$가 주어졌을 때 $(x,f(x))$와 $(x+h,f(x+h))$을 지나는 직선의 기울기는 다음과 같다.

$$\frac{f(x+h)-f(x)}{(x+h)-x}=\frac{f(x+h)-f(x)}{h} \qquad \text{(수식 1)}$$

함수 f의 그래프 위에서 점 $(x+h,f(x+h))$를 점점 $(x,f(x))$로 접근시킬 때, 즉 h를 점점 0으로 접근시킬 때, (수식 1) 값의 변화를 살펴볼 수 있다. h가 0으로 접근할 때 (수식 1) 값이 수렴하는 경우 함수 f는 x에서 미분가능하다고 하고, 그 극한값을 x에서의 함수 f의 미분계수라고 하며 $f'(x)$로 표기한다.

$$f'(x) = \lim_{h\to 0}\frac{f(x+h)-f(x)}{h}$$

미분계수는 정의에서 볼 수 있듯이 $x=a$에서의 함수 f의 미분계수 $f'(a)$는 $x=a$에서 함수 f의 접선의 기울기임을 알 수 있다.

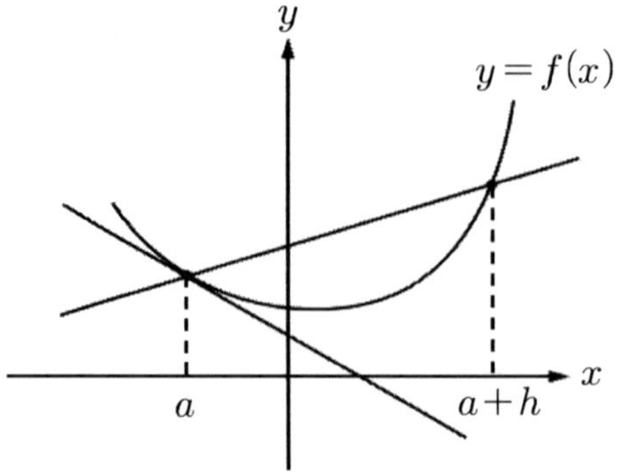

예제 4.1

함수 $f(x)=2x$ 그래프 위의 점 $(0,0)$과 $(h,2h)$를 지나는 직선의 기울기를 구하고, h가 0으로 접근할 때, 그 기울기 값이 어떻게 변하는지를 서술하라.

[풀이]
$(0,0)$과 $(h,2h)$를 지나는 직선의 기울기는 다음과 같다.

$$\frac{2h-0}{h-0}=\frac{2h}{h}=2$$

즉, h값에 관계없이 기울기가 2로 일정하다. 그러므로 h가 0으로 접근할 때, $(0,0)$과 $(h,2h)$를 지나는 직선의 기울기는 항상 2이다.

문제 4.1 함수 $f(x)=-3x+2$ 그래프 위의 점 $(1,-1)$과 $(1+h,-1-3h)$를 지나는 직선의 기울기를 구하고 h가 0으로 접근할 때 그 기울기 값이 어떻게 변하는지를 서술하라.

예제 4.2

함수 $f(x)=x^2$ 그래프 위의 점 $(1,1)$과 $(1+h,(1+h)^2)$을 지나는 직선의 기울기를 구하고 h가 0으로 접근할 때 그 기울기가 어떻게 변하는지를 서술하라.

[풀이]
$(1,1)$과 $(1+h,(1+h)^2)$을 지나는 직선의 기울기는 다음과 같다.

$$\frac{(1+h)^2-1}{(1+h)-1}=\frac{h^2+2h}{h}=h+2.$$

그러므로 $(1,1)$과 $(1+h,(1+h)^2)$을 지나는 직선의 기울기는 h가 0으로 접근할 때 2로 접근한다.

문제 4.2 함수 $f(x)=x^2+2x$ 그래프 위의 점 $(-1,-1)$과 $(-1+h, f(-1+h))$를 지나는 직선의 기울기를 구하고 h가 0으로 접근할 때 그 기울기가 어떻게 변하는지 서술하라.

예제 4.3

$x=1$에서 함수 $f(x)=x^3$의 미분계수를 구하라.

[풀이]
미분계수의 정의에 의해서 $f'(1)$은 다음과 같이 구해진다.

$$\begin{aligned}
f'(1) &= \lim_{h\to 0}\frac{f(1+h)-f(1)}{h}\\
&= \lim_{h\to 0}\frac{(1+h)^3-1}{h}\\
&= \lim_{h\to 0}\frac{h^3+3h^2+3h+1-1}{h}\\
&= \lim_{h\to 0}(h^2+3h+3)\\
&= 3
\end{aligned}$$

문제 4.3 $x=-1$에서 함수 $f(x)=x^3+2x$의 미분계수를 구하라.

예제 4.4

다음 함수들에 대해 주어진 점에서 미분가능한지를 밝혀라.

(1) $f(x)=|x|,\ \ x=0$ (2) $f(x)=x|x|,\ \ x=0$

[풀이]

(1) 미분계수 정의에 의해서 $x=0$에서 미분가능하다면 다음 극한값이 존재해야 한다.

$$f'(0)=\lim_{h\to0}\frac{f(h)-f(0)}{h}=\lim_{h\to0}\frac{|h|}{h}$$

위 식에서 좌극한과 우극한을 계산해보면, 좌극한의 경우 $h\to0^-$이면 $|h|=-h$이므로

$$\lim_{h\to0^-}\frac{|h|}{h}=\lim_{h\to0^-}\frac{-h}{h}=-1.$$

우극한의 경우 $h\to0^+$이면 $|h|=h$이므로

$$\lim_{h\to0^-}\frac{|h|}{h}=\lim_{h\to0^-}\frac{h}{h}=1.$$

$\lim_{h\to0}\frac{|h|}{h}$의 좌극한 값과 우극한 값이 다르므로 $\lim_{h\to0}\frac{|h|}{h}$의 극한값은 존재하지 않는다. 그러므로 $f(x)=|x|$는 $x=0$에서 미분 가능하지 않다.

(2) 미분계수의 정의에 의해 $f'(0)$의 값이 다음과 같이 계산된다.

$$f'(0)=\lim_{h\to0}\frac{f(h)-f(0)}{h}=\lim_{h\to0}\frac{h|h|}{h}=\lim_{h\to0}|h|=0.$$

극한값이 0으로 존재하므로 $f(x)=x|x|$는 $x=0$에서 미분가능하며 그 미분계수 0이다.

문제 4.4 다음 함수들에 대해 주어진 점에서 미분가능 여부를 밝혀라.

(1) $f(x)=\sin x,\ x=0$　　(2) $f(x)=|\sin x|,\ x=0$

지금까지 미분계수를 정의하고 함수가 주어졌을 때 미분가능한지를 조사해 보았다. 미분계수의 정의를 주의 깊게 살펴보면 미분가능한 함수는 연속함수임을 다음과 같이 알 수 있다.

[정리 4.1] 함수 f가 $x=a$에서 미분가능하면 $x=a$에서 연속이다.

[증명]

함수 f가 $x=a$에서 미분가능하기 때문에 극한값 $\lim_{h\to0}\frac{f(a+h)-f(a)}{h}$이 존재한다.

그러므로

$$\begin{aligned}\lim_{x\to a}(f(x)-f(a)) &= \lim_{x\to a}\frac{f(x)-f(a)}{x-a}(x-a)\\ &= \lim_{x\to a}\frac{f(x)-f(a)}{x-a}\lim_{x\to a}(x-a)\\ (h=x-a\text{로 두면}) \quad &= \lim_{h\to 0}\frac{f(a+h)-f(a)}{h}\lim_{h\to 0}h\\ &= f'(a)\times 0 = 0.\end{aligned}$$

그러므로 함수 f는 $x=a$에서 연속이다. □

정리 4.1에 의해서 $x=a$에서 연속이 아닌 함수는 $x=a$에서 미분가능하지 않다. 정리 4.1은 미분가능하기 위한 필요조건을 제시하는데 그 역은 성립하지 않는다. 예제 4.2가 반례로서 함수 $f(x)=|x|$는 $x=0$에서 연속이지만 미분가능하지 않다.

[정의 4.2] [도함수의 정의]
함수 f가 모든 점에서 미분가능할 때, 정의역의 각 점에서 미분계수를 대응시키는 함수를 함수 f의 **도함수**라고 하고 f'으로 표기한다.

예제 4.5

함수 $f(x)=x^2+3x+2$의 도함수를 구하고, 함수 f의 그래프 위의 점 $(0,2)$에서 접선의 방정식을 구하라.

[풀이]
미분계수의 정의에 의해서 다음 식을 얻는다.

$$\begin{aligned}f'(x) &= \lim_{h\to 0}\frac{f(x+h)-f(x)}{h}\\ &= \lim_{h\to 0}\frac{(x+h)^2+3(x+h)+2-(x^2+3x+2)}{h}\\ &= \lim_{h\to 0}\frac{(2x+3+h)h}{h}\\ &= 2x+3.\end{aligned}$$

$(0,2)$에서 함수 f의 접선의 방정식의 기울기는 $f'(0)=3$이므로 접선의 방정식은 $y-2=3(x-0)$, 즉 $y=3x+2$이다.

문제 4.5 다음 함수들의 도함수를 구하고 주어진 점에서의 접선의 방정식을 구하라.

(1) $f(x) = x^3 + 2x, \quad (0,0)$

(2) $f(x) = x^4 + 2x^3 + 3x^2 + 4x + 5, \quad (0,5)$

(3) $f(x) = \sin x, \quad (0,0)$

연습문제 4.1

1. 함수 $f(x) = x^3$ 위의 점 $(1, 1)$에서 접선의 방정식을 구하라.

2. 함수 f는 $(1, 2)$를 지나고 $x = 1$에서의 접선이 $(2, 6)$을 지난다. 이때 $f'(1)$을 구하라.

3. 함수 $f(x) = |x^2 - 1|$ 에서 미분가능한 점들을 모두 구하라.

4. 함수 f가 다음과 같이 정의된다.

$$f(x) = \begin{cases} x^2, & x < 1 \\ 2x - 1, & x \geq 1 \end{cases}$$

함수 f는 $x = 1$에서 미분가능한가? 가능하다면 $f'(1)$을 구하라.

5. 함수 f가 $x = 1$에서 미분가능할 때, 다음을 증명하라.

$$\lim_{x \to 1} \frac{x^2 f(1) - f(x^2)}{x - 1} = 2(f(1) - f'(1))$$

6. 함수 $f(x) = \dfrac{x}{x^2 + 1}$ 의 $x = 0$에서의 미분계수를 구하라.

7. 함수 $f(x) = x^2 + 2x - 3$ 그래프 위의 점들 중 접선의 방정식이 x축에 평행한 점을 모두 구하라.

8. 함수 f가 다음과 같이 정의된다.

$$f(x) = \begin{cases} 1, & x < 0 \\ \sin x, & 0 \leq x < \pi \\ (x - \pi)^2, & x \geq \pi \end{cases}$$

연속이 아닌 점과 미분가능하지 않은 점을 모두 구하라.

4.2 미분법

X가 $\mathbb{R}$의 부분집합이고 함수 f, g가 X에서 $\mathbb{R}$에서 가는 함수라고 하자. 그러면 두 함수들의 더하기 $f+g$, 빼기 $f-g$, 곱하기 fg를 다음과 같이 정의한다.

$$(f+g)(x) = f(x) + g(x),$$
$$(f-g)(x) = f(x) - g(x),$$
$$(fg)(x) = f(x)g(x).$$

함수 g의 치역이 0을 포함하지 않으면 두 함수를 나눈 함수를 다음과 같이 정의할 수 있다.

$$\left(\frac{f}{g}\right)(x) = \frac{f(x)}{g(x)}$$

함수들의 연산 $f+g$, $f-g$, fg, $\dfrac{f}{g}$에 대한 미분법은 다음과 같다.

[정리 4.3] 함수 f, g가 x에서 미분가능할 때 다음 식이 성립한다.

(1) $(f+g)'(x) = f'(x) + g'(x)$

(2) $(f-g)'(x) = f'(x) - g'(x)$

(3) $(fg)'(x) = f'(x)g(x) + f(x)g'(x)$

(4) $\left(\dfrac{f}{g}\right)'(x) = \dfrac{f'(x)g(x) - f(x)g'(x)}{g(x)^2}$

[증명]

(1) 미분계수의 정의에 의해서 아래와 같이 증명된다.

$$\begin{aligned}(f+g)'(x) &= \lim_{h\to 0}\frac{(f+g)(x+h) - (f+g)(x)}{h} \\ &= \lim_{h\to 0}\frac{(f(x+h) + g(x+h)) - (f(x) + g(x))}{h} \\ &= \lim_{h\to 0}\left[\left(\frac{f(x+h-f(x))}{h}\right) + \left(\frac{g(x+h) - g(x)}{h}\right)\right]\end{aligned}$$

$$= \lim_{h\to 0}\frac{f(x+h)-f(x)}{h} + \lim_{h\to 0}\frac{g(x+h)-g(x)}{h}$$

$$= f'(x) + g'(x)$$

(2) (1)의 풀이와 유사하게 증명된다.

(3) $$(fg)'(x) = \lim_{h\to 0}\frac{(fg)(x+h)-(fg)(x)}{h}$$

$$= \lim_{h\to 0}\frac{f(x+h)g(x+h)-f(x)g(x)}{h}$$

$$= \lim_{h\to 0}\left[\frac{f(x+h)g(x+h)-f(x)g(x+h)+f(x)g(x+h)-f(x)g(x)}{h}\right]$$

$$= \lim_{h\to 0}\left[\frac{(f(x+h)-f(x))}{h}g(x+h)+f(x)\frac{(g(x+h)-g(x))}{h}\right]$$

$$= \lim_{h\to 0}\left[\frac{f(x+h)-f(x)}{h}\right]g(x+h) + \lim_{h\to 0}f(x)\left[\frac{g(x+h)-g(x)}{h}\right]$$

$$= f'(x)g(x) + f(x)g'(x)$$

위 식에서 f, g가 x에서 미분가능이므로 연속이다는 사실을 사용하였다. 즉, f, g가 x에서 연속이므로 다음 식들이 성립한다.

$$\lim_{h\to 0}f(x+h) = f(x), \quad \lim_{h\to 0}g(x+h) = g(x)$$

(4) $$\left(\frac{f}{g}\right)'(x) = \lim_{h\to 0}\frac{\left(\frac{f}{g}\right)(x+h)-\left(\frac{f}{g}\right)(x)}{h}$$

$$= \lim_{h\to 0}\frac{\frac{f(x+h)}{g(x+h)}-\frac{f(x)}{g(x)}}{h}$$

$$= \lim_{h\to 0}\frac{f(x+h)g(x)-f(x)g(x+h)}{g(x+h)g(x)h}$$

$$= \lim_{h\to 0}\frac{f(x+h)g(x)-f(x)g(x)+f(x)g(x)-f(x)g(x+h)}{g(x+h)g(x)h}$$

$$= \lim_{h\to 0}\frac{1}{g(x+h)g(x)}\left(\frac{(f(x+h)-f(x))}{h}g(x)-f(x)\frac{(g(x+h)-g(x))}{h}\right)$$

$$= \frac{f'(x)g(x)-f(x)g'(x)}{g(x)^2}$$ □

지금부터 정리 4.3에서 제시된 미분법을 사용하여 여러 가지 함수들의 미분에 대해 살펴보자.

[정리 4.4] [상수함수 미분]

상수함수 $f(x)=c$의 도함수는 $f'(x)=0$이다.

[증명]

도함수의 정의에 의해서

$$f'(x)=\lim_{h\to 0}\frac{f(x+h)-f(x)}{h}=\lim_{h\to 0}\frac{c-c}{h}=0$$

즉, 상수함수의 도함수는 0이다. □

[정리 4.5] 함수 f가 미분가능할 때 $cf(x)$의 도함수는 $cf'(x)$이다.

[증명]

정리 4.3의 (3)에서 $g(x)=c$로 두고 정리 4.4를 이용하면,

$$(cf)'(x)=g'(x)f(x)+g(x)f'(x)=0f(x)+cf'(x)=cf'(x)$$ □

[정리 4.6] [다항함수 미분]

다항함수 $f(x)=x^n$(n은 자연수)의 도함수는 $f'(x)=nx^{n-1}$이다.

[증명]

수학적 귀납법을 사용하여 증명한다. 먼저 $n=1$일 때 정리 4.6의 명제가 참임을 확인한다.

$$f'(x)=\lim_{h\to 0}\frac{f(x+h)-f(x)}{h}$$

$$=\lim_{h\to 0}\frac{x+h-x}{h}=1$$

이제 $n=k$일 때 정리 4.6의 명제가 참이라고 가정하자. 즉 $f(x)=x^k$일 때 $f'(x)=kx^{k-1}$이다. $f(x)=x^{k+1}$일 때 함수 f의 도함수는 x^{k+1}을 x와 x^k의 곱으로 생각하고 정리 4.3의 (3)을 적용하면

$$f'(x)=1x^k+x(kx^{k-1})=(k+1)x^k$$

즉, $n=k+1$일 때도 정리 4.6의 명제가 성립한다. 그러므로 수학적 귀납법에 의해 정리 4.6의 명제는 모든 자연수에 대해 성립하므로 증명이 완성된다. □

예제 4.6

다항함수 $f(x)=x^3+x^2+1$의 도함수를 구하라.

[풀이]

다항함수 x^n의 도함수는 nx^{n-1}이므로 $f'(x)=3x^2+2x$이다.

문제 4.6 다음 다항함수의 도함수를 구하라.

(1) $f(x)=3x^3+2x^2+x+3$

(2) $f(x)=x^5+2x^3+1$

(3) $f(x)=5x^{10}+3x^7+2x^4+5x+2$

[정리 4.7]

n이 자연수이고 $f(x)=x^{-n}$일 때, $f'(x)=-nx^{-n-1}$이다.

[증명]

함수 $f(x)=x^{-n}=\dfrac{1}{x^n}$이므로 정리 4.3의 (4)를 적용하면

$$f'(x)=\frac{0x^n-nx^{n-1}}{x^{2n}}=\frac{-nx^{n-1}}{x^{2n}}=-nx^{-n-1}$$ □

정리 4.6과 4.7에 의해 임의의 정수 n에 대해 함수 $f(x)=x^n$의 도함수가 $f'(x)=nx^{n-1}$임을 알 수 있다.

예제 4.7

함수 $f(x)=\dfrac{1}{x}+\dfrac{1}{x^3}$ 의 도함수를 구하라.

[풀이]

$f(x)=\dfrac{1}{x}+\dfrac{1}{x^3}=x^{-1}+x^{-3}$이므로 정리 4.7에 의해 함수 f의 도함수는 다음과 같다.

$$f'(x)=(-1)x^{-1-1}+(-3)x^{-3-1}=-x^{-2}-3x^{-4}$$

문제 4.7 다음 함수의 도함수를 구하라.

(1) $f(x)=x^2+\dfrac{1}{x^2}$

(2) $f(x)=x^4+4x^3+\dfrac{7}{x^4}$

(3) $f(x)=\dfrac{1}{x}+\dfrac{3}{x^2}+\dfrac{2}{x^3}$

(4) $f(x)=2x^3+\dfrac{3}{x^4}$

유리함수 미분

분모, 분자가 다항함수인 유리함수는 정리 4.3의 (4)의 미분법을 이용하면 도함수를 구할 수 있다.

예제 4.8

함수 $f(x)=\dfrac{1}{2x+1}$ 의 도함수를 구하라.

[풀이]

$g(x)=2x+1,\ h(x)=1$로 두면 $f(x)=\dfrac{h(x)}{g(x)}$ 이므로 정리 4.3의 (4)를 적용하면 다음과 같이 $f'(x)$를 구할 수 있다.

$$f'(x)=\frac{h'(x)g(x)-h(x)g'(x)}{g^2(x)}$$

다항함수의 미분법을 이용하면 $g'(x)=2,\ h(x)=0$이므로

$$f'(x)=\frac{0\times(2x+1)-1\times 2}{(2x+1)^2}=-\frac{2}{(2x+1)^2}$$

문제 4.8 다음 함수의 도함수를 구하라.

(1) $f(x)=\dfrac{2}{3x+5}$

(2) $f(x)=\dfrac{2x^2+x+3}{x^2+1}$

(3) $f(x)=\dfrac{x}{2x^2+x+1}$

(4) $f(x)=\dfrac{1}{x+\dfrac{1}{x}}$

예제 4.9

$x=0$에서 함수 $f(x)=\dfrac{x-2}{x^2+3x+1}$의 접선의 방정식을 구하라.

[풀이]

정리 4.3의 (4)를 적용하면

$$f'(x)=\frac{(x-2)'(x^2+3x+1)-(x-2)(x^2+3x+1)'}{(x^2+3x+1)^2}$$

$$=\frac{(x^2+3x+1)-(x-2)(2x+3)}{(x^2+3x+1)^2}=\frac{-x^2+4x+7}{(x^2+3x+1)^2}$$

그러므로 $f'(0)=7$이고 $f(0)=-2$이므로 $x=0$에서의 접선의 방정식은
$y-(-2)=7(x-0)$, 즉 $y=7x-2$이다.

문제 4.9 $x=1$에서 함수 $f(x)=\dfrac{x^3}{2x-1}$의 접선의 방정식을 구하라.

예제 4.10

함수 $f(x)=(x^2+1)\left(x+\frac{1}{x^2}\right)$의 도함수를 구하라.

[풀이]

함수 f는 $g(x)=x^2+1$와 $h(x)=x+\frac{1}{x^2}$의 곱이므로 정리 4.3의 (3)을 적용하면

$$f'(x)=g'(x)h(x)+g(x)h'(x)$$

이다. 함수 g, h의 도함수를 구해보면, $g'(x)=2x$, $h'(x)=1+(-2)x^{-2-1}=1-2x^{-3}$이므로 함수 f의 도함수는 다음과 같다.

$$\begin{aligned} f'(x) &= 2x\left(x+\frac{1}{x^2}\right)+(x^2+1)\left(1-\frac{2}{x^3}\right) \\ &= 3x^2+1-\frac{2}{x^3} \end{aligned}$$

문제 4.10 다음 함수의 도함수를 구하라.

(1) $f(x)=(x^2+x+1)\left(x^3+\frac{1}{x}+\frac{2}{x^3}\right)$

(2) $f(x)=(x^5+2x^3+1)\left(x^2+\frac{1}{x^2}\right)$

(3) $f(x)=(x^2+x+2)^2$

(4) $f(x)=(x^2+1)^3$

무리함수의 미분

함수 $f(x)=x^{\frac{1}{2}}=\sqrt{x}$의 도함수를 구해보자. 도함수 정의에 의해서

$$\begin{aligned} f'(x) &= \lim_{h\to0}\frac{\sqrt{x+h}-\sqrt{x}}{h} \\ &= \lim_{h\to0}\frac{(\sqrt{x+h}-\sqrt{x})(\sqrt{x+h}+\sqrt{x})}{h(\sqrt{x+h}+\sqrt{x})} \\ &= \lim_{h\to0}\frac{(x+h-x)}{h(\sqrt{x+h}+\sqrt{x})}=\frac{1}{2\sqrt{x}}=-\frac{1}{2}x^{-\frac{1}{2}} \end{aligned}$$

이 경우를 더욱 일반화하여 무리함수의 도함수를 다음과 같이 구할 수 있다.

[정리 4.8]

n이 정수일 때 함수 $f(x)=x^{\frac{1}{n}}$의 도함수는 $f'(x)=\frac{1}{n}x^{\frac{1}{n}-1}$이다.

[증명]
우선 n이 자연수라고 가정하자. 도함수 정의에 의해

$$f'(x)=\lim_{h\to 0}\frac{(x+h)^{\frac{1}{n}}-x^{\frac{1}{n}}}{h}$$

$a^n-b^n=(a-b)(a^{n-1}+a^{n-2}b+\cdots+ab^{n-2}+b^{n-1})$임을 이용하면 다음과 같이 계산할 수 있다.

$$f'(x)=\lim_{h\to 0}\frac{\left((x+h)^{\frac{1}{n}}-x^{\frac{1}{n}}\right)\left((x+h)^{\frac{n-1}{n}}+(x+h)^{\frac{n-2}{n}}x^{\frac{1}{n}}+\cdots+x^{\frac{n-1}{n}}\right)}{h\left((x+h)^{\frac{n-1}{n}}+(x+h)^{\frac{n-2}{n}}x^{\frac{1}{n}}+\cdots+x^{\frac{n-1}{n}}\right)}$$

$$=\lim_{h\to 0}\frac{\left((x+h)^{\frac{1}{n}}\right)^n-\left(x^{\frac{1}{n}}\right)^n}{h\left((x+h)^{\frac{n-1}{n}}+(x+h)^{\frac{n-2}{n}}x^{\frac{1}{n}}+\cdots+x^{\frac{n-1}{n}}\right)}$$

$$=\lim_{h\to 0}\frac{h}{h\left((x+h)^{\frac{n-1}{n}}+(x+h)^{\frac{n-2}{n}}x^{\frac{1}{n}}+\cdots+x^{\frac{n-1}{n}}\right)}$$

$$=\frac{1}{nx^{\frac{n-1}{n}}}=\frac{1}{n}x^{\frac{1}{n}-1}$$

n이 자연수이고 $f(x)=x^{-\frac{1}{n}}$일 때는 $f(x)=\frac{1}{x^{\frac{1}{n}}}$이므로 정리 4.3의 (4)를 적용하면

$$f'(x)=\frac{0x^{\frac{1}{n}}-1\left(x^{\frac{1}{n}}\right)'}{\left(x^{\frac{1}{n}}\right)^2}=\frac{-\frac{1}{n}x^{\frac{1}{n}-1}}{x^{\frac{2}{n}}}=-\frac{1}{n}x^{-\frac{1}{n}-1}$$

그러므로 모든 정수에 대해 정리 4.8의 명제가 성립함이 증명된다. □

예제 4.11

함수 $f(x)=\sqrt{x}+\dfrac{1}{\sqrt{x}}$ 의 도함수를 구하라.

[풀이]

$f(x)=\sqrt{x}+\dfrac{1}{\sqrt{x}}=x^{\frac{1}{2}}+x^{-\frac{1}{2}}$ 이므로 정리 4.8을 이용하면 다음과 같이 함수 f의 도함수를 구할 수 있다.

$$f'(x)=\frac{1}{2}x^{\frac{1}{2}-1}+\left(-\frac{1}{2}\right)x^{-\frac{1}{2}-1}=\frac{1}{2}x^{-\frac{1}{2}}-\frac{1}{2}x^{-\frac{3}{2}}$$

문제 4.11 다음 함수의 도함수를 구하라.

(1) $f(x)=\sqrt[3]{x}+\dfrac{1}{\sqrt[3]{x}}$

(2) $f(x)=\dfrac{\sqrt[3]{x}+1}{\sqrt[5]{x}}$

(3) $f(x)=(\sqrt[2]{x}+1)(\sqrt[4]{x}+1)$

(4) $f(x)=\dfrac{1}{\sqrt{x}+1}$

정리 4.8을 이용하면, 일반적인 유리수에 대해서도 정리 4.8이 성립함을 다음과 같이 알 수 있다.

[정리 4.9]
r이 유리수일 때 $f(x)=x^r$의 도함수는 $f'(x)=rx^{r-1}$이다.

[증명]

r이 유리수이므로 $r=\dfrac{m}{n}$(n은 정수, m은 자연수)으로 표현할 수 있다.

그러면 $f(x)=x^r=x^{\frac{m}{n}}$으로 볼 수 있다. $g(x)=x^{\frac{1}{n}}$으로 두면 $f(x)=g(x)^m$이고 곱의 미분법을 이용하면 $f'(x)=mg(x)^{m-1}g'(x)$임을 알 수 있다. 그러므로 다음과 같이 정리 4.9가 증명된다.

$$f'(x) = m\,g(x)^{m-1}g'(x) = m\,x^{\frac{m-1}{n}}\frac{1}{n}x^{\frac{1}{n}-1} = \frac{m}{n}x^{\frac{m}{n}-1} = rx^{r-1} \quad \square$$

유리수의 조밀성을 이용하면 정리 4.9는 모든 실수 r에 대해 성립한다.

[정리 4.10]
실수 r에 대해 $f(x) = x^r$ 의 도함수는 $f'(x) = rx^{r-1}$ 이다.

예제 4.12

함수 $f(x) = \sqrt[3]{x^2}$ 의 $x = 1$에서 접선방정식을 구하라.

[풀이]

$f(x) = x^{\frac{2}{3}}$ 이므로 정리 4.9에 의해 도함수를 다음과 같이 구할 수 있다.

$$f'(x) = \frac{2}{3}x^{\frac{2}{3}-1} = \frac{2}{3}x^{-\frac{1}{3}}.$$

$f'(1) = \frac{2}{3}$ 이고 $f(1) = 1$ 이므로 $x = 1$ 에서의 접선방정식은 $y - 1 = \frac{2}{3}(x-1)$,

즉 $y = \frac{2}{3}x + \frac{1}{3}$ 이다.

문제 4.12 다음 함수들의 도함수를 구하라.

(1) $f(x) = x\sqrt{x}$

(2) $f(x) = \dfrac{\sqrt{x}}{x\sqrt{x}+1}$

(3) $f(x) = \dfrac{1}{\sqrt{x} + \dfrac{1}{\sqrt{x}}}$

연습문제 4.2

1. 다음 함수의 도함수를 구하라.

(1) $f(x) = x^{10}$

(2) $f(x) = x^{-11}$

(3) $f(x) = \dfrac{1}{x^5}$

(4) $f(x) = x^{\frac{3}{4}}$

(5) $f(x) = \dfrac{1}{\sqrt[3]{x}}$

(6) $f(x) = x^{\pi}$

2. 다음 함수의 도함수를 구하라.

(1) $f(x) = x^3 + 3x^2 - 5$

(2) $f(x) = -2x^5 + x^2 - \dfrac{5}{x^2}$

(3) $f(x) = (2x+1)(x^2+3x-1)$

(4) $f(x) = (2x+5)^8$

(5) $f(x) = \dfrac{x^2+x+1}{2x+5}$

(6) $f(x) = \dfrac{\sqrt[3]{x}}{\sqrt[3]{x}+1}$

3. $f'(1) = 5,\ g'(1) = 12,\ (fg)(1) = 18,\ g(1) = 6$일 때 $x = 1$에서 함수 fg 및 $\dfrac{f}{g}$의 접선 방정식을 구하라.

4. 함수 $f(x) = x\sqrt{x+1}$의 그래프 위의 점들 중 $y + x = 12$에 평행한 접선을 가지는 점들을 모두 구하라.

5. 함수 $f(x) = \dfrac{x}{x^2+1}$의 접선들 중 $x + y = 1$에 수직인 접선의 방정식을 모두 구하라.

4.3 삼각함수 미분

지금까지 다항함수, 유리함수, 무리함수의 미분에 대해 살펴보았다. 이제 삼각함수 미분에 대해 알아보자. 삼각함수의 도함수를 구할 때 다음 삼각함수 공식을 사용할 것이다.

$$\sin A + \sin B = 2\sin\frac{A+B}{2}\cos\frac{A-B}{2}$$

$$\sin A - \sin B = 2\cos\frac{A+B}{2}\sin\frac{A-B}{2}$$

$$\cos A + \cos B = 2\cos\frac{A+B}{2}\cos\frac{A-B}{2}$$

$$\cos A - \cos B = -2\sin\frac{A+B}{2}\sin\frac{A-B}{2}$$

첫째로 $f(x)=\sin x$ 의 도함수를 구해보자. 도함수의 정의에 의해서

$$f'(x) = \lim_{h\to 0}\frac{\sin(x+h)-\sin x}{h} = \lim_{h\to 0}\frac{2\cos\left(\frac{2x+h}{2}\right)\sin\frac{h}{2}}{h}$$

$$= \lim_{h\to 0}\cos\left(x+\frac{h}{2}\right)\frac{\sin\frac{h}{2}}{\frac{h}{2}} = \cos x$$

위와 똑같이 $f(x)=\cos x$ 의 도함수를 구해보면

$$f'(x) = \lim_{h\to 0}\frac{\cos(x+h)-\cos x}{h} = \lim_{h\to 0}\frac{-2\sin\left(\frac{2x+h}{2}\right)\sin\frac{h}{2}}{h}$$

$$= \lim_{h\to 0}-\sin\left(x+\frac{h}{2}\right)\frac{\sin\frac{h}{2}}{\frac{h}{2}} = -\sin x$$

다음으로 $f(x)=\tan x$ 의 도함수를 구해보자.

$f(x)=\tan x=\dfrac{\sin x}{\cos x}$ 이므로 정리 4.3의 (4)를 적용하면

$$f'(x) = \frac{(\sin x)'\cos x - \sin x(\cos x)'}{\cos^2 x}$$

$$= \frac{\cos x \cos x - \sin x(-\sin x)}{\cos^2 x}$$

$$= \frac{1}{\cos^2 x} = \sec^2 x$$

지금까지의 결과들을 정리하면 아래와 같다.

$(\sin x)' = \cos x$ $(\cos x)' = -\sin x$ $(\tan x)' = \sec^2 x$

예제 4.13

함수 $f(x) = \dfrac{\cos x}{\sin x + 1}$ 의 도함수를 구하라.

[풀이]

유리함수 미분을 적용하면 다음과 같이 도함수를 구할 수 있다.

$$f'(x) = \frac{(\cos x)'(\sin x + 1) - \cos x(\sin x + 1)'}{(\sin x + 1)^2}$$

$$= \frac{-\sin x(\sin x + 1) - \cos x \cos x}{(\sin x + 1)^2}$$

$$= \frac{-\sin^2 x - \sin x - \cos^2 x}{(\sin x + 1)^2}$$

$$= \frac{-1 - \sin x}{(\sin x + 1)^2} = \frac{-1}{\sin x + 1}$$

문제 4.13 다음 함수의 도함수를 구하라.

(1) $f(x) = \dfrac{\sin x}{1 + \cos x}$

(2) $f(x) = \dfrac{1}{\cos x}$

(3) $f(x) = \dfrac{1}{\sin x}$

(4) $f(x) = \dfrac{\cos x}{\sin x}$

예제 4.14

함수 $f(x) = \sin^2 x + \sin x$의 그래프 위의 점 $\left(\dfrac{\pi}{6}, \dfrac{3}{4}\right)$에서의 접선의 방정식을 구하라.

[풀이]

곱의 미분법을 $\sin^2 x = \sin x \sin x$에 적용하면 다음 식을 얻는다.

$$\begin{aligned} f'(x) &= (\sin x \sin x + \sin x)' \\ &= (\sin x)' \sin x + \sin x (\sin x)' + (\sin x)' \\ &= \cos x \sin x + \sin x \cos x + \cos x \\ &= 2\cos x \sin x + \cos x \end{aligned}$$

그러므로 $f'(\frac{\pi}{6}) = 2 \times \dfrac{\sqrt{3}}{2} \times \dfrac{1}{2} + \dfrac{\sqrt{3}}{2} = \dfrac{\sqrt{3}}{2} \times 2 = \sqrt{3}$, 즉 $\left(\dfrac{\pi}{6}, \dfrac{3}{4}\right)$에서의 접선의 기울기는 $\sqrt{3}$이므로 접선의 방정식은 $y - \dfrac{3}{4} = \sqrt{3}\left(x - \dfrac{\pi}{6}\right)$이다.

문제 4.14 함수 $f(x) = \dfrac{\sin x}{\cos x + \sin x}$ 위의 점 $\left(\dfrac{\pi}{2}, 1\right)$에서의 접선의 방정식을 구하라.

연습문제 4.3

1. 다음 함수의 도함수를 구하라.

(1) $f(x) = \dfrac{1-\cos x}{1+\cos x}$ (2) $f(x) = \tan^2 x$ (3) $f(x) = \dfrac{\sec x}{1+\sec x}$

(4) $f(x) = \dfrac{\tan x}{1+\sin x}$ (5) $f(x) = x^2 \sin x$ (6) $f(x) = \dfrac{x}{1+\cos x}$

2. $x = \dfrac{\pi}{4}$에서 함수 $f(x) = \cot^2 x$의 접선의 방정식을 구하라.

3. 열린구간 $(0, 2\pi)$에서 함수 $f(x) = x + 2\cos x$의 그래프 위의 점들 중 접선이 x축에 평행한 점들을 모두 구하라.

4. 점 (π, π)을 지나고 함수 $f(x) = \sin x$의 그래프에 접하는 직선 방정식을 구하라.

5. 함수 f가 다음과 같이 정의된다.

$$f(x) = \begin{cases} \dfrac{\sin x}{x}, & x \neq 0 \\ 1, & x = 0 \end{cases}$$

함수 f는 $x = 0$에서 연속인가? 그리고 $x = 0$에서 미분가능한가?

4.4 지수함수, 로그함수 미분

이 장에서는 지수함수 및 로그함수의 도함수에 대해 살펴보자. 먼저 자연로그 $f(x)=\ln x$의 도함수는 다음과 같이 구할 수 있다.

$$f'(x) = \lim_{h\to 0}\frac{\ln(x+h)-\ln x}{h} = \lim_{h\to 0}\ln\left(1+\frac{h}{x}\right)^{\frac{1}{h}} = \ln e^{\frac{1}{x}} = \frac{1}{x}$$

밑이 $a>0$인 로그함수 $\log_a x$는 $\log_a x = \dfrac{\ln x}{\ln a}$이므로 $\log_a x$의 도함수는 다음과 같다.

$$(\log_a x)' = \left(\frac{\ln x}{\ln a}\right) = \frac{1}{x\ln a}$$

예제 4.15

다음 함수의 도함수를 구하라.

(1) $f(x) = (\ln x)^2$

(2) $f(x) = x\ln x$

(3) $f(x) = \dfrac{\ln x}{\ln x + 1}$

(4) $f(x) = \dfrac{\ln x}{x}$

[풀이]

(1) $f(x) = (\ln x)^2 = (\ln x)(\ln x)$로 보고 곱의 미분법을 적용시키면 다음과 같이 도함수를 구할 수 있다.

$$f'(x) = (\ln x)'(\ln x) + (\ln x)(\ln x)' = \frac{1}{x}(\ln x) + (\ln x)\frac{1}{x} = \frac{2\ln x}{x}$$

(2) 곱의 미분법을 적용하면,

$$f(x) = (x)'\ln x + x(\ln x)' = \ln x + x\times\frac{1}{x} = \ln x + 1$$

(3) 유리함수 미분법을 적용하면,

$$f'(x)=\frac{(\ln x)'(\ln x+1)-(\ln x)(\ln x+1)'}{(\ln x+1)^2}$$

$$=\frac{\frac{1}{x}(\ln x+1)-(\ln x)\frac{1}{x}}{(\ln x+1)^2}=\frac{1}{x(\ln x+1)^2}$$

(4) 유리함수 미분법을 적용하면,

$$f'(x)=\frac{(\ln x)'x-(\ln x)(x)'}{x^2}=\frac{1-\ln x}{x^2}$$

문제 4.15 다음 함수의 도함수를 구하라.

(1) $f(x)=(\ln 2x)^2$

(2) $f(x)=\dfrac{x}{\ln 5x}$

(3) $f(x)=x^2\ln 3x$

(4) $f(x)=\dfrac{\log_{10}x-1}{\log_{10}x+1}$

지수함수 $f(x)=a^x\ (a>0)$의 도함수는 다음과 같이 구할 수 있다.

$$f'(x)\ =\ \lim_{h\to 0}\frac{a^{x+h}-a^x}{h}=\lim_{h\to 0}\frac{a^x(a^h-1)}{h}=a^x\lim_{h\to 0}\frac{a^h-1}{h}$$

위 식에서 $a^h-1=t$로 치환하면

$$\lim_{h\to 0}\frac{(a^h-1)}{h}=\lim_{h\to 0}\frac{t}{\frac{\ln(t+1)}{\ln a}}=\lim_{h\to 0}\frac{\ln a}{\ln(1+t)^{\frac{1}{t}}}=\ln a$$

그러므로 $f(x)=a^x$의 도함수는 $f'(x)=a^x\ln a$이다.

$$(a^x)'=a^x\ln a$$

예제 4.16

다음 함수의 도함수를 구하라

(1) $f(x)=e^{2x}$

(2) $f(x)=e^{-x}$

(3) $f(x)=\dfrac{e^{x}}{x}$

(4) $f(x)=\dfrac{e^{x}-e^{-x}}{e^{x}+e^{-x}}$

[풀이]

(1) $f(x)=e^{2x}=e^{x}e^{x}$ 이므로 곱의 미분법을 적용하면,

$$f(x)=(e^{x})'e^{x}+e^{x}(e^{x})'=e^{x}e^{x}+e^{x}e^{x}=2e^{2x}$$

(2) $f(x)=e^{-x}=(e^{-1})^{x}=\left(\dfrac{1}{e}\right)^{x}$ 이므로 지수함수 미분법에 의해서,

$$f'(x)=\left(\frac{1}{e}\right)^{x}\ln\frac{1}{e}=-\left(\frac{1}{e}\right)^{x}=-e^{-x}$$

(3) 유리함수 미분법을 적용하면

$$f'(x)=\frac{(e^{x})'x-e^{x}(x')}{x^{2}}=\frac{xe^{x}-e^{x}}{x^{2}}$$

(4) 유리함수 미분법을 적용하면,

$$\begin{aligned}f'(x)&=\frac{(e^{x}-e^{-x})'(e^{x}+e^{-x})-(e^{x}-e^{-x})(e^{x}-e^{-x})'}{(e^{x}+e^{-x})^{2}}\\&=\frac{(e^{x}+e^{-x})(e^{x}+e^{-x})-(e^{x}-e^{-x})(e^{x}-e^{-x})}{(e^{x}+e^{-x})^{2}}\\&=\frac{(e^{2x}+e^{-2x}+2)-(e^{2x}+e^{-2x}-2)}{(e^{x}+e^{-x})^{2}}\\&=\frac{4}{(e^{x}+e^{-x})^{2}}\end{aligned}$$

문제 4.16 다음 함수의 도함수를 구하라.

(1) $f(x)=e^{3x+2}$

(2) $f(x)=x^{2}e^{x}$

(3) $f(x)=e^{-2x+1}$

(4) $f(x)=\dfrac{1}{2^{x}+2^{-x}}$

예제 4.17

함수 $f(x)=(x^3-5x^2+9x-7)e^x$ 그래프 위의 점들 중 접선이 x축에 평행한 점들을 모두 구하라.

[풀이]

접선이 x축에 평행하면 접선의 기울기는 0이다. $(x, f(x))$에서의 접선의 기울기는 $f'(x)$이므로 $f'(x)=0$인 x를 모두 구하면 된다. $f'(x)$는 곱의 미분법에 의해 다음과 같다.

$$\begin{aligned} f'(x) &= (x^3-5x^2+9x-7)'e^x+(x^3-5x^2+9x-7)(e^x)' \\ &= (3x^2-10x+9)e^x+(x^3-5x^2+9x-7)e^x \\ &= (x^3-2x^2-x+2)e^x=0. \end{aligned}$$

e^x는 0이 될 수 없으므로 $x^3-2x^2-x+2=0$이다.

$$x^3-2x^2-x-2=x^2(x-2)-(x-2)=(x^2-1)(x-2)$$

이므로 $x=-1, 1, 2$일 때 접선의 기울기가 0이다.

문제 4.17 함수 $f(x)=(x^2-2)e^{2x}$ 그래프 위의 점들 중 접선이 x축에 평행한 점들을 모두 구하라.

연습문제 4.4

1. 다음 함수의 도함수를 구하라.

(1) $f(x) = x^2 e^x$ (2) $f(x) = \dfrac{3^x}{3^x + 1}$

(3) $f(x) = \dfrac{e^x}{x+1}$ (4) $f(x) = e^x + e^{-x}$

2. 다음 함수의 도함수를 구하라.

(1) $f(x) = (\ln x)^3$ (2) $f(x) = e^{3x}$

(3) $f(x) = x(\ln x)^2$ (4) $f(x) = xe^{2x}$

3. 함수 $f(x) = x^3 \ln x$에서 접선이 x축에 평행한 점을 모두 구하라.

4. 함수 $f(x) = \ln \sqrt[2]{x}$ 의 $x = 1$에서의 접선의 방정식을 구하라.

5. 다음 극한값을 구하라.

$$\lim_{x \to 1} \frac{e^x + x - e - 1}{x - 1}$$

4.5 연쇄법칙

지금까지 함수 $f(x)$의 도함수를 $f'(x)$로 표기해 왔다. 이 장에서는 도함수의 다른 표기법에 대해 알아보고 연쇄법칙에 대해 알아본다. 함수 f를 $y=f(x)$로 두면 정의역의 변수는 x, 공역의 변수는 y이다. 그러면 도함수의 정의

$$f'(x)=\lim_{h\to 0}\frac{f(x+h)-f(x)}{h}$$

에서 $h=(x+h)-x$는 x변화량이고, $f(x+h)-f(x)$는 x에서 $x+h$로 변할 때 y변화량이라고 볼 수 있다. 변화량을 나타내는 Δ를 이용하여 x변화량 h를 Δx, y변화량 $f(x+h)-f(x)$를 Δy라고 표기하면 도함수의 정의는 다음과 같이 다시 쓸 수 있다.

$$f'(x)=\lim_{h\to 0}\frac{f(x+h)-f(x)}{h}=\lim_{\Delta x\to 0}\frac{\Delta y}{\Delta x}$$

x에서의 함수 f의 미분계수 $f'(x)$의 의미를 다시 생각해보면 x근방에서 $\frac{\Delta y}{\Delta x}$의 극한값으로 볼 수 있다. $\frac{\Delta y}{\Delta x}$의 극한값의 의미를 담기 위해 $f'(x)$를 $\frac{dy}{dx}(x)$로 표기하고 일반적으로 $\frac{dy}{dx}$로 표기하면 $\frac{dy}{dx}(x)$를 의미한다.

$$\frac{dy}{dx}=\frac{dy}{dx}(x)=f'(x)$$

이러한 표기법으로 $y=f(x)$, $z=g(x)$라고 두면, y, z 모두 x의 종속변수로 보고, 미분법에 관한 지금까지의 정리들을 아래와 같이 다시 쓸 수 있다.

▸ $\frac{dx^r}{dx}=rx^{r-1}$

▸ $\frac{d\sin x}{dx}=\cos x$　▸ $\frac{d\cos x}{dx}=-\sin x$　▸ $\frac{d\tan x}{dx}=\sec^2 x$

▸ $\frac{da^x}{dx}=a^x\ln a$　▸ $\frac{d\log_a x}{dx}=\frac{1}{x\ln a}$

▸ $\dfrac{d(y \pm z)}{dx} = \dfrac{dy}{dx} \pm \dfrac{dz}{dx}$ 정리 4.3 (1), (2)

▸ $\dfrac{d(yz)}{dx} = \dfrac{dy}{dx}z + y\dfrac{dz}{dx}$ 정리 4.3 (3)

▸ $\dfrac{d}{dx}\left(\dfrac{y}{z}\right) = \dfrac{\dfrac{dy}{dx}z - y\dfrac{dz}{dx}}{z^2}$ 정리 4.3 (4)

▸ $\dfrac{d(cy)}{dx} = c\dfrac{dy}{dx}$ (c는 상수) 정리 4.5

예제 4.18

다음 함수의 $\dfrac{dy}{dx}$를 구하라.

(1) $y = x^2 + 1$ (2) $y = \dfrac{1}{2 + \sin x}$ (3) $y = e^x \ln x$

[풀이]

(1) $\dfrac{dy}{dx} = \dfrac{d(x^2+1)}{dx} = \dfrac{dx^2}{dx} + \dfrac{d1}{dx} = 2x + 0 = 2x$

(2) $\dfrac{dy}{dx} = \dfrac{d}{dx}\left(\dfrac{1}{2+\sin x}\right) = \dfrac{\dfrac{d1}{dx}(2+\sin x) - 1\dfrac{d(2+\sin x)}{dx}}{(2+\sin x)^2} = \dfrac{-\cos x}{(2+\sin x)^2}$

(3) $\dfrac{dy}{dx} = \dfrac{d}{dx}(e^x \ln x) = \dfrac{de^x}{dx}\ln x + e^x\dfrac{d\ln x}{dx} = e^x \ln x + \dfrac{e^x}{x}$

문제 4.18 다음 함수의 $\dfrac{dy}{dx}$를 구하라.

(1) $y = x^3 + x^2 + 2x + 3$ (2) $y = \dfrac{\tan x}{1 + \tan x}$

(3) $y = \dfrac{e^x}{1 + e^x}$

예제 4.19

$x=1$일 때 $y=1$이고 $\dfrac{dy}{dx}(1)=-1$일 때 다음 z에 대해 $\dfrac{dz}{dx}(1)$을 구하라.

(1) $z=e^x+2y$

(2) $z=x^2y$

(3) $z=\dfrac{x}{y}$

(4) $z=\dfrac{(3y+1)e^x}{xy}$

[풀이]

(1) $\dfrac{dz}{dx}=\dfrac{d(e^x+2y)}{dx}=\dfrac{de^x}{dx}+\dfrac{d(2y)}{dx}=e^x+2\dfrac{dy}{dx}$ 이므로

$$\frac{dz}{dx}(1)=e^1+2\frac{dy}{dx}(1)=e-2$$

(2) $\dfrac{dz}{dx}=\dfrac{d(x^2y)}{dx}=\dfrac{dx^2}{dx}y+x^2\dfrac{dy}{dx}=2xy+x^2\dfrac{dy}{dx}$ 이므로 $\dfrac{dz}{dx}(1)=1$

(3) $\dfrac{dz}{dx}=\dfrac{d}{dx}\left(\dfrac{x}{y}\right)=\dfrac{\dfrac{dx}{dx}y-x\dfrac{dy}{dx}}{y^2}=\dfrac{y-x\dfrac{dy}{dx}}{y^2}$ 이므로

$$\frac{dz}{dx}(1)=\frac{y(1)-1\times\dfrac{dy}{dx}(1)}{y(1)^2}=\frac{1-1\times(-1)}{1^2}=2$$

(4) $\dfrac{dz}{dx}=\dfrac{d}{dx}\left(\dfrac{(3y+1)e^x}{xy}\right)=\dfrac{\dfrac{d}{dx}((3y+1)e^x)y-(3y+1)e^x\dfrac{d(xy)}{dx}}{(xy)^2}$

$$=\frac{\left(\dfrac{d(3y+1)}{dx}e^x+(3y+1)\dfrac{de^x}{dx}\right)xy-(3y+1)e^x\left(\dfrac{dx}{dx}y+x\dfrac{dy}{dx}\right)}{(xy)^2}$$

$$=\frac{\left(3\dfrac{dy}{dx}e^x+(3y+1)e^x\right)xy-(3y+1)e^x\left(y+x\dfrac{dy}{dx}\right)}{(xy)^2}$$ 이므로,

$$\frac{dz}{dx}(1)=\frac{(3(-1)e+4e)-4e(1-1)}{1^2}=e$$

문제 4.19 $x=0$일 때 $y=2$이고 $\dfrac{dy}{dx}(0)=1$일 때 다음 z에 대해 $\dfrac{dz}{dx}(1)$을 구하라.

(1) $z=\sin x+y$

(2) $z=y\cos x$

(3) $z=\dfrac{x(3y+2)}{y}$

(4) $z=\dfrac{\ln(x+1)}{e^x y}$

연쇄법칙을 설명하기 위해 가장 간단한 다음 예제를 살펴본다.

예제 4.20

$y=2x$이고 $z=3y$일 때 $\dfrac{dy}{dx}, \dfrac{dz}{dy}, \dfrac{dz}{dx}$를 구하라.

[풀이]
도함수의 정의에 의해

$$\frac{dy}{dx}=\lim_{\Delta x\to 0}\frac{\Delta y}{\Delta x}=\lim_{\Delta x\to 0}\frac{2(x+\Delta x)-2x}{\Delta x}=\lim_{\Delta x\to 0}\frac{2\Delta x}{\Delta x}=2$$

$$\frac{dz}{dy}=\lim_{\Delta y\to 0}\frac{\Delta z}{\Delta y}=\lim_{\Delta y\to 0}\frac{3(y+\Delta y)-3y}{\Delta y}=\lim_{\Delta y\to 0}\frac{3\Delta y}{\Delta y}=3$$

$\dfrac{dz}{dx}$는 $z=3y=3(2x)=6x$으로부터 아래와 같이 구할 수 있다.

$$\frac{dz}{dx}=\lim_{\Delta x\to 0}\frac{\Delta z}{\Delta x}=\lim_{\Delta x\to 0}\frac{6(x+\Delta x)-6x}{\Delta x}\equiv\lim_{\Delta x\to 0}\frac{6\Delta x}{\Delta x}=6$$

문제 4.20 변수 y는 x의 값이 1이 증가할 때 5가 증가하고 변수 z는 y가 1 증가할 때 3이 감소한다고 하자. 그러면 x가 1 증가할 때 변수 z는 얼마 증가 또는 감소하는가?

위 예제에서 $\dfrac{dz}{dx}=\dfrac{dy}{dx}\dfrac{dz}{dy}$가 성립함을 알 수 있는데 일반적으로 y가 x에 관한 종속변수이고 미분가능하고, z가 y에 관한 종속변수이고 미분가능하면 이 식이 성립한다.

[정리 4.11] [연쇄법칙]

y가 x의 함수이고, z가 y의 함수이고 $x=a$일 때 $y=b$라고 하자. y가 $x=a$에서 미분가능하고 z가 $y=b$에서 미분가능하면 z는 $x=a$에서 미분가능하고 그 미분값은 다음과 같이 구해진다.

$$\frac{dz}{dx}(a)=\frac{dy}{dx}(a)\frac{dz}{dy}(b)$$

[증명]

y가 x의 함수이고, z가 y의 함수이므로 $y=f(x)$, $z=g(y)$라고 둘 수 있다. 그리고 $\Delta y=f(a+\Delta x)-f(a)$, $\Delta z=g(b+\Delta y)-g(b)$라고 두면

$$\frac{dy}{dx}(a)=\lim_{\Delta x\to 0}\frac{\Delta y}{\Delta x},\quad \frac{dz}{dy}(b)=\lim_{\Delta y\to 0}\frac{\Delta z}{\Delta y}$$

함수 f가 $x=a$에서 미분가능이므로 연속이다. 그래서

$$\lim_{\Delta x\to 0}\Delta y=\lim_{\Delta x\to 0}(f(a+\Delta x)-f(a))=0$$

$x=a$일 때 $y=b$이므로 $b=f(a)$이다.

$$\begin{aligned}\frac{dz}{dx}(a)&=\lim_{\Delta x\to 0}\frac{\Delta z}{\Delta x}(a)=\lim_{\Delta x\to 0}\frac{g(f(a+\Delta x))-g(f(a))}{\Delta x}\\&=\lim_{\Delta x\to 0}\frac{f(a+\Delta x)-f(a)}{\Delta x}\frac{g(f(a+\Delta x))-g(f(a))}{f(a+\Delta x)-f(a)}\\&=\lim_{\Delta x\to 0}\frac{f(a+\Delta x)-f(a)}{\Delta x}\frac{g(b+\Delta y)-g(b)}{\Delta y}\\&=\lim_{\Delta x\to 0}\frac{\Delta y}{\Delta x}\frac{\Delta z}{\Delta y}=\lim_{\Delta x\to 0}\frac{\Delta y}{\Delta x}\lim_{\Delta y\to 0}\frac{\Delta z}{\Delta y}=\frac{dy}{dx}(a)\frac{dz}{dy}(b)\end{aligned}$$

□

연쇄법칙을 이용하면 다음 식을 얻을 수 있다.

- $\dfrac{dy^r}{dx}=\dfrac{dy}{dx}\dfrac{dy^r}{dy}=\dfrac{dy}{dx}ry^{r-1}$
- $\dfrac{d\sin y}{dx}=\dfrac{dy}{dx}\dfrac{d\sin y}{dy}=\dfrac{dy}{dx}\cos y$
- $\dfrac{d\cos y}{dx}=\dfrac{dy}{dx}\dfrac{d\cos y}{dy}=\dfrac{dy}{dx}(-\sin y)$
- $\dfrac{d\tan y}{dx}=\dfrac{dy}{dx}\dfrac{d\tan y}{dy}=\dfrac{dy}{dx}\sec^2 y$
- $\dfrac{da^y}{dx}=\dfrac{dy}{dx}\dfrac{da^y}{dy}=\dfrac{dy}{dx}a^y\ln a$
- $\dfrac{d\log_a y}{dx}=\dfrac{dy}{dx}\dfrac{d\log_a y}{dy}=\dfrac{dy}{dx}\dfrac{1}{y\ln a}$

예제 4.21

$x=1$일 때, $y=2$이고 $\dfrac{dy}{dx}(1)=-1$일 때 연쇄법칙을 이용하여 다음 z에 대하여 $\dfrac{dz}{dx}(1)$을 구하라.

(1) $z=y^3-2y$

(2) $z=xy^2$

(3) $z=x\sin y$

(4) $z=x\ln y$

[풀이]

(1) 연쇄법칙에 의해

$$\frac{dz}{dx}=\frac{d(y^3-2y)}{dx}=\frac{dy}{dx}\frac{d(y^3-2y)}{dy}=\frac{dy}{dx}(3y^2-2)$$

그러므로 $\dfrac{dz}{dx}(1)=\dfrac{dy}{dx}(1)(3y(1)^2-2)=(-1)\times(12-2)=-10$

(2) $\dfrac{dz}{dx}=\dfrac{d}{dx}(xy^2)=\dfrac{dx}{dx}y^2+x\dfrac{dy^2}{dx}=y^2+x\dfrac{dy}{dx}\dfrac{dy^2}{dy}=y^2+2xy\dfrac{dy}{dx}$ 이므로,

$$\frac{dz}{dx}(1)=2^2+2(1)(2)(-1)=4-4=0$$

(3) $$\frac{dz}{dx}=\frac{d\,x\sin y}{dx}=\frac{dx}{dx}\sin y+x\frac{d\sin y}{dx}=\sin y+x\frac{dy}{dx}\frac{d\sin y}{dy}$$

$$=\sin y+x\frac{dy}{dx}\cos y$$ 이므로,

$$\frac{dz}{dx}(1)=\sin 2+(1)\frac{dy}{dx}(1)\cos 2=\sin 2-\cos 2$$

(4) $$\frac{dz}{dx}=\frac{d\,x\ln y}{dx}=\frac{dx}{dx}\ln y+x\frac{d\ln y}{dx}=\ln y+x\frac{dy}{dx}\frac{d\ln y}{dy}=\ln y+x\frac{dy}{dx}\frac{1}{y}$$ 이므로,

$$\frac{dz}{dx}(1)=\ln 2+1\frac{du}{dx}(1)\frac{1}{2}=\ln 2-\frac{1}{2}$$

문제 4.21 $x=0$일 때 $y=1$이고, $\frac{dy}{dx}(0)=1$일 때 다음 식의 $\frac{dz}{dx}(0)$을 구하라.

(1) $z=y^2+2y+1$

(2) $z=(x^2-1)e^y$

(3) $z=(\sin x)(\cos y)$

(4) $z=\frac{y}{e^x}$

합성함수 미분

연쇄법칙을 적용하여 합성함수 $y=(g\circ f)(x)$의 도함수를 구할 수 있다. $u=f(x)$라고 두면 $y=g(u)$이고 u는 x의 함수, y는 u의 함수가 되고 두 함수 모두 미분가능하다면 연쇄법칙에 의해 다음 식을 얻는다.

$$\frac{dy}{dx}(x)=\frac{du}{dx}(x)\frac{dy}{du}(u)=f'(x)g'(f(x))$$

그러므로 $\frac{d}{dx}(g\circ f)(x)=f'(x)g'(f(x))$ 이다.

합성함수 미분법을 이용하여 $y=(f(x))^r$ 형태의 함수의 도함수를 구해보자. 먼저 $u=f(x)$라고 두면 $y=u^r$로서 간단한 형태가 되고, $\frac{du}{dx}=f'(x)$, $\frac{dy}{du}=nu^{n-1}$이므로 연쇄법칙을 적용하면 다음 식을 얻는다.

$$\frac{dy}{dx}=\frac{du}{dx}\frac{dy}{du}=f'(x)nu^{n-1}=f'(x)nf(x)^{n-1}=nf(x)^{n-1}f'(x)$$

$$\frac{dy^r}{dx}=\frac{dy}{dx}\frac{dy^r}{dy}=ny^{r-1}\frac{dy}{dx}$$

예제 4.22

연쇄법칙을 이용하여 다음 함수의 $\dfrac{dy}{dx}$를 구하라.

(1) $y=(2x+1)^5$ (2) $y=\dfrac{1}{(3x+1)^3}$ (3) $y=\sqrt[3]{4x^2+4x+1}$

[풀이]

(1) $u=2x+1$로 두고 연쇄법칙을 적용하면,

$$\frac{du}{dx}=\frac{d(2x+1)}{dx}=2$$

$$\frac{dy}{dx}=\frac{du^5}{dx}=\frac{du}{dx}\frac{du^5}{du}=\frac{du}{dx}5u^4=10u^4=10(2x+1)^4$$

(2) $u=3x+1$로 두고 연쇄법칙을 적용하면,

$$\frac{du}{dx}=\frac{d(3x+1)}{dx}=3$$

$$\frac{dy}{dx}=\frac{du^{-3}}{dx}=\frac{du}{dx}\frac{du^{-3}}{du}=3(-3)u^{-4}=-9(3x+1)^{-4}$$

(3) $y=\sqrt[3]{4x^2+4x+1}=\sqrt[3]{(2x+1)^2}=(2x+1)^{\frac{2}{3}}$이므로 $u=2x+1$로 두고 연쇄법칙을 적용하면,

$$\frac{du}{dx}=\frac{d(2x+1)}{dx}=2$$

$$\frac{du}{dx}=\frac{du^{\frac{2}{3}}}{dx}=\frac{du}{dx}\frac{du^{\frac{3}{2}}}{du}=\frac{du}{dx}\frac{3}{2}u^{\frac{1}{2}}=2\times\frac{3}{2}(2x+1)^{\frac{1}{2}}=3(2x+1)^{\frac{1}{2}}$$

문제 4.22 연쇄법칙을 이용하여 다음 함수의 $\frac{dy}{dx}$를 구하라.

(1) $y=\sqrt{7x+5}$ (2) $y=\frac{1}{(3x+5)^5}$ (3) $y=\sqrt[5]{9x^2+6x+1}$

예제 4.23

다음 함수의 $\frac{dy}{dx}$를 구하라.

(1) $y=(x^2+1)^6$

(2) $y=\sqrt{x^2+x+1}$

(3) $y=\frac{1}{\sqrt[3]{x^3+1}}$

(4) $y=\left(\frac{2x+1}{x^2+1}\right)^3$

[풀이]

(1) $u=x^2+1$로 두면 $y=u^6$이므로 여기에 연쇄법칙을 적용하면

$$\frac{dy}{dx}=\frac{du}{dx}\frac{dy}{du}=(2x)(6u^5)=12x(x^2+1)^5$$

(2) $u=x^2+x+1$로 두면 $y=u^{\frac{1}{2}}$이므로 연쇄법칙을 적용하면

$$\frac{dy}{dx}=\frac{du}{dx}\frac{dy}{du}=(2x+1)\left(\frac{1}{2}u^{-\frac{1}{2}}\right)=\frac{1}{2}(2x+1)(x^2+x+1)^{-\frac{1}{2}}$$

(3) $u=x^3+1$로 두고 정리 4.3의 (4)와 연쇄법칙을 동시에 적용하면

$$\frac{dy}{dx}=\frac{du}{dx}\frac{d}{du}u^{-\frac{1}{3}}=(3x^2)\left(-\frac{1}{3}u^{-\frac{4}{3}}\right)=-x^2(x^3+1)^{-\frac{4}{3}}$$

(4) $u=\frac{2x+1}{x^2+1}$로 두면 $y=u^3$이므로 정리 4.3의 (4)와 연쇄법칙을 동시에 적용하면 다음 식을 얻는다.

$$\frac{dy}{dx}=\frac{du}{dx}\frac{dy}{du}=\frac{(2)(x^2+1)-(2x+1)(2x)}{(x^2+1)^2}(3u^2)$$

$$=\frac{6(-x^2-x+1)}{(x^2+1)^2}\left(\frac{2x+1}{x^2+1}\right)^2$$

문제 4.23 다음 함수의 $\frac{dy}{dx}$를 구하라.

(1) $y=(x^5+x^3+1)^6$ (2) $y=x^2\sqrt{1+x^2}$ (3) $y=\left(\frac{x}{x^2+x+1}\right)^5$

예제 4.24

다음 함수의 도함수를 구하라.

(1) $y=\sin^6 x$

(2) $y=\tan^3 x$

(3) $y=\cos^3 x\sin x$

(4) $y=(\sin x+\cos x)^5$

[풀이]

(1) $u=\sin x$라고 두면 $y=u^6$이므로 연쇄법칙을 사용하면,

$$\frac{dy}{dx}=\frac{du}{dx}\frac{dy}{du}=(\cos x)(6u^5)=6\cos x\sin^5 x$$

(2) $u=\tan x$라고 두면 $y=u^3$이므로 연쇄법칙을 사용하면,

$$\frac{dy}{dx}=\frac{du}{dx}\frac{dy}{du}=(\sec^2 x)(3u^2)=3\sec^2 x\tan^2 x$$

(3) $u=\cos x$라고 두면 $y=u^3\sin x$이므로 곱의 미분법과 연쇄법칙을 동시에 적용하면,

$$\frac{dy}{dx}=\frac{d(u^3\sin x)}{dx}=\frac{du^3}{dx}\sin x+u^3\frac{d\sin x}{dx}=\frac{du}{dx}\frac{du^3}{du}\sin x+u^3\cos x$$

$$=(-\sin x)(3u^2)\sin x+u^3=-3\sin^2 x\cos^2 x+\cos^4 x$$

(4) $u=\sin x+\cos x$라고 두면 $y=u^5$이므로 연쇄법칙을 사용하면,

$$\frac{dy}{dx}=\frac{du}{dx}\frac{dy}{du}=(\cos x-\sin x)(5u^4)=5(\cos x-\sin x)(\sin x+\cos x)^4$$

문제 4.24 다음 함수의 $\frac{dy}{dx}$를 구하라.

(1) $y=\cos^2 x$

(2) $y=\frac{1}{\sin^3 x}$

(3) $y=\sec^3 x$

(4) $y=(\tan x+\sec x)^7$

예제 4.25

다음 함수의 $\frac{dy}{dx}$를 구하라.

(1) $y=(e^x+1)^3$

(2) $y=\sqrt[3]{\ln x}$

(3) $y=\left(\frac{e^x}{e^x+1}\right)^5$

(4) $y=\left(\frac{\ln x+1}{x}\right)^2$

[풀이]

(1) $u=e^x+1$라고 두면 $y=u^3$이다. 연쇄법칙을 적용하면,

$$\frac{dy}{dx}=\frac{du}{dx}\frac{dy}{du}=(e^x)(3u^2)=3e^x(e^x+1)^2$$

(2) $u=\ln x$라고 두면 $y=\sqrt[3]{u}=u^{\frac{1}{3}}$이고 연쇄법칙을 적용하면,

$$\frac{dy}{dx}=\frac{du}{dx}\frac{dy}{du}=\frac{1}{x}\left(\frac{1}{3}u^{-\frac{2}{3}}\right)=\frac{1}{3x\sqrt[3]{(\ln x)^2}}$$

(3) $u=\frac{e^x}{e^x+1}$라고 두면 $y=u^5$이고 연쇄법칙을 적용하면,

$$\frac{du}{dx}=\frac{e^x(e^x+1)-e^xe^x}{(e^x+1)^2}=\frac{e^x}{(e^x+1)^2}$$

$$\frac{dy}{dx}=\frac{du}{dx}\frac{dy}{du}=\frac{e^x}{(e^x+1)^2}(5u^4)=\frac{5e^{5x}}{(e^x+1)^6}$$

(4) $u=\frac{\ln x+1}{x}$라고 두면 $y=u^2$이고 연쇄법칙을 적용하면,

$$\frac{du}{dx}=\frac{\frac{1}{x}x-(\ln x+1)}{x^2}=\frac{-\ln x}{x^2}$$

$$\frac{dy}{dx}=\frac{du}{dx}\frac{dy}{du}=\frac{-\ln x}{x^2}(2u)=-\frac{2\ln x(\ln x+1)}{x^3}$$

문제 4.25 다음 함수의 $\dfrac{dy}{dx}$를 구하라.

(1) $y=(e^{2x}+1)^3$

(2) $y=\sqrt[3]{e^{5x+3}}$

(3) $y=\sqrt{\dfrac{a^x}{a^x+1}}$

(4) $y=\left(\dfrac{\log_a x+1}{x}\right)^3$

연쇄법칙을 이용하여 삼각함수와 합성된 함수들에 대한 도함수를 구하는 방법에 대해 알아보자. 먼저 $y=\sin f(x)$ 형태의 함수의 $\dfrac{dy}{dx}$를 구해보자. $u=f(x)$로 두면 $y=\sin u$가 되므로 연쇄법칙을 사용하면 다음 식을 얻는다.

$$\frac{dy}{dx}=\frac{du}{dx}\frac{dy}{du}=f'(x)\cos u=f'(x)\cos f(x)$$

$y=\cos f(x)$일 때도 위와 똑같이 $u=f(x)$로 두면 $y=\cos u$이고 연쇄법칙에 의해서

$$\frac{dy}{dx}=\frac{du}{dx}\frac{dy}{du}=f'(x)(-\sin f(x))=-f'(x)\sin f(x)$$

$y=\tan f(x)$일 때 $u=f(x)$로 두면 $y=\tan u$이고 연쇄법칙을 적용하면,

$$\frac{dy}{dx}=\frac{du}{dx}\frac{dy}{du}=f'(x)(\sec^2 u)=f'(x)\sec^2 f(x)$$

- $\dfrac{d\sin f(x)}{dx}=f'(x)\cos f(x)$
- $\dfrac{d\cos f(x)}{dx}=-f'(x)\sin f(x)$
- $\dfrac{d\tan f(x)}{dx}=f'(x)\sec^2 f(x)$

예제 4.26

연쇄법칙을 이용하여 다음 함수의 $\frac{dy}{dx}$를 구하라.

(1) $y=\sin(2x+3)$

(2) $y=\cos(x^2+1)$

(3) $y=\tan(e^x)$

(4) $y=\sin(\sin x)$

[풀이]

(1) $u=2x+3$으로 두면, $y=\sin u$이고 연쇄법칙을 적용하면,

$$\frac{dy}{dx}=\frac{d\sin u}{dx}=\frac{du}{dx}\frac{d\sin u}{du}=2\cos u=2\cos(2x+3)$$

(2) $u=x^2+1$으로 두면 $y=\cos u$이고 연쇄법칙을 적용하면,

$$\frac{dy}{dx}=\frac{d\cos u}{dx}=\frac{du}{dx}\frac{d\cos u}{du}=2x(-\sin u)=-2x\sin(x^2+1)$$

(3) $u=e^x$, $y=\tan u$로 두고 연쇄법칙을 적용하면,

$$\frac{dy}{dx}=\frac{du}{dx}\frac{dy}{du}=e^x\sec^2 u=e^x\sec^2 e^x$$

(4) $u=\sin x$으로 두면 $y=\sin u$이고 연쇄법칙을 적용하면,

$$\frac{dy}{dx}=\frac{du}{dx}\frac{dy}{du}=\cos x\cos u=\cos x\cos(\sin x)$$

문제 4.26 연쇄법칙을 이용해서 다음 함수의 $\frac{dy}{dx}$를 구하라.

(1) $y=\cos(7x+5)$

(2) $y=\sin(x+x^{-1})$

(3) $y=\tan(2x^2+3)$

(4) $y=\tan(\tan x)$

지수함수와의 합성함수 형태인 $y=e^{f(x)}$의 도함수를 연쇄법칙을 이용하여 구해보자. 우선 $u=f(x)$로 두면 $y=e^u$이고 여기에 연쇄법칙을 적용하면 다음 식을 얻게 된다.

$$\frac{dy}{dx}=\frac{du}{dx}\frac{dy}{du}=f'(x)e^u=f'(x)e^{f(x)}$$

> ➤ $\dfrac{de^{f(x)}}{dx} = f'(x)e^{f(x)}$

예제 4.27

연쇄법칙을 이용하여 다음 함수의 $\dfrac{dy}{dx}$를 구하라.

(1) $y = e^{6x+5}$

(2) $y = e^{x^2+x+1}$

(3) $y = e^{\sin x}$

(4) $y = e^{e^x}$

[풀이]

(1) $u = 6x+5$로 두면 $y = e^u$이고 연쇄법칙을 적용하면,

$$\frac{dy}{dx} = \frac{de^u}{dx} = \frac{du}{dx}\frac{de^u}{du} = 6e^u = 6e^{6x+5}$$

(2) $u = x^2+x+1$로 두면 $y = e^u$이고 연쇄법칙을 적용하면,

$$\frac{dy}{dx} = \frac{de^u}{dx} = \frac{du}{dx}\frac{de^u}{du} = (2x+1)e^u = (2x+1)e^{x^2+x+1}$$

(3) $u = \sin x$로 두면 $y = e^u$이고 연쇄법칙을 적용하면,

$$\frac{dy}{dx} = \frac{de^u}{dx} = \frac{du}{dx}\frac{de^u}{du} = \cos x\, e^u = \cos x\, e^{\sin x}$$

(4) $u = e^x$로 두면 $y = e^u$이고 연쇄법칙을 적용하면,

$$\frac{dy}{dx} = \frac{de^u}{dx} = \frac{du}{dx}\frac{de^u}{du} = e^x e^u = e^{x+e^x}$$

문제 4.27 연쇄법칙을 이용해서 다음 함수의 $\dfrac{dy}{dx}$를 구하라.

(1) $y = e^{x^2+2x}$

(2) $y = e^{\frac{1}{x}}$

(3) $y = e^{\sin x + \cos x}$

(4) $y = a^{a^x}$

로그함수와의 합성함수 형태인 $y=\ln f(x)$의 도함수 역시 지수함수와의 합성함수와 똑같은 방법으로 $u=f(x)$, $y=\ln u$에 연쇄법칙을 적용하여 다음 식을 얻는다.

$$\frac{dy}{dx}=\frac{du}{dx}\frac{dy}{du}=f'(x)\frac{1}{u}=\frac{f'(x)}{f(x)}$$

> ➤ $\dfrac{d\ln f(x)}{dx}=\dfrac{f'(x)}{f(x)}$

예제 4.28

연쇄법칙을 이용하여 다음 함수의 $\dfrac{dy}{dx}$를 구하라.

(1) $y=\ln(10x+3)$

(2) $y=\ln(x^2+3x+3)$

(3) $y=\ln(\cos x)$

(4) $y=\ln(\ln x)$

[풀이]

(1) $u=10x+3$으로 두면 $y=\ln u$이고 연쇄법칙을 적용하면,

$$\frac{dy}{dx}=\frac{d\ln u}{dx}=\frac{du}{dx}\frac{d\ln u}{du}=10\frac{1}{u}=\frac{10}{10x+3}$$

(2) $u=x^2+3x+3$으로 두면 $y=\ln u$이고 연쇄법칙을 적용하면,

$$\frac{dy}{dx}=\frac{d(\ln u)}{dx}=\frac{du}{dx}\frac{d(\ln u)}{du}=(2x+3)\frac{1}{u}=\frac{2x+3}{x^2+3x+3}$$

(3) $u=\cos x$으로 두면 $y=\ln u$이고 연쇄법칙을 적용하면,

$$\frac{dy}{dx}=\frac{d\ln u}{dx}=\frac{du}{dx}\frac{d\ln u}{du}=-\sin x\frac{1}{u}=-\frac{\sin x}{\cos x}=-\tan x$$

(4) $u=\ln x$으로 두면 $y=\ln u$이고 연쇄법칙을 적용하면,

$$\frac{dy}{dx}=\frac{d\ln u}{dx}=\frac{du}{dx}\frac{d\ln u}{du}=\frac{1}{x}\frac{1}{u}=\frac{1}{x\ln x}$$

문제 4.28 연쇄법칙을 이용해서 다음 함수의 $\dfrac{dy}{dx}$를 구하라.

(1) $y=\ln(-2x+1)$

(2) $y=\ln\left(\dfrac{2x+1}{x^3+x+3}\right)$

(3) $y=\ln(e^x+e^{-x})$

(4) $y=\log_a(\log_a x)$

지금까지의 살펴본 유형들의 함수들의 도함수를 구하는 방법을 토대로 일반적인 함수의 도함수를 구해보자.

예제 4.29

다음 함수의 $\dfrac{dy}{dx}$를 구하라.

(1) $y=(x^2+3x+1)^3(x^2+1)$

(2) $y=\dfrac{x^2+2x}{(2x+3)^2}$

(3) $y=x\sqrt{1-2x}$

(4) $y=e^x\sin(4x+3)$

(5) $y=x\ln(3x+2)$

(6) $y=\sin x\ln(\tan x)$

[풀이]

(1) $u=x^2+3x+1$로 두면 $y=u^3(x^2+1)$이고 곱의 미분법과 연쇄법칙을 적용하면 다음 식을 얻는다.

$$\begin{aligned}\frac{dy}{dx}&=\frac{du^3(x^2+1)}{dx}=\frac{du^3}{dx}(x^2+1)+u^3\frac{d(x^2+1)}{dx}\\&=\frac{du}{dx}\frac{du^3}{du}(x^2+1)+u^3(2x)\\&=\frac{du}{dx}3u^2(x^2+1)+u^3(2x)\\&=3(2x+3)(x^2+3x+1)^2(x^2+1)+2(x^2+3x+1)^3x\\&=(x^2+3x+1)^2(8x^3+15x^2+8x+9).\end{aligned}$$

(2) $u=2x+3$로 두면 $y=\dfrac{x^2+x}{u^2}$이고, 유리함수 미분법과 연쇄법칙을 적용하면,

$$\frac{dy}{dx}=\frac{\frac{d(x^2+x)}{dx}u^2-(x^2+x)\frac{du^2}{dx}}{u^4}=\frac{(2x+1)u^2-(x^2+x)\frac{du}{dx}\frac{du^2}{du}}{u^4}$$

$$=\frac{(2x+1)u^2-(x^2+x)2(2u)}{u^4}$$

$$=\frac{(2x+1)(2x+3)-4(x^2+x)}{(2x+3)^3}=\frac{4x+3}{(2x+3)^3}$$

(3) $u=1-2x$로 두면 $y=x\sqrt{u}=xu^{\frac{1}{2}}$이므로 곱의 미분법과 연쇄법칙을 적용하면 다음과 같이 도함수를 구할 수 있다.

$$\frac{dy}{dx}=\frac{dxu^{\frac{1}{2}}}{dx}=\frac{dx}{dx}u^{\frac{1}{2}}+x\frac{du^{\frac{1}{2}}}{dx}$$

$$=u^{\frac{1}{2}}+x\frac{du}{dx}\frac{du^{\frac{1}{2}}}{du}$$

$$=u^{\frac{1}{2}}+x(-2)\frac{1}{2}u^{-\frac{1}{2}}=(1-2x)^{\frac{1}{2}}-x(1-2x)^{-\frac{1}{2}}$$

(4) $u=4x+3$으로 두면 $y=e^x\sin u$이므로 곱의 미분법과 연쇄법칙을 적용하면 다음과 같이 도함수를 구할 수 있다.

$$\frac{dy}{dx}=\frac{d(e^x\sin u)}{dx}=\frac{de^x}{dx}\sin u+e^x\frac{d\sin u}{dx}$$

$$=e^x\sin u+e^x\frac{du}{dx}\frac{d\sin u}{du}$$

$$=e^x\sin(4x+3)+4e^x\cos(4x+3)$$

(5) $u=3x+2$으로 두면 $y=x\ln u$이므로 곱의 미분법과 연쇄법칙을 적용하면 다음과 같이 도함수를 구할 수 있다.

$$\frac{dy}{dx}=\frac{d(x\ln u)}{dx}=\frac{dx}{dx}\ln u+x\frac{d\ln u}{dx}$$

$$=\ln u+x\frac{du}{dx}\frac{d\ln u}{du}$$

$$=\ln u+x\times 3\times\frac{1}{u}$$

$$=\ln(3x+2)+\frac{3x}{3x+2}$$

(6) $u=\tan x$으로 두면 $y=\sin x \ln u$이므로 곱의 미분법과 연쇄법칙을 적용하면 다음과 같이 도함수를 구할 수 있다.

$$\begin{aligned}\frac{dy}{dx}&=\frac{d(\sin x \ln u)}{dx}=\frac{d\sin x}{dx}\ln u+\sin x\frac{d\ln u}{dx}\\&=\cos x\ln u+\sin x\frac{du}{dx}\frac{d\ln u}{du}\\&=\cos x\ln u+\frac{\sin x\sec^2 x}{u}\\&=\cos x\ln(\tan x)+\frac{\sin x\sec^2 x}{\tan x}\\&=\cos x\ln(\tan x)+\sec x\end{aligned}$$

문제 4.29 다음 함수의 $\frac{dy}{dx}$를 구하라.

(1) $y=(2x^2+2x+1)^5\sin x$

(2) $y=e^{x^2+2x}\tan x$

(3) $y=\frac{x}{\sqrt{x^2+x+1}}$

(4) $y=x\ln\sqrt{2x+5}$

(5) $y=\cos x\sqrt{\sin x}$

(6) $y=\cos x\, e^{\tan x}$

예제 4.30

다음 함수의 $\frac{dy}{dx}$를 구하라.

(1) $y=\sin^5(2x+1)$

(2) $y=(\ln(2x+3)+1)^3$

(3) $y=e^{\cos 2x}$

(4) $y=\sin(\ln(\tan x))$

[풀이]

(1) $u=\sin(2x+1)$로 두면 $y=u^5$이므로 연쇄법칙을 적용하면,

$$\frac{dy}{dx}=\frac{du^5}{dx}=\frac{du}{dx}\frac{du^5}{du}=\frac{du}{dx}(5u^4)=\frac{du}{dx}(5\sin^4(2x+1))$$

$\dfrac{du}{dx}$를 구하기 위해서 $z=2x+1$로 두고 다시 연쇄법칙을 적용하면,

$$\frac{du}{dx}=\frac{d\sin x(2x+1)}{dx}=\frac{d\sin z}{dx}=\frac{dz}{dx}\frac{d\sin z}{dz}=2\cos z=2\cos(2x+1)$$

그러므로

$$\frac{dy}{dx}=10\cos(2x+1)\sin^4(2x+1)$$

(2) $u=\ln(2x+3)+1$로 두면 $y=u^3$이므로 연쇄법칙을 적용하면,

$$\frac{dy}{dx}=\frac{du}{dx}\frac{du^3}{du}=\frac{du}{dx}3u^2=3\frac{du}{dx}(\ln(2x+3)+1)^2$$

$\dfrac{du}{dx}$를 구하기 위해서 $z=2x+3$로 두고 다시 연쇄법칙을 적용하면,

$$\frac{du}{dx}=\frac{d(\ln(2x+3)+1)}{dx}=\frac{d(\ln z+1)}{dx}=\frac{dz}{dx}\frac{d(\ln z+1)}{dz}=\frac{2}{z}=\frac{2}{2x+3}$$

그러므로

$$\frac{dy}{dx}=3\frac{du}{dx}(\ln(2x+3)+1)^2=\frac{6(\ln(2x+3)+1)^2}{2x+3}$$

(3) $u=\cos 2x$로 두면 $y=e^u$이므로 연쇄법칙을 적용하면,

$$\frac{dy}{dx}=\frac{du}{dx}\frac{de^u}{du}=\frac{du}{dx}e^u=\frac{du}{dx}e^{\cos 2x}$$

$\dfrac{du}{dx}$를 구하기 위해서 $z=2x$로 두고 다시 연쇄법칙을 적용하면,

$$\frac{du}{dx}=\frac{d(\cos 2x)}{dx}=\frac{d\cos z}{dx}=\frac{dz}{dx}\frac{d\cos z}{dz}=2(-\sin z)=-2\sin 2x$$

그러므로

$$\frac{dy}{dx}=-2(\sin 2x)e^{\cos 2x}$$

문제 4.30 연쇄법칙을 이용해서 다음 함수의 $\dfrac{dy}{dx}$를 구하라.

(1) $y=\cos^2(\sin x)$ (2) $y=(\ln(e^x+1))^3$ (3) $y=e^{\tan(3x+1)}$

연습문제 4.5

1. 다음 함수들의 $\frac{dy}{dx}$를 구하라.

(1) $y=(x^2+2x-1)^7$ (2) $y=\frac{1}{(x^2-1)^5}$ (3) $y=\sqrt[3]{(x^3+1)^2}$

(4) $y=\sqrt{\frac{1}{\sqrt{x}+1}}$ (5) $y=\tan(x^2)$ (6) $y=\sin(x^2+\tan x)$

(7) $y=\tan 2x-x$ (8) $y=\ln(2x^2+x+1)$ (9) $y=(\ln(x^2+1))^3$

(10) $y=\ln(x+\ln x)$ (11) $y=xe^{-x^2}$ (12) $y=e^{\sin 2x}$

2. 함수 $f(x)$가 다음과 같이 정의될 때 함수 f는 $x=0$에서 미분가능한지 조사하고, 함수 f의 일계도함수가 연속함수인지 답하라.

$$f(x)=\begin{cases} x^2\sin\frac{1}{x} & x\neq 0 \\ 0 & x=0 \end{cases}$$

$g(x)=(f(x))^3$이고 $f(0)=2,\ f'(0)=-1$일 때 $x=0$에서의 함수 $g(x)$의 접선방정식을 구하라.

3. 함수 g, h에 대해 $g(1)=-2,\ g'(1)=3,\ h(1)=1,\ h'(1)=5$일 때 다음 각각의 경우 $f'(1)$을 구하라.

(1) $f(x)=g(x)h(x)$ (2) $f(x)=g(h(x))$

(3) $f(x)=\frac{g(x)}{h(x)}$ (4) $f(x)=(g(x))^3$

4. 함수 f가 $f(-x)=f(x)$이면 우함수, $f(-x)=-f(x)$이면 기함수라고 부른다.

(1) 기함수의 도함수는 우함수임을 보여라.

(2) 우함수의 도함수는 기함수임을 보여라.

4.6 음함수의 미분

[정의 4.12] [음함수]
함수 f가 실수의 부분집합 X에서 실수로 가는 함수라고 하자. 함수 f의 그래프 위의 모든 점들이 $R(x,y)=0$의 형태의 한 방정식을 만족시킬 때 함수 f를 **음함수**(implicit function)라고 한다. 특별히 음함수를 정의하는 방정식 $R(x,y)=0$이 $y-f(x)=0$ 의 형태이면 함수 f를 **양함수**(explicit function)라고 한다.

직선식 $y=2x+1$은 $2x-y+1=0$을 만족시킨다. 그러므로 음함수의 정의 4.12에서 $R(x,y)=2x-y+1$로 둘 수 있으므로 음함수이다. 더욱이 이 방정식이 $y=2x+1$로 표현 가능하기 때문에 양함수이다.

음함수들 중 양함수가 아닌 예를 살펴보자. 함수 $f:(-1,1)\to[0,+\infty)$의 모든 점들이 다음 방정식을 만족시킨다고 하자.

$$R(x,y)=x^2-y^2-xy\sin xy=0.$$

음함수의 정의에 의해서 위에서 주어진 함수 f는 음함수이다. 하지만 함수 f를 정의하는 방정식 $R(x,y)=0$이 $y-f(x)=0$의 형태로는 절대 바꿀 수 없기 때문에 양함수는 아니다. 함수 f의 그래프는 아래와 같다.

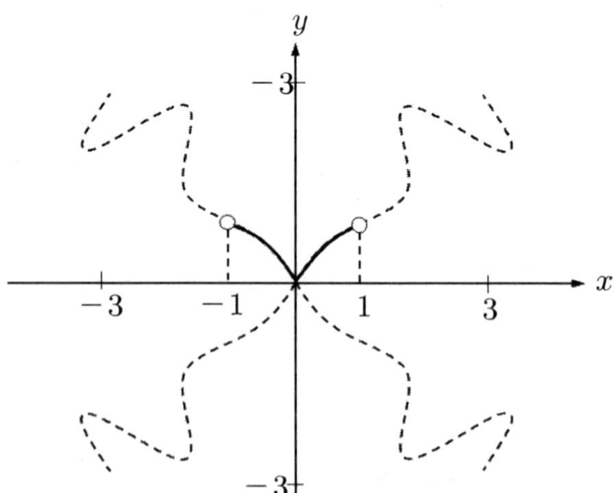

$x^2-y^2-xy\sin xy=0$ **그래프**

그림에서 점선은 함수 f를 정의하는 방정식 $x^2-y^2-xy\sin xy=0$을 만족하는 모든 (x,y)들의 집합이고, 함수 f의 그래프는 선에 해당한다. 즉 함수 f의 그래프는 $x^2-y^2-xy\sin xy=0$을 만족하는 모든 점들의 집합의 부분집합이다. $x^2-y^2-xy\sin xy=0$을 만족하는 모든 점들의 집합은 함수가 아니다. 왜냐하면 그래프에서 볼 수 있듯이 교점이 2개인 y축에 평행한 직선이 존재하기 때문이다. 하지만 함수 f는 정의역을 $(-1,1)$, 공역을 $[0,+\infty)$로 제한함으로써 함수가 된다.

음함수의 그래프는 위 예와 같이 $R(x,y)=0$을 만족하는 모든 점들의 집합의 부분집합이면서 함수의 그래프 조건을 만족하는 집합이다.

그러면 음함수의 그래프 위의 한 점에서 접선의 기울기는 어떻게 구할 수 있을까? 지금까지 우리가 다루었던 모든 함수들은 양함수였다. 양함수인 경우 각 점에서의 미분계수는 4.1장에서 정의한 아래 식으로 계산이 가능하다.

$$f'(x)=\lim_{h\to 0}\frac{f(x+h)-f(x)}{h}$$

하지만 음함수의 경우, 예를 들어 $x^2-y^2-xy\sin xy=0$로 정의된 음함수, $y=f(x)$ 형태로 바꿀 수 없기 때문에 기존의 정의로는 계산이 불가능하다. 그러므로 다른 방법이 필요하다.

우선 간단한 음함수의 예를 통해 음함수 미분을 알아보자. 정의역이 $(0,1)$이고 공역이 $(0,1)$인 함수 $f:(0,1)\to(0,1)$가 $x^2+y^2-1=0$로 정의된 음함수이라고 하자.

$x^2+y^2-1=0$을 만족하는 (x,y)는 잘 알려져 있듯이 중심이 $(0,0)$이고 반지름이 1인 원이다. 함수 f의 그래프는 1사분면에 속한 호이다.

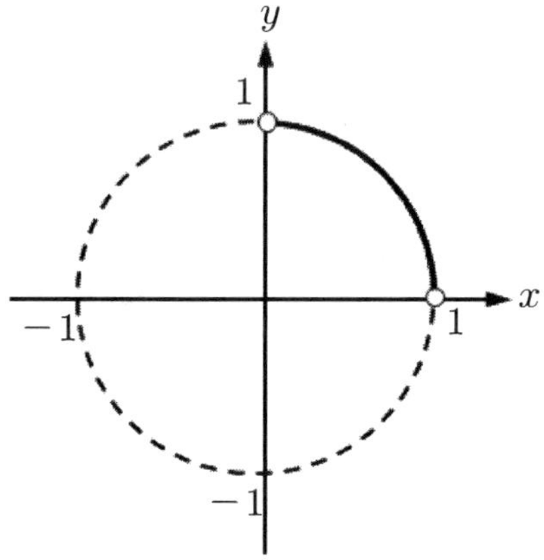

y는 x값이 정해지면 유일하게 하나 정해지므로 x에 관한 종속변수로 볼 수 있다. y가 x에 대해 미분이 가능하다면 (x,y)에서의 접선의 기울기 $\frac{dy}{dx}$를 방정식 $x^2+y^2-1=0$의 양변을 x에 대해 미분하여 다음과 같이 구할 수 있다.

$$\frac{d(x^2+y^2-1)}{dx}=\frac{d0}{dx}=0$$

$$2x+\frac{dy^2}{dx}=2x+\frac{dy}{dx}\frac{dy^2}{dy}=2x+2y\frac{dy}{dx}=0$$

$$\frac{dy}{dx}=-\frac{x}{y}$$

(x,y)에서의 접선의 기울기를 나타내기 위해 $\frac{dy}{dx}(x,y)$로 표기한다. 예를 들어 함수 f의 그래프 위의 점 $(1/\sqrt{2},1/\sqrt{2})$에서의 접선의 기울기는 다음과 같이 계산된다.

$$\frac{dy}{dx}(1/\sqrt{2},1/\sqrt{2})=-\frac{1/\sqrt{2}}{1/\sqrt{2}}=-1$$

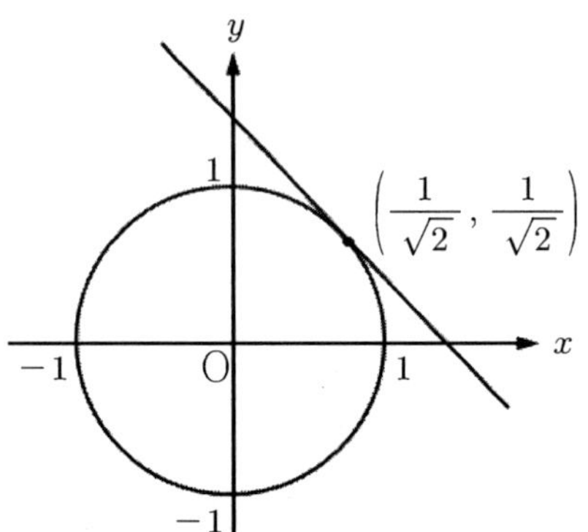

접선의 기울기

예제 4.31

타원 방정식 $\frac{x^2}{4}+y^2=1$ 위의 점 $\left(1, \frac{\sqrt{3}}{2}\right)$에서의 접선 방정식을 구하라.

[풀이]

방정식 $\frac{x^2}{4}+y^2=1$의 양변을 $\frac{d}{dx}$를 취하면 다음 식을 얻는다.

$$\frac{d}{dx}\left(\frac{x^2}{4}+y^2\right)=\frac{d1}{dx}=0$$

위 식에서 $\frac{d}{dx}\left(\frac{x^2}{4}+y^2\right)=\frac{2x}{4}+\frac{dy^2}{dx}=\frac{x}{2}+\frac{dy^2}{dy}\frac{dy}{dx}=\frac{x}{2}+2y\frac{dy}{dx}$이므로,

$$\frac{dy}{dx}=-\frac{x}{4y}$$

$\left(1, \frac{\sqrt{3}}{2}\right)$에서 접선의 기울기는 $\frac{dy}{dx}\left(1, \frac{\sqrt{3}}{2}\right)=-\frac{1}{4\frac{\sqrt{3}}{2}}=-\frac{\sqrt{3}}{6}$이므로 접선 방정식

$y-\frac{\sqrt{3}}{2}=-\frac{\sqrt{3}}{6}(x-1)$ 즉, $y=-\frac{\sqrt{3}}{6}x+\frac{2\sqrt{3}}{3}$이다.

문제 4.31 타원 방정식 $9x^2+16y^2=25$ 위의 점 $(1,1)$에서의 접선의 방정식을 구하라.

예제 4.32

y가 x에 관한 변수일 때 연쇄법칙을 이용하여 다음 z에 대해 $\frac{dz}{dx}$를 $\frac{dy}{dx}$로 나타내어라.

(1) $z=y^3$ (2) $z=xy$ (3) $z=x+y$

(4) $z=\frac{1}{y}$ (5) $z=\frac{x}{y+1}$ (6) $z=\frac{y}{x}+\frac{x}{y}$

[풀이]

(1) $\frac{dz}{dx}=\frac{dy^3}{dx}=\frac{dy}{dx}\frac{dy^3}{dy}=3y^2\frac{dy}{dx}$

(2) $\frac{dz}{dx} = \frac{dxy}{dx} = \frac{dx}{dx}y + x\frac{dy}{dx} = y + x\frac{dy}{dx}$

(3) $\frac{dz}{dx} = \frac{d(x+y)}{dx} = \frac{dx}{dx} + \frac{dy}{dx} = 1 + \frac{dy}{dx}$

(4) $\frac{dz}{dx} = \frac{dy^{-1}}{dx} = \frac{dy}{dx}\frac{dy^{-1}}{dy} = \frac{dy}{dx}(-y^{-2}) = -\frac{1}{y^2}\frac{dy}{dx}$

(5) $\frac{dz}{dx} = \frac{d(x(y+1)^{-1})}{dx} = \frac{dx}{dx}(y+1)^{-1} + x\frac{d(y+1)^{-1}}{dx}$

$$= (y+1)^{-1} + x\frac{dy}{dx}\frac{d(y+1)^{-1}}{dy}$$

$$= (y+1)^{-1} - x(y+1)^{-2}\frac{dy}{dx}$$

$$= \frac{1}{y+1}\left(1 - \frac{x}{y+1}\frac{dy}{dx}\right)$$

(6) $\frac{dz}{dx} = \frac{d}{dx}\left(\frac{y}{x} + \frac{x}{y}\right) = \frac{d}{dx}\left(\frac{y}{x}\right) + \frac{d}{dx}\left(\frac{x}{y}\right)$

$$= \frac{\frac{dy}{dx}x - y\frac{dx}{dx}}{x^2} + \frac{\frac{dx}{dx}y - x\frac{dy}{dx}}{y^2}$$

$$= \frac{\frac{dy}{dx}x - y}{x^2} + \frac{y - x\frac{dy}{dx}}{y^2}$$

문제 4.32 y가 x에 관한 변수일 때 다음 z에 대해 $\frac{dz}{dx}$를 $\frac{dy}{dx}$로 나타내어라.

(1) $z = x^2y^2$ (2) $z = (x+y)^2$ (3) $z = \frac{y}{x+y}$

예제 4.33

쌍곡선 $xy = 1$의 $\frac{dy}{dx}$를 구하라.

[풀이]

양변에 $\frac{d}{dx}$를 취하면 $\frac{d}{dx}(xy) = \frac{d1}{dx} = 0$이고 $\frac{d}{dx}(xy)$를 구하면,

$$\frac{d}{dx}(xy) = \frac{dx}{dx}y + x\frac{dy}{dx} = y + x\frac{dy}{dx}$$

그러므로 $\frac{dy}{dx} = -\frac{y}{x}$

문제 4.33 쌍곡선 $x^2 + 3xy + 2y^2 = 1$의 $\frac{dy}{dx}$를 구하라.

예제 4.34

$x^3 + xy + y^3 = 3$ 위의 점 $(1,1)$에서의 접선 방정식을 구하라.

[풀이]

$3 = x^3 + xy + y^3$ 양변에 $\frac{d}{dx}$를 취하면 다음 식을 얻는다.

$$0 = \frac{d3}{dx} = \frac{d}{dx}(x^3 + xy + y^3) = \frac{dx^3}{dx} + \frac{d(xy)}{dx} + \frac{dy^3}{dx}$$

$$= 3x^2 + \left(\frac{dx}{dx}y + x\frac{dy}{dx}\right) + \frac{dy}{dx}\frac{dy^3}{dy}$$

$$= (3x^2 + y) + (x + 3y^2)\frac{dy}{dx}$$

그러므로 $\frac{dy}{dx} = -\frac{3x^2 + y}{x + 3y^2}$이다.

$(1,1)$에서의 접선 기울기를 구하면, $\frac{dy}{dx}(1,1) = -\frac{3+1}{1+3} = -1$이므로

접선 방정식은 $y - 1 = -1(x - 1)$, 즉 $y = -x + 2$이다.

문제 4.34 $x^4 + x^3y + x^2y^2 + y^4 = 4$ 위의 점 $(1,1)$에서의 접선 방정식을 구하라.

음함수와 역함수

방정식 $R(x,y)=0$으로 정의된 음함수 f가 역함수 f^{-1}를 가지면 역함수 그래프의 모든 점들은 방정식 $R(y,x)=0$을 만족시킨다. 왜냐하면 역함수의 그래프는 원래 함수의 그래프를 $y=x$에 대해 대칭해서 얻어지기 때문이다. 그래서 역함수 f^{-1}는 $R(y,x)=0$으로 정의된 음함수임을 알 수 있다. 즉, 역함수의 미분계수는 $R(y,x)=0$으로 정의된 음함수의 미분을 통해 구할 수 있다.

예제 4.35

정의역이 $(0,+\infty)$인 함수 $y=x^2+x+1$의 역함수의 그래프 위의 점 $(1,0)$에서의 접선 방정식을 구하라.

[풀이]

함수 $y=x^2+x+1$의 역함수는 $x=y^2+y+1$이다. 역함수의 음함수 방정식 양변을 x에 대해 미분하면,

$$1=\frac{d}{dx}(y^2+y+1)=\frac{dy}{dx}\frac{d}{dy}(y^2+y+1)=\frac{dy}{dx}(2y+1)$$

$(1,0)$에서의 접선의 기울기는 $1=\frac{dy}{dx}(1,0)\times(0+1)$, 즉 $\frac{dy}{dx}(1,0)=1$.

그러므로 접선 방정식은 $y=x-1$이다.

문제 4.35 정의역이 $(0,+\infty)$인 함수 $y=x^3+1$의 역함수의 그래프 위의 점 $(2,1)$에서의 접선 방정식을 구하라.

예제 4.36

다음 함수의 역함수의 $\frac{dy}{dx}$를 구하라.

(1) $y=\sin x$ (정의역 : $\left[-\frac{\pi}{2},\frac{\pi}{2}\right]$, 공역 : $[-1,1]$)

(2) $y=\cos x$ (정의역 : $[0,\pi]$, 공역 : $[-1,1]$)

[풀이]

(1) $y=\sin x$의 역함수는 $x=\sin y$로 정의되는 음함수이다. 양변을 x에 대해 미분하면

$$1=\frac{d\sin y}{dx}=\frac{dy}{dx}\frac{d\sin y}{dy}=\frac{dy}{dx}\cos y$$

위 식으로부터 $\frac{dy}{dx}=\frac{1}{\cos y}$이다. 함수 $y=\sin x$의 정의역이 $\left[-\frac{\pi}{2},\frac{\pi}{2}\right]$이므로, 역함수의 공역이 $\left[-\frac{\pi}{2},\frac{\pi}{2}\right]$이다. 즉, $-\frac{\pi}{2}\le y\le\frac{\pi}{2}$이므로 $\cos y$는 음이 아닌 실수이다. 그래서 $\cos y=\sqrt{1-\sin^2 y}=\sqrt{1-x^2}$이다. 그러므로 다음 식을 얻는다.

$$\frac{d\sin^{-1}x}{dx}=\frac{1}{\sqrt{1-x^2}}$$

(2) $y=\cos x$의 역함수는 $x=\cos y$로 정의되는 음함수이다. 양변을 x에 대해 미분하면,

$$1=\frac{d\cos y}{dx}=\frac{dy}{dx}\frac{d\cos y}{dy}=\frac{dy}{dx}\sin y$$

위 식으로부터 $\frac{dy}{dx}=-\frac{1}{\sin y}$이다. 함수 $y=\cos x$의 정의역이 $[0,\pi]$이므로, 역함수의 공역이 $[0,\pi]$이다. 즉, $0\le y\le\pi$이므로 $\sin y$는 음이 아닌 실수이다. 그래서 $\sin y=\sqrt{1-\cos^2 y}=\sqrt{1-x^2}$이므로

$$\frac{d\cos^{-1}x}{dx}=\frac{-1}{\sqrt{1-x^2}}$$

문제 4.36 $y=\tan x$는 정의역을 $\left(-\frac{\pi}{2},\frac{\pi}{2}\right)$, 공역을 $\mathbb{R}$로 정하면 역함수를 가진다. 그 역함수를 $y=\tan^{-1}x$라고 표기할 때 $y=\tan^{-1}x$의 $\frac{dy}{dx}$를 구하라.

삼각함수의 역함수에 대한 도함수를 정리하면 다음과 같다.

$$\frac{d\sin^{-1}x}{dx}=\frac{1}{\sqrt{1-x^2}},\quad \frac{d\cos^{-1}x}{dx}=-\frac{1}{\sqrt{1-x^2}},\quad \frac{d\tan^{-1}x}{dx}=\frac{1}{1+x^2}$$

연습문제 4.6

1. 다음 함수의 $\dfrac{dy}{dx}$를 구하라.

(1) $x^5+y^5=5xy$

(2) $\ln(x-y)=xy+y^3$

(3) $x^2+2xy-y^2=2x$

(4) $\cos(xy)=x$

(5) $x^{\frac{2}{3}}+y^{\frac{2}{3}}=1$

(6) $xe^y-10x+3y=0$

(7) $y=\tan^{-1}(\sin x)$

(8) $y=\sin^{-1}\sqrt{x-1}$

(9) $y=\sin^{-1}x-x\sqrt{1-x^2}$

(10) $y=\tan^{-1}x+\cot^{-1}x$

2. 정의역이 열린구간 $(1,\infty)$인 함수 $f(x)=x^4+x^3-x$의 역함수 $f^{-1}(x)$에 대해 $x=22$에서 접선의 기울기를 구하라.

3. 타원 $\dfrac{x^2}{a^2}+\dfrac{y^2}{b^2}=1$위의 점 $(x_0,\ y_0)$에서 접선의 방정식이 $\dfrac{x_0x}{a^2}+\dfrac{y_0y}{b^2}=1$임을 보여라.

4. 다음 함수들의 역함수에 대해 $x=1$에서의 미분계수를 구하라.

(1) $f(x)=2x^3+1$

(2) $f(x)=x+\cos x$

(3) $f(x)=x+\sin x$

(4) $f(x)=3-\log_2 x$

5. $x^2-xy+y^2=4$는 타원이다. 이 타원과 x축은 두 점에서 만난다. 이 두 점에서의 접선들이 평행함을 보여라.

6. $y^4=y^2-x^2$에서 수평접선을 갖는 점들을 구하라.

7. 역함수를 가지는 함수 $y=f(x)$가 (a,b)를 지난다. 함수 f의 $x=a$에서의 기울기와 함수 f의 역함수 f^{-1}의 $x=b$에서의 기울기의 곱은 항상 1임을 보여라.

4.7 고차도함수

함수 $f(x)$의 도함수를 $f'(x)$라 표기하였다. $f'(x)$가 다시 미분가능할 때, $f'(x)$를 한 번 더 미분한 함수를 $f''(x)$로 표기하고 이계도함수라 부른다.

이계도함수의 도함수를 3계도함수라고 한다. 이와 같이 귀납적으로 일반적인 n에 대해 n계도함수를 정의할 수 있고 $f^{(n)}(x)$라 표기한다.

$y-f(x)=0$인 양함수의 형태로 함수 $f(x)$를 생각하고 $\dfrac{dy}{dx}$의 표기법으로는 n계도함수를 다음과 같이 표기한다.

$$f^{(1)}(x)=\frac{dy}{dx}$$

$$f^{(2)}(x)=\frac{d}{dx}\left(\frac{dy}{dx}\right)=\frac{d^2y}{dx^2}$$

$$f^{(3)}(x)=\frac{d}{dx}\left(\frac{d^2y}{dx^2}\right)=\frac{d^3y}{dx^3}$$

일반적으로 자연수 n에 대해 n계도함수는 다음과 같이 귀납적으로 정의한다.

$$f^{(n)}(x)=\frac{d}{dx}\left(\frac{d^{n-1}y}{dx^{n-1}}\right)=\frac{d^ny}{dx^n}$$

예제 4.37

$y=x^3$의 1계, 2계, 3계도함수를 구하라.

[풀이]

1계, 2계, 3계도함수를 차례로 구하면 다음과 같다.

$$\frac{dy}{dx}=3x^2,\quad \frac{d^2y}{dx^2}=\frac{d}{dx}\left(\frac{dy}{dx}\right)=\frac{d}{dx}(3x^2)=6x,\quad \frac{d^3y}{dx^3}=\frac{d}{dx}\left(\frac{d^2y}{dx^2}\right)=\frac{d}{dx}(6x)=6$$

문제 4.37 $y=x^4+2x^2$의 1계, 2계, 3계도함수를 구하라.

예제 4.38

$y = e^{2x}$의 1계, 2계, 3계도함수를 구하고 이를 바탕으로 n계도함수를 구하라.

[풀이]

1계, 2계, 3계도함수를 차례로 구하면 다음과 같다.

$$\frac{dy}{dx} = 2e^{2x}, \quad \frac{d^2y}{dx^2} = \frac{d}{dx}\left(\frac{dy}{dx}\right) = 2^2e^{2x}, \quad \frac{d^3y}{dx^3} = \frac{d}{dx}\left(\frac{d^2y}{dx^2}\right) = 2^3e^{2x}$$

일계, 이계, 삼계도함수로부터 $\frac{d^ny}{dx^n} = 2^ne^{2x}$로 예측할 수 있다. 이는 수학적 귀납법을 통해 다음과 같이 증명할 수 있다.

$$\frac{d^{n+1}y}{dx^{n+1}} = \frac{d}{dx}\left(\frac{d^ny}{dx^n}\right) = \frac{d}{dx}(2^ne^{2x}) = 2^{n+1}e^{2x}$$

그러므로 모든 자연수 n에 대해 $\frac{d^ny}{dx^n} = 2^ne^{2x}$이 성립한다.

문제 4.38 $y = xe^x$의 1계, 2계, 3계 도함수를 구하고 이를 바탕으로 n계도함수를 구하라.

예제 4.39

$y = \sin x$의 n계도함수를 구하라.

[풀이]

1계도함수부터 4계도함수까지 구해보면 다음과 같다.

$$\frac{dy}{dx} = \cos x,$$

$$\frac{d^2y}{dx^2} = \frac{d}{dx}\left(\frac{dy}{dx}\right) = \frac{d}{dx}(\cos x) = -\sin x$$

$$\frac{d^3y}{dx^3} = \frac{d}{dx}\left(\frac{d^2y}{dx^2}\right) = \frac{d}{dx}(-\sin x) = -\cos x$$

$$\frac{d^4y}{dx^4} = \frac{d}{dx}\left(\frac{d^3y}{dx^3}\right) = \frac{d}{dx}(-\cos x) = \sin x$$

$$\frac{d^5y}{dx^5}=\frac{dy}{dx},\quad \frac{d^6y}{dx^6}=\frac{d^2y}{dx^2},\quad \frac{d^7y}{dx^7}=\frac{d^3y}{dx^3},\quad \frac{d^8y}{dx^8}=\frac{d^4y}{dx^4}=y,\ \ldots$$

이므로 $y=\sin x$의 n계도함수는 다음과 같이 정리할 수 있다.

$$\frac{d^ny}{dx^n}=\begin{cases}\sin x, & n=4,8,12,\ \ldots\\ \cos x, & n=1,5,9,\ \ldots\\ -\sin x, & n=2,6,10,\ \ldots\\ -\cos x, & n=3,7,11,\ \ldots\end{cases}$$

문제 4.39 $y=\cos x$의 n계도함수를 구하라.

음함수의 고계도함수

음함수의 고계도함수는 우선 1계도함수 $\frac{dy}{dx}$를 구한 다음 차례로 2계도, 3계도함수 등을 구한다.

예제 4.40

$x^2+y^2=1$로 정의된 음함수의 2계도함수를 구하라.

[풀이]

$x^2+y^2=1$의 양변을 x에 대해서 미분하면 $\frac{dy}{dx}=-\frac{x}{y}$이다. 이를 이용하여 2계도함수를 구하면 다음과 같다.

$$\frac{d^2y}{dx^2}=\frac{d}{dx}\left(\frac{dy}{dx}\right)=\frac{d}{dx}\left(-\frac{x}{y}\right)=\frac{\frac{d(-x)}{dx}y-(-x)\frac{dy}{dx}}{y^2}=\frac{-y+x\frac{dy}{dx}}{y^2}$$

위 식에 $\frac{dy}{dx}=-\frac{x}{y}$를 대입하면,

$$\frac{-y+x\frac{dy}{dx}}{y^2}=\frac{-y+x\left(-\frac{x}{y}\right)}{y^2}=-\frac{x^2+y^2}{y^3}=-\frac{1}{y^3}$$

문제 4.40 $x^2+3xy+2y^2=1$로 정의된 음함수의 2계도함수를 구하라.

연습문제 4.7

1. 다음 함수들의 이계도함수를 구하라.

(1) $y = e^x \sin x$ (2) $y = \sin(\cos x)$ (3) $e^x y + e^y x = 1$

2. $f(x) = \dfrac{x}{1+x}$일 때 $f^{(3)}(x)$를 구하라.

3. 주어진 점에서 접선과 법선의 방정식을 구하라.

(1) $2x^2 + y^2 = 9,\quad (2,1)$ (2) $y\ln x + y^2 = 0,\quad (e, -1)$

4. 곡선 $y^4 + 5y^2 = x^4 - 5x^2$일의 $(3,\ 2)$에서 $\dfrac{dy}{dx}$, $\dfrac{d^2y}{dx^2}$의 값을 구하라.

5. $f(x) = 3\sin x + 2\cos x$일 때 $f^{(100)}(\pi)$를 구하라.

6. $x^2 + xy + y^2 = 1$에 대해 $\dfrac{d^2y}{dx^2}$, $\dfrac{d^3y}{dx^3}$을 구하라.

7. $(x^2 + y^2)^2 - 4(x^2 - y^2) + 3 = 0$에서 수평접선을 가지는 점들을 모두 구하라.

제 5 장

미분의 응용

5.1 로피탈 정리

자동차가 1시간 동안 30km를 달렸다고 하면 평균속력은 시속 30km이다. 그러면 1시간 동안 어느 시점에서 순간속력이 시속 30km인 시점이 항상 존재한다. 그렇지 않다면 자동차는 1시간 동안 순간속력이 항상 시속 30km 미만이어야 하는데 그렇다면 1시간에 30km를 달릴 수 없다. 그러므로 순간속력이 시속 30km인 어느 시점이 있어야 한다.

위 예제는 평균값 정리의 한 예이다. 평균값 정리를 이해하기 위해 우선 정의역이 폐구간 $[a,\ b]$이고, 미분가능한 함수 $f:[a,\ b]\to R$에 대해 다음 정리가 성립한다.

[정리 5.1] 함수 $f:[a,\ b]\to R$가 미분가능하다고 가정하자. a, b가 아닌 $c\in(a,\ b)$에서 함수 f가 최댓값 또는 최솟값을 가지면 $f'(c)=0$이다.

[증명]

함수 f가 a, b가 아닌 $x=c$에서 최댓값을 가진다고 가정해보자. $x=c$에서 함수 f가 미분가능이므로 미분계수가 존재한다. 그러므로 $x=c$에서 미분계수 $f'(c)=\lim_{x\to c}\frac{f(x)-f(c)}{x-c}$의 우극한과 좌극한 값 모두 $f'(c)$이다. 우극한 $\lim_{x\to c^+}\frac{f(x)-f(c)}{x-c}$을 보면 $x-c>0$이고 $f(c)$는 최댓값이므로 $f(x)-f(c)\le 0$이다. 그러므로 다음 식을 얻는다.

$$f'(c)=\lim_{x\to c^+}\frac{f(x)-f(c)}{x-c}\le 0$$

반면 좌극한 $\lim_{x\to c^-}\frac{f(x)-f(c)}{x-c}$을 보면 $x-c<0$이고 $f(x)-f(c)\le 0$이다. 그러므로

$$f'(c)=\lim_{x\to c^-}\frac{f(x)-f(c)}{x-c}\ge 0$$

위 두 식에 의해서 $f'(c)=0$이다. $x=c$에서 최솟값을 가는 경우에도 최댓값을 가지는 경우와 똑같은 방법으로 $f'(c)=0$임을 증명할 수 있다. □

정리 5.1을 이용하여 다음 롤의 정리를 증명할 수 있다.

> **[정리 5.2] [롤의 정리]** 함수 f가 $[a, b]$에서 연속이고 (a, b)에서 미분가능하며, $f(a)=f(b)=0$이라고 가정하자. 그러면 $f'(c)=0$이 되는 $c\in(a,b)$가 존재한다.

[증명]
최대 최솟값 정리에 의해 함수 f는 최댓값과 최솟값을 가진다. 최댓값과 최솟값 모두 $x=a, b$에서 가진다면 함수 f는 $f(x)=0$인 상수함수이다. 그러면 a, b 사이의 모든 점들에 대해 $f'(x)=0$이므로 정리 5.2의 명제가 성립한다.
최댓값과 최솟값 모두 $x=a, b$에서 가지지 않는다면, a, b 사이의 $c\in(a,b)$가 존재해서 $x=c$에서 함수 f는 최댓값 또는 최솟값을 가진다. 그러면 정리 5.1에 의해서 $f'(c)=0$이 성립하므로 정리 4.14가 성립한다. □

예제 5.1

함수 $f(x)=x^2-3x+2$에 대해 $f(1)=f(2)=0$이다. 열린구간 $(1, 2)$에서 $f'(c)=0$이 되는 c를 구하여 롤의 정리가 성립함을 확인하라.

[풀이]
함수 $f(x)=x^2-3x+2$는 닫힌구간 $[1,2]$에서 연속이고 열린구간 $(1,2)$에서 미분가능하다. $f(1)=f(2)=0$이므로 롤의 정리가 성립한다. 직접 $f'(c)=0$이 되는 점을 구해보면, $f'(x)=2x-3=0$이므로 $x=1.5$에서 미분계수가 0이다. 1.5는 1과 2사이에 있으므로 롤의 정리가 성립함을 알 수 있다.

문제 5.1 함수 $f(x)=\sin x$에 대해 구간 $[0,\pi]$에서 롤의 정리가 성립함을 보여라.

롤의 정리를 일반화하여 다음 평균값 정리를 얻을 수 있다.

[정리 5.3] [평균값 정리]

함수 f가 $[a, b]$에서 연속이고 (a, b)에서 미분가능하면 $(a, f(a))$와 $(b, f(b))$를 연결한 직선의 기울기와 같은 미분계수를 가지는 점이 (a, b) 사이에서 존재한다.
즉, 다음 식을 만족시키는 $c \in (a, b)$가 존재한다.

$$f'(c) = \frac{f(b) - f(a)}{b - a}$$

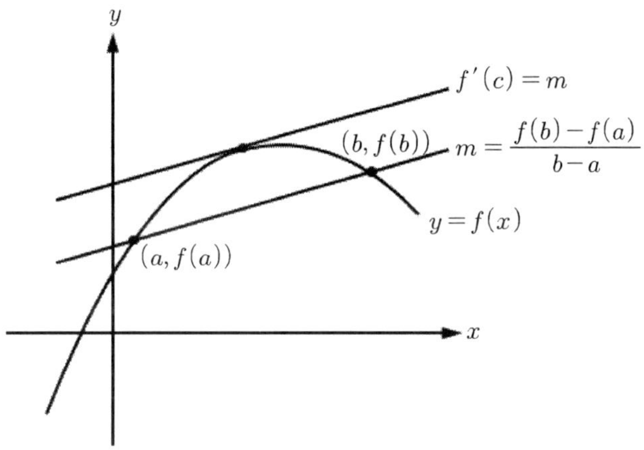

[증명]
$(a, f(a))$와 $(b, f(b))$를 지나는 직선의 방정식은 다음과 같다.

$$y = \frac{f(b) - f(a)}{b - a}(x - a) + f(a).$$

이 직선과 $y = f(x)$와의 차를 $g(x)$라고 하자. 즉,

$$g(x) = f(x) - \left(\frac{f(b) - f(a)}{b - a}(x - a) + f(a)\right)$$

그러면 $g(a) = g(b) = 0$이고 $g(x)$는 $[a, b]$에서 연속이고 (a, b)에서 미분가능하다. 그래서 롤의 정리를 적용하면, (a, b)에 속하는 $c \in (a, b)$가 존재해서 $g'(c) = 0$이다.

$$g'(x) = f'(x) - \frac{f(b) - f(a)}{b - a} \text{이므로 } f'(c) = \frac{f(b) - f(a)}{b - a}$$

그러므로 평균값 정리가 증명된다. □

예제 5.2

함수 $f(x)=x^2$ 위의 점 (0,0)과 (2,4)를 지나는 직선과 평행한 접선의 방정식을 가지는 모든 점을 구해 평균값 정리가 성립함을 보여라.

[풀이]

(0,0)과 (2,4)를 지나는 직선의 기울기는 $\frac{4-0}{2-0}=2$이므로 이 직선과 평행한 접선 방정식을 가지는 점은 미분계수가 2이다. $f'(x)=2x$이므로 $f'(x)=2x=2$는 $x=1$에서 성립함을 알 수 있다. 1은 0과 2사이에 있으므로 평균값의 정리가 성립한다.

문제 5.2 함수 $f(x)=x^3$ 위의 점 (0,0)과 (3,9)를 지나는 직선과 평행한 접선방정식을 가지는 모든 점을 구해 평균값 정리가 성립함을 보여라.

예제 5.3

함수 $f(x)=\sin x$ 그래프 위의 서로 다른 두 점을 이은 직선의 기울기는 -1에서 1 사이에 있음을 평균값 정리를 이용하여 보여라.

[풀이]

함수 $f(x)=\sin x$ 위의 서로 다른 두 점을 $(a, \sin a)$, $(b, \sin b)$라고 하면 두 점을 지나는 직선의 기울기는 $\frac{\sin b-\sin a}{b-a}$이다. $f'(x)=\cos x$이므로 평균값 정리를 이용하면 a와 b 사이에 있는 어떤 c에 대해 다음 식이 성립한다.

$$\cos c=\frac{\sin b-\sin a}{b-a}$$

$\cos c$는 -1에서 1 사이 값을 가지므로 $-1 \le \frac{\sin b-\sin a}{b-a} \le 1$이다.

문제 5.3 정의역이 $\left(-\frac{\pi}{2}, \frac{\pi}{2}\right)$이고, $f(x)=\tan x$인 함수의 그래프 위의 서로 다른 두 점을 지나는 직선의 기울기의 절댓값은 항상 1보다 크거나 같음을 평균값 정리를 이용하여 증명하라.

로피탈 정리

로피탈 정리에 대해 살펴보자. 우선 가장 간단한 경우를 보면 함수 f, g가 $x=c$에서 미분가능하고, 일계도함수가 연속이면 다음 식이 성립한다.

$$\lim_{x\to c}\frac{g(x)}{f(x)}=\lim_{x\to c}\frac{g(x)-g(c)}{f(x)-f(c)}=\lim_{x\to c}\frac{\frac{g(x)-g(c)}{x-c}}{\frac{f(x)-f(c)}{x-c}}=\frac{g'(c)}{f'(c)}=\lim_{x\to c}\frac{g'(x)}{f'(x)}$$

위 등식에서 마지막 등식은 함수 f, g의 일계도함수가 연속함수이다는 사실부터 얻을 수 있다. 더욱 일반적으로 $\frac{0}{0}$꼴, $\frac{\infty}{\infty}$꼴의 극한값을 구할 때 로피탈 정리가 유용하게 사용된다.

[정리 5.4] [로피탈 정리]

함수 f, g가 다음 조건들을 만족한다고 하자.

1) 함수 f, g가 $x=c$ 근방 즉, c를 포함한 어떤 열린구간 (a,b)에서 c를 제외한 모든 점에서 미분가능하고,
2) (a,b)에 속하고 c가 아닌 모든 x에 대해 $g'(x)\neq 0$,
3) $\lim_{x\to c}f(x)=\lim_{x\to c}g(x)=0$ 또는 $\lim_{x\to c}|f(x)|=\lim_{x\to c}|g(x)|=\infty$.

$\lim_{x\to c}\frac{g'(x)}{f'(x)}$의 극한값이 존재하면 다음 등식이 성립한다.

$$\lim_{x\to c}\frac{g(x)}{f(x)}=\lim_{x\to c}\frac{g'(x)}{f'(x)}$$

여기서 c는 $\pm\infty$가 되는 경우도 포함한다. $c=+\infty$일 때는 $b=+\infty$이고, $c=-\infty$일 때는 $a=-\infty$이다.

예제 5.4

로피탈 정리를 이용하여 $\lim_{x\to 0}\frac{\sin x}{x}$의 값을 구하라.

[풀이]

$f(x)=\sin x$, $g(x)=x$로 두면

1) $x=0$ 근방에서 두 함수는 모두 미분가능하고,

2) $x=0$ 근방에서 $g'(x)=1\neq 0$,

3) $\lim_{x\to 0}\sin x=\lim_{x\to 0}x=0$이며, $\lim_{x\to 0}\frac{f'(x)}{g'(x)}=\lim_{x\to 0}\frac{\cos x}{1}=1$이므로 로피탈 정리에 의해서

$$\lim_{x\to 0}\frac{\sin x}{x}=\lim_{x\to 0}\frac{\cos x}{1}=1$$

문제 5.4 로피탈 정리를 이용하여 $\lim_{x\to 0}\frac{\tan x}{x}=1$임을 증명하라.

예제 5.5

로피탈 정리를 이용하여 다음 극한값을 구하라.

(1) $\lim_{x\to 0}\frac{\sin 2x}{x}$ (2) $\lim_{x\to 0}\frac{\tan(x^2+x)}{x}$

[풀이]

(1) $f(x)=\sin 2x,\ \ g(x)=x$로 두면

1) $x=0$ 근방에서 두 함수는 모두 미분가능하고,

2) $x=0$ 근방에서 $g'(x)=1\neq 0$,

3) $\lim_{x\to 0}\sin 2x=\lim_{x\to 0}x=0$이며, $\lim_{x\to 0}\frac{f'(x)}{g'(x)}=\lim_{x\to 0}\frac{2\cos 2x}{1}=2$이므로 로피탈 정리에 의해서 $\lim_{x\to 0}\frac{\sin 2x}{x}=\lim_{x\to 0}\frac{2\cos 2x}{1}=2\cos(0)=2$

(2) $f(x)=\tan(x^2,+x),\ \ g(x)=x$로 두면

1) $x=0$ 근방에서 두 함수는 모두 미분가능하고,

2) $x=0$ 근방에서 $g'(x)=1\neq 0$,

3) $\lim_{x\to 0}\tan(x^2+x)=\lim_{x\to 0}x=0$이며, $\lim_{x\to 0}\frac{f'(x)}{g'(x)}=\lim_{x\to 0}\frac{(2x+1)\sec^2(x^2+x)}{1}=1$이므로 로피탈 정리에 의해서

$$\lim_{x\to 0}\frac{\tan(x^2+x)}{x}=\lim_{x\to 0}\frac{(2x+1)\sec^2(x^2+x)}{1}=\sec^2(0)=1$$

문제 5.5 로피탈 정리를 이용하여 다음 극한값을 구하라.

(1) $\lim\limits_{x\to0}\dfrac{\tan 3x}{x}$ (2) $\lim\limits_{x\to0}\dfrac{\sin 2x}{\sin x}$

예제 5.6

로피탈 정리를 이용하여 다음 극한값을 구하라.

(1) $\lim\limits_{x\to\infty}\dfrac{x}{e^x}$ (2) $\lim\limits_{x\to\infty}\dfrac{\ln x}{x+1}$

[풀이]

(1) $f(x)=x,\ g(x)=e^x$로 두면

1) $x=\infty$ 근방인 열린구간 $(0,\infty)$에서 두 함수는 모두 미분가능하고,

2) 열린구간 $(0,\infty)$에서 $g'(x)=e^x\neq0$,

3) $\lim\limits_{x\to\infty}e^x=\lim\limits_{x\to\infty}x=\infty$이며, $\lim\limits_{x\to\infty}\dfrac{f'(x)}{g'(x)}=\lim\limits_{x\to\infty}\dfrac{1}{e^x}=0$이므로 로피탈 정리에 의해서

$$\lim_{x\to\infty}\frac{x}{e^x}=\lim_{x\to\infty}\frac{1}{e^x}=0$$

(2) $f(x)=\ln x,\ g(x)=x+1$로 두면

1) $x=\infty$ 근방인 열린구간 $(0,\infty)$에서 두 함수는 모두 미분가능하고,

2) 열린구간 $(0,\infty)$에서 $g'(x)=1\neq0$

3) $\lim\limits_{x\to\infty}\ln x=\lim\limits_{x\to\infty}(x+1)=\infty$이며, $\lim\limits_{x\to\infty}\dfrac{f'(x)}{g'(x)}=\lim\limits_{x\to\infty}\dfrac{1/x}{1}=0$이므로 로피탈 정리에 의해서

$$\lim_{x\to\infty}\frac{\ln x}{x+1}=\lim_{x\to\infty}\frac{1/x}{1}=0$$

문제 5.6 로피탈 정리를 이용하여 다음 극한값을 구하라.

(1) $\lim\limits_{x\to\infty}\dfrac{\ln 3x}{x}$ (2) $\lim\limits_{x\to\infty}\dfrac{x^2+1}{e^x}$

연습문제 5.1

1. 다음 극한값을 구하라.

(1) $\lim_{x \to 1} \frac{xe^x - e}{x^2 - 1}$

(2) $\lim_{x \to 0} \frac{\tan(\cos x - 1)}{x}$

(3) $\lim_{x \to 0} \frac{(1-x)^{\frac{1}{4}} - 1}{x}$

(4) $\lim_{x \to 1^+} \frac{x \ln x}{x^2 - 1}$

2. 함수 f가 구간 $[0,1]$에서 연속이고 구간 $(0,1)$에서 미분가능이면 0과 1 사이에 $f'(x) = 0$을 만족하는 근이 항상 존재함을 보여라.

3. 함수 f가 모든 실수에서 미분가능한 함수이고 $[0, 4]$에서 $f'(x) \le -2$일 때 평균값 정리를 이용하여 다음을 증명하라. (단, $f(1) = 6$)

(1) $f(0) \ge 8$임을 증명하라.

(2) $f(4) \le 0$임을 증명하라.

4. 다음 식은 로피탈 정리를 올바르게 사용한 것인가? 아니면 그 이유를 설명하라.

$$\lim_{x \to 1} \frac{2x^3 - 3x + 1}{x^3 - 1} = \lim_{x \to 1} \frac{6x^2 - 3}{3x^2} = \lim_{x \to 1} \frac{12x}{6x} = 2.$$

5. 열린구간 (a, b)에서 $f'(x) = 0$이면 f는 상수함수임을 평균값 정리를 이용하여 보여라.

5.2 그래프 그리기

미분가능한 함수 $y=f(x)$가 주어졌을 때 f의 그래프를 그리는데 미분이 활용된다. 우선 함수의 그래프를 그리는데 있어 가장 중요한 요소 중 하나가 함수의 증감을 파악하는 것이다.

[정의 5.5] [증가함수, 감소함수]
함수 f는 정의역 $X\subset R$에서 실수집합으로 가는 함수라고 하자.
이때 모든 x_1, $x_2\in X$에 대해

$$x_1 < x_2 \Rightarrow f(x_1)\le f(x_2)$$

을 만족하면 함수 f를 X에서 **증가함수**라고 한다.
이와는 반대로 모든 x_1, $x_2\in X$에 대해

$$x_1 < x_2 \Rightarrow f(x_1)\ge f(x_2)$$

을 만족하면 함수 f를 X에서 **감소함수**라고 한다.

예제 5.7

함수 $f(x)=2x$는 실수 집합에서 증가함수임을 보여라.

[풀이]
$x_1<x_2$이면 $2x_1<2x_2$, 즉 $f(x_1)<f(x_2)$이다.
그러므로 f는 실수 전체 집합에서 증가함수이다.

문제 5.7 정의역이 $x>0$일 때, 함수 $f(x)=x^3$은 실수집합에서 증가함수임을 보여라.

예제 5.8

함수 $f(x)=-x$는 실수 집합에서 감소함수임을 보여라.

[풀이]
$x_1 < x_2$이면 $-x_1 > -x_2$, 즉 $f(x_1) > f(x_2)$이다. 그러므로 f는 실수 전체 집합에서 감소함수이다.

문제 5.8 함수 $f(x) = \left(\frac{1}{2}\right)^x$는 감소함수임을 보여라.

증가함수는 말 그대로 x값이 증가하면 y값도 증가하는 함수로서 아래그림에서 왼쪽 그래프의 형태이고 감소함수는 x값이 증가하면 y값은 감소하는 함수로서 오른쪽 그래프 형태이다.

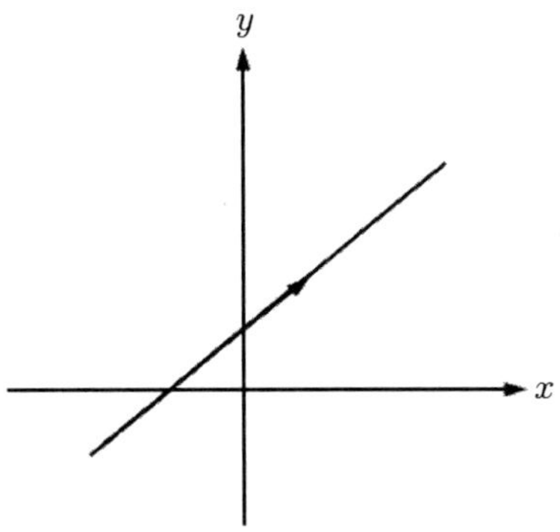

증가함수 그래프

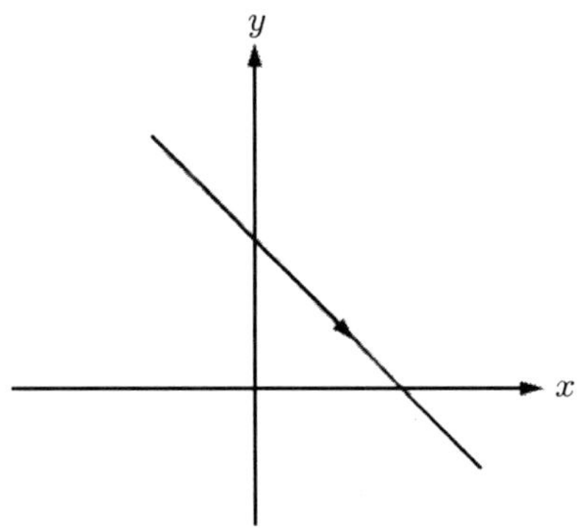

감소함수 그래프

함수 f가 (a, b)에서 미분 가능할 때 f의 증감을 일계도함수를 통해 다음과 같이 알 수 있다.

> **[정리 5.6]** 함수 f가 (a, b)에서 미분가능할 때 다음이 성립한다.
> (1) 모든 $x \in (a, b)$에 대해 $f'(x) > 0$이면 f는 (a, b)에서 증가함수이다.
> (2) 모든 $x \in (a, b)$에 대해 $f'(x) < 0$이면 f는 (a, b)에서 감소함수이다.

[증명]
(1) $x_1, x_2 \in (a, b)$이고 $x_1 < x_2$인 모든 x_1, x_2에 대해 평균값 정리를 이용하면 다음 식을 만족하는 c가 열린구간 (x_1, x_2)에 존재한다.

$$\frac{f(x_2)-f(x_1)}{x_2-x_1}=f'(c)$$

가정에 의해 $f'(c)>0$이므로 $\dfrac{f(x_2)-f(x_1)}{x_2-x_1}=f'(c)>0$이다.

$x_2-x_1>0$이므로 $f(x_2)-f(x_1)>0$, 즉 $f(x_2)>f(x_1)$이다. 그러므로 함수 f는 열린구간 (a,b)에서 증가함수이다.

(2) (1)번의 증명을 똑같이 반복하면 $x_1,\ x_2\in(a,\ b)$이고 $x_1<x_2$인 모든 $x_1,\ x_2$에 대해 열린구간 $(x_1,\ x_2)$에 속한 c가 존재해서

$$\frac{f(x_2)-f(x_1)}{x_2-x_1}=f'(c)<0$$

$x_2-x_1>0$ 이므로 $f(x_2)-f(x_1)<0$, 즉 $f(x_2)<f(x_1)$이다. 그러므로 f는 감소함수이다. □

정리 5.6에 의해 미분가능한 함수 f의 증가하는 구간은 $f'(x)>0$을 만족하는 구간이고 감소하는 구간은 $f'(x)<0$을 만족하는 구간임을 알 수 있다. 즉 함수 f의 일계도함수의 부호를 통해 함수 f의 증감을 알 수 있다.

예제 5.9

함수 $f(x)=x^2-2x$의 증가하는 구간과 감소하는 구간을 구하라.

[풀이]

함수 f는 실수집합에서 미분가능한 함수이고 $f'(x)=2x-2$이다. 정리 5.6에 의해 $f'(x)=2x-2>0$인 영역에서는 f는 증가함수이다. 그래서 $x>1$이면 $2x-2>0$이므로 $(1,+\infty)$에서 f는 증가함수이다. 또한 $x<1$이면 $2x-2<0$, $f'(x)<0$이므로 $(-\infty,1)$에서 f는 감소함수이다.

구간	$x<1$	$x=1$	$x>1$
$f'(x)$의 부호	$f'(x)<0$	$f'(x)=0$	$f'(x)>0$

함수 f는 $x=1$ 이전에는 감소함수였다가 $x=1$ 이후에는 증가함수임을 알 수 있고 함수 f의 증감만을 그래프로 나타내면 다음과 같다.

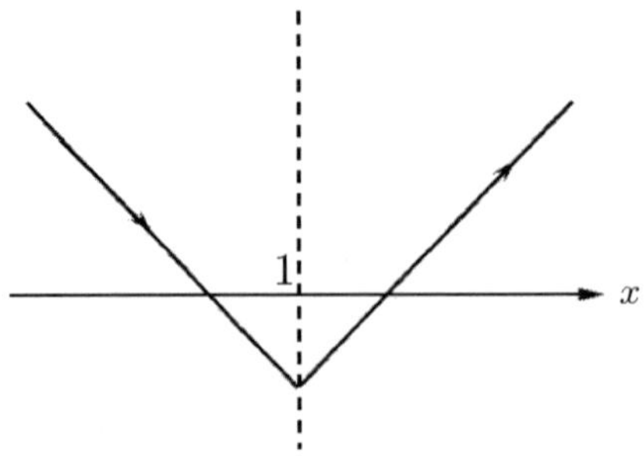

$y = x^2 - 2x$의 증감개형

지금까지 보았듯이 $f'(c) > 0$이면 $x = c$ 근방에서 f가 증가함수임을 의미하고 $f'(c) < 0$이면 $x = c$ 근방에서 f가 감소함수임을 의미한다. 즉 일계도함수 $f'(x)$의 부호에는 함수 f의 증감에 대한 정보가 담겨져 있다.

문제 5.9 함수 $f(x) = -x^2 + 6x$의 증가, 감소하는 구간을 구하라.

예제 5.10

함수 $f(x) = x^3 - 3x$의 증가하는 구간 및 감소하는 구간들을 구하라.

[풀이]

함수 f의 도함수가 $f'(x) = 3x^2 - 3 = 3(x+1)(x-1)$이므로 다음 명제들을 얻을 수 있다.

$$f'(x) < 0 \Leftrightarrow 3(x+1)(x-1) < 0 \Leftrightarrow -1 < x < 1$$
$$f'(x) > 0 \Leftrightarrow 3(x+1)(x-1) > 0 \Leftrightarrow x < -1 \text{ 또는 } x > 1$$

즉 $(-1, 1)$에서 f는 감소함수, $(-\infty, -1)$, $(1, \infty)$에서 f는 증가함수이다

구간	$x < -1$	$x = -1$	$-1 < x < 1$	$x = 1$	$x > 1$
$f'(x)$ 부호	$f'(x) > 0$	$f'(x) = 0$	$f'(x) < 0$	$f'(x) = 0$	$f'(x) > 0$

함수의 그래프의 증감만을 가지고 그래프를 그리면 다음과 같다.

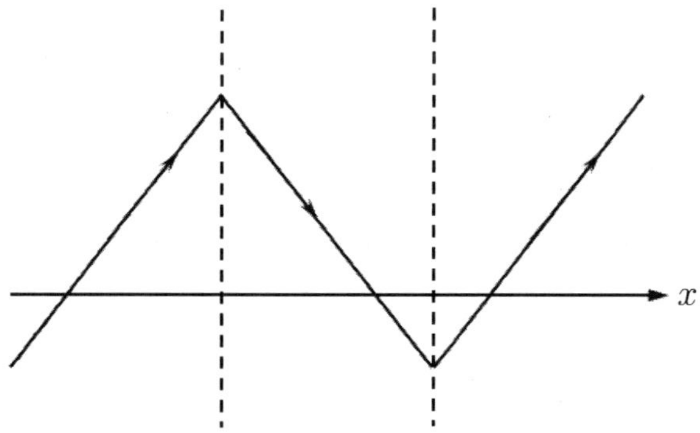

$f(x) = x^3 - 3x$ **의 증감개형**

문제 5.10 함수 $f(x) = -x^3 + x^2 + x$ 의 증가, 감소하는 구간을 구하라.

예제 5.11

함수 $f(x) = x^4 - 2x^2$ 의 증가, 감소하는 구간을 구하라.

[풀이]

$f'(x) = 4x^3 - 4x = 4x(x^2 - 1) = 4x(x-1)(x+1)$ 이므로 x값에 따른 $f'(x)$의 부호는 다음과 같다.

구간	$x < -1$	$x = -1$	$-1 < x < 0$	$x = 0$	$0 < x < 1$	$x = 1$	$x > 1$
$f'(x)$ 부호	$-$	0	$+$	0	$-$	0	$+$

그러므로 $f'(x) < 0$일 필요충분조건인 $x < -1$, $0 < x < 1$일 때 감소함수이고, $f'(x) > 0$일 필요충분조건인 $-1 < x < 0$, $x > 1$일 때 증가함수이다. 함수의 증감만을 가지고 그린 그래프 개형은 다음과 같다.

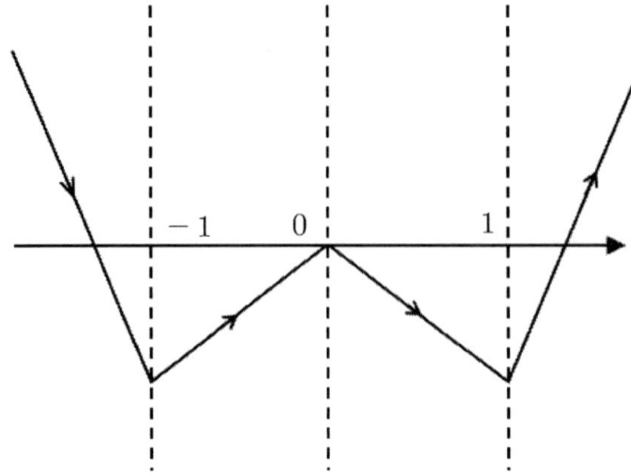

함수 $f(x)=x^4-2x^2$ **그래프 개형**

문제 5.11 함수 $f(x)=-x^4+4x^3-4x^2$의 증가, 감소하는 구간을 구하라.

예제 5.12

함수 $f(x)=x+\dfrac{1}{x}$의 증가, 감소하는 구간을 구하라.

[풀이]

우선 함수 f의 정의역은 x가 0이 아닌 실수임을 인지하자. 함수 f의 도함수 $f'(x)=1-\dfrac{1}{x^2}$ $=\dfrac{x^2-1}{x^2}$이므로 x값에 따른 $f'(x)$의 부호는 다음과 같다.

구간	$x<-1$	$x=-1$	$-1<x<0$	$0<x<1$	$x=1$	$x>1$
$f'(x)$ 부호	$+$	0	$-$	$-$	0	$+$

그러므로 $f'(x)>0$인 $x<-1$, $x>1$일 때 함수 f는 증가함수,
$f'(x)<0$인 $-1<x<0$, $0<x<1$일 때 함수 f는 감소함수이다.

문제 5.12 다음 함수의 증가, 감소하는 구간을 구하라.

(1) $f(x) = x + \dfrac{4}{x^2}$ (2) $f(x) = x^3 + \dfrac{3}{x}$

예제 5.13

함수 $f(x) = \sin^2 x - \sin x$ 에 대해 열린구간 $(0, 2\pi)$ 에서 증가하는 구간과 감소하는 구간을 구하라.

[풀이]

함수 f 의 도함수를 구하면 다음과 같다.

$$f'(x) = 2\sin x \cos x - \cos x = \cos x\,(2\sin x - 1).$$

$f'(x) = 0$ 을 만족하는 x 값은 $x = \dfrac{\pi}{6}, \dfrac{\pi}{2}, \dfrac{5\pi}{6}, \dfrac{3\pi}{2}$ 이므로 이 점들을 기준으로 $f'(x)$ 의 부호를 조사하면 다음과 같다.

구간	$0 < x < \frac{\pi}{6}$	$x = \frac{\pi}{6}$	$\frac{\pi}{6} < x < \frac{\pi}{2}$	$x = \frac{\pi}{2}$	$\frac{\pi}{2} < x < \frac{5\pi}{6}$	$x = \frac{5\pi}{6}$
$f'(x)$ 부호	$-$	0	$+$	0	$-$	0

구간	$\frac{5\pi}{6} < x < \frac{3\pi}{2}$	$x = \frac{3\pi}{2}$	$\frac{3\pi}{2} < x < 2\pi$
$f'(x)$ 부호	$+$	0	$-$

그러므로 $f'(x) > 0$ 인 $\dfrac{\pi}{6} < x < \dfrac{\pi}{2}$, $\dfrac{5\pi}{6} < x < \dfrac{3\pi}{2}$ 일 때 증가함수, $f'(x) < 0$ 인 $0 < x < \dfrac{\pi}{6}$, $0 < x < \dfrac{\pi}{6}$, $\dfrac{3\pi}{2} < x < 2\pi$ 일 때 감소함수이다.

문제 5.13 함수 $f(x) = \tan^2 x - 2\tan x$ 에 대해 열린구간 $\left(-\dfrac{\pi}{2}, \dfrac{\pi}{2}\right)$ 에서 증가하는 구간과 감소하는 구간을 구하라.

이제 극댓값과 극솟값에 대해 알아보자. 극댓값과 극솟값은 임의의 함수에 대해 정의할 수 있으나, 이 장에서는 미분가능한 함수들의 극댓값과 극솟값에 대해서 알아본다.

[정의 5.7] 함수 f가 닫힌구간 $[a, b]$에서 연속이고 열린구간 $(a,\ b)$에서 미분가능일 때 $f'(c)=0$이고 $x=c$의 근방에서 $f'(x)$의 부호가 x가 증가함에 따라 $+$에서 $-$로 바뀌면 $x=c$에서 **극댓값** $f(c)$**를 가진다**고 하고, $x=c$의 근방에서 $f'(x)$의 부호가 x가 증가함에 따라 $-$에서 $+$로 바뀌면 $x=c$에서 **극솟값** $f(c)$**를 가진다**고 한다. 극댓값과 극솟값을 함께 **극값**이라고 한다. 극댓값과 극솟값 주변의 그래프는 다음과 같다.

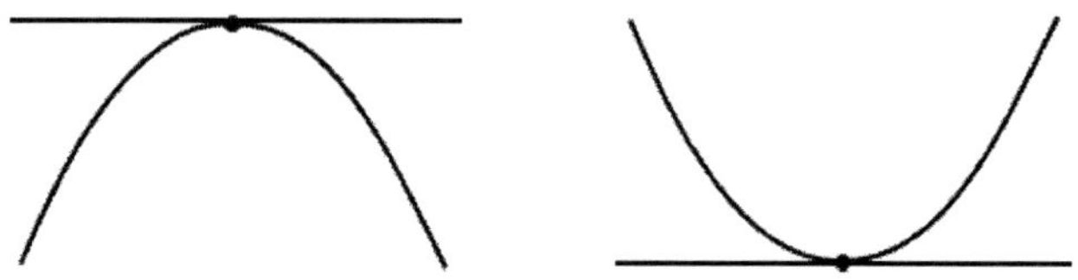

(a) 극댓값 (b) 극솟값

임의의 함수 f에 대해 극댓값과 극솟값이 정의가 되는데 특정 지점의 함숫값이 그 지점 근방에서 최대인 경우를 극댓값, 최소인 경우를 극솟값이라 한다. 이러한 극댓값과 극솟값에 대한 일반적인 정의는 함수가 미분가능할 때 정의 5.7과 동일하다.

예제 5.14

함수 $f(x)=x^3-3x^2+3$의 극값을 모두 구하라.

[풀이]

함수 f가 x에서 극값을 가진다면 $f'(x)=0$이다. $f'(x)=3x^2-6x=0$의 해는 $x=0, 2$이므로 $x=0$ 또는 2에서 극값을 가질 수 있다. 하지만 $x=0, 2$에서 극값을 가지는지를 알기 위해서는 $x=0, 2$를 중심으로 $f'(x)$의 부호를 살펴봐야 한다.

구간	$x<0$	$x=0$	$0<x<2$	$x=2$	$x>2$
$f'(x)$의 부호	$+$	0	$-$	0	$+$

$x=0$을 중심으로 $f'(x)$의 부호가 x값이 증가할 때 $+$에서 $-$로 바뀌므로 정의 5.7에 의해서 $x=0$에서 극댓값 $f(0)=3$을 가지고 $x=2$에서는 $f'(x)$의 부호가 x값이 증가할 때 $-$에서 $+$로 바뀌므로 극솟값 $f(2)=-1$을 가진다.

문제 5.14 함수 $f(x)=x^3-3x$의 극값을 모두 구하라.

예제 5.15

함수 $f(x)=(x+1)^3$의 극값을 모두 구하라.

[풀이]

극값을 구하기 위해서 $f'(x)=3(x+1)^2=0$의 해를 구하면 $x=-1$이다. $x=-1$을 기준으로 $f'(x)$의 부호를 살펴보면, $f'(x)$의 부호는 $+$에서 $+$로 변한다. 그러므로 $x=-1$에서 함수 f는 극댓값도 극솟값도 가지지 않는다. 즉, 함수 f는 극값을 가지지 않는다.

문제 5.15 함수 $f(x)=3x^4+4x^3+1$의 극값을 모두 구하라.

미분 가능한 함수 f가 $x=c$에서 $f'(c)=0$을 만족할 때 $x=c$ 근방에서 x값이 증가할 때 $f'(x)$의 부호의 변화가 일어날 수 있는 경우의 수는 총 4가지로 다음과 같다.

① $x=c$를 중심으로 x값이 증가할 때 $f'(x)$의 부호가 $+\to+$
② $x=c$를 중심으로 x값이 증가할 때 $f'(x)$의 부호가 $+\to-$
③ $x=c$를 중심으로 x값이 증가할 때 $f'(x)$의 부호가 $-\to+$
④ $x=c$를 중심으로 x값이 증가할 때 $f'(x)$의 부호가 $-\to-$

②은 극댓값, ③은 극솟값인 경우이고 ①, ④은 극값이 아닌 경우이다. 그러므로 $f'(c)=0$이라고 $x=c$에서 항상 극값을 가지는 것은 아니다. $f'(c)=0$이지만 $x=c$에서 극값을 가지지 않는 예는 예제 5.15 풀이에서 볼 수 있다.

예제 5.16

함수 $f(x)$의 도함수의 그래프가 아래와 같을 때 극대, 극솟값을 가지는 x 값들을 모두 구하라.

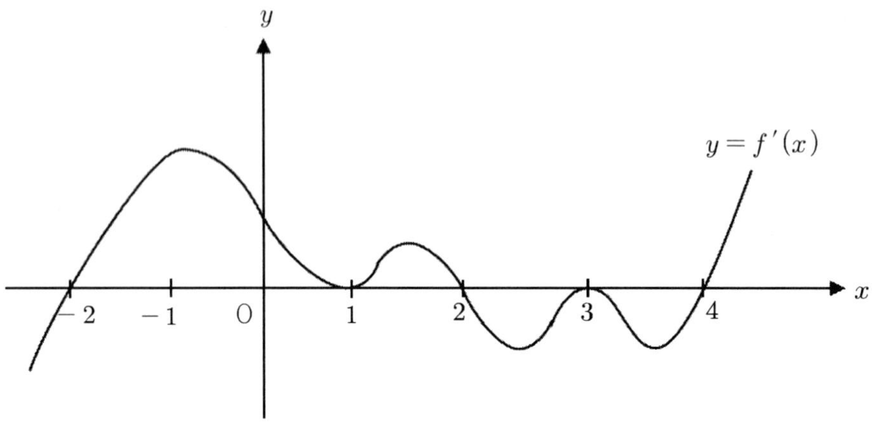

[풀이]
함수 f가 극값을 가지기 위해서는 우선 $f'(x)=0$이어야 한다. 그러므로 $x=-2, 1, 2, 3, 4$일 때 극값을 가질 수 있다. 극값이 되기 위해서는 $f'(x)$의 부호가 변해야 한다. 그러므로 $f'(x)$의 부호를 살펴보면 다음과 같은 결론을 내릴 수 있다.

- $x=-2$일 때 $f'(x)$의 부호가 $-$에서 $+$로 바뀌므로 $x=-2$에서 극댓값
- $x=1$일 때 $f'(x)$의 부호가 $+$에서 $+$로 바뀌므로 극값이 아님
- $x=2$일 때 $f'(x)$의 부호가 $+$에서 $-$로 바뀌므로 $x=2$에서 극솟값
- $x=3$일 때 $f'(x)$의 부호가 $-$에서 $-$로 바뀌므로 극값이 아님
- $x=4$일 때 $f'(x)$의 부호가 $-$에서 $+$로 바뀌므로 $x=4$에서 극댓값

그러므로 $x=-2, 4$에서 극댓값, $x=2$에서 극솟값을 가진다.

문제 5.16 함수 $f(x)$가 다음과 같이 도함수를 가질 때 x의 어떤 값에서 극댓값, 극솟값을 가지는지 구하라.

(1) $f'(x)=x(x-1)^2(x-2)^3(x-3)^4$ (2) $f'(x)=\dfrac{(x+1)(x-1)}{x(x+2)}$

지금까지 일계도함수를 이용하여 함수의 증감, 극값을 구하는 방법에 대해 살펴보았다. 그러면 이계도함수는 함수의 그래프의 어떠한 특성을 결정할 것인가? 이계도함수의 부호는 함수의 그래프의 오목성을 결정한다고 잘 알려져 있는데 이에 대해 살펴보자.

[정의 5.8] 함수 f의 그래프가 점 $(c, f(c))$에서의 접선보다 $x=c$ 근방에서 모두 위쪽에 위치해 있을 때 함수 f는 $(c, f(c))$에서 **위로 오목**하다고 한다. 반대로 $x=c$ 근방에서 함수 f의 그래프가 점 $(c, f(c))$에서의 접선보다 아래쪽에 위치해 있을 때 함수 f는 $(c, f(c))$에서 **아래로 오목**하다고 한다.

위로 오목한 경우와 아래로 오목한 경우 그래프의 개형은 아래와 같다.

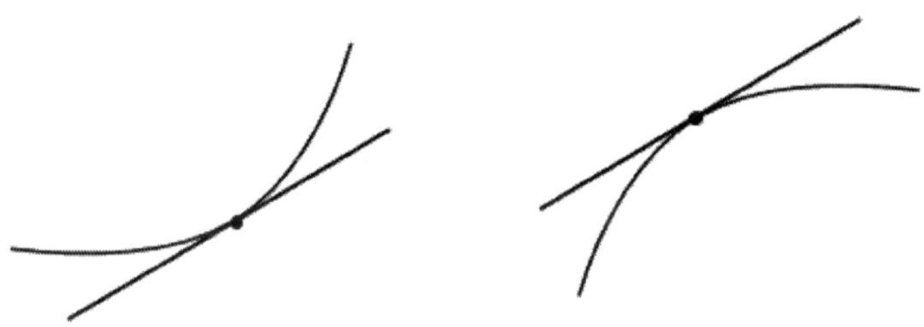

(a) 위로 오목한 경우　　(b) 아래로 오목한 경우

위로 오목한 함수들 중 가장 대표적인 함수인 $f(x)=x^2$의 예를 보자. $f(x)=x^2$의 그래프 모양을 보면 위로 오목함을 알 수 있다. 이 함수의 이계도함수를 구하며 $f''(x)=2>0$이다. 아래로 오목한 함수들 중 가장 대표적인 함수는 $f(x)=-x^2$로서, 이계도함수는 $f''(x)=-2<0$이다.

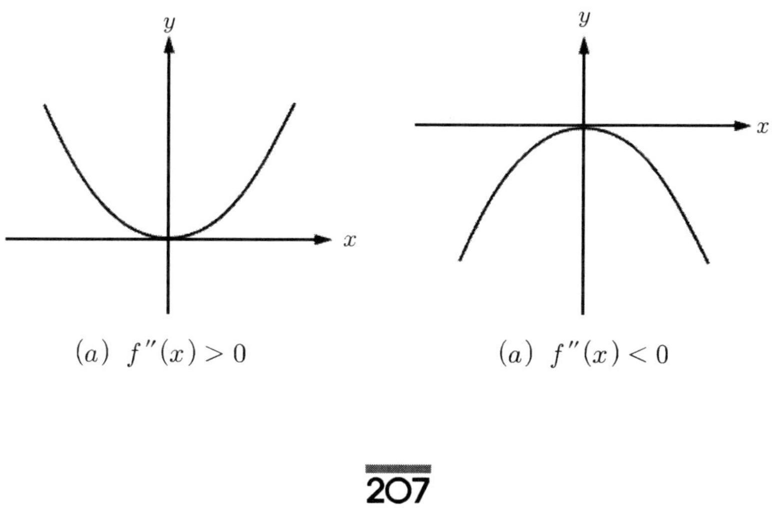

(a) $f''(x)>0$　　(a) $f''(x)<0$

위로, 아래로 오목한 함수들의 그래프를 보면 위로 오목한 함수의 경우 x값이 증가할수록 접선의 기울기는 증가하고 아래로 오목한 함수의 경우 x값이 증가할수록 접선의 기울기는 감소한다. 이는 위로 오목한 함수의 이계도함수는 양수이고, 아래로 오목한 함수의 이계도함수는 음수라는 것을 의미한다. 이러한 예측은 다음 정리에 의해 사실로 증명된다.

[정리 5.9] 함수 f가 열린구간 (a, b)의 모든 점에서 두 번 미분가능할 때 다음이 성립한다.
(1) 모든 $x \in (a, b)$에 대해 $f''(x) > 0$이면 함수 f는 위로 오목하다.
(2) 모든 $x \in (a, b)$에 대해 $f''(x) < 0$이면 함수 f는 아래로 오목하다.

[증명]

(1) $c \in (a, b)$인 임의의 점이라고 하자. 그러면 $(c, f(c))$에서 접선의 방정식은 $y = f'(c)(x-c) + f(c)$이다. $(c, f(c))$에서 f가 위로 오목하다는 것은 $x = c$ 근방에서 $g(x) = f(x) - [f'(c)(x-c) + f(c)] \geq 0$이다는 것이다. $g'(x) = f'(x) - f'(c)$이고 가정에 의해 모든 x에 대해 $g''(x) = f''(x) > 0$이므로 $g'(x)$는 증가함수이다. $g'(c) = 0$이므로 $x < c$이면 $g'(x) < 0$, $x > c$이면 $g'(x) > 0$이다. 그래서 $g(x)$의 그래프의 증감 개형은 아래 그림과 같다.

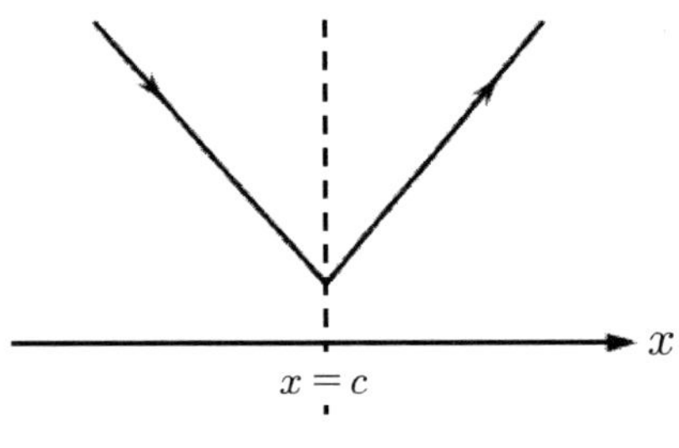

그래서 $x = c$에서 $g(x)$가 최솟값을 가지게 됨을 알 수 있고 $g(c) = 0$이므로 $g(x) \geq g(c) = 0$이다. 그러므로 함수 f는 위로 오목하다.

(2) (1)번과 유사한 방법으로 증명할 수 있다. □

정리 5.9에 의해 $f''(x)$의 부호는 f의 그래프의 오목성을 결정함을 알 수 있다.

예제 5.17

함수 $f(x)=x^3$의 그래프가 위로 오목한 구간과 아래로 오목한 구간을 구하라.

[풀이]
함수 f의 1계도, 2계도함수를 구하면 $f'(x)=3x^2$, $f''(x)=6x$이고 2계도함수는 $x<0$일 때 음수, $x>0$일 때 양수이다. 그러므로 $x<0$일 때 아래로 오목하고, $x>0$일 때 위로 오목하다.

문제 5.17 함수 $f(x)=x^3-3x$의 그래프가 위로 오목한 구간과 아래로 오목한 구간을 구하라.

예제 5.18

함수 $f(x)=x^4-4x^3+1$에 대해 위로 오목한 구간과 아래로 오목한 구간을 구하라.

[풀이]
이계도함수를 구하면 $f'(x)=4x^3-12x^2$, $f''(x)=12x^2-24x$이다. 이계도함수의 부호를 살펴보면 다음과 같다.

구간	$x<0$	$x=0$	$0<x<2$	$x=2$	$x>2$
$f''(x)$의 부호	$+$	0	$-$	0	$+$

그러므로 $x<0$, $x>2$일 때 함수 f는 위로 오목하고, $0<x<2$일 때 아래로 오목하다.

문제 5.18 함수 $f(x)=x^4-2x^3-12x^2+1$에 대해 위로 오목한 구간과 아래로 오목한 구간을 구하라.

[정의 5.10] [변곡점] 함수 f의 오목성이 변하는 기준이 되는 점을 **변곡점**이라고 한다. 즉, 변곡점은 그 점을 기준으로 아래로 오목에서 위로 오목 또는 위로 오목에서 아래로 오목으로 변하는 점이다.

예를 들어, $x^2 + y^2 = 1$의 변곡점은 $(1, 0)$과 $(-1, 0)$이다. $(\pm 1, 0)$을 기준으로 위로 오목에서 아래로 오목으로 변함을 알 수 있다.

[정리 5.11] 함수 f가 두 번 미분가능하고, 이계도함수가 연속이라고 하자. 그러면 $(c, f(c))$가 f의 그래프의 변곡점이면 $f''(c) = 0$이다.

[증명]

$(c, f(c))$가 변곡점이라고 하자. 그러면 함수 f의 그래프의 오목성이 $(c, f(c))$를 기준으로 변한다. 이는 $x = c$을 기준으로 $f''(x)$가 $+$에서 $-$로, 또는 $-$에서 $+$로 변함을 의미한다. $x = c$을 기준으로 $f''(x)$가 $+$에서 $-$로 변한다면 $x = c$ 근방에서 $x < c$이면 $f''(x) > 0$, $x > c$이면 $f''(x) < 0$임을 의미한다. 가정에 의해 $f''(x)$가 연속이므로 $\lim_{x \to c} f''(x) = f''(c)$이다. 극한의 좌극한, 우극한을 고려하면 다음 식을 얻는다.

$$f''(c) = \lim_{x \to c^+} f''(x) \le 0, \quad f''(c) = \lim_{x \to c^-} f''(x) \ge 0$$

그러므로 $f''(c) = 0$ □

정리 5.11에 의해 두 번 미분가능하고 이계도함수가 연속인 함수 f에서 변곡점은 $f''(x) = 0$을 만족하고 그 점을 기준으로 $f''(x)$의 부호가 변함을 알 수 있다.

예제 5.19

함수 $f(x) = x^3 - 6x^2 + 3x + 1$의 변곡점을 모두 구하라.

[풀이]

함수 f의 일계도함수, 이계도함수는 다음과 같다.

$$f'(x) = 3x^2 - 12x + 3, \quad f''(x) = 6x - 12$$

이계도함수가 연속함수이므로 정리 5.11에 의해 $f''(x) = 6x - 12 = 0$의 해들 중 변곡점이 있다. $f''(x) = 0$의 해는 $x = 2$이고 $x = 2$를 기준으로 $f''(x)$의 부호가 $-$에서 $+$로 바뀐다. 그러므로 $(2, -9)$가 아래로 오목에서 위로 오목으로 변하는 기준인 변곡점이 된다.

문제 5.19 다음 함수의 변곡점을 모두 구하라.

(1) $f(x)=x^3(x-2)^2$ (3) $f(x)=\dfrac{1}{x}$

(2) $f(x)=\sqrt{x}$ (4) $f(x)=x^2-\dfrac{1}{x^2}$

예제 5.20

함수 $f(x)=x^5-5x^4$의 변곡점을 모두 구하라.

[풀이]

함수 f의 이계도함수를 구해보면 $f''(x)=20x^3-60x^2=20x^2(x-3)$이고 연속함수이다. 그러므로 정리 5.11에 의해 $f''(x)=0$의 해, $x=0,3$이 변곡점이 될 수 있다. 하지만 $x=0$에서는 $f''(x)$의 부호가 $-$에서 $-$로 변하지 않는다. 그래서 $x=0$을 기준으로는 함수 f의 오목성이 변하지 않으므로 변곡점이 아니다. $x=3$을 기준으로는 $f''(x)$의 부호가 $-$에서 $+$로 바뀐다. 그러므로 $(3,-162)$는 변곡점이다.

문제 5.20 함수 f의 도함수가 $f'(x)=x(x-1)^2(x-2)^3(x-3)^4$일 때 함수 f의 변곡점을 모두 구하라.

그래프 그리기

지금까지 학습한 내용, 일계도함수의 부호와 증감의 관계, 이계도함수의 부호와 오목성의 관계를 바탕으로 함수 f의 그래프를 그릴 수 있다. 함수의 그래프는 최댓값, 최솟값을 구하는데 유용하게 활용된다.

정의역과 공역이 모두 실수 $\mathbb{R}$인 함수의 그래프는 다음과 같은 단계로 그릴 수 있다.

1) $f'(x)$의 부호를 조사하여 함수의 증감 조사.
2) $f''(x)$의 부호를 조사하여 함수의 오목성 조사.
3) $\lim\limits_{x\to+\infty} f(x)$와 $\lim\limits_{x\to-\infty} f(x)$의 극한값을 조사하여 함수 f의 그래프가 $\pm\infty$로 갈 때 어떻게 그려지는지 조사한다.

4) 1, 2, 3을 바탕으로 f의 증감이 변하는 점(극점), f의 오목성이 변하는 점(변곡점)을 구하여 함수 f의 그래프를 그린다.

예제 5.21

함수 $f(x)=x^3$의 증감 및 오목성을 조사하여 그래프를 그려라.

[풀이]

위에서 제시된 4단계를 통해 그래프를 그린다.

1) $f'(x)=3x^2$이므로 $f'(x) \geq 0$. 따라서 함수 f는 증가함수이다.
2) $f''(x)=6x$이므로 $f''(x)$의 부호 및 f의 오목성은 다음과 같다.

구간	$x<0$	$x=0$	$x>0$
$f''(x)$의 부호	$-$	0	$+$

그러므로 $x<0$일 때 아래로 오목, $x>0$일 때 위로 오목하다.

3) $\lim_{x \to +\infty} x^3 = +\infty$, $\lim_{x \to -\infty} x^3 = -\infty$
4) 1, 2, 3에 의해서 함수 f는 극값이 없고 $(0,0)$을 기준으로 아래로 오목에서 위로 오목으로 변한다. 그래프의 개형은 다음과 같다.

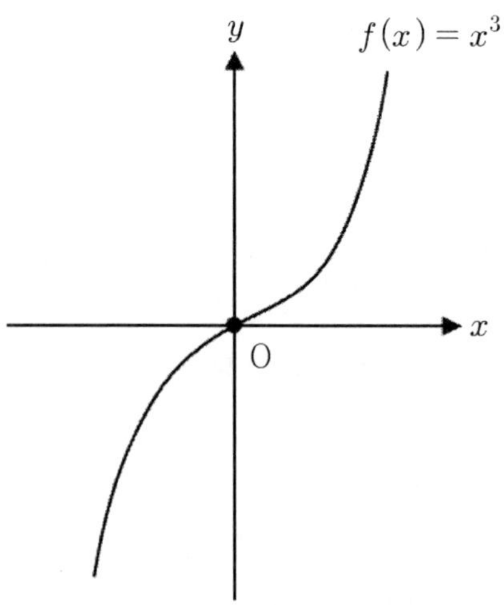

함수 $f(x)=x^3$ 그래프

문제 5.21 함수 $f(x)=x^3-3x$의 증감 및 오목성을 조사하여 그래프를 그려라.

예제 5.22

함수 $f(x)=x^4-2x^2$의 증감 및 오목성을 조사하여 그래프를 그려라.

[풀이]

1) $f'(x) = 4x^3 - 4x = 4x(x-1)(x+1)$이므로 함수 $f'(x)$의 부호는 다음과 같다.

구간	$x < -1$	$x=-1$	$-1<x<0$	$x=0$	$0<x<1$	$x=1$	$x>1$
$f'(x)$부호	$-$	0	$+$	0	$-$	0	$+$
증감	감소	극솟값	증가	극댓값	감소	극솟값	증가

2) $f''(x) = 12x^2 - 4$ 이므로 $f''(x)$의 부호는 다음과 같다.

구간	$x < \frac{-1}{\sqrt{3}}$	$x = \frac{-1}{\sqrt{3}}$	$\frac{-1}{\sqrt{3}} < x < \frac{1}{\sqrt{3}}$	$x=\frac{1}{\sqrt{3}}$	$x > \frac{1}{\sqrt{3}}$
$f''(x)$부호	$+$	0	$-$	0	$+$
오목성	위로 오목	변곡점	아래로 오목	변곡점	위로 오목

3) $\lim_{x\to+\infty}(x^4-2x^2) = +\infty$, $\lim_{x\to-\infty}(x^4-2x^2) = +\infty$

4) 1, 2, 3에 의해 $(0, f(0)) = (0,0)$는 극댓값, $(1, f(1)) = (1, -1)$는 극솟값, $\left(-\frac{1}{\sqrt{3}},\ f\left(-\frac{1}{\sqrt{3}}\right)\right) = \left(-\frac{1}{\sqrt{3}},\ -\frac{1}{3}\right)$는 위로 오목에서 아래로 오목으로 변하는 변곡점, $\left(\frac{1}{\sqrt{3}},\ f\left(\frac{1}{\sqrt{3}}\right)\right) = \left(\frac{1}{\sqrt{3}},\ -\frac{1}{3}\right)$는 아래로 오목에서 위로 오목으로 변하는 변곡점이다. 이를 바탕으로 아래와 같이 그래프를 그릴 수 있다.

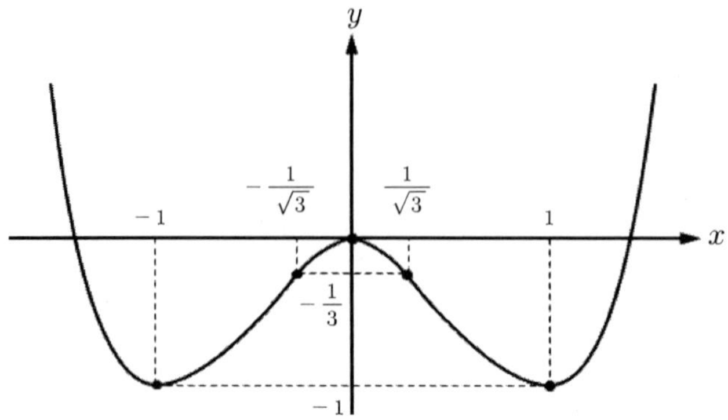

$f(x) = x^4 - 2x^2$ **그래프**

문제 5.22 함수 $f(x) = x^4 + x^2 - 6x + 8$의 증감 및 오목성을 조사하여 그래프를 그려라.

예제 5.23

함수 $f(x) = \dfrac{x}{x^2+1}$의 증감 및 오목성을 조사하여 그래프를 그려라.

[풀이]

1) $f'(x) = \dfrac{(x^2+1) - x(2x)}{(x^2+1)^2} = \dfrac{-x^2+1}{(x^2+1)^2}$이므로 함수 $f'(x)$의 부호는 다음과 같다.

구간	$x < -1$	$x = -1$	$-1 < x < 1$	$x = 1$	$x > 1$
$f'(x)$부호	$-$	0	$+$	0	$-$
증감	감소	극솟값	증가	극댓값	감소

2) 함수 f의 이계도함수는 다음과 같다.

$$f''(x) = \frac{(-2x)(x^2+1)^2 - (-x^2+1)2(x^2+1)(2x)}{(x^2+1)^4} = \frac{2x^3 - 6x}{(x^2+1)^3}.$$

그러므로 $f''(x)$의 부호는 다음과 같이 변함을 알 수 있다.

구간	$x < -\sqrt{3}$	$x = -\sqrt{3}$	$-\sqrt{3} < x < 0$	$x = 0$	$0 < x < \sqrt{3}$
$f''(x)$	-	0	+	0	-
오목성	아래로 오목	변곡점	위로 오목	변곡점	아래로 오목
구간	$x = \sqrt{3}$	$x > \sqrt{3}$			
$f''(x)$	0	+			
오목성	변곡점	위로 오목			

3) $\lim_{x \to +\infty} \frac{x}{1+x^2} = 0, \quad \lim_{x \to -\infty} \frac{x}{1+x^2} = 0$

4) 1, 2, 3에 의해 $(1, f(1)) = \left(1, \frac{1}{2}\right)$에서 극댓값, $(-1, f(-1)) = \left(-1, -\frac{1}{2}\right)$에서 극솟값을 가진다. 또한 $(-\sqrt{3}, f(-\sqrt{3})) = \left(-\sqrt{3}, -\frac{\sqrt{3}}{4}\right)$에서 아래로 오목에서 위로 오목으로, $(0, f(0)) = (0, 0)$에서 위로 오목에서 아래로 오목으로, $(\sqrt{3}, f(\sqrt{3})) = \left(\sqrt{3}, \frac{\sqrt{3}}{4}\right)$에서 아래로 오목에서 위로 오목으로 그래프 모양이 바뀐다. 그러므로 그래프 모양은 다음과 같다.

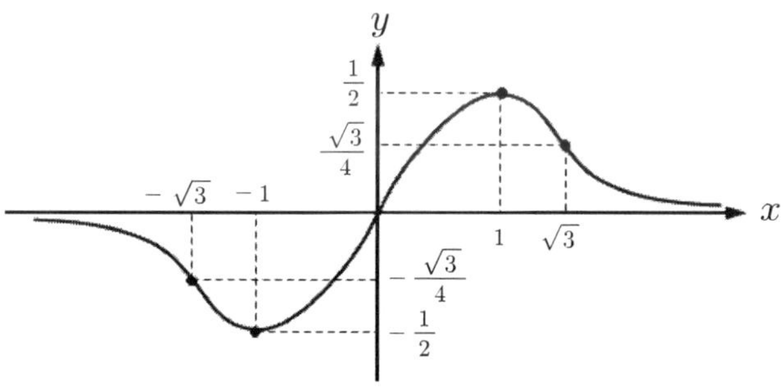

$f(x) = \frac{x}{x^2+1}$ **의 그래프**

문제 5.23 함수 $f(x) = \frac{1}{x^2+x+1}$ 의 증감 및 오목성을 조사하여 그래프를 그려라.

예제 5.24

함수 $f(x) = \cos x + \sin x$의 증감 및 오목성을 조사하여 그래프를 그려라.

[풀이]

우선 함수 f는 주기가 2π인 함수이므로 구간 $[0, 2\pi]$에서의 그래프가 계속 반복된다. 그러므로 구간 $[0, 2\pi]$에서 그래프만을 그리면 된다.

1) $f'(x) = -\sin x + \cos x$이므로 방정식 $f'(x) = 0$의 해는 다음과 같이 구할 수 있다.

$$-\sin x + \cos x = 0 \Rightarrow \tan x = 1 \Rightarrow x = \frac{\pi}{4}, \ \frac{5}{4}\pi$$

그러므로 함수 $f'(x)$의 부호 및 함수의 증감은 다음과 같다.

구간	$0 \le x < \frac{\pi}{4}$	$x = \frac{\pi}{4}$	$\frac{\pi}{4} < x < \frac{5\pi}{4}$	$x = \frac{5\pi}{4}$	$\frac{5\pi}{4} < x \le 2\pi$
$f'(x)$ 부호	$+$	0	$-$	0	$+$
증감	증가	극댓값	감소	극솟값	증가

2) $f''(x) = -\cos x - \sin x$이므로 $f''(x) = 0$의 해는 다음과 같다.

$$-\cos x - \sin x = 0 \Rightarrow \tan x = -1 \Rightarrow x = \frac{3}{4}\pi, \ \frac{7}{4}\pi.$$

$f''(x)$의 부호 및 그래프의 오목성은 다음과 같다.

구간	$0 \le x < \frac{3\pi}{4}$	$x = \frac{3\pi}{4}$	$\frac{3\pi}{4} < x < \frac{7\pi}{4}$	$x = \frac{7\pi}{4}$	$\frac{7\pi}{4} < x \le 2\pi$
$f'(x)$ 부호	$-$	0	$+$	0	$-$
오목성	아래로 오목	변곡점	위로 오목	변곡점	아래로 오목

3) $f(0) = 1$, $f(2\pi) = 1$

4) $\left(\frac{\pi}{4}, f\left(\frac{\pi}{4}\right)\right) = \left(\frac{\pi}{4}, \sqrt{2}\right)$에서 극댓값, $\left(\frac{5\pi}{4}, f\left(\frac{5\pi}{4}\right)\right) = \left(\frac{5\pi}{4}, -\sqrt{2}\right)$에서 극솟값이며 $\left(\frac{3\pi}{4}, f\left(\frac{3\pi}{4}\right)\right) = \left(\frac{3\pi}{4}, 0\right)$은 변곡점으로 아래로 오목에서 위로 오목으로 변하고 $\left(\frac{7\pi}{4}, 0\right)$ 또한 변곡점으로 위로 오목에서 아래로 오목으로 변한다. 그래프는 다음과 같이 그려진다.

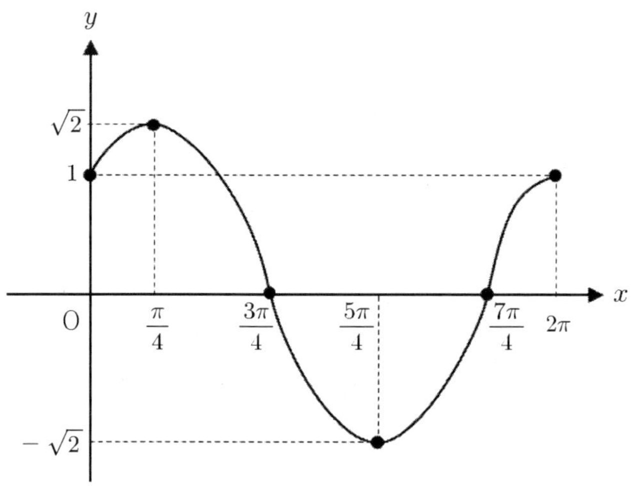

함수 $f(x) = \cos x + \sin x$ **그래프**

문제 5.25 함수 $f(x) = \cos x + \sqrt{3}\,\sin x$의 증감 및 오목성을 조사하여 그래프를 그려라.

예제 5.26

함수 $f(x) = e^{x} + e^{-x}$의 증감 및 오목성을 조사하여 그래프를 그려라.

[풀이]

1) $f'(x) = e^{x} - e^{-x}$이므로 함수 $f'(x)$의 부호는 다음과 같다.

구간	$x < 0$	$x = 0$	$x > 0$
$f'(x)$부호	$-$	0	$+$
증감	감소	극솟값	증가

2) $f''(x) = e^{x} + e^{-x} > 0$이므로 함수 f는 위로 오목한 함수이다.

3) $\lim_{x \to +\infty} (e^{x} + e^{-x}) = +\infty$, $\lim_{x \to -\infty} (e^{x} + e^{-x}) = +\infty$.

4) 1, 2, 3에 의해서 함수 f는 $(0,2)$에서 극솟값을 가지고 위로 오목한 함수이며 x가 $-\infty$로 접근할 때 함숫값은 $+\infty$로 접근하고 x가 $+\infty$로 접근할 때 함숫값은 $+\infty$로 접근한다.

그래프 개형은 다음과 같다.

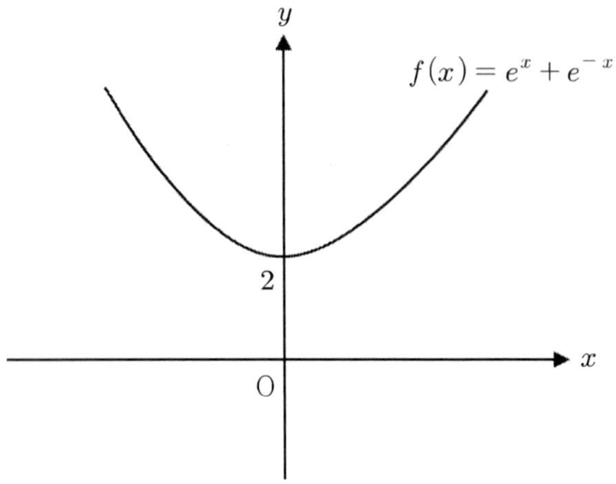

함수 $f(x)=e^{x}+e^{-x}$ **그래프**

문제 5.26 함수 $f(x)=e^{x}-e^{-x}$의 증감 및 오목성을 조사하여 그래프를 그려라.

예제 5.27

함수 $f(x) = xe^{x}$의 증감 및 오목성을 조사하여 그래프를 그려라.

[풀이]

1) $f'(x) = e^{x} + xe^{x} = (x+1)e^{x}$이므로 함수 $f'(x)$의 부호 및 증감은 다음과 같다.

구간	$x < -1$	$x = -1$	$x > -1$
$f'(x)$ 부호	$-$	0	$+$
증감	감소	극솟값	증가

2) 함수 f의 이계도함수는 $f''(x)=e^{x}+(x+1)e^{x}=(x+2)e^{x}$이므로 $f''(x)$의 부호 및 오목성은 다음과 같다.

구간	$x < -2$	$x = -2$	$x > -2$
$f''(x)$ 부호	$-$	0	$+$
오목성	아래로 오목	변곡점	위로 오목

3) $\lim_{x \to +\infty} xe^x = +\infty$이다. $\lim_{x \to -\infty} xe^x$은 $\lim_{x \to -\infty} xe^x = \lim_{x \to -\infty} \frac{x}{e^{-x}}$이므로 $\frac{\infty}{\infty}$꼴이다. 로피탈 정리를 적용하면

$$\lim_{x \to -\infty} xe^x = \lim_{x \to -\infty} \frac{x}{e^{-x}} = \lim_{x \to -\infty} \frac{1}{-e^{-x}} = 0$$

4) 1, 2, 3에 의해서 $(-1,\ f(-1)) = \left(-1,\ \frac{-1}{e}\right)$에서 극솟값을 가진다. 또한, $(-2,\ f(-2)) = \left(-2,\ \frac{-2}{e^2}\right)$은 변곡점으로서 아래로 오목에서 위로 오목으로 변한다. 이러한 결과들을 정리하면 다음과 같이 그래프를 그릴 수 있다.

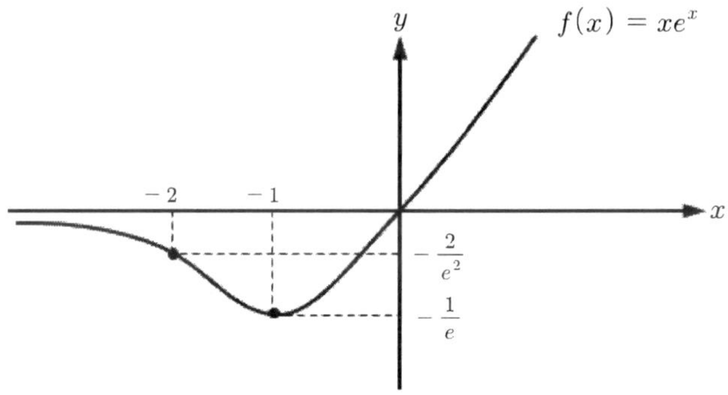

함수 $f(x) = xe^x$의 그래프

문제 5.27 함수 $f(x) = xe^{-x}$의 그래프를 그려라.

지금까지 정의역이 실수집합 $\mathbb{R}$인 함수의 그래프를 그리는 방법에 대해 알아보았다. 일반적으로 정의역이 열린구간 (a, b)인 함수 $f : (a, b) \to \mathbb{R}$의 그래프를 그릴 때는 1, 2단계는 똑같이 하고 3단계를 다음과 같이 변경한다.

> 3) $\lim_{x\to b^-} f(x)$, $\lim_{x\to a^+} f(x)$ 의 극한값을 조사하여 함수 f의 그래프가 a^+, b^-로 접근할 때 함숫값이 어떻게 변하는지를 조사한다.

정의역이 $(a,b)\cup(c,d)$인 함수 $f:(a,b)\cup(c,d)\to\mathbb{R}$의 그래프는 열린구간 각각에 대해 그래프를 그리면 된다. 즉, $f:(a,b)\to\mathbb{R}$와 $f:(c,d)\to\mathbb{R}$의 그래프를 각각 그려서 합치면 된다. 더욱 일반적으로 열린구간들의 합집합이 정의역인 함수의 그래프는 각각의 열린구간에 대해 함수의 그래프를 그린 후 모두 합쳐서 그리면 된다.

예제 5.28

구간 $(-\infty,-1)$, $(-1,1)$, $(1,+\infty)$에서 함수 $f(x)=\dfrac{1}{x^2-1}$의 증감 및 오목성을 조사하여 함수 f의 그래프를 그려라.

[풀이]

1) $f'(x)=\dfrac{-2x}{(x^2-1)^2}$이므로 함수 $f'(x)$의 부호는 다음과 같다.

구간	$x<-1$	$-1<x<0$	$x=0$	$0<x<1$	$x>1$
$f'(x)$ 부호	$+$	$+$	0	$-$	$-$
증감	증가	증가	극솟값	감소	감소

2) 함수 f의 이계도함수는 $f''(x)=\dfrac{6x^2+2}{(x^2-1)^3}$이므로 $f'(x)$의 부호는 다음과 같다.

구간	$x<-1$	$-1<x<1$	$x>1$
$f''(x)$ 부호	$+$	$-$	$+$
오목성	위로 오목	아래로 오목	위로 오목

3) -1의 좌극한, 우극한은 $\lim_{x\to-1^-}\dfrac{1}{x^2-1}=+\infty$, $\lim_{x\to-1^+}\dfrac{1}{x^2-1}=-\infty$, 1의 좌극한 우극한은 $\lim_{x\to1^-}\dfrac{1}{x^2-1}=-\infty$, $\lim_{x\to-1^+}\dfrac{1}{x^2-1}=+\infty$. 또한 x가 $\pm\infty$로 접근할 때 극한값은

$\lim_{x\to-\infty}\frac{1}{x^2-1}=0$, $\lim_{x\to+\infty}\frac{1}{x^2-1}=0$이다.

4) 1, 2, 3에 의해서 구간 $(-\infty, -1)$에서는 증가함수이고 위로 오목한 함수이며 x가 $-\infty$로 접근할 때 함숫값은 0로 접근하고 -1의 왼쪽에서 x가 -1로 접근할 때 함숫값은 $+\infty$로 접근한다. 구간 $(-1, 1)$에서는 $(0, 0)$에서 극솟값을 가지고 $-1<x<0$에서는 증가함수, $0<x<1$에서는 감소함수이면서 아래로 오목한 함수이다. 그리고 -1의 오른쪽에서 x가 -1로 접근할 때 함숫값은 $-\infty$로 접근하고 1의 왼쪽에서 x가 1로 접근할 때 역시 함숫값은 $-\infty$로 접근한다. 구간 $(1, +\infty)$에서는 감소함수이고 위로 오목한 함수이며 x가 $+\infty$로 접근할 때 함숫값은 0으로 접근하고 -1의 오른쪽에서 x가 1로 접근할 때 함숫값은 $+\infty$로 접근한다. 그래프 개형은 다음과 같다.

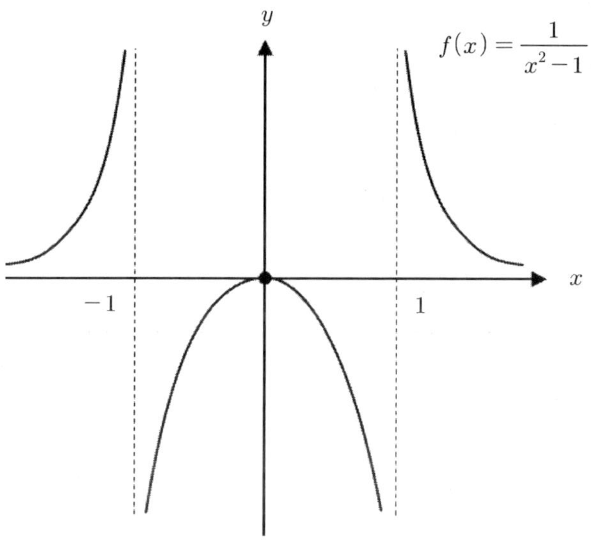

함수 $f(x)=\frac{1}{x^2-1}$ **그래프**

문제 5.28 구간 $(-\infty, -1)$, $(-1, 1)$, $(1, +\infty)$에서 함수 $f(x)=\frac{x}{x^2-1}$의 증감 및 오목성을 조사하여 함수 f의 그래프를 그려라.

예제 5.29

구간 $(-\infty,\ 0)$, $(0,\ +\infty)$에서 $f(x)=\dfrac{x^2+1}{x}$의 그래프를 그려라.

[풀이]

(1) $f'(x)=\dfrac{2x^2-(x^2+1)}{x^2}=\dfrac{x^2-1}{x^2}$이므로 $f'(x)$의 부호는 다음과 같다.

구간	$x<-1$	$x=-1$	$-1<x<0$	$0<x<1$	$x=1$	$x>1$
$f'(x)$ 부호	$+$	0	$-$	$-$	0	$+$
증감	증가	극댓값	감소	감소	극솟값	증가

(2) 함수 f의 이계도함수는 다음과 같다.

$$f''(x)=\frac{(2x)x^2-(x^2-1)(2x)}{x^4}=\frac{2}{x^3}$$

그러므로 $f''(x)$의 부호 및 오목성은 다음과 같다.

구간	$x<0$	$x>0$
$f''(x)$ 부호	$-$	$+$
오목성	아래로 오목	위로 오목

(3) 열린구간 $(-\infty,0)$에서 그래프를 그리기 위해 $x\to-\infty$, $x\to0^-$일 때 함수의 극한값을 구하면 $\lim\limits_{x\to-\infty}\dfrac{x^2+1}{x}=-\infty$, $\lim\limits_{x\to0^-}\dfrac{x^2+1}{x}=-\infty$이다. 열린구간 $(0,\ +\infty)$에서 그래프를 그리기 위해 $x\to0^+$, $x\to\infty$일 때 함수의 극한값을 구하면 $\lim\limits_{x\to0^+}\dfrac{x^2+1}{x}=+\infty$, $\lim\limits_{x\to+\infty}\dfrac{x^2+1}{x}=+\infty$이다.

(4) 구간 $(-\infty,0)$에서는 $(-1,f(-1))=(-1,-2)$에서 극댓값을 가지고 아래로 오목한 함수이며 x가 $-\infty$로 접근하면 함숫값은 $-\infty$로 접근하고 x가 0^-로 접근하면 함숫값은 $-\infty$로 접근한다. 구간 $(0,+\infty)$에서는 $(1,f(1))=(1,2)$에서 극솟값을 가지고 위로 오목한 함수이며 x가 $+\infty$로 접근하면 함숫값은 $+\infty$로 접근하고 x가 0^+로 접근하면 함숫값은 $+\infty$로 접근한다. 구간 $(-\infty,0)$과 $(0,\infty)$에서의 그래프 개형은 다음과 같다.

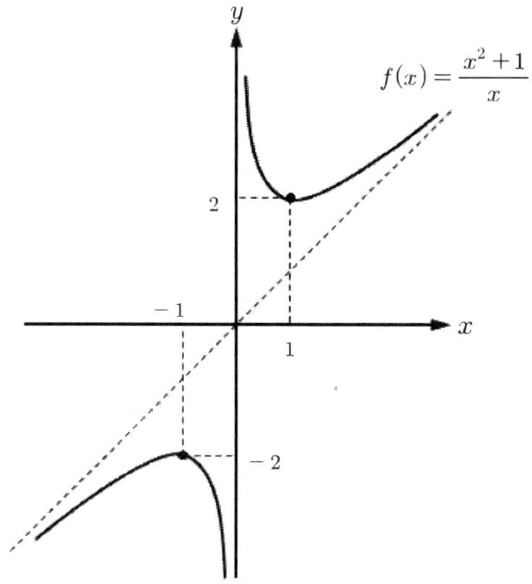

$f(x)=\dfrac{x^2+1}{x}$ **의 그래프**

문제 5.29 구간 $(-\infty, 0)$, $(0, +\infty)$에서 $f(x)=\dfrac{x^2-1}{x}$의 그래프를 그려라.

예제 5.30

정의역 $\left(-\dfrac{\pi}{2}, \dfrac{\pi}{2}\right)$에서 함수 $f(x)=\sec x$의 증감 및 오목성을 조사하여 그래프를 그려라.

[풀이]

(1) $f'(x)=\sec x\tan x$이므로 함수 $f'(x)$의 부호는 다음과 같다.

구간	$-\frac{\pi}{2}<x<0$	$x=0$	$0<x<\frac{\pi}{2}$
$f'(x)$ 부호	$-$	0	$+$
증감	감소	극솟값	증가

(2) 함수 f의 이계도함수는 $f''(x)=\sec x\tan^2 x+\sec^3 x>0$이므로 함수 f는 위로 오목하다.

(3) $\lim_{x \to -\pi/2^+} \sec x = +\infty$ 이고 $\lim_{x \to \pi/2^-} \sec x = +\infty$

(4) 1, 2, 3에 의해서 $(0, 1)$에서 극솟값을 가지고 위로 오목한 함수이며 x가 $-\pi/2$로 오른쪽에서 접근하면 $+\infty$로, x가 $\pi/2$로 왼쪽에서 접근하면 $+\infty$로 함숫값이 접근한다. 즉 그래프 개형은 다음과 같다.

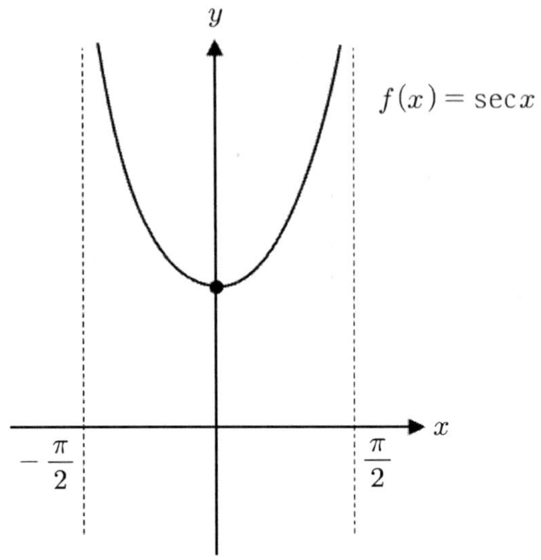

함수 $f(x) = \sec x$ **그래프**

문제 5.30 정의역 $(0, \pi)$에서 함수 $f(x) = \csc x$의 증감 및 오목성을 조사하여 그래프를 그려라.

예제 5.31

정의역 $\left(-\frac{\pi}{2}, \frac{\pi}{2}\right)$에서 $f(x) = \tan x$의 증감 및 오목성을 조사하여 그래프를 그려라.

[풀이]

(1) $f'(x) = \sec^2 x$이므로 정의역 $\left(-\frac{\pi}{2}, \frac{\pi}{2}\right)$에서 $f'(x) > 0$이므로 함수 f는 열린구간 $\left(-\frac{\pi}{2}, \frac{\pi}{2}\right)$에서 증가함수이다.

(2) $f''(x) = (2\sec x)(\sec x \tan x) = 2\sec^2 x \tan x$이므로 $f''(x)$의 부호 및 오목성은 다음과 같다.

구간	$-\frac{\pi}{2} < x < 0$	$x = 0$	$0 < x < \frac{\pi}{2}$
$f''(x)$ 부호	$-$	0	$+$
오목성	아래로 오목	변곡점	위로 오목

(3) $\lim_{x \to (\pi/2)^-} \tan x = +\infty, \quad \lim_{x \to (-\pi/2)^+} \tan x = -\infty.$

(4) 결론적으로 함수 $f(x) = \tan x$는 열린구간 $\left(-\frac{\pi}{2}, \frac{\pi}{2}\right)$에서 증가함수이고 $(0,0)$이 변곡점으로 $-\frac{\pi}{2} < x < 0$ 에서는 아래로 오목, $0 < x < \frac{\pi}{2}$ 에서는 위로 오목한 함수이다. 또한 x가 $(\pi/2)^-$로 접근할 때 함숫값은 $-\infty$로 접근하고 x가 $(\pi/2)^+$로 접근할 때 함숫값은 $+\infty$로 접근한다. 그래프 개형은 다음과 같다.

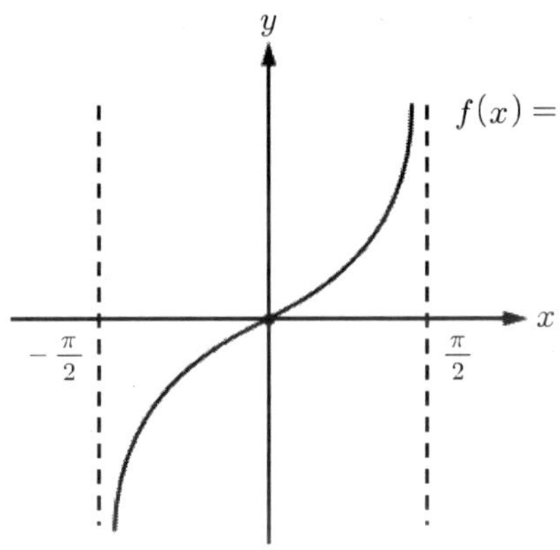

$f(x) = \tan x$**의 그래프**

문제 5.31 정의역 $(-\pi, \pi)$에서 $f(x) = \cot x$의 증감 및 오목성을 조사하여 그래프를 그려라.

예제 5.32

정의역 $(0, +\infty)$에서 함수 $f(x) = \ln x$의 증감 및 오목성을 조사하여 그래프를 그려라.

[풀이]

(1) $f'(x) = \frac{1}{x}$이므로 정의역 $(0, +\infty)$에서 $f'(x) < 0$이므로 함수 f는 증가함수이다.

(2) $f''(x)=-\dfrac{1}{x^2}$, 정의역 $(0,+\infty)$에서 $f''(x)<0$이므로 함수 f는 아래로 오목한 함수이다.

(3) $\lim\limits_{x\to 0+}\ln x=-\infty$, $\lim\limits_{x\to +\infty}\ln x=+\infty$

(4) 1, 2, 3에 의해서 함수 f는 구간 $(0,+\infty)$에서 증가함수이고 아래로 오목한 함수이며 x가 0^+로 접근할 때 함숫값은 $-\infty$로 접근하고, x가 $+\infty$로 접근하면 함숫값은 $+\infty$로 접근한다. 그래프 개형은 다음과 같다.

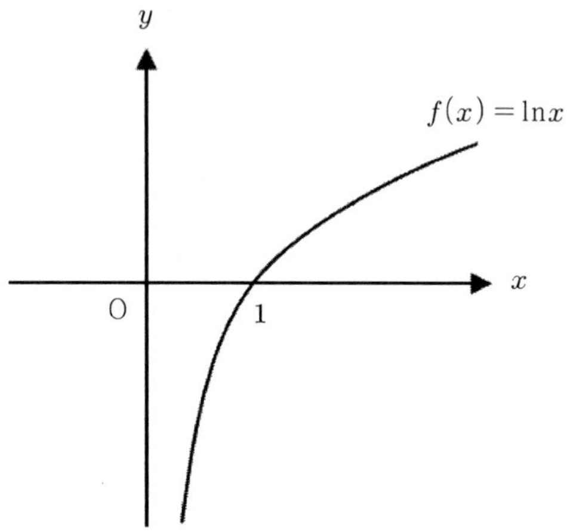

함수 $f(x)=\ln x$ **그래프**

문제 5.32 주어진 구간에서 다음 함수의 증감 및 오목성을 조사하여 그래프를 그려라.

(1) $f(x)=\log_{0.5}x$, $(0,+\infty)$　　(2) $f(x)=(\ln x)^2$, $(0,+\infty)$

예제 5.33

정의역 $(0,+\infty)$에서 함수 $f(x)=x\ln x$의 증감 및 오목성을 조사하여 그래프를 그려라.

[풀이]

(1) $f'(x)=\ln x+1$이므로 함수 $f'(x)$의 부호는 다음과 같다.

구간	$0<x<\frac{1}{e}$	$x=\frac{1}{e}$	$x>\frac{1}{e}$
$f'(x)$ 부호	−	0	+
증감	감소	극댓값	증가

(2) $f''(x) = \dfrac{1}{x}$ 이므로 $(0, +\infty)$에서 $f''(x) > 0$이다. 그래서 함수 f는 구간 $(0, +\infty)$에서 위로 오목하다.

(3) $\lim\limits_{x \to +0} x\ln x$을 구하기 위해 $x = 1/t$로 두면 로피탈 정리를 사용하면 다음 식을 얻는다.

$$\lim_{x \to +0} x\ln x = \lim_{t \to +\infty} \frac{1}{t}\ln\frac{1}{t} = \lim_{t \to +\infty} -\frac{\ln t}{t} = \lim_{t \to +\infty} -\frac{\frac{1}{t}}{1} = 0.$$

그리고 $\lim\limits_{x \to +\infty} x\ln x = +\infty$.

(4) 1, 2, 3에 의해 함수 f는 $0 < x < \dfrac{1}{e}$에서 감소하고 $x = \dfrac{1}{e}$에서 극댓값을 가지고 $x > \dfrac{1}{e}$에서 증가하는 위로 오목한 함수이다. 그리고 x가 0^+로 접근할 때 함숫값은 0으로 접근하고 x가 $+\infty$로 접근할 때 함숫값은 $+\infty$로 접근한다. 그래프 개형은 다음과 같다.

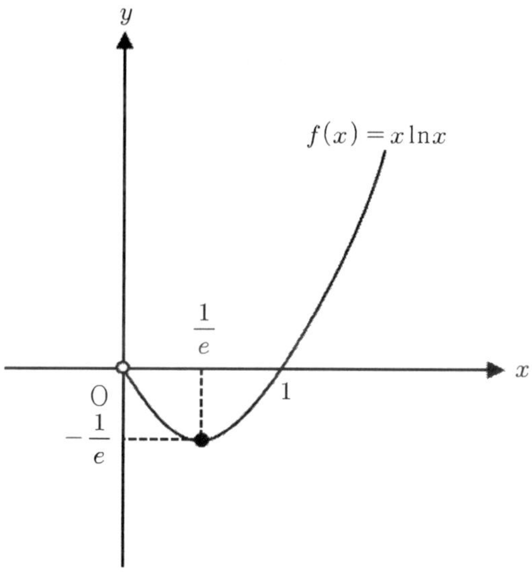

함수 $f(x) = x\ln x$ 그래프

문제 5.33 주어진 구간에서 다음 함수의 그래프를 그려라.

(1) $f(x) = \dfrac{\ln x}{x}$, $(0, +\infty)$ (2) $f(x) = x^2\ln x$, $(0, +\infty)$

연습문제 5.2

1. 다음 함수가 증가 또는 감소하는 열린구간을 구하라.

(1) $y=x^2-4x+3$

(2) $y=x\sqrt{1-x^2}$

(3) $y=x-2\cos x$

(4) $y=3x^2-\dfrac{1}{x^2}$

(5) $f(x)=\dfrac{x^2}{2^x}$

(6) $f(x)=x-e^x$

2. 함수 $f(x)=ax+\dfrac{b}{x^2}$가 $(1,\ 3)$에서 극값을 가질 때 a, b를 구하라.

3. 다음 함수의 그래프가 위로 오목 또는 아래로 오목인 열린구간을 구하라.

(1) $y=x^2-2x-3$

(2) $y=x^3-3x^2$

(3) $y=2x-\tan x$

(4) $y=\ln x-x$

4. 함수 $f(x)=x|x|$는 $(0,\ 0)$에서 변곡점을 가지지만 $f''(0)$은 존재하지 않음을 보여라.

5. 함수 f와 g가 열린구간 (a,b)에서 위로 오목이면 함수 $f+g$ 또한 구간 (a,b)에서 위로 오목임을 보여라. 단 함수 f와 g는 열린구간 (a,b)에서 두 번 이상 미분가능한 함수이고 $f''\neq 0$, $g''\neq 0$이다.

6. $y=\dfrac{x+1}{x^2+1}$의 변곡점은 3개가 있다. 이 세 개의 변곡점들이 한 직선 위에 있음을 보여라.

7. 함수 $f(x)=\dfrac{x^2}{x^2+2}$의 증감 및 오목성을 조사하여 그래프를 그려라.

5.3 최적화문제

함수의 최댓값, 최솟값을 구하는 문제는 함수의 그래프를 그릴 수 있으면 해결될 수 있다. 함수의 그래프 그리는 단계에서 그래프의 오목성은 최댓값, 최솟값을 구하는데 반드시 필요한 정보는 아니므로 Ⅰ, Ⅲ의 정보만을 가지고 그래프를 그리고 이를 통해 최댓값, 최솟값을 구한다.

예제 5.34

닫힌구간 $[-2,3]$에서 함수 $f(x)=x^3-\frac{3}{2}x^2-6x+5$의 최대, 최솟값을 구하라.

[풀이]

$f'(x)=3x^2-3x-6=3(x-2)(x+1)$이므로 함수 $f(x)$의 증감은 다음과 같다.

구간	$x<-1$	$x=-1$	$-1<x<2$	$x=2$	$x>2$
$f'(x)$의 부호	+	0	−	0	+
증감	증가	극댓값	감소	극솟값	증가

$f(-1)=\frac{17}{2}$이고 $f(2)=-5$이므로 $\left(-1,\frac{17}{2}\right)$에서 극댓값, $(2,-5)$에서 극솟값을 가진다. 닫힌구간의 양끝 점 $x=-2, 3$에 대해 $f(-2)=3$이고 $f(3)=\frac{1}{2}$이므로 닫힌구간 $[-2,3]$에서 함수 f의 그래프 개형은 오른쪽과 같다. 그러므로 최댓값은 $x=-1$일 때 $\frac{17}{2}$, 최솟값은 $x=2$일 때 -5이다.

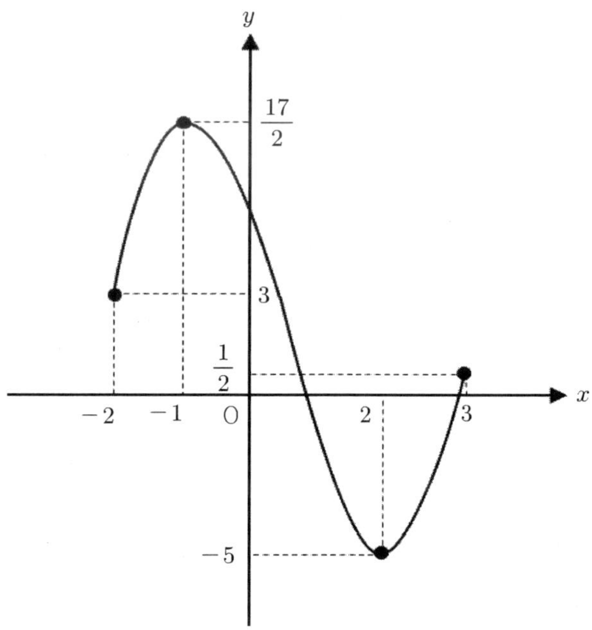

함수 $f(x)=x^3-\frac{3}{2}x^2-6x+5$ **그래프**

문제 5.34 닫힌구간 $[-2,2]$에서 함수 $f(x)=x^3-3x+3$의 최대, 최솟값을 구하라.

예제 5.35

닫힌구간 $[-3,3]$에서 함수 $f(x)=x^4-8x^2$의 최대, 최솟값을 구하라.

[풀이]

$f'(x)=4x^3-16x=4x(x+2)(x-2)$이므로 함수 f의 증감은 다음과 같다.

구간	$x<-2$	$x=-2$	$-2<x<0$	$x=0$	$0<x<2$	$x=2$	$x>2$
$f'(x)$	$-$	0	$+$	0	$-$	0	$+$
증감	감소	극솟값	증가	극댓값	감소	극솟값	증가

$f(-2)=-16$, $f(0)=0$, $f(2)=-16$이므로 $(-2,-16)$에서 극솟값, $(0,0)$에서 극댓값, $(2,16)$에서 극솟값을 가진다. 닫힌구간의 양 끝점 $x=-3,3$에서 함숫값은 $f(-3)=9$, $f(3)=9$이다. 함수 f의 닫힌구간 $[-3,3]$에서의 개형은 다음과 같다.

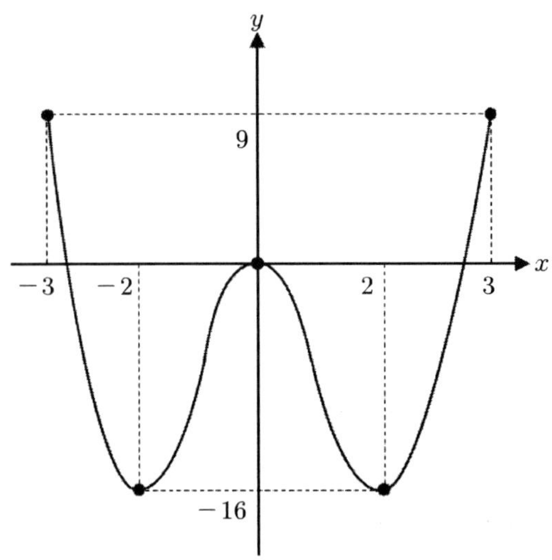

함수 $f(x)=x^4-8x^2$ **그래프**

그러므로 $x=\pm 3$에서 최댓값 9, $x=\pm 2$에서 최솟값 -16을 가진다.

문제 5.35 닫힌구간 $[-2,2]$에서 함수 $f(x)=x^4-4x$의 최대, 최솟값을 구하라.

예제 5.36

$x > 0$일 때 $x^2 + \dfrac{2}{x} \geq 3$임을 증명하라.

[풀이]

1) 구간 $(0, +\infty)$에서 함수 $f(x) = x^2 + \dfrac{2}{x}$의 그래프 개형을 그려보자.

2) $f'(x) = 2x - \dfrac{2}{x^2} = \dfrac{2(x^3-1)}{x^2}$이므로 $f'(x) = 0$의 해는 $x = 1$이고 $f'(x)$의 부호 및 함수의 증감은 다음과 같다.

구간	$0 < x < 1$	$x = 1$	$x > 1$
$f'(x)$ 부호	$-$	0	$+$
증감	감소	극솟값	증가

3) 구간 $(0, +\infty)$에서 그래프를 그리기 위해 다음 극한값들을 확인한다.

$$\lim_{x \to 0^+}\left(x^2 + \frac{2}{x}\right) = +\infty, \quad \lim_{x \to +\infty}\left(x^2 + \frac{2}{x}\right) = +\infty$$

1, 2, 3에 의해 함수 f는 $(1, f(1)) = (1, 3)$에서 극솟값을 가지고 그래프 개형은 다음과 같다.

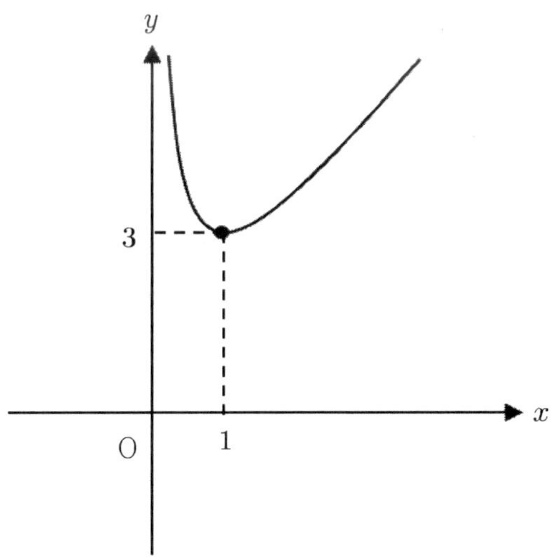

함수 $f(x) = x^2 + \dfrac{2}{x}$ 그래프

그래프를 보면 $x > 0$일 때 최솟값 3을 가지므로 $x > 0$이면 $x^2 + \frac{2}{x} \geq 3$이 증명된다.

문제 5.36 $x > 0$일 때 $x^3 + \frac{3}{x} \geq 4$임을 증명하라.

예제 5.37

반지름이 1인 원에 내접하는 직사각형들 중 최대 넓이를 가지는 직사각형을 구하라.

[풀이]

원에 내접하는 직사각형의 한 변의 길이를 $2x$, 다른 한 변의 길이를 $2y$라고 하자.

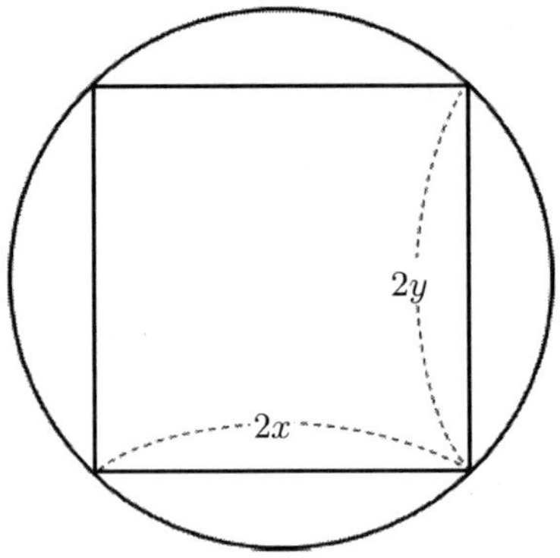

단위원에 내접하는 직사각형

원의 반지름이 1이기 때문에 $x^2 + y^2 = 1$이 성립한다. 이러한 직사각형의 넓이는 $S = 4xy = 4x\sqrt{1 - x^2}$이다. $0 < 2x < 2$이므로 $0 < x < 1$이다. 그래프 개형을 알기 위해 일계도함수를 구해보면,

$$\frac{dS}{dx} = 4\left(\sqrt{1 - x^2} + (x)\frac{1}{2}(1 - x^2)^{-\frac{1}{2}}(-2x)\right) = \frac{4(1 - 2x^2)}{\sqrt{1 - x^2}}$$

$0 < x < 1$에서 속한 점들 중 $x = \frac{1}{\sqrt{2}}$일 때 $\frac{dS}{dx} = 0$이다. 또한 $\frac{dS}{dx}$의 부호 및 함수의 증감은 다음과 같다.

구간	$0 < x < 1/\sqrt{2}$	$x = 1/\sqrt{2}$	$1/\sqrt{2} \le x < 1$
dS/dx 부호	$+$	0	$-$
증감	증가	극댓값	감소

$\lim_{x\to 0^+} S = \lim_{x\to 0^+}(4x\sqrt{1-x^2}) = 0$, $\lim_{x\to 1^-} S = \lim_{x\to 1^-}(4x\sqrt{1-x^2}) = 0$이고

극댓값은 $(1/\sqrt{2}, 2)$에서 가지므로 그래프 개형은 다음과 같다.

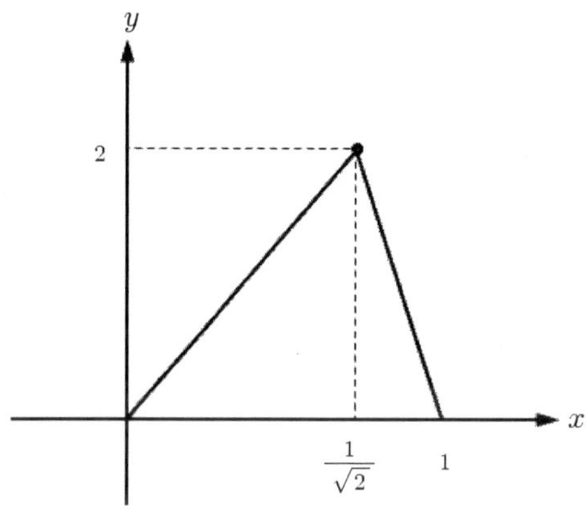

S의 그래프 개형

위 그래프의 개형에서 보듯이 $x = \frac{1}{\sqrt{2}}$일 때 최대 넓이 2를 가진다. $x = \frac{1}{\sqrt{2}}$이면 $y = \frac{1}{\sqrt{2}}$ 이므로 정사각형일 때 최대넓이 2를 가진다고 할 수 있다.

문제 5.37 둘레의 길이가 1인 직각삼각형들 중 넓이가 최대인 직각삼각형은 무엇이며, 그 최댓값은 무엇인가?

예제 5.38

$y^2 = 2x$위의 점들 중 $(1, 4)$에 가장 가까운 점을 구하라.

[풀이]

$y^2 = 2x$ 위의 점 (x, y)에서 $(1, 4)$까지의 거리 d는 다음과 같다.

$$d = \sqrt{(x-1)^2 + (y-4)^2} = \sqrt{\left(\frac{y^2}{2} - 1\right)^2 + (y-4)^2}$$

d가 최소일 필요충분조건이 $f(y) = \left(\frac{y^2}{2} - 1\right)^2 + (y-4)^2 = \frac{y^4}{4} - 8y + 17$이 최소이다. 그러므로 $f(y)$의 최솟값을 구하면 된다. 일계도함수를 구해보면,

$$f'(y) = y^3 - 8 = (y-2)(y^2 + 2y + 4)$$

$f'(y) = 0$의 해는 $y = 2$일 때이고 $f'(y)$의 부호 및 함수의 증감은 다음과 같다.

구간	$y < 2$	$y = 2$	$y > 2$
$f'(y)$ 부호	$-$	0	$+$
증감	감소	극솟값	증가

$\lim_{y \to +\infty} \left(\frac{y^4}{4} - 8y + 17\right) = +\infty$이고, $\lim_{y \to -\infty} \left(\frac{y^4}{4} - 8y + 17\right) = +\infty$이다. $(2,3)$에서 극솟값을 가지고 그래프 개형은 다음과 같다.

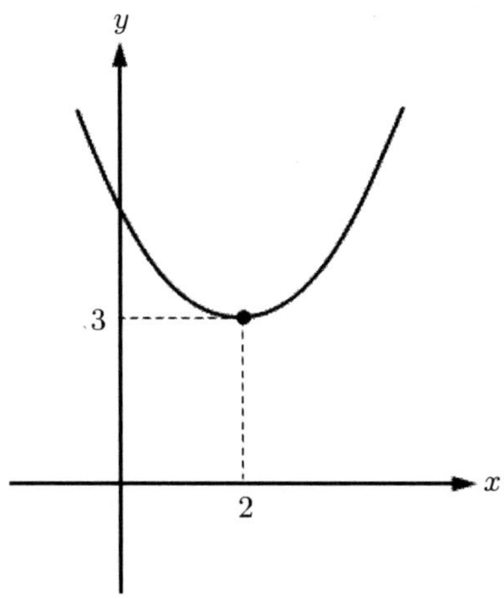

$f(y) = \frac{y^4}{4} - 8y + 17$

그래프 개형으로부터 함수 f는 $y = 2$일 때 최솟값 3을 가진다. $y = 2$이면 $x = 2$이다. 그러므로 $y^2 = 2x$ 위의 점들 중 $(1,4)$에 가장 가까운 점은 $(2,2)$이고 그 거리는 $d = \sqrt{3}$이다.

문제 5.38 $xy = 1$ 위의 점들 중 $(0,0)$에서 가장 가까운 점과 그 거리를 구하라.

연습문제 5.3

1. 닫힌구간 $[-4,\ 6]$에서 함수 $f(x)=x^3-12x-5$의 최댓값과 최솟값을 구하라.

2. 어떤 정삼각형과 정사각형의 둘레의 합이 10이다. 두 도형의 넓이의 합을 최소로 하는 정삼각형과 정사각형을 구하라.

3. 반지름 r인 구에 내접하는 원뿔들 중 부피가 최대인 원뿔을 구하라.

4. 타원 $\dfrac{x^2}{a^2}+\dfrac{y^2}{b^2}=1$에 내접하고 각 변이 x, y축에 평행하는 직사각형들 중 넓이가 최대인 직사각형의 넓이를 구하라.

5. $y=\dfrac{6}{x^3+3}$의 그래프에 접하는 직선들 중 기울기가 최대인 직선과 최소인 직선을 구하라.

6. 1리터가 들어가는 원뿔 형태의 컵을 만들 때 가장 종이를 적게 사용하기 위해서는 어떻게 만들어야 하는가?

MEMO

제 6 장

적분

6.1 부정적분

앞에서 우리는 주어진 함수의 도함수를 구하는 문제를 공부하였다. 지금부터는 역으로 어떤 함수가 주어졌을 때, 도함수가 이 함수가 되는 함수를 찾는 문제를 다루려고 한다. 도함수가 $f(x)=4x^3$이 되는 함수 F를 찾아보자. 다항함수의 미분법에 의하여

$$\frac{d}{dx}(x^4)=4x^3$$

$$\frac{d}{dx}(x^4+1)=4x^3$$

$$\frac{d}{dx}(x^4+\sqrt{2})=4x^3$$

$$\cdots$$

이다. 따라서 $F(x)=x^4$, $F(x)=x^4+1$, $F(x)=x^4+\sqrt{2}$, $\cdots$가 도함수가 $4x^3$이 되는 함수임을 알 수 있다. 이 함수 F를 f의 한 원시함수라고 한다.

> **[정의 6.1]** 함수 $f(x)$의 정의역에 속하는 모든 x에 대하여 $F'(x)=f(x)$일 때, 함수 F를 f의 **원시함수**(primitive function)라고 한다.

$$\underset{\text{(원시함수)}}{F(x)} \quad \underset{\text{적분}}{\overset{\text{미분}}{\rightleftarrows}} \quad \underset{\text{(도함수)}}{f(x)}$$

위에서 보듯이, 주어진 함수의 원시함수는 여러 개가 있다. 함수 $f(x)$의 모든 원시함수들의 집합을 $f(x)$의 부정적분(indefinite integral)이라 하고 기호로

$$\int f(x)dx$$

로 나타낸다. 그리고 $f(x)$를 피적분함수라 한다.

실제로, $F(x)$가 $f(x)$의 한 원시함수이면, 모든 상수 c에 대하여 $F(x)+c$는 $f(x)$의 원시함수이다. 이제, $f(x)$의 모든 원시함수는 이런 모양일 수밖에 없음을 보이자.

> **[정리 6.1]** $F(x)$를 $f(x)$의 한 원시함수라 하자. 함수 $G(x)$가 $f(x)$의 원시함수이기 위한 필요충분조건은 적당한 상수 c가 존재하여 $G(x)=F(x)+c$인 것이다.

[증명]

$F(x)$를 $f(x)$의 한 원시함수라 하면, $\frac{d}{dx}F(x)=f(x)$이다. 따라서 상수 c에 대하여

$$\frac{d}{dx}(F(x)+c)=f(x)$$

이므로, $F(x)+c$는 $f(x)$의 한 원시함수이다. 역으로 $G(x)$를 $f(x)$의 한 원시함수라 하자. 그러면 $\frac{d}{dx}G(x)=f(x)$이다. 따라서

$$\frac{d}{dx}(G(x)-F(x))=f(x)-f(x)=0$$

이다. 미분했을 때 0이 되는 함수는 상수함수밖에 없으므로, 적당한 상수 c가 존재하여 $G(x)-F(x)=c$이다. 그러므로 $G(x)=F(x)+c$이다. □

위 정리에서 상수 c를 **적분상수**라 한다.

예제 6.1

$f(x)=4x$ 의 부정적분을 구하라.

[풀이]

$4x$ 의 한 원시함수를 구하면 $2x^2$ 이다. 그러므로 $4x$ 의 모든 원시함수는 $2x^2+c$ 형태이다. 따라서

$$\int 4x\,dx = 2x^2 + c$$

이다.

문제 6.1 다음 함수의 부정적분을 구하라.

(1) $f(x)=3x^2$ (2) $f(x)=6x^5$

부정적분을 구하는 과정은 미분의 역연산이라 할 수 있다. 따라서 다음 표의 왼쪽 미분공식을 사용하여 오른쪽 적분에 관한 기본공식을 얻을 수 있다.

적분의 기본공식

(1)	$\dfrac{d}{dx}(kx)=k$	$\leftrightarrow$	$\displaystyle\int k\,dx = kx+c$
(2)	$\dfrac{d}{dx}(x^n)=nx^{n-1}$	$\leftrightarrow$	$\displaystyle\int x^n\,dx = \frac{x^{n+1}}{n+1}+c \quad (n\neq -1)$
(3)	$\dfrac{d}{dx}(\sin x)=\cos x$	$\leftrightarrow$	$\displaystyle\int \cos x\,dx = \sin x + c$
(4)	$\dfrac{d}{dx}(\cos x)=-\sin x$	$\leftrightarrow$	$\displaystyle\int \sin x\,dx = -\cos x + c$
(5)	$\dfrac{d}{dx}(\tan x)=\sec^2 x$	$\leftrightarrow$	$\displaystyle\int \sec^2 x\,dx = \tan x + c$
(6)	$\dfrac{d}{dx}(\sec x)=\sec x\tan x$	$\leftrightarrow$	$\displaystyle\int \sec x\tan x\,dx = \sec x + c$
(7)	$\dfrac{d}{dx}(\cot x)=-\csc^2 x$	$\leftrightarrow$	$\displaystyle\int \csc^2 x\,dx = -\cot x + c$

(8)	$\frac{d}{dx}(\csc x) = -\csc x \cot x$	$\leftrightarrow$	$\int \csc x \cot x\, dx = -\csc x + c$
(9)	$\frac{d}{dx}(e^x) = e^x$	$\leftrightarrow$	$\int e^x\, dx = e^x + c$
(10)	$\frac{d}{dx}(a^x) = (\ln a)a^x$	$\leftrightarrow$	$\int a^x\, dx = \left(\frac{1}{\ln a}\right)a^x + c$
(11)	$\frac{d}{dx}(\ln\|x\|) = \frac{1}{x}$	$\leftrightarrow$	$\int \frac{1}{x}\, dx = \ln\|x\| + c$

다음 정리는 부정적분을 구하는데 유용하게 사용되는 정리이다.

[정리 6.2] 두 함수 $f(x)$와 $g(x)$ 그리고 상수 k에 대하여 다음이 성립한다.

(1) $\int kf(x)\, dx = k\int f(x)dx$

(2) $\int (f(x) \pm g(x))\, dx = \int f(x)\, dx \pm \int g(x)\, dx$

[증명]

다음 두 미분 공식으로부터 얻을 수 있다.

$$\frac{d}{dx}(kf(x)) = k\frac{d}{dx}f(x)$$

$$\frac{d}{dx}(f(x) \pm g(x)) = \frac{d}{dx}f(x) \pm \frac{d}{dx}g(x)$$

□

예제 6.2

다음 함수의 부정적분을 구하라.

(1) $3x^2 + 4x$ (2) $\frac{2x-1}{\sqrt{x}}$

[풀이]

(1) 적분의 기본공식과 정리 6.2를 사용하여 부정적분을 구하면

$$\int (3x^2 + 4x)\,dx = 3\int x^2\,dx + 4\int x\,dx \qquad \text{(정리6.2)}$$

$$= 3\left(\frac{1}{3}x^3 + c_1\right) + 4\left(\frac{1}{2}x^2 + c_2\right) \qquad \text{(기본공식(2))}$$

$$= x^3 + 2x^2 + x + 3c_1 + 4c_2$$

이다. 그런데 $3c_1 + 4c_2$는 상수이므로 이렇게 표현하는 것은 불필요하고, 하나의 상수 c로 나타내어

$$\int (3x^2 + 4x)\,dx = x^3 + 2x^2 + c$$

로 쓸 수 있다. 그리고 $x^3 + 2x^2 + c$를 미분하여 피적분함수 $3x^2 + 4x$가 나오는 것을 확인함으로써, 부정적분이 틀리지 않았음을 알 수 있다. 앞으로 부정적분을 구하는 과정에서 나타나는 상수는 위와 같이 마지막에 한 번만 쓰기로 한다.

(2) 식 $\dfrac{2x-1}{\sqrt{x}}$은

$$\frac{2x-1}{\sqrt{x}} = 2\sqrt{x} - \frac{1}{\sqrt{x}} = 2x^{1/2} - x^{-1/2}$$

로 쓸 수 있으므로 적분의 기본공식과 정리 6.2를 사용하여 부정적분을 구하면

$$\int \frac{2x-1}{\sqrt{x}}\,dx = 2\int x^{1/2}\,dx - \int x^{-1/2}\,dx \qquad \text{(정리 6.2)}$$

$$= 2\left(\frac{1}{1/2+1}x^{1/2+1}\right) - \left(\frac{1}{-1/2+1}x^{-1/2+1}\right) + c \qquad \text{(기본공식(2))}$$

$$= \frac{4}{3}x\sqrt{x} - 2\sqrt{x} + c$$

이다.

문제 6.2 다음 함수의 부정적분을 구하라.

(1) $4x^3 + 5x - 2$ (2) $2x - x^2 + \dfrac{1}{\sqrt{x}}$

예제 6.3

다음 부정적분을 구하라.

(1) $\int (\sqrt{x}+2)^2 dx$ (2) $\int \sin^2 \frac{x}{2} dx$

[풀이]

(1) 피적분함수 $(\sqrt{x}+2)^2$를 전개하면

$$(\sqrt{x}+2)^2 = x + 4\sqrt{x} + 4 = x + 4x^{1/2} + 4$$

이므로

$$\int (\sqrt{x}+2)^2 dx = \int (x + 4x^{1/2} + 4) dx = \frac{1}{2}x^2 + \frac{8}{3}x\sqrt{x} + 4x + c$$

이다.

(2) 코사인 배각공식에 의하여

$$\cos x = 1 - 2\sin^2 \frac{x}{2}$$

이므로

$$\int \sin^2 \frac{x}{2} dx = \int \frac{1-\cos x}{2} dx = \frac{1}{2}(x - \sin x) + c \qquad \text{(기본공식(1), (3))}$$

이다.

문제 6.3 다음 함수의 부정적분을 구하라.

(1) $\int \frac{x^3-1}{x-1} dx$ (2) $\int (2^x + x^2) dx$

함수 $f(x) = 2x$의 부정적분은 $F(x) = x^2 + c$이다. 이 부정적분은 많은 함수들의 모임이고, 각 함수들은 상수만큼 차이가 있다는 사실을 알았다. 이 사실은 $f(x)$의 임의의 두 원시함수의 그래프는 서로 y축 방향으로 이동한 것임을 의미한다.

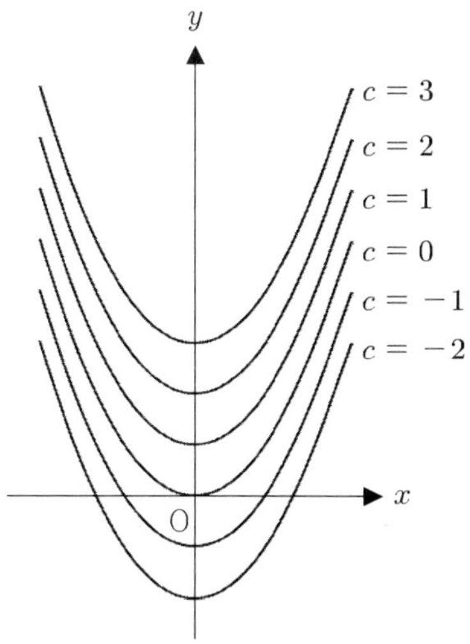

그림 6.1

적분과 관련된 응용문제 중에는, 이 많은 함수들 중에서 특별한 한 개를 구해야 하는 경우가 있다. 이 경우에는, 특별한 조건이 주어지게 되는데 이 조건을 **초기조건**이라 하고, 이 조건을 만족하는 한 원시함수를 **특수해**라 한다.

예제 6.4

$f(x)=2x^3+2x-3$의 부정적분 $F(x)$를 구하라. 그리고 초기조건 $F(0)=3$을 만족하는 특수해를 구하라.

[풀이]

$f(x)$의 부정적분을 구하면

$$F(x)=\int(2x^3+2x-3)\,dx=\frac{1}{2}x^4+x^2-3x+c$$

이다. $F(0)=c$이므로 초기조건 $F(0)=3$을 이용하면 $c=3$을 얻는다. 따라서 특수해는 $F(x)=\frac{1}{2}x^4+x^2-3x+3$이다.

문제 6.4 (1) $f(x)=x^2+1-\sin x$의 부정적분 $F(x)$를 구하고, 초기조건 $F(0)=3$을 만족하는 특수해를 구하라.

(2) $f(x)=x+\dfrac{1}{x^2}+e^x$의 부정적분 $F(x)$를 구하고, 초기조건 $F(1)=e$를 만족하는 특수해를 구하라.

예제 6.5

접선의 기울기가 $2x^3-3x$로 주어진 곡선의 방정식을 구하라. 그리고 이 중에서 점 $(2,4)$를 지나는 곡선의 방정식을 구하라.

[풀이]
도함수가 접선의 기울기를 의미하므로 $2x^3-3x$의 부정적분을 구하면 된다. 따라서 곡선의 방정식은

$$y=\int(2x^3-3x)\,dx=\frac{1}{2}x^4-\frac{3}{2}x^2+c$$

이다. 이 중에서 점 $(2,4)$를 지나는 곡선은 $4=8-6+c$를 만족하므로 $c=2$이다. 그러므로 구하는 곡선의 방정식은 $y=\frac{1}{2}x^4-\frac{3}{2}x^2+2$이다.

문제 6.5 접선의 기울기가 $4x^2-\dfrac{2}{\sqrt{x}}$로 주어진 곡선의 방정식을 구하라. 그리고 이 중에서 점 $(9,24)$를 지나는 곡선의 방정식을 구하라.

예제 6.6

어떤 질점이 가속도 $3\,\mathrm{m/sec^2}$인 등가속도 운동을 하고 있다. $t=2$일 때 위치가 $s=10\,\mathrm{m}$이고 속도가 $v=4\,\mathrm{m/sec}$이다. 위치함수 $s=f(t)$를 구하라.

[풀이]
속도함수 $v(t)$를 미분한 식 $\dfrac{dv}{dt}$가 가속도이므로 가속도를 적분하면 속도를 얻는다. 따라서 $v(t)=3t+c$이다. 조건에서 $v(2)=4$이므로 $c=-2$이고, $v(t)=3t-2$이다. 그리고 위치함수

$s(t)$를 미분한 식 $\frac{ds}{dt}$가 속도이므로, 속도함수를 적분하여 위치함수 $s(t)=\frac{3}{2}t^2-2t+c$를 얻을 수 있다. 그리고 조건에서 $s(2)=10$이므로 $c=8$이다. 따라서 $s(t)=\frac{3}{2}t^2-2t+8$이다.

문제 6.6 속도 $v(t)=\frac{1}{\sqrt{t}}$ $(t>0)$로 x축을 따라 움직이는 입자가 있다. $t=1$일 때 입자의 위치는 $x=2$이다. 입자의 위치함수 $x(t)$를 구하라.

지금까지 주어진 예제들은 모두 적분의 기본공식을 사용하여 쉽게 구할 수 있는 것들이다. 이보다 복잡한 적분은 다른 적분방법을 사용해야 하며, 그 적분방법들은 이장의 마지막 부분에서 다루도록 한다.

연습문제 6.1

1. 다음 부정적분을 구하라.

(1) $\int (x-3)\,dx$ (2) $\int (x^{3/2}+2x-1)\,dx$

(3) $\int (x^8-4x^3-2x)\,dx$ (4) $\int (3x-2)^2\,dx$

(5) $\int \left(x^2-\dfrac{2}{\sqrt{x}}\right)dx$ (6) $\int (x+\sqrt{x})^2\,dx$

(7) $\int (2\sin x+3\cos x)\,dx$ (8) $\int (4\sec^2 x+2^x)\,dx$

2. $f(x)$의 한 원시함수가 x^2-x이고 $g(x)$의 한 원시함수가 x^3-2x^2일 때, 다음을 구하라.

(1) $\int (f(x)-g(x))\,dx$ (2) $\int (f(x)+g(x))\,dx$

(3) $\int 3f(x)\,dx$ (4) $\int (4f(x)-5g(x))\,dx$

3. $f'(x)=3e^x$이고 $f(0)=5$인 함수 f를 구하라.

4. $f''(x)=x^{-3/2}$이고 $f'(9)=1$, $f(4)=0$인 함수 f를 구하라.

5. $y''=x$이고 점 $(1,2)$를 지나며 이 점에서의 접선의 기울기가 $\dfrac{3}{2}$일 때, y를 구하라.

6. 어떤 비행기가 착륙할 때는 $v=1500\,\mathrm{m/sec}$의 속도로 착륙하여 땅에 닿아서부터 15초 후에 정지한다고 한다. 땅 위에서의 이동거리를 구하라. 단, 지상에서 비행기는 등가속운동을 한다.

6.2 정적분

먼저 평면에서 영역의 넓이를 찾는 문제에 대하여 알아보자. 이 문제는 앞에서 공부한 부정적분을 구하는 문제와 아무런 관계가 없는 것처럼 보인다. 그러나 우리는 이 두 가지 문제가 매우 밀접한 관계가 있다는 사실을 알게 될 것이다. 이 관계를 설명하는 정리가 미적분학의 기본정리이고, 앞으로 우리가 공부하게 될 것이다.

유클리드 기하에서, 가장 단순한 형태의 평면 영역은 직사각형이다. 우리는 다음 그림에 주어진 밑변이 a이고 높이가 b인 직사각형의 넓이 A를

$$A = ab$$

로 정의한다.

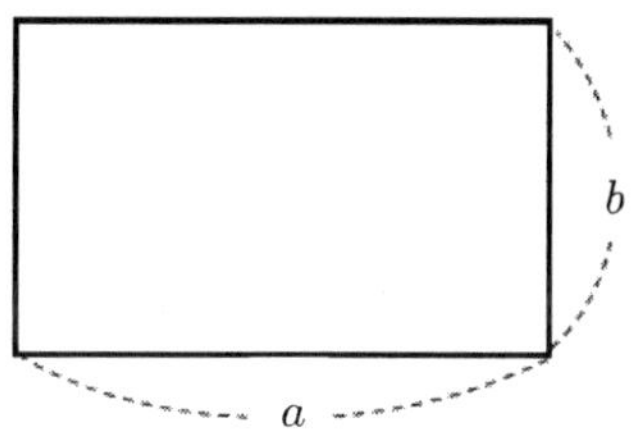

그림 6.2

이 정의로부터, 많은 다른 평면 영역의 넓이에 대한 공식을 만들 수 있다. 예를 들어, 삼각형의 넓이를 구하기 위해서는 다음 그림과 같이 넓이가 삼각형의 두 배가 되는 직사각형을 만들면 된다. 우리는 직사각형의 넓이를 구할 수 있고 또 삼각형의 넓이는 이 직사각형의 넓이의 반이므로 삼각형의 넓이를

$$A = \frac{1}{2}ab$$

로 계산할 수 있다.

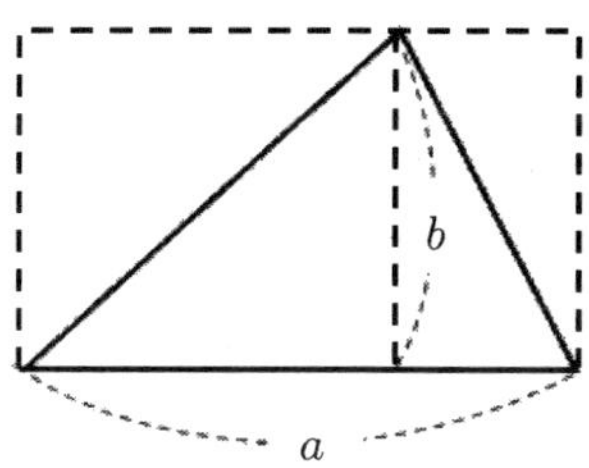

그림 6.3

일단 삼각형의 넓이를 어떻게 구하는지 알고 나면, 임의의 다각형의 넓이를 구할 수 있다. 주어진 다각형의 넓이는 다음과 같이 그 다각형을 삼각형 모양의 도형으로 나누어 구하면 된다.

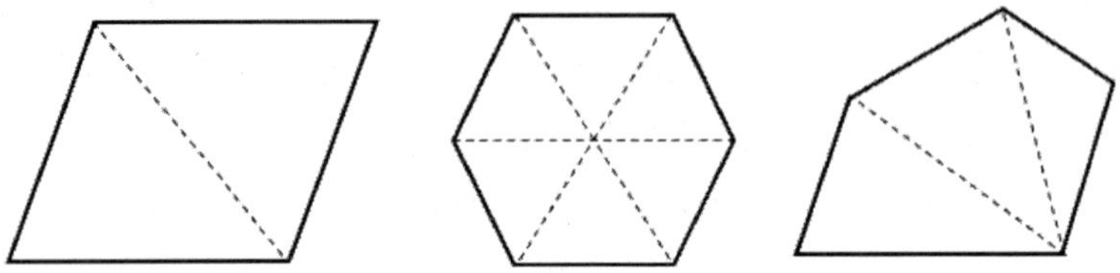

그림 6.4

다각형이 아닌 영역의 넓이를 구하는 문제는 매우 어려운 문제이다. 고대 그리스인들은 어떤 일반적인 영역(주로 원추곡선으로 둘러싸인 영역)의 넓이를 구하는 공식을 실진법(exhaustion method)이라는 방법을 사용하여 만들었다. 이 방법에 대한 가정 명확한 설명을 한 사람은 아르키메데스인데, 이 방법은 영역을 그 영역에 내접하는 다각형과 외접하는 다각형 사이로 압축시키는 극한과정을 통하여 넓이를 구하는 것이다. 예를 들어, 다음 그림처럼 원의 넓이는 원에 내접하는 n각형과 외접하는 n각형에 의해서 접근된다. 모든 n의 값에 대하여, 내접하는 다각형의 넓이는 원의 넓이보다 작고, 외접하는 원의 넓이는 원의 넓이보다 크다. 또한, n이 커짐에 따라 두 다각형의 넓이는 원의 넓이에 점점 더 접근하는 값이 된다.

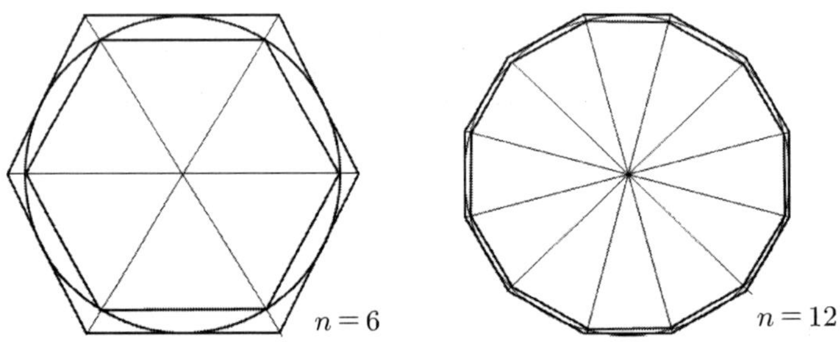

그림 6.5

위와 같은 방법으로 평면 영역의 넓이를 구하는 문제를 생각해보자.

다음과 같이 다섯 개의 사각형을 이용하여, $x=0$, $x=2$, x축 그리고 $f(x)=x^2$의 그래프와 x축 사이의 영역의 넓이 A의 근삿값을 구해보자. 먼저 다음과 같이 사각형을 그리고 넓이를 구해보자.

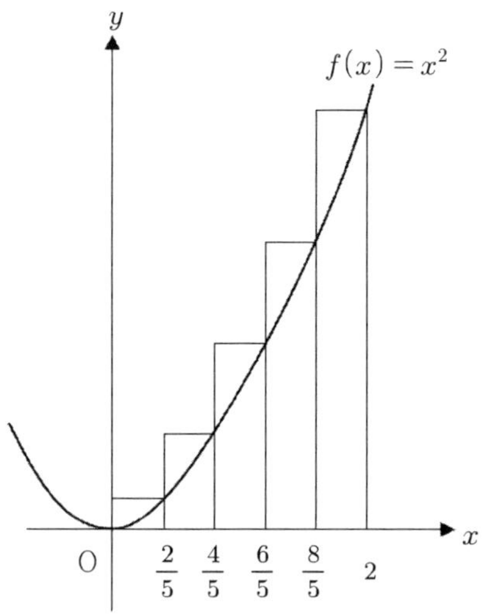

그림 6.6

각 구간의 오른쪽 끝점은 $\frac{2}{5}i\ (i=1,2,3,4,5)$이므로 각 사각형의 밑변의 길이는 $\frac{2}{5}$이고 높이는 각 구간의 오른쪽 끝점에서의 f의 값이다. 그러므로 각 사각형의 넓이를 A_1, A_2, A_3, A_4, A_5라 하면

$$\begin{aligned} A_1+A_2+A_3+A_4+A_5 &= \frac{2}{5}\times\left(f\left(\frac{2}{5}\right)+f\left(\frac{4}{5}\right)+f\left(\frac{6}{5}\right)+f\left(\frac{8}{5}\right)+f\left(\frac{10}{5}\right)\right) \\ &= \frac{2}{5}\times\left(\frac{4}{25}+\frac{16}{25}+\frac{36}{25}+\frac{64}{25}+\frac{100}{25}\right) \\ &= 3.456 \end{aligned}$$

이다. 이제 다음과 같이 사각형을 그리고 넓이를 구해보자.

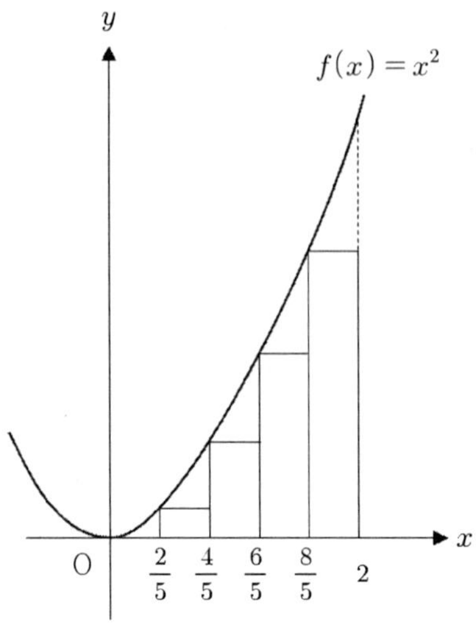

그림 6.7

각 구간의 왼쪽 끝점은 $\frac{2}{5}i\ (i=0,1,2,3,4)$이므로 각 사각형의 밑변의 길이는 $\frac{2}{5}$이고 높이는 각 구간의 왼쪽 끝점에서의 f의 값이다. 그러므로 각 사각형의 넓이를 A_1, A_2, A_3, A_4, A_5라 하면

$$A_1+A_2+A_3+A_4+A_5=\frac{2}{5}\times\left(f\left(\frac{0}{5}\right)+f\left(\frac{2}{5}\right)+f\left(\frac{4}{5}\right)+f\left(\frac{6}{5}\right)+f\left(\frac{8}{5}\right)\right)$$

$$=\frac{2}{5}\times\left(0+\frac{4}{25}+\frac{16}{25}+\frac{36}{25}+\frac{64}{25}\right)=1.92$$

이다. 처음 다섯 개의 사각형은 포물선 영역에 외접하고 다음 다섯 개의 사각형은 포물선 영역에 내접하므로,

$$1.92<A<3.456$$

임을 알 수 있다. 이 계산에 사용된 사각형의 수를 증가시키면, 영역의 넓이를 포함하는 더 좁은 구간을 얻을 수 있을 것이다. 실제로 열 개의 사각형을 이용하면

$$2.28<A<3.08$$

을 얻을 수 있다.

이 계산에 사용된 과정은 다음과 같이 일반화될 수 있다. 다음 그림과 같이, 음이 아니고 연속인 함수 $y=f(x)$에 의하여 위로 유계되고 x축에 의하여 아래로 유계되어 있으며 왼쪽과

오른쪽 경계는 수직인 직선 $x=a$와 $x=b$인 영역을 생각하고 이영역의 넓이를 A라 하자. 그리고 구간 $[a, b]$가 길이가 $\Delta x = \dfrac{b-a}{n}$인 n개의 구간으로 나뉘어졌다고 하자.

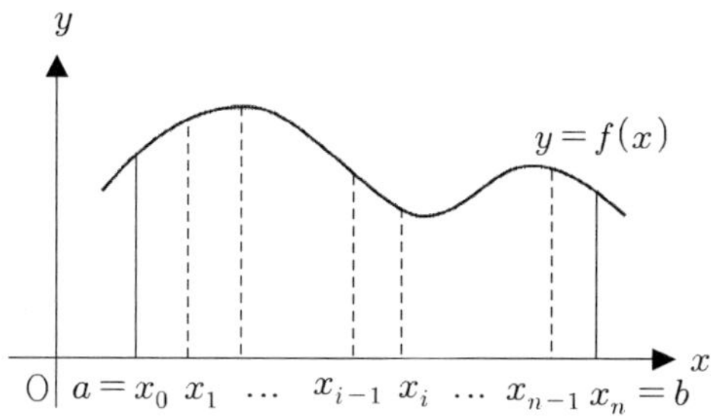

그림 6.8

각 구간들의 끝점은 다음과 같다.

$$x_0 = a, \quad x_1 = a + \Delta x, \quad x_2 = a + 2\Delta x, \ \cdots, \quad x_n = a + n\Delta x$$

f가 연속이므로 각 부분구간에서 f의 최댓값과 최솟값이 존재한다. i번 째 구간 $[x_{i-1}, x_i]$에서 f의 최댓값을 M_i, 최솟값을 m_i라 하자. 그리고 i번째 부분영역에 내접하는 사각형과 외접하는 사각형을 생각하자. 그러면 내접하는 사각형의 높이는 m_i이고 외접하는 사각형의 높이는 M_i이다. 따라서

$$\text{내접하는 사각형의 넓이} = m_i \Delta x \le M_i \Delta x = \text{외접하는 사각형의 넓이}$$

이다. 그러므로 내접하는 사각형들의 넓이의 합을 $s(n)$이라 하고 외접하는 사각형들의 넓이의 합을 $S(n)$이라 하면

$$s(n) = \sum_{i=1}^{n} m_i \Delta x \le A \le \sum_{i=1}^{n} M_i \Delta x = S(n)$$

임을 알 수 있다. 그리고 n이 커질수록 $s(n)$과 $S(n)$이 가까운 값으로 접근하게 되고 따라서 이 값이 넓이 A가 될 것으로 추측할 수 있다.

이 내용을 앞에서 사용했던 예에 적용해보자. 구간 $[0, 2]$를 길이가 $\Delta x = 2/n$인 n개의 부분구간으로 나누면 각 끝 점은

$$x_0 = 0, \quad x_1 = \frac{2}{n}, \quad x_2 = \frac{4}{n}, \ x_i = \frac{2i}{n}, \quad \cdots, \quad x_n = 2$$

이다. 이 함수의 경우, 각 부분구간에서 최솟값은 왼쪽 끝점에서의 함숫값이고 최댓값은 오른쪽 끝점에서의 함숫값이므로 $s(n)$과 $S(n)$을 구하면 각각 다음과 같다.

$$\begin{aligned} s(n) &= \frac{2}{n}\times\left(f(0)+f\left(\frac{2}{n}\right)+f\left(\frac{4}{n}\right)+\cdots+f\left(\frac{2(n-1)}{n}\right)\right) \\ &= \frac{2}{n}\sum_{i=1}^{n}\left(\frac{2(i-1)}{n}\right)^2 = \frac{2}{n}\left(\frac{4}{n^2}\sum_{i=1}^{n}(i-1)^2\right) \\ &= \frac{8n^2-12n+4}{3n^2} \end{aligned}$$

$$\begin{aligned} S(n) &= \frac{2}{n}\times\left(f\left(\frac{2}{n}\right)+f\left(\frac{4}{n}\right)+\cdots+f\left(\frac{2n}{n}\right)+f(2)\right) \\ &= \frac{2}{n}\sum_{i=1}^{n}\left(\frac{2i}{n}\right)^2 = \frac{2}{n}\left(\frac{4}{n^2}\sum_{i=1}^{n}i^2\right) \\ &= \frac{8n^2+12n+4}{3n^2} \end{aligned}$$

그러므로

$$\frac{8n^2-12n+4}{3n^2} \le A \le \frac{8n^2+12n+4}{3n^2}$$

임을 알 수 있다. 그리고 n이 커질 때, 왼쪽 값과 오른쪽 값이 $\frac{8}{3}$로 가까이 가므로, 이 영역의 넓이는 $\frac{8}{3}$임을 알 수 있다.

최솟값 m_i와 최댓값 M_i를 사용한 두 경우에 같은 극한이 얻어지므로, i번째 부분구간에서 임의의 c_i를 선택하여

$$\sum_{i-1}^{n} f(c_i)\triangle x$$

의 값을 구해도 조임정리에 의하여 같은 결과를 얻을 수 있다. 이것은 다음의 평면 영역의 넓이를 계산할 때, i번째 부분구간에서 c_i를 임의로 자유롭게 선택할 수 있음을 의미한다.

[평면 영역의 넓이]

f를 구간 $[a, b]$ 위에서 정의된 연속이고 음이 아닌 함수라 하자. f와 x축 그리고 $x=a$, $x=b$로 유계된 영역의 넓이는

$$\lim_{n\to\infty}\sum_{i=1}^{n} f(c_i)\Delta x \qquad (\Delta x = (b-a)/n)$$

이다. 여기서 c_i는 부분구간 $[x_{i-1}, x_i]$의 임의의 점이다.

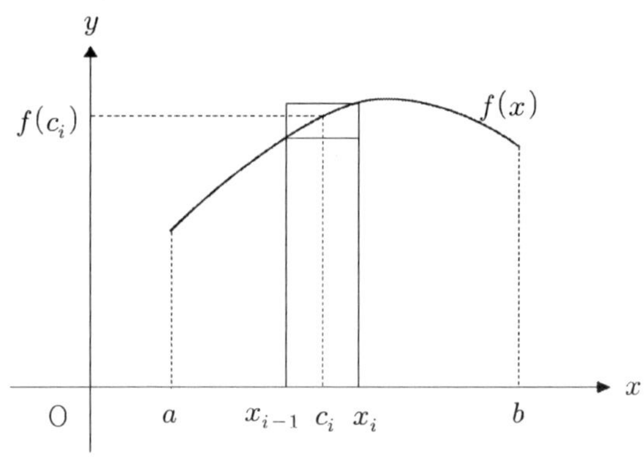

그림 6.8

[참고]

위에 주어진 넓이의 계산에서는, 전체 구간을 같은 길이를 갖는 부분구간으로 나누는 경우만을 생각하였다. 이렇게 한 것은 계산을 쉽게 하기 위해서였다. 실제로는 부분구간의 길이가 모두 같을 필요는 없다. $P: a = x_0 < x_1 < x_2 < \cdots < x_n = b$를 구간 $[a, b]$의 분할이라 하고

$$\|P\| = \max\{\Delta x_i = x_i - x_{i-1} | 1 \le i \le n\}$$

라 할 때, $\lim_{n\to\infty}\|P\| = 0$ 인 모든 분할에 대하여 성립한다.

이제부터 위에서 소개한 평면 영역의 넓이를 계산하는 방법을 일반화한 개념인 정적분에 대하여 소개하려고 한다.

f를 폐구간 $[a, b]$에서 정의된 함수라 하고 P를

$$a = x_0 < x_1 < x_2 < \cdots < x_n = b$$

로 주어진 $[a, b]$의 분할이라 하자. c_i가 i번째 부분구간의 임의의 점일 때 다음 합

$$\sum_{i=1}^{n} f(c_i) \triangle x_i$$

를 f의 분할 P에 대한 리만합(Riemann sum)이라고 한다.

> **[정의 6.2]** f를 구간 $[a, b]$에서 정의된 유계인 함수라 하자. 구간 $[a, b]$의 분할 $P: a = x_0 < x_1 < x_2 < \cdots < x_n = b$와 각 구간 $[x_{i-1}, x_i]$의 임의의 점 c_i에 대하여 리만합의 극한 $\lim_{\|P\| \to 0} \sum_{i=1}^{n} f(c_i) \triangle x_i$이 어떤 값 A로 수렴할 때, f를 $[a, b]$에서 **적분가능(integrable)하다**고 하고 기호로
>
> $$\int_a^b f(x)\, dx = A$$
>
> 로 나타낸다. 그리고 이 값을 f의 구간 $[a, b]$에서 **정적분(definite integral)**이라고 하고, a를 **적분하한**, b를 **적분상한**이라고 한다.

[참고]

1. 정적분의 정의에 의하여, 폐구간 $[a, b]$에서 정의된 적분가능한 함수 f가 정의역에 속한 모든 x에 대하여 $f(x) \geq 0$이면 정적분 $\int_a^b f(x)\, dx$가 이 곡선과 x축 그리고 $x = a$와 $x = b$로 유계된 영역의 넓이가 되는 것을 알 수 있다.
2. 정적분에 있는 적분변수는 다른 변수로 바꾸어도 적분의 값을 변화시키지 않는다. 예를 들어 $\int_0^1 (x+3)\, dx$와 $\int_0^1 (t+3)\, dt$는 같은 값을 갖는다.
3. 정의에서 $\int_a^b f(x)\, dx = A$라는 것은, $\lim_{n \to \infty} \|P\| = 0$인 임의의 분할과 부분구간에 속하는 임의의 점에 대한 리만합의 극한이 A인 것이므로, 실제로 리만합을 이용하여 정적분의 값을 구할 때는 길이가 같은 부분구간으로 나누고, c_i도 쉽게 계산할 수 있는 점으로 택하는

것이 편리하다. 예를 들어, $\Delta x = (b-a)/n$, $x_i = a + i\Delta x$로 택하고 구간 $[x_{i-1}, x_i]$에서 임의의 점 c_i를 택하면

$$\int_a^b f(x)\,dx = \lim_{n\to\infty}\sum_{i=1}^{n} f(c_i)\Delta x$$

이다.

4. 정적분에 사용된 기호가 부정적분에 사용된 기호와 비슷한 것은 우연이 아니며, 이 절의 맨 앞에서 언급한 내용과 관련이 있다. 다음 절에서 미적분학의 기본정리를 공부하게 되면 그 이유를 알게 될 것이다. 지금은 정적분과 부정적분이 서로 다른 개념이라는 것을 아는 것이 중요하다. 부정적분은 함수들의 모임이고, 정적분은 실수이다.

어떤 함수가 적분가능한지 그렇지 않은지를 판단하는 문제는 어려운 문제이다. 다음 정리는 이 문제에 대한 부분적인 답이다. 이 정리의 증명은 이 책의 범위를 넘는다.

[정리 6.3] f가 폐구간 $[a, b]$ 위에서 연속이면 f는 $[a, b]$에서 적분가능하다.

이제 몇 가지 예를 살펴보자.

예제 6.7

정적분의 정의를 사용하여 $\int_0^3 (x-2)\,dx$를 계산하라.

[풀이]

함수 $f(x) = x-2$는 구간 $[0, 3]$에서 연속이므로 $[0, 3]$에서 적분가능하다. 계산을 편리하게 하기 위하여 길이가 모두 $\Delta x_i = \dfrac{3-0}{n} = \dfrac{3}{n}$인 n개의 부분구간으로 이루어진 분할 P를 택하자. 그리고 c_i를 각 부분구간의 오른쪽 끝점으로 택하면

$$c_i = \frac{3i}{n} \qquad (i = 0, 1, 2, \cdots, n)$$

이다. 따라서 정적분은 다음과 같다.

$$\int_0^3 (x-2)\,dx = \lim_{\|P\|\to 0} \sum_{i=1}^{n} f(c_i)\triangle x_i$$

$$= \lim_{n\to\infty} \sum_{i=1}^{n} \left(\frac{3i}{n} - 2\right)\left(\frac{3}{n}\right)$$

$$= \lim_{n\to\infty} \frac{3}{n}\left(\frac{3}{n} \cdot \frac{n(n+1)}{2} - 2n\right)$$

$$= \lim_{n\to\infty} \frac{9-3n}{2n}$$

$$= -\frac{3}{2}$$

이다.

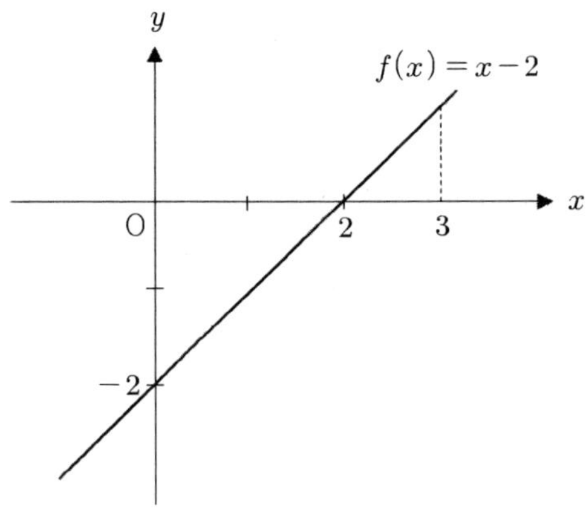

그림 6.9

[참고]
위 예에서 구한 정적분의 값은 음수이다. 따라서 정적분의 값이 반드시 면적을 의미하지는 않는다는 것을 알 수 있다.

문제 6.7 정적분의 정의를 사용하여 $\int_{-1}^{1} (2x-2)\,dx$를 계산하라.

예제 6.8

정적분 $\int_{-2}^{2} \sqrt{4-x^2}\, dx$의 값을 구하라.

[풀이]

정적분의 정의를 사용하여 계산하는 것은 쉽지 않다. 그러나 구간 $[-2, 2]$에서 $\sqrt{4-x^2} \geq 0$임을 생각하면 이 정적분은 곡선 $f(x) = \sqrt{4-x^2}$, x축 그리고 $x=-2$, $x=2$로 유계된 영역의 넓이임을 알 수 있고 따라서 반지름이 2인 반원의 넓이임을 알 수 있다. 그러므로

$$\int_{-2}^{2} \sqrt{4-x^2}\, dx = 2\pi$$

이다.

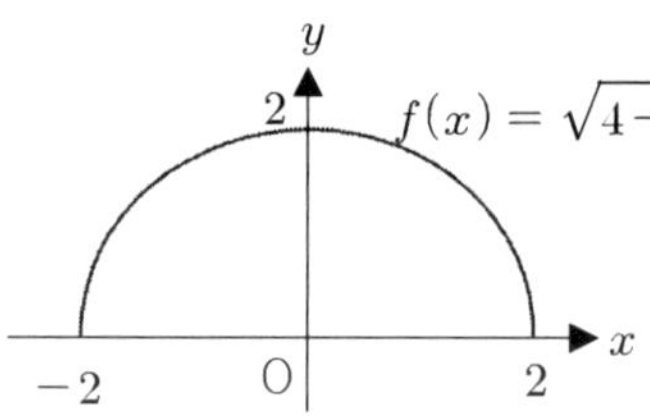

그림 6.10

문제 6.8 $f(x)$의 그래프가 다음과 같을 때, 정적분 $\int_{1}^{5} f(x)\,dx$의 값을 구하라.

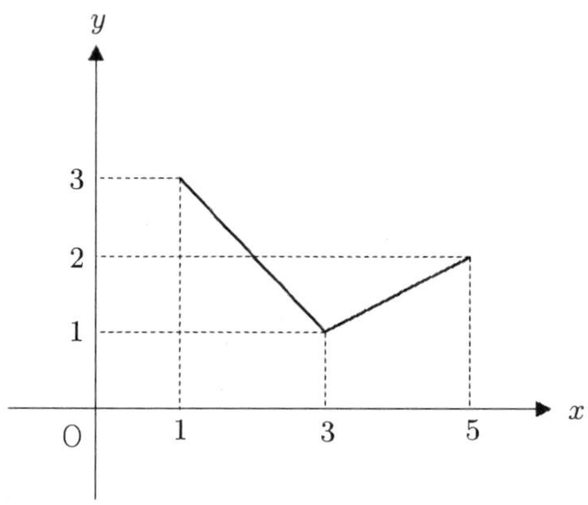

그림 6.11

다음은 적분가능하지 않은 함수의 예이다.

예제 6.9

다음과 같이 정의된 함수 $f:[0,1]\to[0,1]$는 적분가능하지 않음을 보여라.

$$f(x)=\begin{cases} 1 & (x: \text{유리수}) \\ 0 & (x: \text{무리수}) \end{cases}$$

[풀이]

$P: 0=x_0<x_1<x_2<\cdots<x_n=1$을 $[0,1]$의 임의의 분할이라 하자. 모든 부분구간 $[x_{i-1}, x_i]$에는 유리수도 존재하고 무리수도 존재한다. 먼저, 모든 i에 대하여 c_i를 유리수로 택하자. 그러면

$$\sum_{i=1}^{n} f(c_i)\Delta x_i = \sum_{i=1}^{n} 1\cdot\Delta x_i = 1$$

이다. 그리고 모든 i에 대하여 c_i를 무리수로 택하면

$$\sum_{i=1}^{n} f(c_i)\Delta x_i = \sum_{i=1}^{n} 0\cdot\Delta x_i = 0$$

이다. c_i를 택하는 방법에 따라 리만합의 극한이 달라지므로 f는 $[0,1]$에서 적분가능하지 않다.

우리는 $a<b$인 경우에 f의 구간 $[a,b]$에서의 정적분을 정의하였다. 그러나 그 정의를 $a=b$ 또는 $a>b$인 경우까지 포함하도록 확장하는 것이 편리하다. 다음과 같이 두 가지 특별한 정적분의 값을 정의한다.

1. f가 $x=a$에서 정의되면, $\int_a^a f(x)\,dx=0$으로 정의한다.
2. f가 구간 $[a,b]$위에서 적분가능하면 $\int_b^a f(x)\,dx=-\int_a^b f(x)\,dx$로 정의한다.

정적분도 부정적분과 비슷한 성질을 가지고 있다. 증명없이 소개하기로 한다.

[정리 6.4]

(1) f가 $[a,b]$에서 적분가능하면 모든 상수 c에 대하여 cf도 $[a,b]$에서 적분가능하고

$$\int_a^b cf(x)\,dx = c\int_a^b f(x)\,dx$$

이다.

(2) f와 g가 $[a,b]$에서 적분가능하면 $f+g$도 $[a,b]$에서 적분가능하고

$$\int_a^b (f(x)+g(x))\,dx = \int_a^b f(x)\,dx + \int_a^b g(x)\,dx$$

이다.

(3) f와 g가 $[a,b]$에서 적분가능하면 fg도 $[a,b]$에서 적분가능하다.

(4) f와 g가 $[a,b]$에서 적분가능하고 모든 x에 대하여 $f(x) \le g(x)$이면

$$\int_a^b f(x)\,dx \le \int_a^b g(x)\,dx$$

이다.

다음 그림에서 큰 영역은 교집합이 직선 $x=c$의 일부인 두 부분으로 나뉠 수 있다. 따라서 큰 영역의 넓이는 두 개의 작은 영역들의 넓이의 합과 같다는 것을 알 수 있다. 따라서 f가 $[a,b]$에서 적분가능하고 $f \ge 0$인 경우, 임의의 $a<c<b$에 대하여 $\int_a^b f(x)\,dx$는 $\int_a^c f(x)\,dx$와 $\int_c^b f(x)\,dx$의 합과 같다는 것을 쉽게 생각할 수 있다.

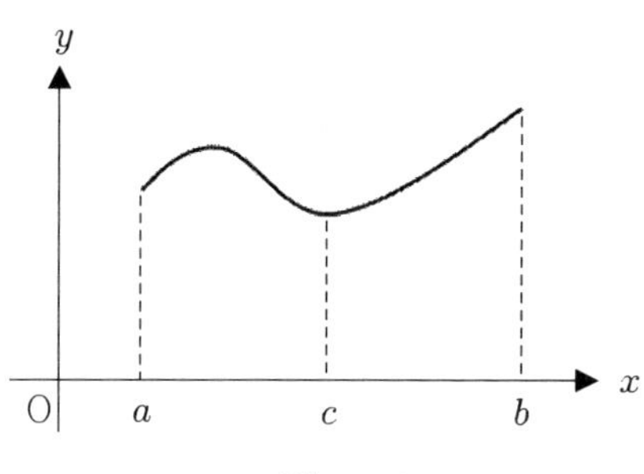

그림 6.12

이 사실은 임의의 적분가능한 함수에 대하여 모두 성립한다.

[정리 6.5] f가 $[a, b]$에서 적분가능하면, f는 임의의 c $(a < c < b)$에 대하여, $[a, c]$와 $[c, b]$에서 적분가능하며

$$\int_a^b f(x)\,dx = \int_a^c f(x)\,dx + \int_c^b f(x)\,dx$$

이다.

위 정리는, 모든 정적분이 가능한 경우, c를 구간 $[a, b]$의 밖에서 택해도 성립한다. 즉, 예를 들어, 다음 그림과 같은 경우에도

$$\int_a^b f(x)\,dx = \int_a^c f(x)\,dx + \int_c^b f(x)\,dx$$

가 성립한다.

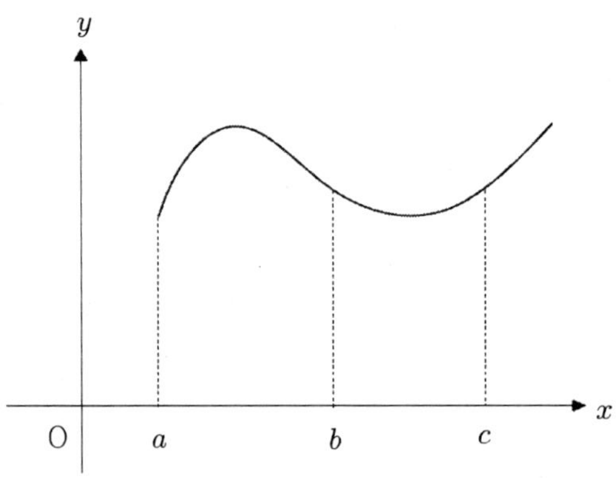

그림 6.13

연습문제 6.2

1. $\int_1^4 f(x)\,dx = 7$이고 $\int_1^4 g(x)\,dx = -3$ 일 때, 다음 값을 구하라.

(1) $\int_1^4 (f(x)+g(x))\,dx$ (2) $\int_1^4 (f(x)-g(x))\,dx$

(3) $\int_1^4 3f(x)\,dx$ (4) $\int_1^4 (4f(x)-5g(x))\,dx$

2. 다음 곡선으로 둘러싸인 영역의 넓이를 정적분으로 나타내어라.

(1) $f(x)=x^2+1,\quad x=1,\quad x=2,\quad x$축

(2) $f(x)=\dfrac{1}{x},\quad x=1,\quad x=3,\quad x$축

(3) $f(x)=-x^2+1,\quad x$축

3. $\int_{-2}^2 f(x)\,dx = 2$이고 $\int_1^2 f(x)\,dx = -1$일 때, $\int_{-2}^1 f(x)\,dx$를 구하라.

4. 정적분 $\int_0^2 (1+x)^2\,dx$를 리만합으로 표현하라.

5. 다음 정적분을 넓이로 해석하여 그 값을 구하라.

(1) $\int_{-2}^4 |x|\,dx$ (2) $\int_1^2 (x+1)\,dx$

(3) $\int_0^1 \sqrt{1-x^2}\,dx$ (4) $\int_{-2}^2 \left(2+\sqrt{4-x^2}\right)dx$

6. 다음 적분값을 구하라.

$$\int_0^1 (x^2 - xe^x)\,dx + \int_0^1 (x + xe^x)\,dx$$

7. 다음 적분값을 구하라.

$$\int_{-1}^{2} (x + \sin x^2)\,dx + \int_{2}^{-1} (3x + \sin x^2)\,dx$$

6.3 미적분학의 기본정리

우리는 지금까지 접선 문제로부터 소개된 미분과 넓이 문제로부터 소개된 정적분에 대하여 공부하였다. 이 두 문제는 관계가 없는 것처럼 보이지만, 사실은 매우 밀접한 관계가 있다. 이 관계는 뉴턴과 라이프니츠에 의해서 독립적으로 발견되었고 미적분학의 기본정리라는 이름으로 발표되었다.

두 가지 형태의 미적분학의 기본정리를 소개하려고 한다. 하나는 미분과 적분이 서로 역연산이라는 것을 말하고 있고, 다른 하나는 정적분의 계산을 원시함수를 사용하여 간단히 할 수 있는 방법을 말하고 있다.

[정리 6.6] [미적분학의 기본정리 1(The fundamental theorem of calculus 1)]

f를 $[a, b]$에서 연속인 함수라 하고, 정의역에 속하는 모든 점 x에 대하여

$$F(x) = \int_a^x f(t)\,dt$$

로 정의하자. 그러면, $F(x)$는 구간 $[a, b]$에서 연속이고 구간 (a, b)에서 미분가능하다. 그리고

$$\frac{d}{dx}F(x) = f(x)$$

이다.

[증명]

구간 (a, b)에 속하는 x와 $x+h$에 대하여

$$\begin{aligned} F(x+h) - F(x) &= \int_a^{x+h} f(t)\,dt - \int_a^x f(t)\,dt \\ &= \left(\int_a^x f(t)\,dt + \int_x^{x+h} f(t)\,dt\right) - \int_a^x f(t)\,dt \\ &= \int_x^{x+h} f(t)\,dt \end{aligned}$$

이다. 따라서 $h \neq 0$이면

$$\frac{F(x+h) - F(x)}{h} = \frac{1}{h}\int_x^{x+h} f(t)\,dt \qquad (*)$$

이다. 이제 $h>0$이라 가정하자. 함수 $f(x)$가 폐구간 $[x, x+h]$에서 연속이므로 최솟값과 최댓값을 갖는다. 최솟값을 m, 최댓값을 M이라 하고, $[x, x+h]$에 속하는 적당한 점 u, v에 대하여 $f(u)=m$, $f(v)=M$라 하자. 그러면 $[x, x+h]$에서 $m \le f(x) \le M$이므로, 정적분의 성질에 의하여

$$\int_x^{x+h} m\,dt \le \int_x^{x+h} f(t)\,dt \le \int_x^{x+h} M\,dt$$

이다. 따라서

$$mh \le \int_x^{x+h} f(t)\,dt \le Mh$$

이고 이 부등식을 h로 나누면 $m \le \frac{1}{h}\int_x^{x+h} f(t)\,dt \le M$이다. 즉,

$$f(u) \le \frac{1}{h}\int_x^{x+h} f(t)\,dt \le f(v)$$

이고, (*)에 의하여

$$f(u) \le \frac{F(x+h)-F(x)}{h} \le f(v)$$

이다. $h<0$인 경우도 마찬가지로 이 부등식을 얻을 수 있다. 이제 $h \to 0$이라 하면

$$\lim_{h\to 0} f(u) \le \lim_{h\to 0}\frac{F(x+h)-F(x)}{h} \le \lim_{h\to 0} f(v)$$

이다. 그런데 u와 v가 $[x, x+h]$에 속하므로 $u \to x$, $v \to x$이고, f가 연속이므로 다음을 얻는다.

$$\lim_{h\to 0} f(u) = \lim_{u\to x} f(u) = f(x), \qquad \lim_{h\to 0} f(v) = \lim_{v\to x} f(v) = f(x)$$

따라서

$$\frac{d}{dx}F(x) = \lim_{h\to 0}\frac{F(x+h)-F(x)}{h} = f(x)$$

이다. 그러므로 $F(x)$는 구간 (a, b)에서 미분가능하고 따라서 연속이다. $x=a$ 또는 $x=b$인 경우는 이 극한을 한쪽 극한으로 해석하여

$$\lim_{h\to 0^+}\frac{F(a+h)-F(a)}{h} = f(a) \text{와} \quad \lim_{h\to 0^-}\frac{F(b+h)-F(b)}{h} = f(b)$$

임을 보일 수 있다. 따라서 $F(x)$는 $[a, b]$에서 연속이다. □

예제 6.10

$F(x)=\int_0^x \sqrt{t^4+1}\,dt$의 도함수를 구하라.

[풀이]

함수 $f(x)=\sqrt{x^4+1}$ 이 연속함수이므로 미적분학의 기본정리에 의하여 $F'(x)=\sqrt{x^4+1}$ 이다.

문제 6.9 함수 $F(x)=\int_0^x \sin^2 t\,dt$의 도함수를 구하라.

예제 6.11

함수 $F(x)=\int_\pi^{x^2} \sin t\,dt$의 도함수를 구하라.

[풀이]

이 경우는 미적분학의 기본정리와 연쇄법칙을 사용해야 한다. $x^2=u$로 치환하여 계산하면

$$\begin{aligned} F'(x) &= \frac{d}{dx}\int_\pi^{x^2} \sin t\,dt \\ &= \frac{d}{du}\left(\int_\pi^{u} \sin t\,dt\right)\frac{du}{dx} && (x^2=u\text{로 치환}) \\ &= \sin u\,\frac{du}{dx} && (\text{미적분학의 기본정리}) \\ &= 2x\sin x^2 \end{aligned}$$

이다.

문제 6.10 함수 $F(x)=\int_1^{x^3} \ln(2t^2+1)\,dt$의 도함수를 구하라.

정적분을 정의에 따라 리만합을 사용하여 계산하는 것은 매우 복잡하다. 다음 정리는 정적분을 매우 쉽게 계산할 수 있는 방법을 제시하고 있다.

[정리 6.7] [미적분학의 기본정리 2(The fundamental theorem of calculus 2)]

함수 f가 폐구간 $[a, b]$에서 연속이고 F가 f의 원시함수이면

$$\int_a^b f(x)\,dx = F(b) - F(a)$$

이다.

[증명]

$g(x) = \int_a^x f(t)\,dt$라 하면 미적분학의 기본정리 1로부터 $g'(x) = f(x)$이다. F가 f의 원시함수이므로

$$(g(x) - F(x))' = f(x) - f(x) = 0$$

이다. 그러므로 $g(x) - F(x)$는 상수이다. $g(x) - F(x) = c$라 하자. 그런데 $g(a) = \int_a^a f(t)\,dt$이므로 $g(a) = 0$이다. 따라서 $g(a) - F(a) = c$로부터 $c = -F(a)$이다. 그러므로

$$\int_a^b f(t)\,dt = g(b) = F(b) + c = F(b) - F(a)$$

이다. □

[참고]

(1) $F(b) - F(a)$를 $[F(x)]_a^b$로 나타내기도 한다.

(2) 정리 6.7은 피적분함수의 원시함수를 알고 있으면, 정적분은 구간의 끝점에서 원시함수의 값을 서로 빼서 계산할 수 있음을 말하고 있다. 그러나 어떤 함수의 원시함수는 여러 개가 존재한다. $F(x)$와 $G(x)$를 $f(x)$의 원시함수라 하고 $\int_a^b f(x)\,dx$를 계산해보자.

원시함수 $F(x)$를 사용하여 정리 6.7을 적용하면

$$\int_a^b f(x)\,dx = F(b) - F(a)$$

이다. 이제 $G(x)$를 사용하여 $\int_a^b f(x)\,dx$를 계산해보자. $G(x)$가 $f(x)$의 원시함수이므로 적당한 상수 c에 대하여 $G(x)=F(x)+c$이다. 따라서 정리 6.7을 적용하면

$$\int_a^b f(x)\,dx = G(b)-G(a) = (F(b)+c)-(F(a)+c) = F(b)-F(a)$$

이다. 즉, 어떤 원시함수를 가지고 정리 6.7을 적용해도 같은 결과를 얻는다. 그러므로 정리 6.7을 사용하여 정적분을 계산하기 위하여 원시함수를 구하는 경우는 적분상수를 고려할 필요가 없다.

예제 6.12

정적분 $\int_0^1 (2x+1)\,dx$의 값을 구하라.

[풀이]

$2x+1$의 한 원시함수가 x^2+x이므로

$$\int_0^1 (2x+1)\,dx = \left[x^2+x\right]_0^1 = (1+1)-0 = 2$$

이다.

문제 6.11 정적분 $\int_1^2 (x^2-x-3)\,dx$의 값을 구하라.

예제 6.13

정적분 $\int_0^{\pi/4} \sec^2 x\,dx$의 값을 구하라.

[풀이]

$$\int_0^{\pi/4} \sec^2 x\,dx = \left[\tan x\right]_0^{\pi/4} = 1-0 = 1$$

문제 6.12 정적분 $\int_0^{\pi}(x-\sin x)\,dx$의 값을 구하라.

예제 6.14

다음 정적분의 값을 구하라.

(1) $\int_1^3 (x-2^x)\,dx$ (2) $\int_0^{\pi/2}(x-\cos x)\,dx$

[풀이]

(1) $\int_1^2 (x-2^x)\,dx = \left[\frac{1}{2}x^2 - \frac{1}{\ln 2}2^x\right]_1^2$

$$= \left(2-\frac{4}{\ln 2}\right)-\left(\frac{1}{2}-\frac{2}{\ln 2}\right)=\frac{3}{2}-\frac{2}{\ln 2}$$

(2) $\int_0^{\pi/2}(x-\cos x)\,dx = \left[\frac{1}{2}x^2 - \sin x\right]_0^{\pi/2}$

$$= \frac{\pi^2}{8}-1$$

문제 6.13 다음 정적분의 값을 구하라.

(1) $\int_0^1 \left(x+\frac{1}{\sqrt{x}}\right)dx$ (2) $\int_0^1 (\cos x - e^x)\,dx$

피적분함수에 절댓값이 있는 경우는, 이 함수가 양수인 부분과 음수인 부분을 찾아 절댓값 기호를 없애고 적분해야 한다.

예제 6.15

$\int_{-1}^{2}|2x-2|\,dx$의 값을 구하라.

[풀이]

구간 $[-1,1]$에서는 $2x-2 \le 0$이고 구간 $[1,2]$에서는 $2x-2 \ge 0$이다. 따라서

$$\begin{aligned}\int_{-1}^{2} |2x-2|\,dx &= \int_{-1}^{1} (2-2x)\,dx + \int_{1}^{2} (2x-2)\,dx \\ &= \left[2x-x^2\right]_{-1}^{1} + \left[x^2-2x\right]_{1}^{2} \\ &= (1-(-3)) + (0-(-1)) = 5\end{aligned}$$

이다.

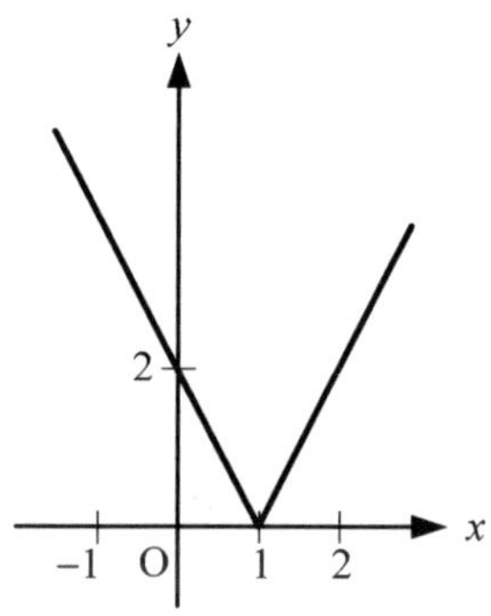

그림 6.14

문제 6.14 $\int_{0}^{4} |x^2-2x-3|\,dx$의 값을 구하라.

연습문제 6.3

1. 다음 정적분을 구하라.

(1) $\displaystyle\int_0^1 (x-x^2)\,dx$ (2) $\displaystyle\int_0^2 (2x+1)^2\,dx$

(3) $\displaystyle\int_1^2 \left(1-\frac{1}{x}\right)dx$ (4) $\displaystyle\int_1^4 (\sqrt{x}+x^2)\,dx$

(5) $\displaystyle\int_0^{\frac{\pi}{2}} (2\cos x+3\sin x)\,dx$ (6) $\displaystyle\int_1^2 \left(3^x-\frac{2}{x}\right)dx$

2. 다음 곡선들로 유계된 영역의 넓이를 구하라.

(1) $y=3x+1,\quad x=0,\quad x=2,\quad y=0$

(2) $y=(x-1)^2+1,\quad x=1,\quad x=3,\quad y=0$

(3) $y=2\sin x+1,\quad x=0,\quad x=\dfrac{\pi}{2},\quad y=0$

(4) $y=\cos x-\sin x,\quad x=0,\quad y=0$

(5) $y=|x-1|,\quad x=0,\quad x=3,\quad y=0$

(6) $y=|x^2-1|,\quad x=0,\quad x=2,\quad y=0$

3. 다음 함수의 도함수를 구하라.

(1) $F(x)=\displaystyle\int_0^x (t+2)\,dt$ (2) $F(x)=\displaystyle\int_1^{x^2+x} t^2\,dt$

(3) $F(x)=\displaystyle\int_1^{2x} \sin t\,dt$ (4) $F(x)=\displaystyle\int_x^{2x+1} (2t-1)\,dt$

4. 다음 식이 틀린 이유를 설명하라.

$$\int_{-1}^1 \frac{1}{x^2}\,dt=\left[-\frac{1}{x}\right]_{-1}^1=-1-1=-2$$

6.4 적분법

앞 절의 예제에서 다룬 피적분함수들은 모두 적분의 기본공식을 사용하여 쉽게 부정적분을 구할 수 있는 것들이었다. 이 절에서는 더 복잡한 함수들의 부정적분을 구하는 방법을 공부할 것이다.

6.4.1 치환적분

미분에서 가장 많이 쓰이는 공식 중 하나가 합성함수의 미분법이다. 이에 대응하는 적분방법이 치환적분이다. 예를 들어, 다음 적분

$$\int 2x\sqrt{x^2+4}\,dx$$

은 기본공식만으로는 구할 수 없지만, 새로운 변수를 도입하여 쉽게 적분할 수 있다. 예를 들어, $u=x^2+4$라 하면, u의 미분은 $du=2xdx$이다. 적분기호 안에 있는 dx를 x의 미분으로 생각하면 위 적분은

$$\begin{aligned}\int 2x\sqrt{x^2+4}\,dx &= \int \sqrt{x^2+4}\,(2xdx)\\ &= \int \sqrt{u}\,du\end{aligned}$$

와 같이 쓸 수 있다. 마지막 적분은 기본공식에 의하여

$$\int \sqrt{u}\,du = \frac{2}{3}u^{3/2}+c$$

이다. 따라서

$$\begin{aligned}\int 2x\sqrt{x^2+4}\,dx &= \int \sqrt{u}\,du\\ &= \frac{2}{3}u^{\frac{3}{2}}+c\\ &= \frac{2}{3}(x^2+4)\sqrt{x^2+4}+c\end{aligned}$$

임을 알 수 있다. 이 적분의 결과가 정확한지는 오른쪽 식을 미분하여 확인할 수 있다. 합성함수의 미분법을 사용하여 미분하면

$$\frac{d}{dx}\left(\frac{2}{3}(x^2+4)\sqrt{x^2+4}+c\right)=2x\sqrt{x^2+4}$$

이므로 적분 결과가 틀리지 않았음을 확인할 수 있다.

일반적으로 $\int f(g(x))g'(x)\,dx$ 형태의 적분이 주어졌다고 하자. F를 f의 원시함수라 하면 합성함수의 미분에 의하여

$$[F(g(x))]'=f(g(x))g'(x)$$

이므로

$$\int f(g(x))g'(x)dx=F(g(x))+c$$

이다. 따라서 $u=g(x)$라 하면

$$\int f(g(x))g'(x)dx=F(g(x))+c=F(u)+c$$

이다. 그런데 F가 f의 원시함수이므로

$$\int f(u)du=F(u)+c$$

이고, 따라서

$$\int f(g(x))g'(x)\,dx=\int f(u)\,du$$

이다. 이 적분법을 **치환적분**이라고 한다.

예제 6.16

$\int 2x(x^2+1)^5\,dx$를 구하라.

[풀이]

$f(u)=u^5$, $g(x)=x^2+1$로 두면 $g'(x)=2x$이므로 피적분함수가 $f(g(x))g'(x)$ 형태임을 알 수 있다. 따라서

$$\begin{aligned}\int 2x(x^2+1)^5\,dx &= \int f(g(x))g'(x)\,dx \\ &= \int f(u)\,du\end{aligned}$$

$$= \int u^5 du$$
$$= \frac{1}{6}u^6 + c$$
$$= \frac{1}{6}(x^2+1)^6 + c$$

이다.

문제 6.15 $\int x^2(x^3+1)^4\,dx$를 구하라.

치환적분을 간단히 하기 위해서는 다음과 같은 과정을 따르면 된다.

1. 치환 $u = g(x)$를 택한다.
2. $du = g'(x)dx$를 계산한다.
3. 주어진 적분을 변수 u에 관한 적분으로 고쳐 쓴다.
4. u에 관한 적분 결과를 구한다.
5. u에 $g(x)$를 대입하여 처음 적분의 부정적분을 구한다.

예제 6.17

$\int x^2\sin(x^3-1)\,dx$를 구하라.

[풀이]

$u = x^3 - 1$로 두면 $du = 3x^2dx$이므로

$$\int x^2\sin(x^3-1)\,dx = \int \sin u \cdot \frac{1}{3}du = \frac{1}{3}\int \sin u\,du$$
$$= -\frac{1}{3}\cos u + c$$
$$= -\frac{1}{3}\cos(x^3-1) + c$$

이다.

문제 6.16 $\int (x+1)\cos(2x^2+4x)\,dx$를 구하라.

같은 적분 문제라 하더라도 치환을 하는 방법은 여러 가지가 있을 수 있다. 다음 예를 살펴보자.

예제 6.18

$\int \sqrt{2x+1}\,dx$를 구하라.

[풀이]

(방법1) $u=2x+1$로 두면 $du=2dx$이므로

$$\begin{aligned}\int \sqrt{2x+1}\,dx &= \int \sqrt{u}\cdot\frac{1}{2}du\\ &= \frac{1}{2}\cdot\frac{2}{3}u^{\frac{3}{2}}+c\\ &= \frac{1}{3}(2x+1)\sqrt{2x+1}+c\end{aligned}$$

이다.

(방법2) $u=\sqrt{2x+1}$로 두면 $du=\frac{1}{\sqrt{2x+1}}dx$이므로 $dx=u\,du$이다. 따라서

$$\begin{aligned}\int \sqrt{2x+1}\,dx &= \int u\cdot u\,du\\ &= \int u^2\,du\\ &= \frac{1}{3}u^3+c\\ &= \frac{1}{3}(2x+1)\sqrt{2x+1}+c\end{aligned}$$

이다. (방법1)의 결과와 같음을 알 수 있다.

문제 6.17 $\displaystyle\int \frac{2x-1}{\sqrt{x+1}}\,dx$를 구하라.

문제 6.18 $\displaystyle\int \frac{1}{\sqrt{x}\,(1+\sqrt{x}\,)}\,dx$를 구하라.

예제 6.19

다음 부정적분을 구하라.

(1) $\displaystyle\int 2x^3\sqrt{1+x^2}\,dx$ (2) $\displaystyle\int \frac{\cos x}{\sin^2 x}\,dx$

(3) $\displaystyle\int \frac{1}{x\ln x}\,dx$ (4) $\displaystyle\int xe^{x^2}\,dx$

[풀이]

(1) $u=1+x^2$이라 두면 $du=2x\,dx$이고 $x^2=u-1$이므로

$$\begin{aligned}\int 2x^3\sqrt{1+x^2}\,dx &= \int (x^2\cdot 2x)\sqrt{1+x^2}\,dx\\ &= \int (u-1)\sqrt{u}\,du\\ &= \int (u\sqrt{u}-\sqrt{u}\,)\,du\\ &= \frac{2}{5}u^{\frac{5}{2}}-\frac{2}{3}u^{\frac{3}{2}}+c\\ &= \frac{2}{5}(1+x^2)^2\sqrt{1+x^2}-\frac{2}{3}(1+x^2)\sqrt{1+x^2}+c\end{aligned}$$

이다.

(2) $u=\sin x$라 두면 $du=\cos x\,dx$이므로

$$\begin{aligned}\int \frac{\cos x}{\sin^2 x}\,dx &= \int \frac{1}{u^2}\,du\\ &= -\frac{1}{u}+c=-\frac{1}{\sin x}+c\end{aligned}$$

이다.

(3) $u=\ln x$라 두면 $du=\frac{1}{x}dx$이므로

$$\int \frac{1}{x\ln x}dx=\int \frac{1}{u}du$$
$$=\ln|u|+c=\ln|\ln x|+c$$

이다.

(4) $u=x^2$이라 두면 $du=2x\,dx$이므로

$$\int xe^{x^2}dx=\int e^u\cdot\frac{1}{2}du$$
$$=\frac{1}{2}e^u+c$$
$$=\frac{1}{2}e^{x^2}+c$$

이다.

문제 6.19 다음 부정적분을 구하라.

(1) $\int \frac{x}{\sqrt{1-x^2}}dx$ (2) $\int \sin^3 2x\cos 2x\,dx$

(3) $\int \frac{(\ln x)^3}{x}dx$ (4) $\int \frac{e^{\sqrt{x}}}{\sqrt{x}}dx$

$\int \frac{f'(x)}{f(x)}dx$ 형태의 적분은 $u=f(x)$로 두면 $du=f'(x)dx$이므로 다음과 같이 간단하게 구할 수 있다.

$$\int \frac{f'(x)}{f(x)}dx=\int \frac{1}{u}du=\ln|u|+c=\ln|f(x)|+c$$

예제 6.20

다음 부정적분을 구하라.

(1) $\displaystyle\int \frac{2x+1}{x^2+x+1}dx$ (2) $\displaystyle\int \frac{e^x}{1+e^x}dx$ (3) $\displaystyle\int \sec x\, dx$

[풀이]

(1) $f(x)=x^2+x+1$이라 하면 $f'(x)=2x+1$이므로

$$\begin{aligned}\int \frac{2x+1}{x^2+x+1}dx &= \int \frac{f'(x)}{f(x)}dx \\ &= \ln|f(x)|+c \\ &= \ln(x^2+x+1)+c\end{aligned}$$

이다.

(2) $f(x)=1+e^x$ 라 두면 $f'(x)=e^x$이므로

$$\begin{aligned}\int \frac{e^x}{1+e^x}dx &= \int \frac{f'(x)}{f(x)}dx \\ &= \ln|f(x)|+c \\ &= \ln(1+e^x)+c\end{aligned}$$

이다.

(3) $\sec x = \dfrac{\sec x(\sec x+\tan x)}{\sec x+\tan x} = \dfrac{(\tan x+\sec x)'}{\sec x+\tan x}$ 이므로

$$\int \sec x\, dx = \ln|\sec x+\tan x|+c$$

이다.

문제 6.20 다음 부정적분을 구하라.

(1) $\displaystyle\int \frac{x^2+2}{x^3+6x-1}dx$ (2) $\displaystyle\int \frac{\sin x}{\cos x}dx$

(3) $\displaystyle\int \frac{\sin x}{1+\cos x}dx$ (4) $\displaystyle\int \frac{2+2\ln(2x)}{x\ln(2x)}dx$

정적분 $\int_0^1 x(x^2+1)^2\,dx$를 계산해보자. 이 정적분을 계산하기 위해서는 $x(x^2+1)^2$의 원시함수를 알아야하므로 먼저 $\int x(x^2+1)^2\,dx$를 계산해야 한다. 치환적분을 하기 위하여 $u=x^2+1$이라 두면 $du=2xdx$이므로

$$\int x(x^2+1)^2\,dx=\frac{1}{2}\int u^2\,du=\frac{1}{6}u^3+c=\frac{1}{6}(x^2+1)^3+c$$

이다. 그러므로

$$\int_0^1 x(x^2+1)^2\,dx=\left[\frac{1}{6}(x^2+1)^3\right]_0^1=\frac{8}{6}-\frac{1}{6}=\frac{7}{6}$$

이다. 그러나 실제로 이 계산은, 부정적분을 x의 함수로 바꾸지 않고 변수 u에 관한 적분한계를 사용하여 더 쉽게 계산할 수 있다. 예를 들어 치환 $u=x^2+1$을 사용하면, 위의 정적분은 $x=0$일 때 $u=1$이고 $x=1$일 때 $u=2$이므로

$$\begin{aligned}\int_0^1 x(x^2+1)^2\,dx&=\frac{1}{2}\int_1^2 u^2\,du\\&=\frac{1}{2}\left[\frac{1}{3}u^3\right]_1^2\\&=\frac{1}{2}\left(\frac{8}{3}-\frac{1}{3}\right)=\frac{7}{6}\end{aligned}$$

로 계산하는 것이 편리하다. 이것이 정적분에 대한 치환적분이며, 다음 정리에 소개되어 있다.

[정리 6.8] g'이 $[a,b]$에서 연속이고 f가 $u=g(x)$의 치역에서 연속이면 다음이 성립한다.

$$\int_a^b f(g(x))g'(x)\,dx=\int_{g(a)}^{g(b)} f(u)\,du$$

[증명]

F가 f의 원시함수이면 $F(g(x))$는 $f(g(x))g'(x)$의 원시함수이므로 미적분학의 기본정리에 의하여

$$\int_a^b f(g(x))g'(x)\,dx = [F(g(x))]_a^b = F(g(b)) - F(g(a))$$

이다. 그런데

$$\int_{g(a)}^{g(b)} f(u)\,du = [F(u)]_{g(a)}^{g(b)} = F(g(b)) - F(g(a))$$

이므로 증명이 되었다. □

예제 6.21

다음 정적분을 구하라.

(1) $\displaystyle\int_0^1 x(x^2+2)^3\,dx$

(2) $\displaystyle\int_1^2 x^2\sqrt{x-1}\,dx$

(3) $\displaystyle\int_0^{\pi/4} \sin 2x \cos 2x\,dx$

(4) $\displaystyle\int_0^1 \frac{x}{x^2+1}\,dx$

[풀이]

(1) $u = x^2+2$라 두면 $du = 2x\,dx$이다. 그리고 $x=0$일 때 $u=2$이고 $x=1$일 때 $u=3$이므로

$$\int_0^1 x(x^2+2)^3\,dx = \int_2^3 u^3 \cdot \frac{1}{2}\,du$$
$$= \left[\frac{1}{8}u^4\right]_2^3 = \frac{65}{8}$$

이다.

(2) $u = x-1$이라 두면 $du = dx$이고 $x = u+1$이다. 그리고 $x=1$일 때 $u=0$이고 $x=2$일 때 $u=1$이므로

$$\int_1^2 x^2\sqrt{x-1}\,dx = \int_0^1 (u+1)^2\sqrt{u}\,du$$
$$= \int_0^1 (u^2\sqrt{u} + 2u\sqrt{u} + \sqrt{u})\,du$$
$$= \left[\frac{2}{7}u^{\frac{7}{2}} + \frac{4}{5}u^{\frac{5}{2}} + \frac{2}{3}u^{\frac{3}{2}}\right]_0^1 = \frac{184}{105}$$

이다.

(3) $u=\sin 2x$라 두면 $du=2\cos 2x dx$이고, $x=0$일 때 $u=0$이고 $x=\pi/4$일 때 $u=1$이므로

$$\int_0^{\pi/4} \sin 2x \cos 2x\, dx = \int_0^1 u \cdot \frac{1}{2} du$$

$$= \frac{1}{2}\left[\frac{1}{2}u^2\right]_0^1 = \frac{1}{4}$$

이다.

(4) $u=x^2+1$이라 두면 $du=2xdx$이고, $x=0$일 때 $u=1$이고 $x=1$일 때 $u=2$이므로

$$\int_0^1 \frac{x}{x^2+1} dx = \int_1^2 \frac{1}{u} \cdot \frac{1}{2} du$$

$$= \frac{1}{2}[\ln u]_1^2 = \frac{1}{2}\ln 2$$

이다.

문제 6.21 다음 정적분을 구하라.

(1) $\displaystyle\int_0^1 (x+1)^9 dx$ (2) $\displaystyle\int_0^2 \frac{1}{\sqrt{1+x}} dx$

(3) $\displaystyle\int_0^{\pi/2} \cos x \sin^2 x\, dx$ (4) $\displaystyle\int_1^2 \frac{1}{x\ln x} dx$

치환적분을 사용하면 다음 결과를 얻을 수 있다.

[정리 6.9] f가 구간 $[-a, a]$에서 적분가능하다고 하자.

1. f가 우함수이면 $\displaystyle\int_{-a}^{a} f(x)dx = 2\int_0^a f(x)dx$ 이다.
2. f가 기함수이면 $\displaystyle\int_{-a}^{a} f(x)dx = 0$이다.

[증명]

(1) f가 우함수이므로, $f(x)=-f(x)$이다. 치환 $u=-x$를 이용하면

$$\begin{aligned}\int_{-a}^{a} f(x)\,dx &= \int_{-a}^{0} f(x)\,dx + \int_{0}^{a} f(x)\,dx \\ &= \int_{a}^{0} f(-u)(-du) + \int_{0}^{a} f(x)\,dx \\ &= \int_{0}^{a} f(u)\,du + \int_{0}^{a} f(x)\,dx \\ &= 2\int_{0}^{a} f(x)\,dx\end{aligned}$$

이다.

(2) f가 기함수이므로, $-f(x)=-f(x)$이다. 치환 $u=-x$를 이용하면

$$\begin{aligned}\int_{-a}^{a} f(x)\,dx &= \int_{-a}^{0} f(x)\,dx + \int_{0}^{a} f(x)\,dx \\ &= \int_{a}^{0} f(-u)(-du) + \int_{0}^{a} f(x)\,dx \\ &= -\int_{0}^{a} f(u)\,du + \int_{0}^{a} f(x)\,dx \\ &= 0\end{aligned}$$

이다. □

예제 6.22

다음 정적분을 구하라.

(1) $\displaystyle\int_{-2}^{2}\left(x^4+2x^2-1\right)dx$　　(2) $\displaystyle\int_{-3}^{3}\left(2x^5+\sin x\cos x\right)d$

[풀이]

(1) $f(x)=x^4+2x^2-1$이라 두면

$$f(-x)=(-x)^4+2(-x)^2-1=x^4+2x^2-1=f(x)$$

이므로 $f(x)$는 우함수이다. 따라서

$$\int_{-2}^{2}(x^4+2x^2-1)\,dx = 2\int_{0}^{2}(x^4+2x^2-1)\,dx$$

$$= 2\left[\frac{1}{5}x^5+\frac{2}{3}x^3-x\right]_0^2 = \frac{292}{15}$$

이다.

(2) $f(x)=2x^5+\sin x\cos x$라 두면

$$f(-x)=2(-x)^5+\sin(-x)\cos(-x)$$

$$=-2x^5-\sin x\cos x=-f(x)$$

이므로 $f(x)$는 기함수이다. 따라서

$$\int_{-3}^{3}(2x^5+\sin x\cos x)\,dx=0$$

이다.

문제 6.22 다음 정적분을 구하라.

(1) $\displaystyle\int_{-1}^{1}(x^5-2x^4-x+1)\,dx$ (2) $\displaystyle\int_{-\pi/4}^{\pi/4}(\tan x^3+\sin 2x)\,dx$

6.4.2 유리함수의 적분

유리함수란 분모와 분자가 모두 다항식인 분수식을 말한다. 여기서는 유리함수를 적분하는 방법에 대하여 알아보려고 한다. 유리함수를 적분하는 방법은 주어진 분수식을 간단한 분수식들의 합으로 고쳐서 적분을 하는 것인데, 이 과정을 '부분분수식으로 분해한다'고 한다. 유리함수 $\dfrac{P(x)}{Q(x)}$를 생각하자. $P(x)$의 차수가 $Q(x)$의 차수보다 크거나 같은 경우, 우리는 나눗셈을 통하여 다음과 같이 표현할 수 있다.

$$\frac{P(x)}{Q(x)}=S(x)+\frac{R(x)}{Q(x)}$$

여기서, $S(x)$와 $R(x)$는 모두 다항식이고 $R(x)$의 차수는 $Q(x)$의 차수보다 작다. 예를 들면,

유리함수 $\dfrac{2x^2+3x-1}{x-1}$ 은

$$\frac{2x^2+3x-1}{x-1}=2x+5+\frac{4}{x-1}$$

로 나타낼 수 있다. 적분의 기본공식을 사용하여 $S(x)$는 쉽게 적분할 수 있다. 따라서 분자의 차수가 분모의 차수보다 작은 유리함수의 적분만 생각하면 된다.

대수학의 기본정리로부터 모든 다항식은

$$(ax+b)^i \text{ 또는 } (ax^2+bx+c)^j$$

형태의 식, 즉 일차식이나 이차식으로 인수분해가 된다는 사실이 알려져 있다. 이 사실을 이용하여 주어진 분수식을 부분분수로 분해하는 과정은 다음과 같다.

(1) 주어진 유리함수의 분모를 인수분해한다.
(2) 이 유리함수를 분모의 인수를 분모로 하고 분자의 차수는 분모의 차수보다 한 차수 낮은 작은 분수의 합으로 나타낸다.

분모가 인수분해되는 유형에 따라 몇 가지 예를 살펴보자.

예제 6.23

다음 유리함수를 부분분수식으로 분해하라.

(1) $\dfrac{1}{(x-1)(x+2)}$　　　(2) $\dfrac{2x+4}{(x+1)(x-1)(x+3)}$

[풀이]

(1) $\dfrac{1}{(x-1)(x+2)}=\dfrac{A}{x-1}+\dfrac{B}{x+2}$라 하자. 양변에 $(x-1)(x+2)$를 곱하여 정리하면

$$1=(A+B)x+2A-B$$

이고 계수를 비교하면

$$A+B=0,\quad 2A-B=1$$

이다. 따라서 $A=\frac{1}{3}$, $B=-\frac{1}{3}$이고

$$\frac{1}{(x-1)(x+2)}=\frac{1}{3}\left(\frac{1}{x-1}-\frac{1}{x+2}\right)$$

이다.

(2) $\frac{2x+4}{(x+1)(x-1)(x+3)}=\frac{A}{x+1}+\frac{B}{x-1}+\frac{C}{x+3}$라 하자.

이 식의 양변에 $(x+1)(x-1)(x+3)$을 곱하여 정리하면

$$2x+4=(A+B+C)x^2+(2A+4B)x-3A+3B-C$$

이고 계수를 비교하면

$$A+B+C=0,\qquad 2A+4B=2,\qquad -3A+3B-C=4$$

이다. 따라서 $A=-\frac{1}{2}$, $B=\frac{3}{4}$, $C=-\frac{1}{4}$이고

$$\frac{2x+4}{(x+1)(x-1)(x+3)}=-\frac{1}{4}\left(\frac{2}{x+1}-\frac{3}{x-1}+\frac{1}{x+3}\right)$$

이다.

문제 6.23 다음 유리함수를 부분분수식으로 분해하라.

(1) $\frac{x}{(x+1)(2x-1)}$ (2) $\frac{3x-1}{x(x+1)(x+2)}$

예제 6.24

다음 유리함수를 부분분수식으로 분해하라.

(1) $\frac{1}{(x+1)(x^2-x+3)}$ (2) $\frac{x}{(x-1)(x+1)^2}$

[풀이]

(1) $\frac{1}{(x+1)(x^2-x+3)}=\frac{A}{x+1}+\frac{Bx+C}{x^2-x+3}$라 하자. 이 식의 양변에 $(x+1)(x^2-x+3)$을 곱하여 정리하면

$$1 = (A+B)x^2 - (A-B-C)x + 3A + C$$

이고 계수를 비교하면

$$A+B=0,\quad A-B-C=0,\quad 3A+C=1$$

이다. 따라서 $A = \frac{1}{5}$, $B = -\frac{1}{5}$, $C = \frac{2}{5}$ 이고

$$\frac{1}{(x+1)(x^2-x+3)} = \frac{1}{5}\left(\frac{1}{x+1} - \frac{x-2}{x^2-x+3}\right)$$

이다.

(2) $\frac{x}{(x-1)(x+1)^2}$ 는 분모의 2차식이 1차식의 제곱꼴이다. 이 경우는 다음과 같이 세 개의 부분분수로 분해된다.

$$\frac{x}{(x-1)(x+1)^2} = \frac{A}{x-1} + \frac{B}{x+1} + \frac{C}{(x+1)^2}$$

그리고 이 경우 마지막 항의 분자는 상수로 두어도 충분하다. 양변에 $(x-1)(x+1)^2$을 곱하여 정리하면

$$x = (A+B)x^2 + (2A+C)x + A - B - C$$

이고 계수를 비교하면

$$A+B=0,\quad 2A+C=1,\quad A-B-C=0$$

이다. 따라서 $A = \frac{1}{4}$, $B = -\frac{1}{4}$, $C = \frac{1}{2}$ 이고

$$\frac{x}{(x-1)(x+1)^2} = \frac{1}{4}\left(\frac{1}{x-1} - \frac{1}{x+1} + \frac{2}{(x+1)^2}\right)$$

이다.

문제 6.24 다음 유리함수를 부분분수식으로 분해하라.

(1) $\frac{2}{x(x^2+x+1)}$ (2) $\frac{x+4}{(x-1)(x+2)^2}$

이제 유리함수를 적분하는 문제를 몇 가지 예를 사용하여 알아보자.

예제 6.25

다음 적분을 구하라.

(1) $\displaystyle\int \frac{x^2+2x+4}{x+1}\,dx$ (2) $\displaystyle\int \frac{1}{(x-1)(x+2)}\,dx$

[풀이]

(1) $\dfrac{x^2+2x+4}{x+1}=x+1+\dfrac{3}{x+1}$ 이므로

$$\begin{aligned}\int \frac{x^2+2x+4}{x+1}\,dx &= \int\left(x+1+\frac{3}{x+1}\right)dx \\ &= \int (x+1)\,dx + 3\int \frac{1}{x+1}\,dx\end{aligned}$$

이다. 마지막 적분은 $\displaystyle\int \frac{f'(x)}{f(x)}\,dx = \ln|f(x)|+c$를 사용하면 되므로

$$\int \frac{x^2+2x+4}{x+1}\,dx = \frac{1}{2}x^2+x+3\ln|x+1|+c$$

이다.

(2) 예제 6.23에서

$$\frac{1}{(x-1)(x+2)} = \frac{1}{3}\left(\frac{1}{x-1}-\frac{1}{x+2}\right)$$

이므로

$$\begin{aligned}\int \frac{1}{(x-1)(x+2)}\,dx &= \int \frac{1}{3}\left(\frac{1}{x-1}-\frac{1}{x+2}\right)dx \\ &= \frac{1}{3}\left(\int \frac{1}{x-1}\,dx - \int \frac{1}{x+2}\,dx\right) \\ &= \frac{1}{3}(\ln|x-1|-\ln|x+2|)+c\end{aligned}$$

이다.

문제 6.25 다음 적분을 구하라.

(1) $\displaystyle\int \frac{x^3-3x^2+5x-1}{x-1}\,dx$ (2) $\displaystyle\int \frac{x-1}{(2x+1)(x-2)}\,dx$

예제 6.26

$\displaystyle\int \frac{1}{x^2+2x}\,dx$를 구하라.

[풀이]

$\dfrac{1}{x^2+2x}$의 분모를 인수분해하고 부분분수식으로 분해하면

$$\frac{1}{x^2+2x}=\frac{1}{x(x+2)}=\frac{1}{2}\left(\frac{1}{x}-\frac{1}{x+2}\right)$$

이므로

$$\int \frac{1}{x^2+2x}\,dx=\frac{1}{2}\int\left(\frac{1}{x}-\frac{1}{x+2}\right)dx$$

$$=\frac{1}{2}(\ln|x|-\ln|x+2|)+c$$

이다.

문제 6.26 $\displaystyle\int \frac{1}{x^2-5x+6}\,dx$를 구하라.

예제 6.27

$\displaystyle\int \frac{x-1}{x(x+1)^2}\,dx$를 구하라.

[풀이]

분모가 $(x+1)^2$을 인수로 가지므로 피적분함수는 다음과 같이 분해된다.

$$\frac{x-1}{x(x+1)^2}=\frac{A}{x}+\frac{B}{x+1}+\frac{C}{(x+1)^2}$$

양변에 $x(x+1)^2$을 곱하여 정리하면

$$x-1=(A+B)x^2+(2A+B+C)x+A$$

이다. 계수를 비교하면

$$A+B=0,\quad 2A+B+C=1,\quad A=-1$$

이다. 이 방정식을 풀면 $A=-1$, $B=1$, $C=2$이므로

$$\frac{x-1}{x(x+1)^2}=-\frac{1}{x}+\frac{1}{x+1}+\frac{2}{(x+1)^2}$$

이다. 그러므로

$$\int\frac{x-1}{x(x+1)^2}\,dx=\int\left(-\frac{1}{x}+\frac{1}{x+1}+\frac{2}{(x+1)^2}\right)dx$$

$$=-\ln|x|+\ln|x+1|-\frac{2}{x+1}+c$$

이다. 마지막 적분은 $u=x+1$로 치환하면 얻을 수 있다.

문제 6.27 $\int\frac{2x^2-x-6}{x^2(x+2)}\,dx$를 구하라.

예제 6.28

$\int\frac{3x^2-x+2}{x(x^2+1)}\,dx$를 구하라.

[풀이]

분모가 x와 x^2+1을 인수로 가지므로

$$\frac{3x^2-x+2}{x(x^2+1)}=\frac{A}{x}+\frac{Bx+C}{x^2+1}$$

로 분해된다. 양변에 $x(x^2+1)$을 곱하여 정리하면

$$3x^2-x+2=(A+B)x^2+Cx+A$$

이다. 계수를 비교하면

$$A+B=3,\quad C=-1,\quad A=2$$

이다. 이 방정식을 풀면 $A=2,\ B=1,\ C=-1$이므로

$$\frac{3x^2-x+2}{x(x^2+1)}=\frac{2}{x}+\frac{x-1}{x^2+1}$$

이다. 그러므로

$$\begin{aligned}\int\frac{3x^2-x+2}{x(x^2+1)}\,dx&=\int\left(\frac{2}{x}+\frac{x-1}{x^2+1}\right)dx\\&=\int\frac{2}{x}\,dx+\int\frac{x}{x^2+1}\,dx-\int\frac{1}{x^2+1}\,dx\\&=2\ln|x|+\frac{1}{2}\ln|x^2+1|-\tan^{-1}x+c\end{aligned}$$

이다. 마지막 적분 $\int\frac{1}{x^2+1}\,dx$는 이 장의 마지막 부분에 있는 삼각치환을 사용하면 얻을 수 있으므로, 자세한 내용은 다음에 다루기로 한다.

문제 6.28 $\int\frac{3x^2+3}{(x+1)(x^2+2)}\,dx$를 구하라.

예제 6.29

$\int\frac{8}{x(x^2+2)^2}\,dx$를 구하라.

[풀이]

예제 6.24의 (2)와 유사한 경우이다. 분모가 x와 $(x^2+2)^2$을 인수로 가지므로

$$\frac{8}{x(x^2+2)^2}=\frac{A}{x}+\frac{Bx+C}{x^2+2}+\frac{Dx+E}{(x^2+2)^2}$$

로 분해된다. 이 때, 마지막 항의 분자는 1차식이면 충분하다. 양변에 $x(x^2+2)^2$을 곱하여 정리하면

$$8 = A(x^2+2)^2 + (Bx+C)x(x^2+2) + (Dx+E)x$$
$$= (A+B)x^4 + Cx^3 + (4A+2B+D)x^2 + (2C+E)x + 4A$$

이다. 계수를 비교하면

$$A+B=0,\quad C=0,\quad 4A+2B+D=0,\quad 2C+E=0,\quad 4A=8$$

이다. 이 방정식을 풀면 $A=2$, $B=-2$, $C=0$, $D=-4$, $E=0$이므로

$$\frac{8}{x(x^2+2)^2} = \frac{2}{x} - \frac{2x}{x^2+2} - \frac{4x}{(x^2+2)^2}$$

이다. 그러므로

$$\int \frac{8}{x(x^2+2)^2}\,dx = \int \left(\frac{2}{x} - \frac{2x}{x^2+2} - \frac{4x}{(x^2+2)^2}\right) dx$$
$$= 2\int \frac{1}{x}\,dx - \int \frac{2x}{x^2+1}\,dx - \int \frac{4x}{(x^2+1)^2}\,dx$$
$$= 2\ln|x| - \ln(x^2+1) + \frac{2}{x^2+1} + c$$

이다. 마지막 적분은 $u = x^2+1$로 치환하면 얻을 수 있다.

문제 6.29 $\displaystyle\int \frac{2x^4+x^3-4x^2+x+2}{(x+3)(x^2-2)^2}\,dx$를 구하라.

6.4.3 부분적분

두 함수 $f(x)$와 $g(x)$를 곱한 함수의 미분은

$$(f(x)g(x))' = f'(x)g(x) + f(x)g'(x)$$

이다. 이 식은

$$f(x)g'(x) = (f(x)g(x))' - f'(x)g(x)$$

와 같이 쓸 수 있고, 따라서 양변을 적분하면

$$\int f(x)g'(x)\,dx = f(x)g(x) - \int f'(x)g(x)\,dx$$

가 된다. 이것이 부분적분에 관한 공식이다.

예제 6.30

다음 적분을 구하라.

(1) $\int xe^x\,dx$ (2) $\int x\ln x\,dx$

[풀이]

(1) $f(x)=x$, $g'(x)=e^x$라 두면 $f'(x)=1$, $g(x)=e^x$이므로

$$\int xe^x\,dx = xe^x - \int e^x\,dx$$
$$= xe^x - e^x + c$$

이다.

(2) $f(x)=\ln x$, $g'(x)=x$라 두면 $f'(x)=\frac{1}{x}$, $g(x)=\frac{1}{2}x^2$이므로

$$\int x\ln x\,dx = \frac{1}{2}x^2\ln x - \int\left(\frac{1}{2}x^2\cdot\frac{1}{x}\right)dx$$
$$= \frac{1}{2}x^2\ln x - \frac{1}{4}x^2 + c$$

이다.

문제 6.30 다음 적분을 구하라.

(1) $\int x\cos x\,dx$ (2) $\int x^2e^x\,dx$

예제 6.31

다음 적분을 구하라.

(1) $\int e^x\cos x\,dx$ (2) $\int \ln x\,dx$

[풀이]

(1) $f(x)=\cos x$, $g'(x)=e^x$라 두면 $f'(x)=-\sin x$, $g(x)=e^x$이므로

$$\int e^x \cos x\, dx = e^x \cos x - \int e^x(-\sin x)\, dx$$
$$= e^x \cos x + \int e^x \sin x\, dx$$

이다. 마지막 적분에 부분적분을 다시 한 번 사용하기 위하여 $f(x) = \sin x$, $g'(x) = e^x$라 두면 $f'(x) = \cos x$, $g(x) = e^x$이므로

$$\int e^x \sin x\, dx = e^x \sin x - \int e^x \cos x\, dx$$

이다. 그러므로

$$\int e^x \cos x\, dx = e^x \cos x + e^x \sin x - \int e^x \cos x\, dx$$

이다. 따라서 $2\int e^x \cos x\, dx = e^x \cos x + e^x \sin x$이므로

$$\int e^x \cos x\, dx = \frac{1}{2}e^x(\cos x + \sin x) + c$$

이다.

(2) $\int \ln x\, dx = \int 1 \cdot \ln x\, dx$이므로 $f(x) = \ln x$, $g'(x) = 1$이라 두면 $f'(x) = \frac{1}{x}$, $g(x) = x$이므로

$$\int \ln x\, dx = x \ln x - \int \left(x \cdot \frac{1}{x}\right) dx$$
$$= x \ln x - x + c$$

이다.

문제 6.31 다음 적분을 구하라.

(1) $\int x^2 \sin x\, dx$ (2) $\int x^2 \ln x\, dx$

부분적분을 하기 위하여 함수 $g(x)$를 선택할 때는 가능하면 간단한 형태가 편리하므로 대부분 적분상수가 0인 함수를 택한다. 그러나 경우에 따라서는 적당한 적분상수를 택하는 것이 편리할 때도 있다. 다음 예를 살펴보자.

예제 6.32

$\int x\tan^{-1}x\,dx$를 구하라.

[풀이]

$f(x)=\tan^{-1}x$, $g'(x)=x$라 두자. 그러면 $f'(x)=\dfrac{1}{x^2+1}$이고 $g(x)=\dfrac{1}{2}x^2$으로 생각할 수 있다. 그러나 이 경우는 $g(x)=\dfrac{1}{2}x^2+\dfrac{1}{2}$로 두면 더 쉽게 적분을 할 수 있다. 부분적분을 사용하면

$$\begin{aligned}\int x\tan^{-1}x\,dx &= \frac{1}{2}(x^2+1)\tan^{-1}x-\int\frac{1}{2}(x^2+1)\frac{1}{x^2+1}\,dx\\ &= \frac{1}{2}(x^2+1)\tan^{-1}x-\int\frac{1}{2}\,dx\\ &= \frac{1}{2}(x^2+1)\tan^{-1}x-\frac{1}{2}x+c\end{aligned}$$

이다.

[참고]

부분적분의 목적은 주어진 적분보다 쉬운 적분을 얻는데 있으며, 이를 위해서는 $f(x)$와 $g(x)$를 선택하는데 주의해야 한다. 앞의 예에서 $\int xe^x\,dx$를 계산할 때, $f(x)=e^x$, $g'(x)=x$로 택하면 $g(x)=\dfrac{1}{2}x^2$이므로 주어진 적분은

$$\int xe^x\,dx=\frac{1}{2}x^2e^x-\int\frac{1}{2}x^2e^x\,dx$$

와 같이 된다. 이 적분은 원래 적분보다 더 복잡하게 된다.
다음과 같이 정적분을 계산하는데 부분적분을 사용할 수도 있다.

[정리 6.10] f'과 g'이 구간 $[a,b]$에서 연속이면

$$\int_a^b f(x)g'(x)\,dx=[f(x)g(x)]_a^b-\int_a^b f'(x)g(x)\,dx$$

이다.

예제 6.33

$\int_1^e (x+1)\ln x\,dx$를 구하라.

[풀이]

$f(x)=\ln x$, $g'(x)=x+1$로 두면, $f'(x)=\dfrac{1}{x}$이고 $g(x)=\dfrac{1}{2}x^2+x$이다. 따라서

$$\begin{aligned}\int_1^e (x+1)\ln x\,dx &= \left[\left(\frac{1}{2}x^2+x\right)\ln x\right]_1^e - \int_1^e \left(\frac{1}{2}x^2+x\right)\frac{1}{x}\,dx \\ &= \frac{1}{2}e^2+e-\int_1^e\left(\frac{1}{2}x+1\right)dx \\ &= \frac{1}{2}e^2+e-\left[\frac{1}{4}x^2+x\right]_1^e \\ &= \frac{1}{4}e^2+\frac{5}{4}\end{aligned}$$

이다.

문제 6.32 $\int_0^\pi x\sin x\,dx$를 구하라.

6.4.4 삼각함수의 적분

삼각함수를 적분하는 방법을 몇 가지 경우로 나누어서 알아보기로 하자.

[경우 1]

피적분함수가 $\sin^n ax\sin^m bx$, $\sin^n ax\cos^m bx$, $\cos^n ax\cos^m bx$ 형태인 경우는 n과 m에 따라 다음 공식을 사용하여 피적분함수를 변형해서 적분할 수 있다.

$$\sin^2 x+\cos^2 x=1$$

$$\cos 2x=\cos^2 x-\sin^2 x=2\cos^2 x-1=1-2\sin^2 x$$

$$\sin 2x = 2\sin x\cos x$$

$$\sin\alpha\sin\beta = \frac{1}{2}\cos(\alpha-\beta) - \frac{1}{2}\cos(\alpha+\beta)$$

$$\sin\alpha\cos\beta = \frac{1}{2}\sin(\alpha-\beta) + \frac{1}{2}\sin(\alpha+\beta)$$

$$\cos\alpha\cos\beta = \frac{1}{2}\cos(\alpha-\beta) + \frac{1}{2}\cos(\alpha+\beta)$$

예제 6.34

$\int \sin 6x\cos 2x\,dx$를 구하라.

[풀이]

$$\begin{aligned}\int \sin 6x\cos 2x\,dx &= \int\left(\frac{1}{2}\sin 4x + \frac{1}{2}\sin 8x\right)dx \\ &= \frac{1}{2}\left(-\frac{1}{4}\cos 4x - \frac{1}{8}\cos 8x\right) + c \\ &= -\frac{1}{8}\cos 4x - \frac{1}{16}\cos 8x + c\end{aligned}$$

이다.

문제 6.33 $\int \cos 4x\cos 6x\,dx$를 구하라.

예제 6.35

다음 적분을 구하라.

(1) $\int \sin^3 x\cos^6 x\,dx$

(2) $\int \sin^2 4x\cos^2 4x\,dx$

[풀이]

(1) $\int \sin^3 x \cos^2 x\,dx = \int \sin x\,(1-\cos^2 x)\cos^2 x\,dx$이다.

$u=\cos x$라 두면 $du=-\sin x\,dx$이므로

$$\begin{aligned}\int \sin x\,(1-\cos^2 x)\cos^2 x\,dx &= -\int (1-u^2)u^2\,du \\ &= \frac{1}{5}u^5 - \frac{1}{3}u^3 + c \\ &= \frac{1}{5}\cos^5 x - \frac{1}{3}\cos^3 x + c\end{aligned}$$

이다.

(2)
$$\begin{aligned}\int \sin^2 4x \cos^2 4x\,dx &= \int \left(\frac{1}{2}\sin 8x\right)^2 dx \\ &= \frac{1}{4}\int \frac{1}{2}(1-\cos 16x)\,dx \\ &= \frac{1}{8}\left(x - \frac{1}{16}\sin 16x\right) + c \\ &= \frac{1}{8}x - \frac{1}{128}\sin 16x + c\end{aligned}$$

이다. 이 적분은 $\sin^2 4x = \frac{1}{2}(1-\cos 8x)$와 $\cos^2 4x = \frac{1}{2}(1+\cos 8x)$를 사용하여 적분할 수도 있다.

문제 6.34 다음 적분을 구하라.

(1) $\int \sin^4 2x \cos^3 2x\,dx$　　　(2) $\int \sin^4 x\,dx$

[경우 2]

피적분함수가 $\tan^n x$ 또는 $\cot^n x$인 경우는 공식

$$\tan^2 x = \sec^2 x - 1 \text{ 이나 } \cot^2 x = \csc^2 x - 1$$

을 사용하여 적분할 수 있다.

예제 6.36

다음 적분을 구하라.

(1) $\int \tan^4 x\, dx$ (2) $\int \cot^5 x\, dx$

[풀이]

(1) $$\int \tan^4 x\, dx = \int \tan^2 x(\sec^2 x - 1)\, dx$$
$$= \int \tan^2 x \sec^2 x\, dx - \int \tan^2 x\, dx$$
$$= \int \tan^2 x \sec^2 x\, dx - \int (\sec^2 x - 1)\, dx$$
$$= \int \tan^2 x \sec^2 x\, dx - \tan x + x + c$$

이다. 앞의 적분을 계산하기 위하여 $u = \tan x$라 두면 $du = \sec^2 x\, dx$이므로

$$\int \tan^4 x\, dx = \int u^2\, du - \tan x + x + c$$
$$= \frac{1}{3}u^3 - \tan x + x + c$$
$$= \frac{1}{3}\tan^3 x - \tan x + x + c$$

이다.

(2) $$\int \cot^5 x\, dx = \int \cot^3 x\,(\csc^2 x - 1)\, dx$$
$$= \int \cot^3 x \csc^2 x\, dx - \int \cot x(\csc^2 x - 1)\, dx$$
$$= \int \cot^3 x \csc^2 x\, dx - \int \cot x \csc^2 x\, dx + \int \cot x\, dx$$
$$= \int \cot^3 x \csc^2 x\, dx - \int \cot x \csc^2 x\, dx + \int \frac{\cos x}{\sin x}\, dx$$

이다. 앞의 두 적분을 계산하기 위하여 $u = \cot x$라 두면 $du = -\csc^2 x\, dx$이므로

$$\int \cot^5 x\, dx = -\int u^3\, du + \int u\, du + \int \frac{\cos x}{\sin x}\, dx$$

$$= -\frac{1}{4}u^4 + \frac{1}{2}u^2 + \ln|\sin x| + c$$

$$= -\frac{1}{4}\cot x^4 + \frac{1}{2}\cot x^2 + \ln|\sin x| + c$$

이다.

문제 6.35 다음 적분을 구하라.

(1) $\int \tan^3 x\, dx$ (2) $\int \cot^4 x\, dx$

[경우 3]

피적분함수가 $\sec^n x$ 또는 $\csc^n x$인 경우는 공식

$$\sec^2 x = \tan^2 x + 1 \text{ 이나 } \csc^2 x = \cot^2 x + 1$$

을 사용하거나 부분적분을 사용하여 적분할 수 있다.

예제 6.37

다음 적분을 구하라.

(1) $\int \sec^4 x\, dx$ (2) $\int \sec^3 x\, dx$

[풀이]

(1)
$$\int \sec^4 x\, dx = \int \sec^2 x(\tan^2 x + 1)\, dx$$
$$= \int \sec^2 x \tan^2 x\, dx + \int \sec^2 x\, dx$$
$$= \int \sec^2 x \tan^2 x\, dx + \tan x + c$$

이다. 앞의 적분을 하기 위하여 $u = \tan x$로 치환하면 $du = \sec^2 x\, dx$이므로

$$\int \sec^4 x\, dx = \int u^2\, du + \tan x + c$$

$$= \frac{1}{3}u^3 + \tan x + c$$

$$= \frac{1}{3}\tan^3 x + \tan x + c$$

이다.

(2) $\int \sec^3 x\, dx = \int \sec x \sec^2 x\, dx$이다. 부분적분을 사용하기 위하여 $f(x) = \sec x$, $g'(x) = \sec^2 x$라 두면 $f'(x) = \sec x \tan x$이고 $g(x) = \tan x$이므로

$$\begin{aligned}\int \sec^3 x\, dx &= \int \sec x (\tan x)'\, dx \\ &= \sec x \tan x - \int \sec x \tan^2 x\, dx \\ &= \sec x \tan x - \int \sec x (\sec^2 x - 1)\, dx \\ &= \sec x \tan x - \int \sec^3 x\, dx + \int \sec x\, dx \\ &= \sec x \tan x - \int \sec^3 x\, dx + \ln|\sec x + \tan x|\end{aligned}$$

이다. 따라서

$$\int \sec^3 x\, dx = \frac{1}{2}(\sec x \tan x + \ln|\sec x + \tan x|) + c$$

이다.

문제 6.36 $\int \sec^6 x\, dx$을 구하라.

문제 6.37 $\int \sec^5 x\, dx = \frac{1}{4}\sec^3 x \tan x + \frac{3}{4}\int \sec^3 x\, dx$임을 보여라.

[경우 4]

피적분함수가 $\tan^m x \sec^n x$인 경우는 공식

$$\sec^2 x = \tan^2 x + 1$$

와 부분적분을 사용하여 적분할 수 있다.

예제 6.38

다음 적분을 구하라.

(1) $\int \tan^3 x \sec^5 x\,dx$ (2) $\int \tan^2 x \sec^4 x\,dx$

(3) $\int \tan^4 x \sec^3 x\,dx$

[풀이]

(1)
$$\int \tan^3 x \sec^5 x\,dx = \int \tan^2 x \sec^4 x\,(\sec x \tan x)\,dx$$
$$= \int (\sec^2 x - 1)\sec^4 x\,(\sec x \tan x)\,dx$$

이다. $u = \sec x$라 두면 $du = \sec x \tan x$이므로

$$\int (\sec^2 x - 1)\sec^4 x\,(\sec x \tan x)\,dx = \int (u^2 - 1)u^4 du$$
$$= \frac{1}{7}u^7 - \frac{1}{5}u^5 + c$$
$$= \frac{1}{7}\sec^7 x - \frac{1}{5}\sec^5 x + c$$

이다.

(2) $\int \tan^2 x \sec^4 x\,dx = \int \tan^2 x\,(\tan^2 x + 1)\sec^2 x\,dx$이다. $u = \tan x$라 두면 $du = \sec^2 x\,dx$이므로

$$\int \tan^2 x\,(\tan^2 x + 1)\sec^2 x\,dx = \int u^2(u^2 + 1)\,du$$
$$= \frac{1}{5}u^5 + \frac{1}{3}u^3 + c$$
$$= \frac{1}{5}\tan^5 x + \frac{1}{3}\tan^3 x + c$$

이다.

(3)
$$\int \tan^4 x \sec^3 x\,dx = \int (\sec^2 x - 1)^2 \sec^3 x\,dx$$
$$= \int (\sec^7 x - 2\sec^5 x + \sec^3 x)\,dx$$

이다. 이 적분은 $\int \sec^7 x\,dx$, $\int \sec^5 x\,dx$, $\int \sec^3 x\,dx$를 (경우3)의 방법으로 각각 적분하면 된다.

문제 6.38 다음 적분을 구하라.

(1) $\int \tan x \sec^6 x\,dx$ (2) $\int \tan^2 x \sec^5 x\,dx$

(3) $\int \tan^5 x \sec x\,dx$

마지막으로 소개할 내용은 삼각함수를 사용하는 치환적분 방법이다. 복잡하지만 매우 유용한 적분 방법이다. 피적분함수가 $\sqrt{a^2-x^2}$, $\sqrt{x^2+a^2}$ 또는 $\sqrt{x^2-a^2}$ 형태의 식을 포함하는 경우는 다음과 같은 치환에 의하여 적분을 할 수 있다.

피적분함수가 $\sqrt{a^2-x^2}$를 포함하는 경우 $x=a\sin\theta$

피적분함수가 $\sqrt{x^2+a^2}$를 포함하는 경우 $x=a\tan\theta$

피적분함수가 $\sqrt{x^2-a^2}$를 포함하는 경우 $x=a\sec\theta$

로 치환을 하면, 각각

$$\sqrt{a^2-x^2}=\sqrt{a^2-a\sin^2\theta}\;=a\cos\theta$$

$$\sqrt{x^2+a^2}=\sqrt{a^2\tan^2\theta+a^2}\;=a\sec\theta$$

$$\sqrt{x^2-a^2}=\sqrt{a^2\sec^2\theta-a^2}\;=a\tan\theta$$

로 바뀌고,

$$dx=a\cos\theta\,d\theta,\quad dx=a\sec^2\theta\,d\theta,\quad dx=a\sec\theta\tan\theta\,d\theta$$

로 바뀌게 된다. 이 방법을 삼각치환이라고 한다.

예제 6.39

다음 적분을 구하라.

(1) $\displaystyle\int \frac{1}{\sqrt{1+x^2}}\,dx$ (2) $\displaystyle\int_0^{\sqrt{2}} \frac{x}{\sqrt{x^2+4}}\,dx$

(3) $\displaystyle\int \frac{x}{(1-x^2)^{3/2}}\,dx$

[풀이]

(1) $x=\tan\theta$로 두면 $\sqrt{1+x^2}=\sec\theta$이고 $dx=\sec^2\theta\,d\theta$이므로

$$\int \frac{1}{\sqrt{1+x^2}}\,dx = \int \frac{\sec^2\theta}{\sec\theta}\,d\theta$$
$$= \ln|\sec\theta+\tan\theta|+c$$

이다. 이제 적분 결과를 x에 관한 식으로 바꾸면

$$\int \frac{1}{\sqrt{1+x^2}}\,dx = \ln\left(\sqrt{1+x^2}+x\right)+c$$

이다.

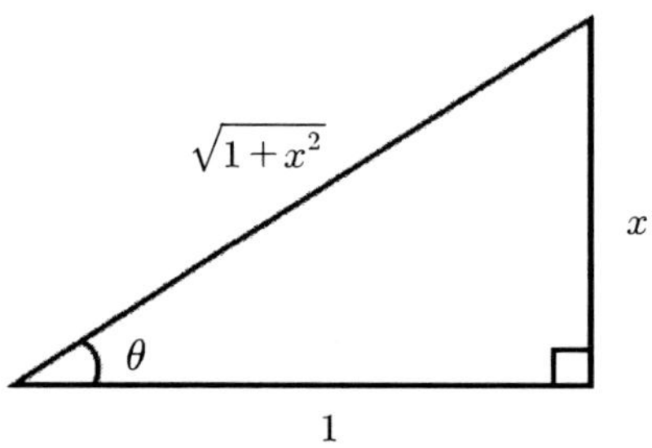

그림 6.15

(2) $x=2\tan\theta$로 두면 $\sqrt{x^2+4}=2\sec\theta$이고 $dx=2\sec^2\theta d\theta$이다. 그리고 $x=0$일 때 $\theta=0$이고 $x=\sqrt{2}$일 때 $\theta=\pi/4$이므로

$$\int_0^{\sqrt{2}} \frac{x}{\sqrt{x^2+4}}\,dx = \int_0^{\pi/4} \frac{2\tan\theta}{2\sec\theta}2\sec^2\theta\,d\theta$$

$$= 2\int_0^{\pi/4} \tan\theta \sec\theta \, d\theta$$

$$= 2[\sec\theta]_0^{\pi/4} = 2(\sqrt{2}-1)$$

이다. 실제로 이 적분은 치환 $u = x^2+1$을 사용하여 더 간단히 할 수 있다.

(3) $x = \sin\theta$로 두면 $\sqrt{1-x^2} = \cos\theta$이고 $dx = \cos\theta \, d\theta$이므로

$$\int \frac{x}{(1-x^2)^{3/2}} dx = \int \frac{\sin\theta}{\cos^3\theta} \cos\theta \, d\theta$$

$$= \int \sec\theta \tan\theta \, d\theta = \sec\theta + c$$

이다. 그리고 아래 그림으로부터 $\sec\theta = \dfrac{1}{\sqrt{1-x^2}}$ 임을 알 수 있다. 그러므로

$$\int \frac{x}{(1-x^2)^{3/2}} dx = \frac{1}{\sqrt{1-x^2}} + c$$

이다.

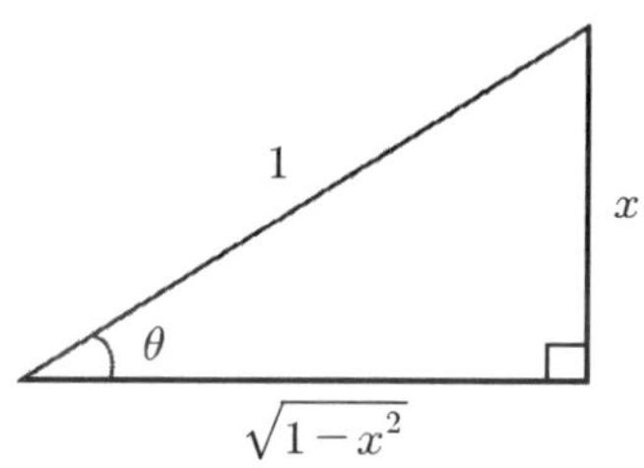

그림 6.16

문제 6.39 다음 적분을 구하라.

(1) $\int \sqrt{1-x^2} \, dx$ (2) $\int \dfrac{1}{x^2\sqrt{x^2-4}} dx$

(3) $\int_5^9 \dfrac{1}{x\sqrt{x^2+144}} dx$

예제 6.40

$\int \frac{1}{x^2+a^2}dx$를 구하라.

[풀이]

$x = a\tan\theta$로 두면 $x^2+a^2 = a^2\sec^2\theta$이고 $dx = a\sec^2\theta\,d\theta$이므로

$$\int \frac{1}{x^2+a^2}dx = \int \frac{1}{a^2\sec^2\theta}a\sec^2\theta\,d\theta$$

$$= \int \frac{1}{a}d\theta = \frac{1}{a}\theta + c$$

이다. 그리고 $\theta = \tan^{-1}\left(\frac{x}{a}\right)$이므로

$$\int \frac{1}{x^2+a^2}dx = \frac{1}{a}\tan^{-1}\left(\frac{x}{a}\right) + c$$

이다. 이 공식은 적분을 하는데 유용하게 사용되므로 기억해두면 편리하다.

[참고]

피적분함수가 $\sqrt{a^2-x^2}$, $\sqrt{x^2+a^2}$ 또는 $\sqrt{x^2-a^2}$ 형태의 식을 포함한다고 해서 무조건 삼각치환을 사용하는 것은 아니다. 예제 6.22(2)와 같이 일반 치환을 사용하여 계산하는 것이 빠른 경우도 있다.

연습문제 6.4

1. 다음 부정적분을 구하라.

(1) $\int (3x+1)^7 dx$

(2) $\int x(x^2-3)^4 dx$

(3) $\int \sin 2x \cos^3 2x\, dx$

(4) $\int \frac{x^2+1}{x^3+3x} dx$

(5) $\int \frac{1}{1-\sqrt{x}} dx$

(6) $\int x^5 \sqrt{x^3+1}\, dx$

(7) $\int \frac{x-1}{2x+3} dx$

(8) $\int \frac{2x^2+x+3}{x+1} dx$

(9) $\int \frac{1}{x^2-x-12} dx$

(10) $\int \frac{x-1}{x(x+1)^2} dx$

(11) $\int x^2 \ln x\, dx$

(12) $\int x \sec^2 x\, dx$

(13) $\int \sin(\ln x)\, dx$

(14) $\int \frac{x^2}{\sqrt{1-x}} dx$

(15) $\int \sin^3 x\, dx$

(16) $\int \csc^4 x\, dx$

(17) $\int \sin^3 x \cos^3 x\, dx$

(18) $\int \frac{1}{1+\cos x} dx$

(19) $\int \frac{1}{\sqrt{4+x^2}} dx$

(20) $\int \frac{x}{\sqrt{x^2+4x}} dx$

2. 다음 정적분을 구하라.

(1) $\int_0^{\pi/4} \sin 2x \cos x\, dx$

(2) $\int_0^{\pi/2} \sin x \cos^2 x\, dx$

(3) $\int_0^{\pi/4} \frac{\cos x - \sin x}{\cos x + \sin x} dx$

(4) $\int_1^e \frac{1}{x(1+\ln x)} dx$

(5) $\int_{-1}^2 |1-x|\, dx$

(6) $\int_0^3 |x^2-2x|\, dx$

(7) $\int_0^{\pi/2} e^x \sin x\, dx$ (8) $\int_0^{\pi/2} x^2 \sin x\, dx$

3. 곡선 $y=\cos x$, $y=\cos^3 x$ $\left(0 \le x \le \frac{\pi}{2}\right)$로 둘러싸인 영역의 넓이를 구하라.

4. 치환적분을 이용하여 다음을 보여라.

$$\int_0^1 x^4(1-x)^7\,dx = \int x^7(1-x)^4\,dx$$

5. $f(x)$가 연속함수일 때, 치환적분을 이용하여 다음을 보여라.

$$\int_{ka}^{kb} f(x)\,dx = k\int_a^b f(kx)\,dx$$

6. $\int_0^{\pi/2} \sin^2 x\, dx = \int_0^{\pi/2} \cos^2 x\, dx$임을 보여라.

제 7 장

적분의 응용

7.1 넓이

우리는 6장에서 함숫값이 음이 아닌 함수 $y=f(x)$의 그래프와 x축, 그리고 x축에 수직인 두 직선 $x=a$, $x=b$로 유계된 영역의 넓이 A가 다음과 같다는 것을 공부했다.

$$A=\int_a^b f(x)\,dx$$

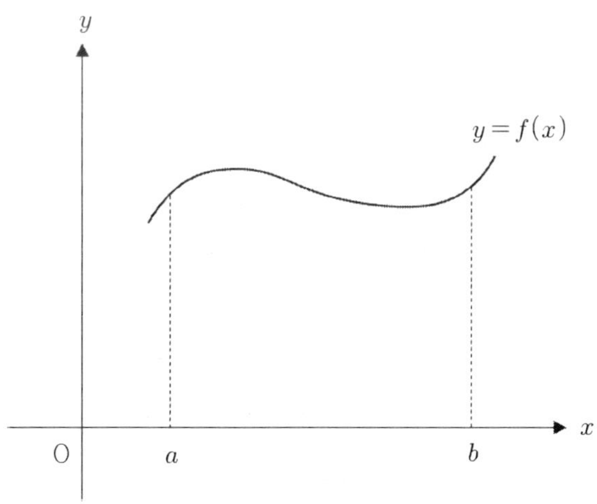

그림 7.1

예를 들어, 함수 $y=x^3$의 그래프와 x축, 그리고 x축에 수직인 두 직선 $x=1$, $x=2$로 유계된 영역의 넓이는

$$\int_1^2 x^3\,dx = \left[\frac{1}{4}x^4\right]_1^2 = \frac{15}{4}$$

이다.

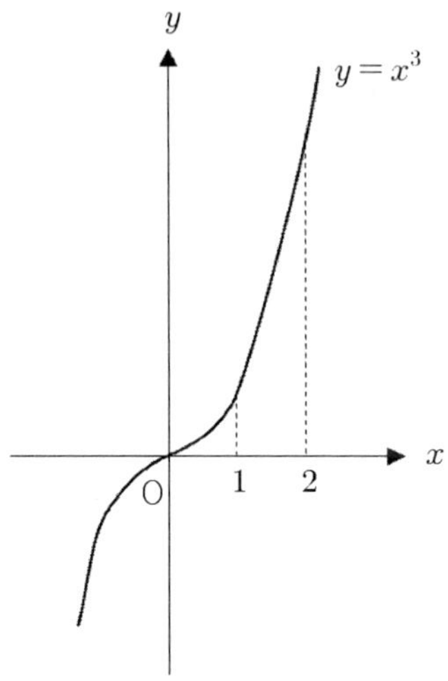

그림 7.2

이제 두 곡선 $y=f(x)$, $y=g(x)$와 두 직선 $x=a$, $x=b$로 유계된 영역 S의 넓이를 구해보자. 여기서 $y=f(x)$와 $y=g(x)$는 구간 $[a,b]$에서 연속이고 모든 x에 대하여 $f(x) \ge g(x)$라 가정하자. 그리고 S의 넓이를 A라 하자. 6장에서와 같이 구간 $[a,b]$를 길이가 같은 n개의 부분구간으로 나누는 분할 P를 생각하자. 즉,

$P: a=x_0<x_1<x_2<\cdots<x_n=b \quad (\Delta x_i = x_i - x_{i-1} = (b-a)/n,\ i=1,2,\cdots,n)$

이다.

두 곡선 $y=f(x)$, $y=g(x)$와 두 직선 $x=x_{i-1}$, $x=x_i$로 유계된 영역의 넓이를 A_i라 하자. 구간 $[x_{i-1},x_i]$에서 $f(x)-g(x)$의 최솟값을 m_i, 최댓값을 M_i라 하고, $[x_{i-1},x_i]$의 적당한 점 u_i, v_i에 대하여 $f(u_i)-g(u_i)=m_i$, $f(v_i)-g(v_i)=M_i$라 하자. 그러면

$$m_i\Delta x_i \le A_i \le M_i\Delta x_i$$

이다. 따라서

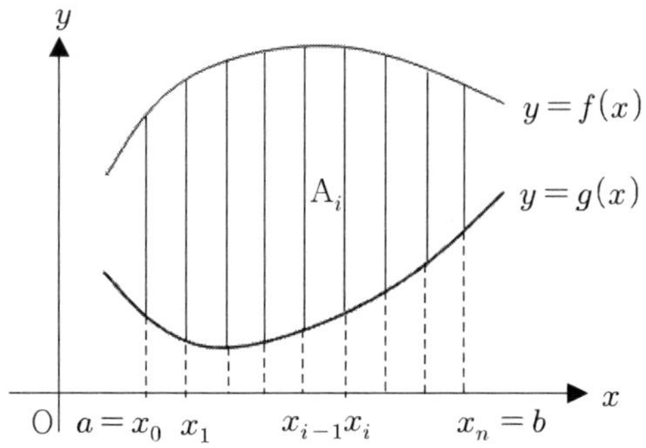

그림 7.3

$$\sum_{i=1}^{n}(f(u_i)-g(u_i))\triangle x_i \le A=\sum_{i=1}^{n}A_i \le \sum_{i=1}^{n}(f(v_i)-g(v_i))\triangle x_i$$

이다. 정리 6.2의 참고에 의하여

$$\lim_{n\to\infty}\sum_{i=1}^{n}(f(u_i)-g(u_i))\triangle x_i=\lim_{n\to\infty}\sum_{i=1}^{n}(f(v_i)-g(v_i))\triangle x_i$$

$$=\int_a^b(f(x)-g(x))\,dx$$

이다. 그러므로 영역 S의 넓이 A는

$$A=\int_a^b(f(x)-g(x))\,dx$$

이다. 일반적으로 다음 정리를 얻을 수 있다.

[정리 7.1] 구간 $[a,b]$에서 정의된 두 연속함수 $y=f(x)$, $y=g(x)$와 두 직선 $x=a$, $x=b$로 유계된 영역의 넓이를 A라 하면

$$A=\int_a^b|\,f(x)-g(x)\,|\,dx$$

이다.

[참고]

영역의 넓이는 주어진 구간에 대하여 그 영역의 높이를 적분하는 것으로 이해할 수 있다.

[따름정리 7.2] 구간 $[a,b]$에서 정의된 연속함수 $y=f(x)$와 x축, 그리고 두 직선 $x=a$, $x=b$로 유계된 영역의 넓이를 A라 하면

$$A=\int_a^b |f(x)|\,dx$$

이다.

예제 7.1

함수 $f(x)=x-1$의 그래프와 x축 그리고 $x=1$, $x=3$으로 유계된 영역의 넓이를 구하라.

[풀이]
구간 $[1,3]$에서 $f(x)\geq 0$이므로 넓이는

$$\int_1^3 (x-1)\,dx=\left[\frac{1}{2}x^2-x\right]_1^3=2$$

이다. 이 영역은 삼각형이다. 삼각형의 넓이를 구하여 결과가 맞는지를 확인할 수 있다.

예제 7.2

함수 $f(x)=2x^2+1$, $g(x)=x$의 그래프와 $x=-1$, $x=2$로 유계된 영역의 넓이를 구하라.

[풀이]
구간 $[-1,2]$에서 $x\leq 2x^2+1$이므로 넓이는

$$\begin{aligned}\int_{-1}^2 (2x^2+1-x)\,dx&=\left[\frac{2}{3}x^3+x-\frac{1}{2}x^2\right]_{-1}^2\\&=\frac{15}{2}\end{aligned}$$

이다.

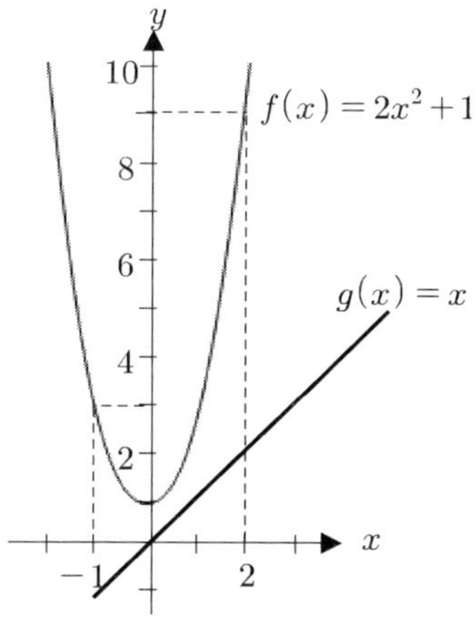

그림 7.4

문제 7.1 함수 $f(x)=x^2-2x+2$의 그래프와 x축 그리고 $x=0$, $x=2$로 유계된 영역의 넓이를 구하라.

문제 7.2 함수 $f(x)=x^3-3x^2+2x$, $g(x)=x^2-2x-1$의 그래프와 $x=0$, $x=2$로 유계된 영역의 넓이를 구하라.

예제 7.3

곡선 $y=\sin x$, $y=\cos x$와 $x=0$, $x=\pi$로 유계된 영역의 넓이를 구하라.

[풀이]

구간 $[0,\pi]$에서 두 곡선을 그리면 다음과 같다.

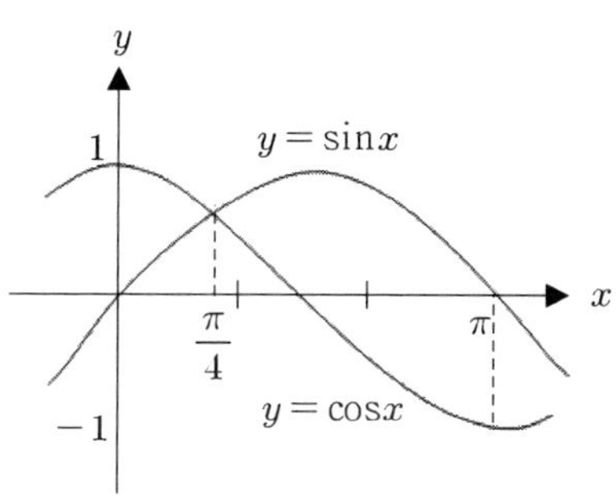

그림 7.5

구간 $[0, \pi/4]$에서는 $\sin x \le \cos x$이고 구간 $[\pi/4, \pi]$에서는 $\cos x \le \sin x$이다. 그러므로 넓이는

$$\begin{aligned}\int_0^{\pi} |\sin x - \cos x|\, dx &= \int_0^{\pi/4} (\cos x - \sin x)\, dx + \int_{\pi/4}^{\pi} (\sin x - \cos x)\, dx \\ &= [\sin x + \cos x]_0^{\pi/4} + [-\cos x - \sin x]_{\pi/4}^{\pi} \\ &= \left(\frac{1}{\sqrt{2}} + \frac{1}{\sqrt{2}} - 1\right) + \left(1 + \frac{1}{\sqrt{2}} + \frac{1}{\sqrt{2}}\right) \\ &= 2\sqrt{2}\end{aligned}$$

이다.

문제 7.3 곡선 $y = \sin 2x$, $y = \cos x$와 $x = 0$, $x = \dfrac{\pi}{2}$로 유계된 영역의 넓이를 구하라.

예제 7.4

다음 곡선들로 유계된 영역을 그리고 넓이를 구하라.

(1) $y = x^2$, $y = x + 2$

(2) $y = \sqrt{x+1}$, x축, $x = 0$, $x = 1$

[풀이]

(1) $\displaystyle\int_{-1}^{2} (x + 2 - x^2)\, dx = \left[\frac{1}{2}x^2 + 2x - \frac{1}{3}x^3\right]_{-1}^{2} = \frac{9}{2}$

(2) $\displaystyle\int_0^1 \sqrt{x+1}\, dx = \left[\frac{2}{3}(x+1)^{\frac{3}{2}}\right]_0^1 = \frac{2}{3}(2\sqrt{2} - 1)$

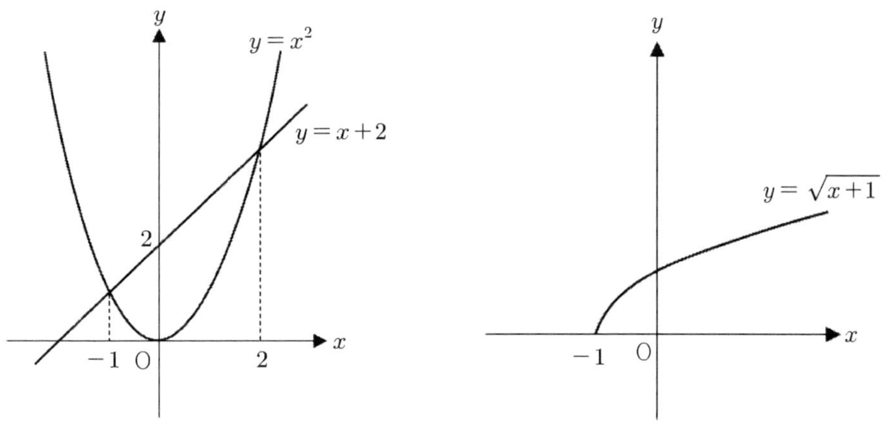

그림 7.6

문제 7.4 다음 곡선들로 유계된 영역을 그리고 넓이를 구하라.

(1) $y = x(x-2),\quad y = 2x$

(2) $y = \sqrt{2x},\quad y = x-4,\quad x = 0$

예제 7.5

곡선 $y = x^2 + 2x$와 x축 그리고 $x = -1$, $x = 2$로 유계된 영역의 넓이를 구하라.

[풀이]

넓이는 $\int_{-1}^{2} |x^2 + 2x|\, dx$이다. 그런데 구간 $[-1, 0]$에서 $x^2 + 2x \leq 0$이고 구간 $[0, 2]$에서 $x^2 + 2x \geq 0$이므로

$$\begin{aligned}\int_{-1}^{2} |x^2 + 2x|\, dx &= \int_{-1}^{0} (-x^2 - 2x)\, dx + \int_{0}^{2} (x^2 + 2x)\, dx \\ &= \left[-\frac{1}{3}x^3 - x^2\right]_{-1}^{0} + \left[\frac{1}{3}x^3 + x^2\right]_{0}^{2} \\ &= \frac{22}{3}\end{aligned}$$

이다.

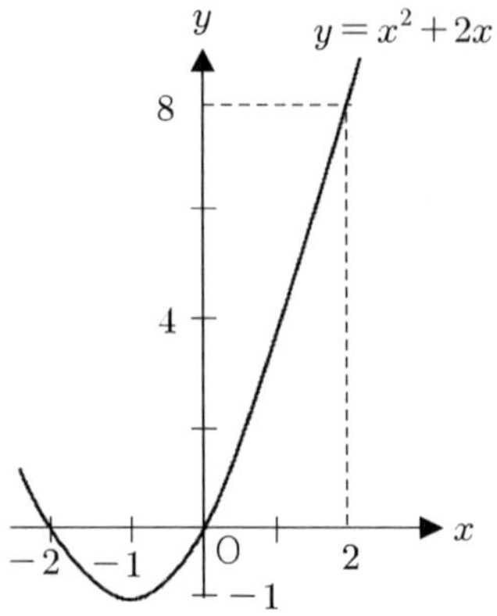

그림 7.7

문제 7.5 (1) 곡선 $y=x^2-1$과 x축 그리고 $x=0$, $x=3$으로 유계된 영역의 넓이를 구하라.

(2) 곡선 $y=(x-1)(x-3)$과 x축 그리고 $x=2$, $x=4$로 유계된 영역의 넓이를 구하라.

예제 7.6

다음 곡선들로 유계된 영역의 넓이를 구하라.

(1) $y=-x^2+2,\quad y=x,\quad x=-1,\quad x=3$

(2) $f(x)=2x^3-x^2-2x,\quad g(x)=x^2+2x$

[풀이]

(1) 두 함수의 그래프를 그리면 오른쪽 그림과 같다.

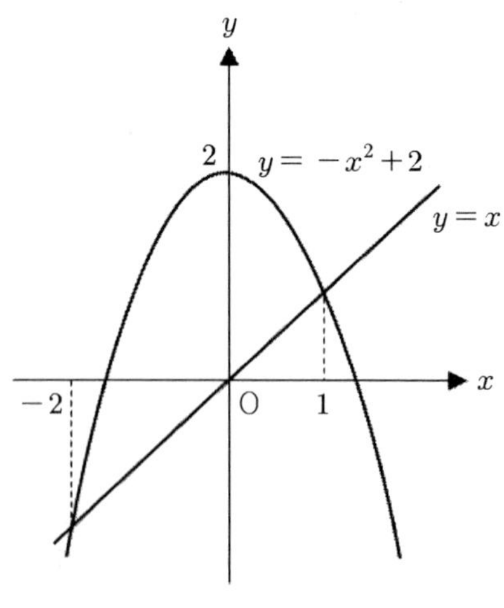

그림 7.8

넓이는 $\int_{-1}^{3}|(-x^2+2)-x|dx$이다. 구간 $[-1,1]$에서는 $x\le -x^2+2$이고 구간 $[1,3]$에서는 $-x^2+2\le x$이므로 넓이는

$$\begin{aligned}\int_{-1}^{3}|(-x^2+2)-x|\,dx &= \int_{-1}^{1}((-x^2+2)-x)\,dx+\int_{1}^{3}(x-(-x^2+2))\,dx\\ &= \int_{-1}^{1}(-x^2-x+2)\,dx+\int_{1}^{3}(x^2+x-2)\,dx\\ &= \left[-\frac{1}{3}x^3-\frac{1}{2}x^2+2x\right]_{-1}^{1}+\left[\frac{1}{3}x^3+\frac{1}{2}x^2-2x\right]_{1}^{3}\\ &= 12\end{aligned}$$

이다.

(2) 두 함수의 그래프를 그리면 아래 그림과 같고, 교점의 x좌표는 $-1,\ 0,\ 2$이다.

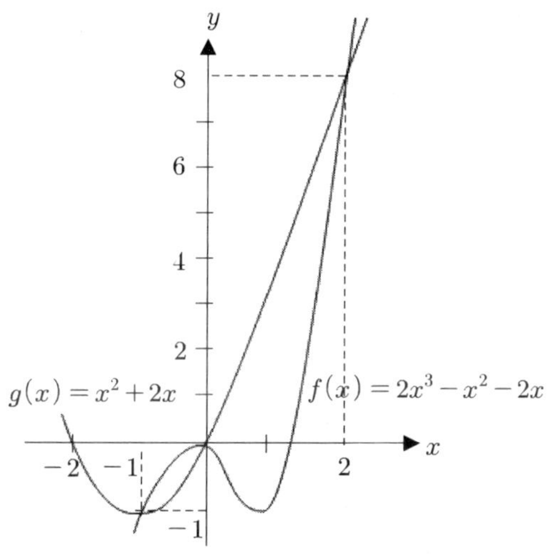

그림 7.9

넓이는 $\int_{-1}^{2}|f(x)-g(x)|dx$이다. 구간 $[-1,0]$에서는 $g(x)\le f(x)$이고 구간 $[0,2]$에서는 $f(x)\le g(x)$이므로 넓이는

$$\begin{aligned}\int_{-1}^{2}|f(x)-g(x)|\,dx &= \int_{-1}^{0}(f(x)-g(x))\,dx+\int_{0}^{2}(g(x)-f(x))\,dx\\ &= \int_{-1}^{0}(2x^3-2x^2-4x)\,dx+\int_{0}^{2}(-2x^3+2x^2+4x)\,dx\end{aligned}$$

$$= \left[\frac{1}{2}x^4 - \frac{2}{3}x^3 - 2x^2\right]_{-1}^{0} - \left[\frac{1}{2}x^4 - \frac{2}{3}x^3 - 2x^2\right]_{0}^{2}$$

$$= \frac{37}{6}$$

이다.

문제 7.6 다음 곡선들로 유계된 영역의 넓이를 구하라.

(1) $y = x^2 - 3x + 2,\quad y = x,\quad x = 0,\quad x = 2$

(2) $f(x) = 2x^3 - 3x^2 - x - 1,\quad g(x) = 2x - 3$

영역이 두 곡선 $x = f(y)$, $x = g(y)$와 두 직선 $y = c$, $y = d$ $(c < d)$로 유계되어 있으면, 이 영역의 넓이 A는 다음과 같다.

$$A = \int_c^d |f(y) - g(y)|\,dy$$

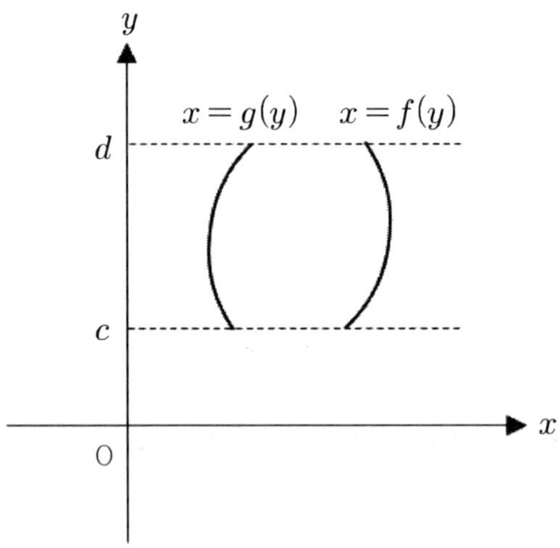

그림 7.10

예제 7.7

곡선 $f(y)=2-y^2$과 $g(y)=2y-1$로 유계된 영역의 넓이를 구하라.

[풀이]
두 함수 $f(y)$와 $g(y)$의 그래프를 그리면 아래 그림과 같고, 교점의 y좌표는 $-3, 1$이다.

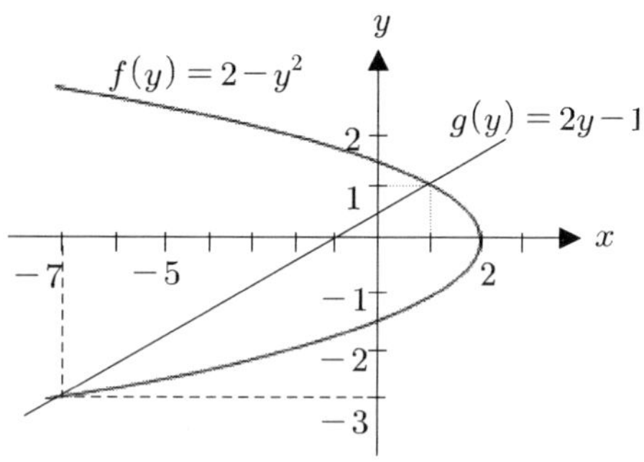

그림 7.11

구간 $[-3, 1]$에서 $g(y) \le f(y)$이므로 넓이는

$$\int_{-3}^{1}(f(y)-g(y))\,dy = \int_{-3}^{1}\left((2-y^2)-(2y-1)\right)dy$$

$$= \left[-\frac{1}{3}y^3-y^2+3y\right]_{-3}^{1}$$

$$= \frac{32}{3}$$

이다.

문제 7.7 곡선 $f(y)=y^2-1$과 $g(y)=y+1$로 유계된 영역의 넓이를 구하라.

연습문제 7.1

1. 다음 곡선으로 유계된 영역을 그려보고, 영역의 넓이를 구하라.

(1) $y=x^2, \quad y=x$

(2) $y=x^3-3x^2+3x, \quad y=x^2-x$

(3) $y=\sqrt{1-x}, \quad y=x+1, \quad y=0$

(4) $y=x^3, \quad y=2x$

(5) $y=|x|-1, \quad x=-1, \quad x=2, \quad y=0$

(6) $y=|x^2-1|, \quad y=1$

(7) $y=\sin x, \quad x=0, \quad x=\pi, \quad y=0$

(8) $y=\sin 2x, \quad y=\cos 2x, \quad x=0, \quad x=\dfrac{\pi}{2}$

(9) $y=\dfrac{x}{1+\sqrt{x}}, \quad x=4, \quad y=0$

(10) $y=x^2\sqrt{x+1}, \quad x=-1, \quad x=0, \quad y=0$

2. 포물선 $y=4x^2-5x+1$과 두 점 $(0,1)$, $(2,7)$을 잇는 선분으로 유계된 영역의 넓이를 구하라.

3. $f(x)=x^2+1$과 점 $(1,2)$에서의 이 곡선의 접선 그리고 y축으로 유계된 영역의 넓이를 구하라.

4. 곡선 $y^2=9-x$와 직선 $y=x+3$으로 유계된 영역의 넓이를 구하라.

5. 두 곡선 $f(x)=3x^3-5x^2-x+7$과 $g(x)=x^3+5x^2-5x-9$로 유계된 영역의 넓이를 구하라.

6. 곡선 $y = \sqrt{x}$는 네 점 $(0,0), (4,0), (4,2), (0,2)$를 꼭짓점으로 하는 사각형의 넓이를 $1:a$로 나눈다. a의 값을 구하라. 단 $a>1$이다.

7. 곡선 $y = |x^3 - 2x^2 - x + 2|$와 x축으로 유계된 영역의 넓이를 구하라.

8. 다음 네 곡선으로 유계된 영역의 넓이를 구하라.

$$y = x^2, \quad x + y - 6 = 0, \quad x + 5y - 6 = 0, \quad x = 0$$

9. (Prismoidal의 정리) 포물선 $y = f(x)$가 구간 $[a, b]$에서 $f(x) \geq 0$이라고 하자. 그리고 c를 구간 $[a, b]$의 중점이라 하자. 포물선 $y = f(x)$와 x축 그리고 직선 $x = a$, $x = b$로 유계된 영역의 넓이 A는

$$A = \frac{h}{3}(f(a) + 4f(c) + f(b)) \qquad (h = (b-a)/2)$$

이다.

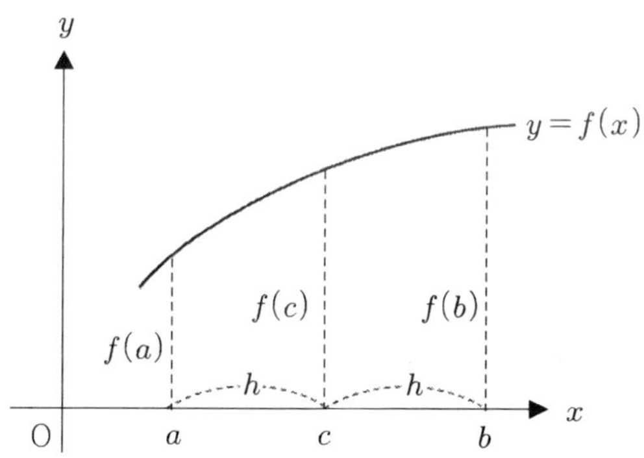

그림 7.12

이를 증명하라.

7.2 체적

일반적인 도형의 넓이는 이 도형에 근접하는 직사각형의 넓이의 합으로 구하였다. 이 방법을 응용하여 3차원 공간에 주어진 입체의 체적을 구하는 방법을 알아보자. 우리는 기둥의 체적을 구할 수 있다. 원기둥의 체적을 밑면인 원의 넓이에 높이를 곱해서 얻듯이, 일반적인 기둥의 체적은 밑면의 넓이에 높이를 곱해서 얻을 수 있다. 다음 그림을 살펴보자.

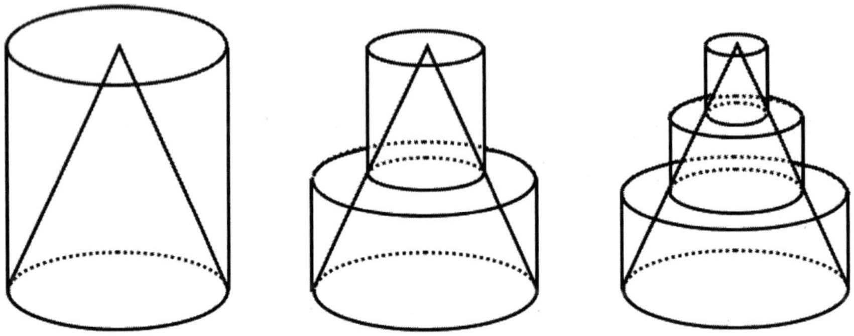

그림 7.13

첫 번째 그림에서 원뿔의 체적은 원기둥의 체적보다 작다. 두 번째 그림에서 원뿔의 체적은 두 원기둥의 체적의 합보다 작다. 그러나 그 차이는 첫 번째 그림보다는 작을 것이다. 마찬가지로 세 번째 그림에서 원뿔의 체적은 세 원기둥의 체적의 합보다 작지만 그 차이는 앞의 두 그림보다는 작을 것이다. 이 차이는 원기둥을 높이를 더 작게 만들면 더 작아질 것이다. 일반적으로, 3차원 공간에 어떤 입체가 주어졌을 때, 이 입체의 단면의 면적을 구할 수 있으면 체적을 구할 수 있다. 주어진 입체를 공간에 적당히 위치시키고, 이 입체를 yz-평면과 평행한 평면 $x=t$로 잘랐을 때의 단면의 넓이 $S(t)$를 구할 수 있고 또 $S(t)$가 t에 관한 연속함수라고 가정하자.

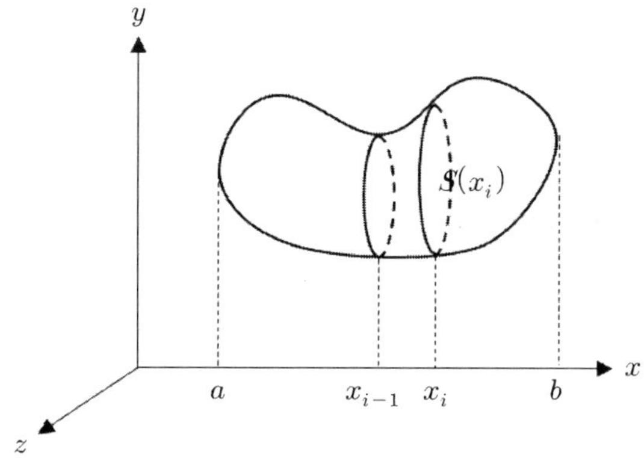

그림 7.14

이 입체를 평면

$$x = x_0 = a,\ x = x_1,\ x = x_2,\ \cdots,\ x = x_i,\ \cdots,\ x = x_n = b$$

로 잘랐다고 하자. 이 때, $x_i - x_{i-1}$이 아주 작으면 잘린 평판의 체적은 밑면이 입체의 단면 모양이고 높이가 $\Delta x_i = x_i - x_{i-1}$인 기둥의 체적에 접근하게 될 것이다. 얇은 평판의 체적을 V_i라 하자. 그리고 구간 $[x_i, x_{i-1}]$에서 $S(x)$의 최솟값을 m_i, 최댓값을 M_i라 하고 $[x_{i-1}, x_i]$의 적당한 점 u_i, v_i에 대하여 $f(u_i) = m_i$, $f(v_i) = M_i$라 하자. 얇은 평판의 체적 V_i는

$$m_i \Delta x_i \le V_i \le M_i \Delta x_i$$

이다. 따라서 입체의 체적 V는

$$\sum_{i=1}^{n} S(u_i) \Delta x_i \le V = \sum_{i=1}^{n} V_i \le \sum_{i=1}^{n} S(v_i) \Delta x_i$$

이다. 정리 6.2의 참고에 의하여

$$\lim_{n \to \infty} \sum_{i=1}^{n} S(u_i) \Delta x_i = \lim_{n \to \infty} \sum_{i=1}^{n} S(v_i) \Delta x_i$$
$$= \int_a^b S(x)\, dx$$

이다. 이 사실로부터 다음 정리를 얻을 수 있다.

[정리 7.3] 입체가 두 평면 $x=a$와 $x=b$ 사이에 놓여 있고, x축에 수직인 평면으로 잘랐을 때의 단면의 넓이가 $S(x)$이다. $S(x)$가 구간 $[a, b]$에서 연속이면 입체의 체적 V는

$$V=\int_a^b S(x)\,dx$$

이다.

예제 7.8

밑면이 한 변의 길이가 a인 정사각형이고 높이가 h인 정사각뿔의 체적을 구하라.

[풀이]
정사각뿔을 3차원 공간에 다음과 같이 그리자.

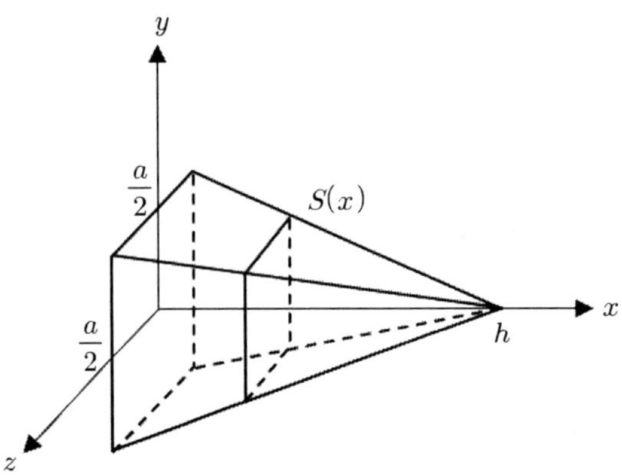

그림 7.15

yz-평면에 평행하고 x축 위의 점 x를 지나는 평면으로 잘랐을 때의 단면의 넓이 $S(x)$를 구하기 위하여 다음 그림을 생각하자.

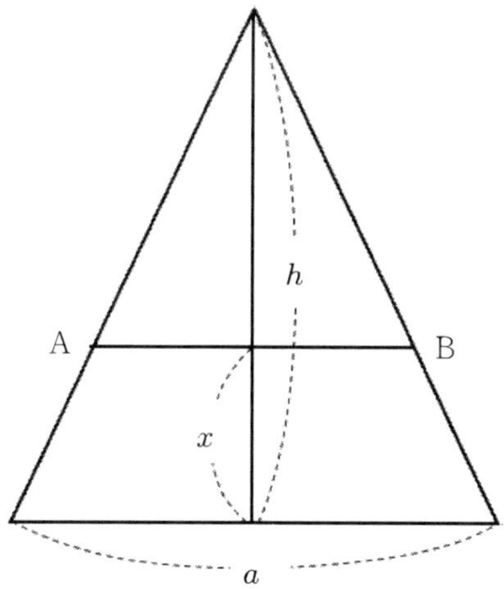

그림 7.16

단면의 넓이는 한 변의 길이가 $\overline{\mathrm{AB}}$ 인 정사각형의 넓이이다. 비례식을 사용하여 $\overline{\mathrm{AB}}$ 의 길이를 구하면

$$a : \overline{\mathrm{AB}} = h : h - x$$

이므로 $\overline{\mathrm{AB}} = \dfrac{a}{h}(h-x)$이다. 따라서 단면의 넓이 $S(x)$는

$$S(x) = \frac{a^2}{h^2}(h-x)^2$$

이다. 그러므로 체적은

$$\begin{aligned}\int_0^h \frac{a^2}{h^2}(h-x)^2\,dx &= \frac{a^2}{h^2}\int_0^h (h^2 - 2hx + x^2)\,dx \\ &= \frac{a^2}{h^2}\left[h^2x - hx^2 + \frac{1}{3}x^3\right]_0^h \\ &= \frac{1}{3}a^2h\end{aligned}$$

이다.

문제 7.8 밑면이 한 변의 길이가 a인 정삼각형이고 높이가 h인 정삼각뿔의 체적을 구하라.

예제 7.9

다음 그림에 주어진 입체의 체적을 구하라. 여기서 곡선 AB의 방정식은 $xy=2$이고 yz-평면에 평행한 평면으로 자른 단면은 직각이등변삼각형이다.

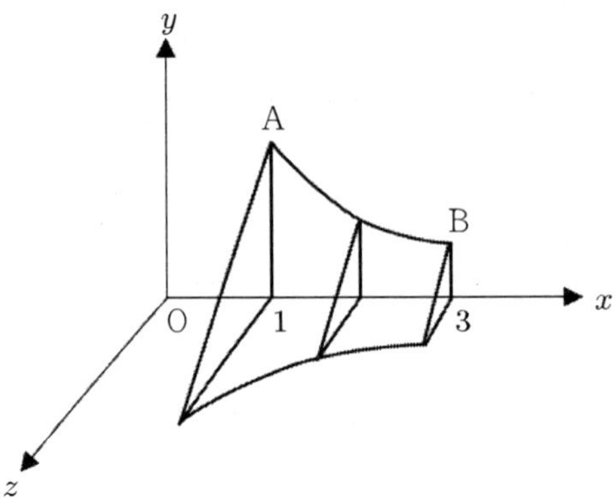

그림 7.17

[풀이]

yz-평면에 평행하고 x축 위의 점 x를 지나는 평면으로 잘랐을 때의 단면이 직각이등변삼각형이므로 높이와 밑변의 길이가 각각 $\frac{2}{x}$이다. 따라서 단면의 넓이 $S(x)$는

$$S(x)=\frac{1}{2}\left(\frac{2}{x}\right)\left(\frac{2}{x}\right)=\frac{2}{x^2}$$

이다. 그러므로 부피는

$$\int_1^3 \frac{2}{x^2}\,dx=\left[-\frac{2}{x}\right]_1^3$$

$$=\frac{4}{3}$$

이다.

문제 7.9 다음 그림에 주어진 입체의 체적을 구하라. 여기서 곡선 AB의 방정식은 $y=\sqrt{2-x}$ 이고 yz-평면에 평행한 평면으로 자른 단면은 직각이등변삼각형이다.

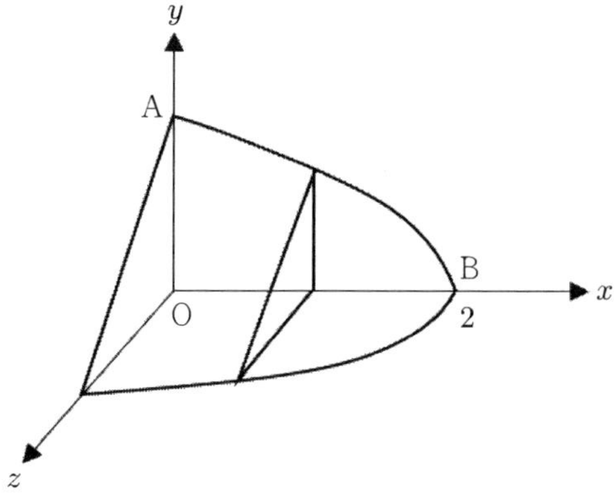

그림 7.18

입체를 자를 때, 반드시 yz-평면에 평행한 평면으로 자를 필요는 없다. xy-평면 또는 xz-평면에 평행한 평면으로 잘라서 계산할 수도 있다.

예제 7.10

곡면 $x^2+y^2=z^2$과 평면 $z=r$로 유계된 입체의 체적을 구하라.

[풀이]

이 입체를 z축 위의 점 z를 지나고 z축에 수직인 평면으로 자르면 단면은 원이고 그 단면의 넓이는 $S(x)=\pi z^2$이다. 따라서 이 입체의 체적은

$$\int_0^r \pi z^2\,dz = \pi\left[\frac{1}{3}z^3\right]_0^r$$

$$=\frac{1}{3}\pi r^3$$

이다. 실제로, 이 입체는 원뿔이고 위 결과는 원뿔의 체적을 구하는 공식이다.

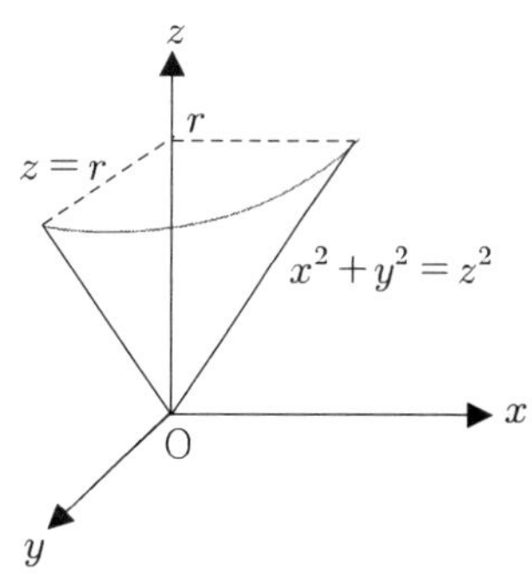

그림 7.19

문제 7.10 곡면 $x^2+2y^2=z$와 평면 $z=3$으로 유계된 입체의 체적을 구하라.

예제 7.11

반지름이 3인 원을 밑면으로 하는 입체가 있다. 그 밑면의 한 지름에 수직인 평면으로 잘랐을 때의 단면이 정사각형일 때, 이 입체의 체적을 구하라.

[풀이]

입체를 단면이 x축에 수직이 되도록 xy-평면 위에 놓자. 그러면 밑면은 $x^2+y^2=9$의 내부이다. 따라서 yz-평면에 평행하고 x축 위의 점 x를 지나는 평면으로 잘랐을 때의 단면의 넓이 $S(x)$는

$$S(x)=\left(2\sqrt{9-x^2}\right)^2=36-4x^2$$

이다. 그러므로 입체의 체적은

$$\int_{-3}^{3}(36-4x^2)\,dx=2\left[36x-\frac{4}{3}x^3\right]_0^3$$
$$=144$$

이다.

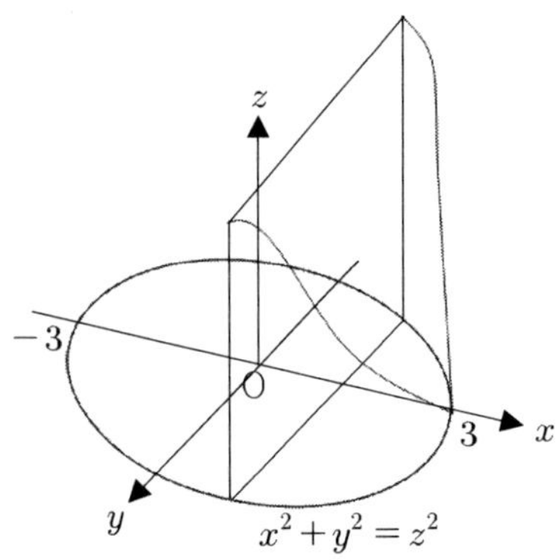

그림 7.20

예제 7.12

밑면의 반지름이 r인 원기둥을 밑면의 지름을 지나고 밑면과 $\pi/6$를 이루는 평면으로 잘랐을 때 생기는 입체의 체적을 구하라.

[풀이]

지름이 x축에 놓이도록 원기둥을 xy평면 위에 놓자. 그러면 밑면은 $x^2+y^2=r^2$의 내부이다.

입체를 yz-평면에 평행한 평면으로 잘랐을 때의 단면은 한 각의 크기가 $\pi/6$인 직각삼각형이므로 단면의 넓이 $S(x)$는

$$S(x) = \frac{1}{2}\sqrt{r^2 - x^2}\sqrt{r^2 - x^2}\tan\frac{\pi}{6} = \frac{1}{2\sqrt{3}}(r^2 - x^2)$$

이다. 그러므로 입체의 체적은

$$\begin{aligned}\int_{-r}^{r}\frac{1}{2\sqrt{3}}(r^2 - x^2)\,dx &= \frac{1}{\sqrt{3}}\int_{0}^{r}(r^2 - x^2)\,dx \\ &= \frac{1}{\sqrt{3}}\left[r^2x - \frac{1}{3}x^3\right]_0^r \\ &= \frac{2}{3\sqrt{3}}r^3\end{aligned}$$

이다.

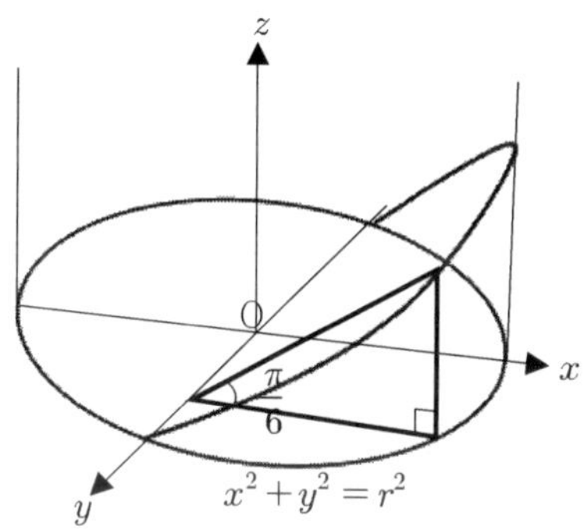

그림 7.21

문제 7.11 마주보는 두 꼭짓점이 곡선 $y^2 = 4x$ 위에 놓인 정사각형이 잇다. 이 정사각형이 x축에 수직을 이루면서 $x = 1$에서 $x = 4$까지 움직였을 때 생기는 입체의 체적을 구하라.

[참고]

영역의 넓이는 그 영역의 높이를 적당한 구간에서 적분하는 것으로 이해할 수 있듯이, 체적은 단면의 넓이를 적당한 구간에서 적분하는 것으로 이해할 수 있다.

구간 $[a, b]$에서 연속인 함수 $y=f(x)$의 그래프를 x축을 회전축으로 하여 회전할 때 생기는 회전체의 체적 V를 구하는 문제를 생각하자. x축을 회전축으로 하여 회전한 회전체를 x축에 수직인 평면으로 자르면 단면은 반지름의 길이가 함숫값인 원이다. 따라서 단면의 넓이는

$$S(x)=\pi(f(x))^2$$

이다. 그러므로 정리7.2에 의하여 회전체의 체적 V는

$$V=\pi\int_a^b (f(x))^2\,dx$$

이다.

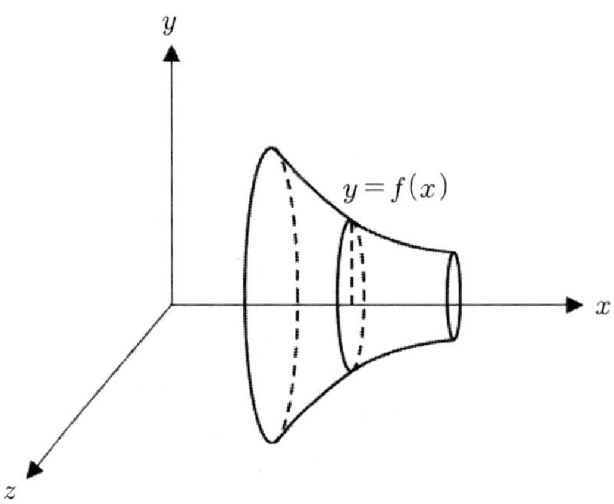

그림 7.22

예제 7.13

곡선 $y=\sqrt{x}$, x축 그리고 직선 $x=3$으로 유계된 영역을 x축을 회전축으로 하여 회전할 때 생기는 회전체의 체적을 구하라.

[풀이]

다음 그림에서와 같이 적분구간은 $x=0$부터 $x=3$까지다. 따라서 체적은

$$\pi\int_0^3 (\sqrt{x})^2\,dx=\pi\left[\frac{1}{2}x^2\right]_0^3=\frac{9}{2}\pi$$

이다.

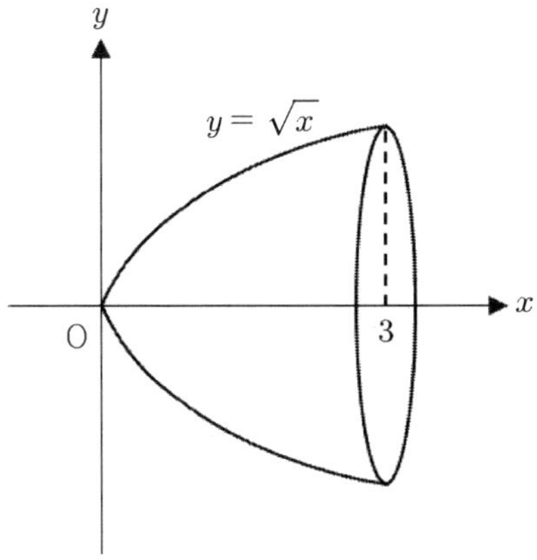

그림 7.23

문제 7.12 직선 $y=x+1$, x축, 그리고 $x=1$, $x=2$로 유계된 영역을 x축을 회전축으로 하여 회전할 때 생기는 회전체의 체적을 구하라.

문제 7.13 곡선 $y=x(1-x)$와 x축으로 유계된 영역을 x축을 회전축으로 하여 회전할 때 생기는 회전체의 체적을 구하라.

예제 7.14

곡선 $y=e^x-1$, x축 그리고 직선 $x=2$로 유계된 영역을 x축을 회전축으로 하여 회전할 때 생기는 회전체의 체적을 구하라.

[풀이]
다음 그림에서와 같이 적분구간은 $x=0$부터 $x=2$까지다. 따라서 체적은

$$\begin{aligned}\pi\int_0^2 (e^x-1)^2\,dx &= \pi\int_0^2 (e^{2x}-2e^x+1)\,dx \\ &= \left[\frac{1}{2}e^{2x}-2e^x+x\right]_0^2 \\ &= \frac{1}{2}(e^4-2e^2+7)\end{aligned}$$

이다.

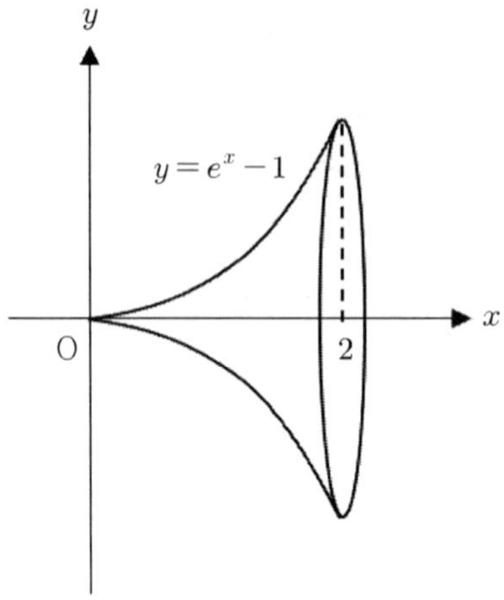

그림 7.24

문제 7.14 곡선 $y=\sin x$, x축 그리고 직선 $x=\frac{\pi}{2}$로 유계된 영역을 x축을 회전축으로 하여 회전할 때 생기는 회전체의 체적을 구하라.

예제 7.15

반지름이 a인 원이 지름을 회전축으로 하여 회전할 때 생기는 회전체의 체적을 구하라.

[풀이]

이 회전체는 곡선 $y=\sqrt{a^2-x^2}$이 x축을 회전축으로 하여 회전할 때 생기는 회전체와 같다. 따라서 체적은

$$\begin{aligned}\pi\int_{-a}^{a}\left(\sqrt{a^2-x^2}\right)^2dx &= 2\pi\int_0^a(a^2-x^2)\,dx \\ &= 2\pi\left[a^2x-\frac{1}{3}x^3\right]_0^a \\ &= \frac{4}{3}\pi a^3\end{aligned}$$

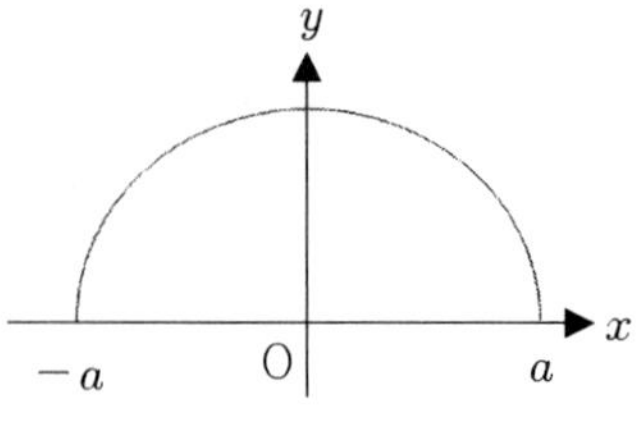

그림 7.25

이다.

문제 7.15 타원 $2x^2+y^2=2$가 x축을 회전축으로 하여 회전할 때 생기는 회전체의 체적을 구하라.

예제 7.16

곡선 $y=\sqrt{x}$와 $y=\dfrac{1}{2\sqrt{2}}x^2$으로 유계된 영역을 x축을 회전축으로 하여 회전할 때 생기는 회전체의 체적을 구하라.

[풀이]

두 곡선의 교점의 x좌표는 0과 2이다. x축에 수직인 평면으로 자른 단면은 반지름이 $\sqrt{x}$인 원에서 반지름이 $\dfrac{1}{2\sqrt{2}}x^2$인 원을 뺀 부분이다. 따라서 단면의 넓이 $S(x)$는

$$\begin{aligned} S(x) &= \pi(\sqrt{x})^2-\pi\left(\frac{1}{2\sqrt{2}}x^2\right)^2 \\ &= \pi\left(x-\frac{1}{8}x^4\right) \end{aligned}$$

이다. 그러므로 체적은

$$\begin{aligned} \pi\int_0^2\left(x-\frac{1}{8}x^4\right)dx &= \pi\left[\frac{1}{2}x^2-\frac{1}{40}x^5\right]_0^2 \\ &= \frac{6}{5}\pi \end{aligned}$$

이다.

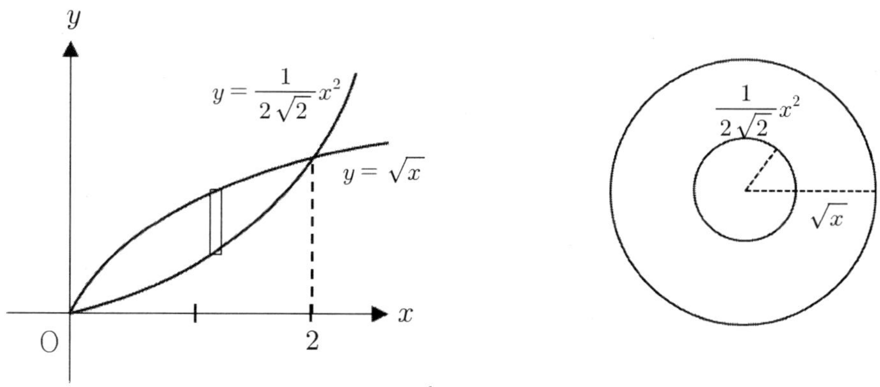

그림 7.26

문제 7.16 곡선 $y=2x^2$와 $y=4x$으로 유계된 영역을 x축을 회전축으로 하여 회전할 때 생기는 회전체의 체적을 구하라.

예제 7.17

(1) 곡선 $y=x^2$과 직선 $y=1$로 유계된 영역을 x축을 회전축으로 하여 회전할 때 생기는 회전체의 체적을 구하라.

(2) 곡선 $y=x^2$과 직선 $y=-2x+3$ 그리고 y축으로 유계된 1사분면의 영역을 x축을 회전축으로 하여 회전할 때 생기는 회전체의 체적을 구하라.

[풀이]

(1) 이 회전체를 x축에 수직인 평면으로 잘랐을 때 생기는 단면은 반지름이 1인 원에서 반지름이 x^2인 원을 뺀 부분이다. 따라서 단면의 넓이 $S(x)$는

$$\begin{aligned} S(x) &= \pi-\pi(x^2)^2 \\ &= \pi(1-x^4) \end{aligned}$$

이다. 그리고 교점의 x좌표는 $-1, 1$이다. 따라서 회전체의 체적은

$$\begin{aligned} \pi\int_{-1}^{1}(1-x^4)\,dx &= \pi\left[x-\frac{1}{5}x^5\right]_{-1}^{1} \\ &= \frac{8}{5}\pi \end{aligned}$$

이다.

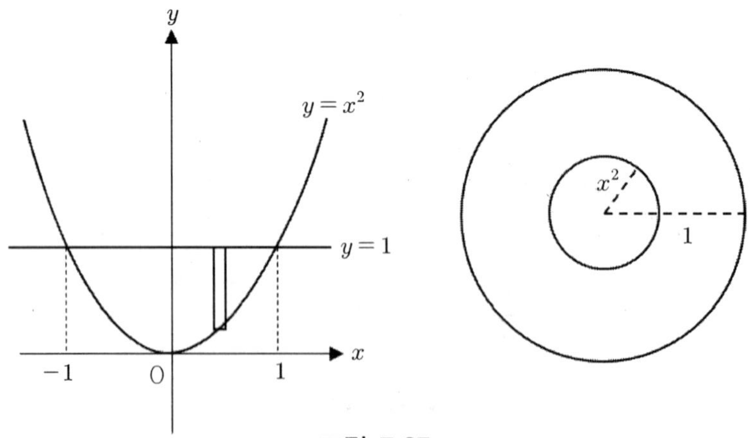

그림 7.27

(2) 이 회전체를 x축에 수직인 평면으로 잘랐을 때 생기는 단면은 반지름이 $-2x+3$인 원에서 반지름이 x^2인 원을 뺀 부분이다. 따라서 단면의 넓이 $S(x)$는

$$S(x)=\pi(-2x+3)^2-\pi(x^2)^2=\pi(-x^4+4x^2-12x+9)$$

이다. 그리고 1사분면에서의 교점의 x좌표는 1이다. 따라서 회전체의 체적은

$$\pi\int_0^1(-x^4+4x^2-12x+9)\,dx=\pi\left[-\frac{1}{5}x^5+\frac{4}{3}x^3-6x^2+9x\right]_0^1$$

$$=\frac{62}{15}\pi$$

이다.

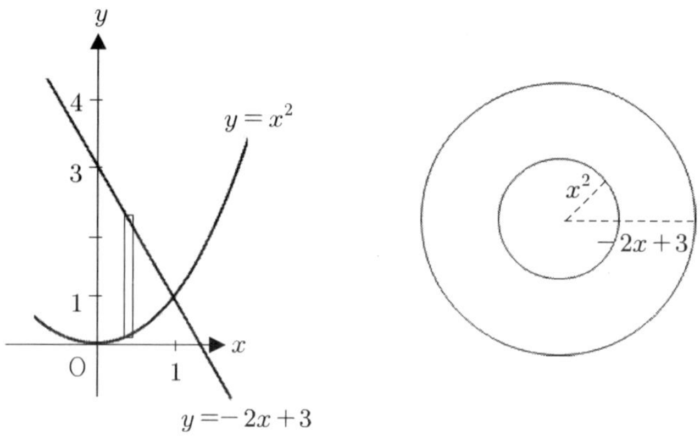

그림 7.28

문제 7.17 곡선 $y=-x^2+6$과 직선 $y=x$ 그리고 y축으로 유계된 1사분면의 영역을 x축을 회전축으로 하여 회전할 때 생기는 회전체의 체적을 구하라.

예제 7.18

원 $x^2+(y-2)^2=1$의 내부가 x축을 회전축으로 하여 회전할 때 생기는 회전체의 체적을 구하라.

[풀이]

이 회전체는 토러스라고 부르는 도넛 모양의 입체이다. 이 입체를 x축에 수직인 평면으로 잘랐을 때 생기는 단면의 넓이 $S(x)$는 반지름이 $2+\sqrt{1-x^2}$인 원의 넓이에서 반지름이 $2-\sqrt{1-x^2}$

인 원의 넓이를 빼면 되므로

$$S(x) = \pi\left(2+\sqrt{1-x^2}\right)^2 - \pi\left(2-\sqrt{1-x^2}\right)^2$$
$$= 8\pi\sqrt{1-x^2}$$

이다. 따라서 회전체의 체적은

$$8\pi\int_{-1}^{1}\sqrt{1-x^2}\,dx = 16\pi\int_{0}^{1}\sqrt{1-x^2}\,dx$$

이다. $x=\sin\theta$라 하면 $dx=\cos\theta\,d\theta$이고 $\sqrt{1-x^2}=\cos\theta$이다. $x=0$일 때 $\theta=0$이고 $x=1$일 때 $\theta=\pi/2$이므로 회전체의 체적은

$$16\pi\int_{0}^{1}\sqrt{1-x^2}\,dx = 16\pi\int_{0}^{\pi/2}\cos^2\theta\,d\theta$$
$$= 16\pi\int_{0}^{\pi/2}\frac{1+\cos 2\theta}{2}\,d\theta$$
$$= 8\pi\left[\theta+\frac{1}{2}\sin 2\theta\right]_{0}^{\pi/2}$$
$$= 4\pi^2$$

이다.

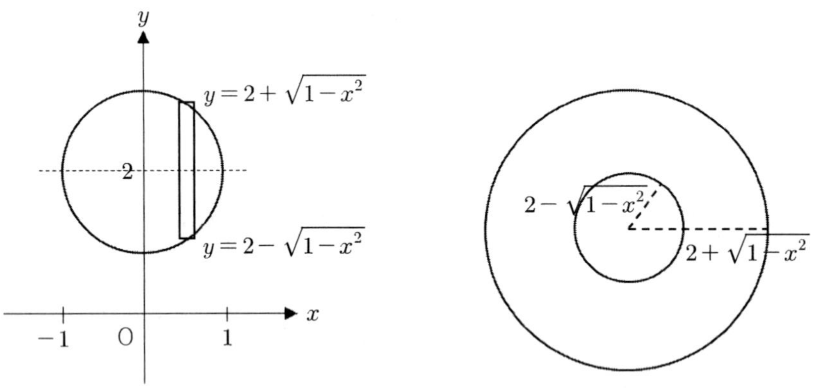

그림 7.29

문제 7.18 다음 사각형이 x축을 회전축으로 하여 회전할 때 생기는 회전체의 체적을 구하라.

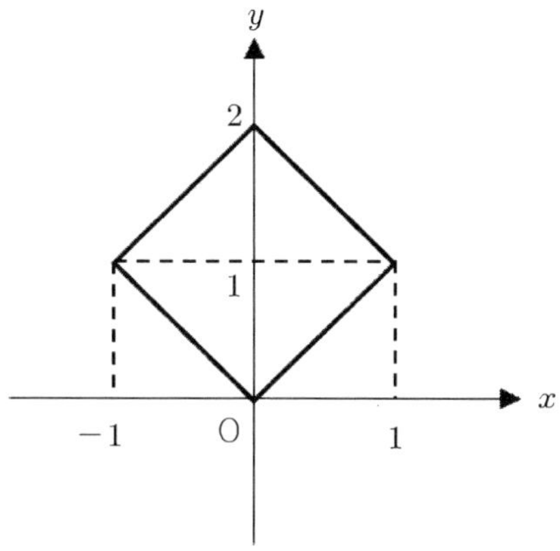

그림 7.30

x축과 평행한 일반적인 직선 $y=b$를 회전축으로 하여 회전하는 경우에 대하여 알아보자.

예제 7.19

곡선 $f(x)=3-x^2$과 직선 $y=1$로 유계된 영역을 직선 $y=1$을 회전축으로 하여 회전할 때 생기는 회전체의 체적을 구하라.

[풀이]
다음 그림에 영역이 그려져 있고, 적분구간은 $-\sqrt{2} \le x \le \sqrt{2}$이다. 회전체의 단면의 넓이를 구해보자. 단면이 원이므로 반지름을 알면 된다. 이 경우는 그림에 나타난 것처럼 반지름이 $f(x)=3-x^2$가 아니고 $f(x)-1=2-x^2$이다. 따라서 단면의 넓이는

$$S(x)=\pi(2-x^2)^2$$

이다. 그러므로 체적은

$$\pi\int_{-\sqrt{2}}^{\sqrt{2}}(2-x^2)^2\,dx=\pi\int_{-\sqrt{2}}^{\sqrt{2}}(x^4-4x^2+4)\,dx$$

$$=2\pi\left[\frac{1}{5}x^5-\frac{4}{3}x^3+4x\right]_0^{\sqrt{2}}$$

$$= \frac{64\sqrt{2}}{15}\pi$$

이다.

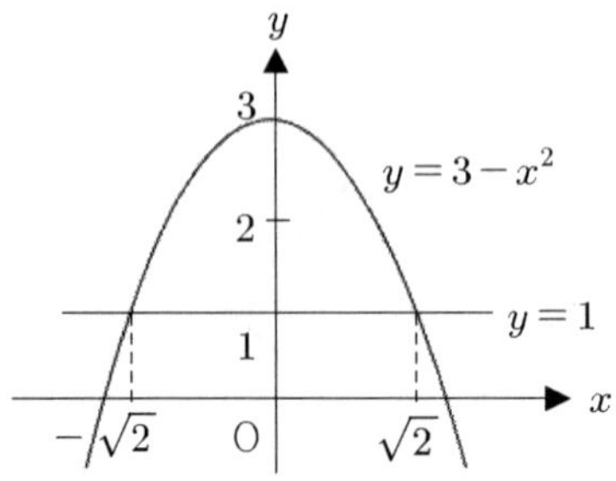

그림 7.31

문제 7.19 곡선 $f(x) = \sin x$와 직선 $x = \frac{\pi}{2}$ 그리고 x축으로 유계된 영역을 직선 $x = \pi$를 회전축으로 하여 회전할 때 생기는 회전체의 체적을 구하라.

y축을 회전축으로 하여 회전할 때 생기는 회전체의 체적을 구하는 방법은 이 회전체를 y축에 수직인 평면으로 잘라서 생각하면 된다. 구간 $[c, d]$에서 연속인 함수 $x = g(y)$의 그래프를 y축을 회전축으로 하여 회전할 때 생기는 회전체의 체적 V는

$$V = \pi \int_c^d (g(y))^2\, dy$$

이다.

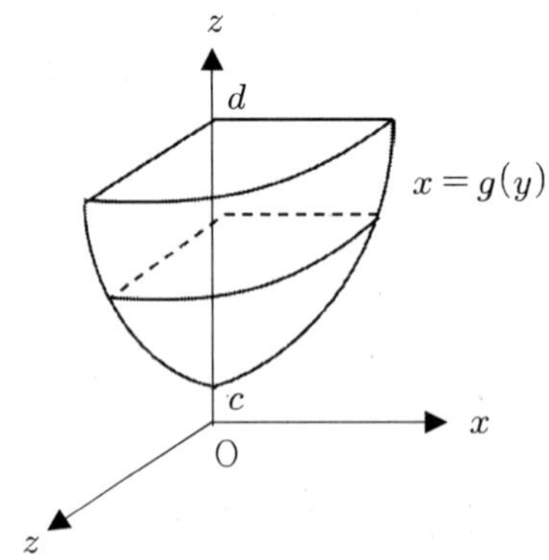

그림 7.32

예제 7.20

곡선 $y=x^2$과 직선 $y=2$ 그리고 y축으로 유계된 1사분면의 영역을 y축을 회전축으로 하여 회전할 때 생기는 회전체의 체적을 구하라.

[풀이]

$x=\sqrt{y}$ 이므로 체적은

$$\pi\int_0^2 (\sqrt{y})^2\,dy = \pi\left[\frac{1}{2}y^2\right]_0^2 = 2\pi$$

이다.

문제 7.20 곡선 $y=(x+1)^2$과 직선 $y=-x+5$ 그리고 y축으로 유계된 1사분면의 영역을 y축을 회전축으로 하여 회전할 때 생기는 회전체의 체적을 구하라.

연습문제 7.2

1. 다음 곡선으로 유계된 영역을 그려보고, 영역이 주어진 축을 회전축으로 하여 회전하였을 때 생기는 회전체의 체적을 구하라.

(1) $y=2x+1,\quad x=1,\quad x=3,\quad y=0\quad ;\ x$축

(2) $y=x^2,\quad y=2x\quad ;\ x$축

(3) $y=x^2+4,\quad y=2x^2\quad x=0\quad ;\ y$축

(4) $y=\sqrt{x},\quad y=x\quad ;\ y$축

(5) $y=\tan x,\quad x=\dfrac{\pi}{4},\quad y=0\quad ;\ x$축

(6) $y=\sqrt{x}\,e^{-x},\quad x=2,\quad y=0\quad ;\ x$축

(7) $y=\sin x,\quad y=\cos x,\quad x=0,\quad x=\dfrac{\pi}{2}\quad ;\ x$축

(8) $y=\ln x,\quad x=1,\quad x=e,\quad y=0\quad ;\ x$축

(9) $y=\dfrac{1}{x},\quad x=1,\quad x=2,\quad y=0\quad ;\ x$축

(10) $y=\dfrac{1}{x},\quad x=1,\quad x=2,\quad y=0\quad ;\ y$축

2. 곡선 $y=x^2-2x+1$과 직선 $y=x+1$로 유계된 영역을 x축을 회전축으로 하여 회전할 때 생기는 회전체의 체적을 구하라.

3. 곡선 $y=x^2$과 $y^2=x$로 유계된 영역이 $x=-1$을 회전축으로 하여 회전하였을 때 생기는 회전체의 체적을 구하라.

4. 곡선 $y=-x^2-2x+6$과 $y=x+6$으로 유계된 영역을 생각하자.

(1) 이 영역이 $y=3$을 회전축으로 하여 회전하였을 때 생기는 회전체의 체적을 구하라.

(2) 이 영역이 $x=1$을 회전축으로 하여 회전하였을 때 생기는 회전체의 체적을 구하라.

5. 다음 곡선으로 유계된 영역을 x축을 회전축으로 하여 회전하였을 때 생기는 회전체의 체적을 구하라.

(1) $y=2x,\quad y=\frac{1}{2}x,\quad y=-x+6$

(2) $y=\frac{1}{2}x^2+1,\quad y=-x+5,\quad x=0,\quad y=0$

6. 곡선 $y^2=x$와 직선 $y=x-2$로 유계된 영역이 x축을 회전축으로 하여 회전하였을 때 생기는 회전체의 체적을 구하라.

7. 반지름이 2인 원을 밑면으로 하는 입체가 있다. 그 밑면의 한 지름에 수직인 평면으로 잘랐을 때의 단면이 정삼각형일 때, 이 입체의 체적을 구하라.

8. 곡선 $y=e^x-1$과 직선 $x=1$ 그리고 x축으로 유계된 영역이 y축을 회전축으로 하여 회전하였을 때 생기는 회전체의 체적을 구하라.

7.3 곡선의 길이

곡선의 길이를 구하는 방법을 생각해 보자. 두 점 $\mathrm{A}(a_1,b_1)$과 $\mathrm{B}(a_2,b_2)$를 연결하는 선분의 길이는

$$\overline{\mathrm{AB}}=\sqrt{(a_1-a_2)^2+(b_1-b_2)^2}$$

임을 알고 있다. 먼저 다음 그림을 살펴보자.

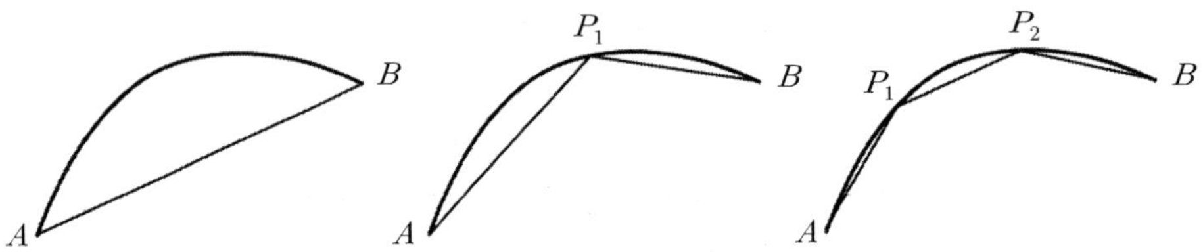

$\overline{\mathrm{AB}}$ $\quad$ $\overline{\mathrm{AP}_1}+\overline{\mathrm{P}_1\mathrm{B}}$ $\quad$ $\overline{\mathrm{AP}_1}+\overline{\mathrm{P}_1\mathrm{P}_2}+\overline{\mathrm{P}_2\mathrm{B}}$

그림 7.33

위 그림에서 $\overline{\mathrm{AB}}$보다는 $\overline{\mathrm{AP}_1}+\overline{\mathrm{P}_1\mathrm{B}}$가 곡선의 길이에 더 가까울 것이고 또 이보다는 $\overline{\mathrm{AP}_1}+\overline{\mathrm{P}_1\mathrm{P}_2}+\overline{\mathrm{P}_2\mathrm{B}}$가 곡선의 길이에 더 가까울 것이다. 그리고 중간에 더 많은 점을 택할수록 곡선의 길이에 더 가깝게 될 것이다. 실제로, 곡선으로 둘러싸인 부분의 넓이를 직사각형의 합으로 접근하여 면적을 구했던 것과 마찬가지로 곡선의 길이는 우리가 쉽게 계산할 수 있는 선분의 길이의 합으로 접근시켜서 계산한다.

구간 $[a,b]$에서 정의된 연속함수 $f(x)$로 표현되는 곡선 C를 생각하자. 그리고 $[a,b]$를 길이가 같은 n개의 부분구간으로 나누는 분할 P를 생각하자. 즉,

$$P: a=x_0<x_1<x_2<\cdots<x_n=b \quad (\Delta x_i=x_i-x_{i-1}=(b-a)/n,\ i=1,2,\cdots,n)$$

이다. $y_i=f(x_i)$라 하자. 각 점 $\mathrm{P}_i(x_i,y_i)$ $(i=0,1,\cdots,n)$를 차례대로 선분으로 연결하면 곡선 C에 근접하는 선분의 모임을 얻을 수 있고, 이 선분의 길이들의 합은 $n\to\infty$이면 곡선의 길이에 근접하게 된다. 따라서 곡선 C의 길이 L을 다음과 같이 정의한다.

$$L=\lim_{n\to\infty}\sum_{i=1}^{n}\overline{\mathrm{P}_{i-1}\mathrm{P}_i}$$

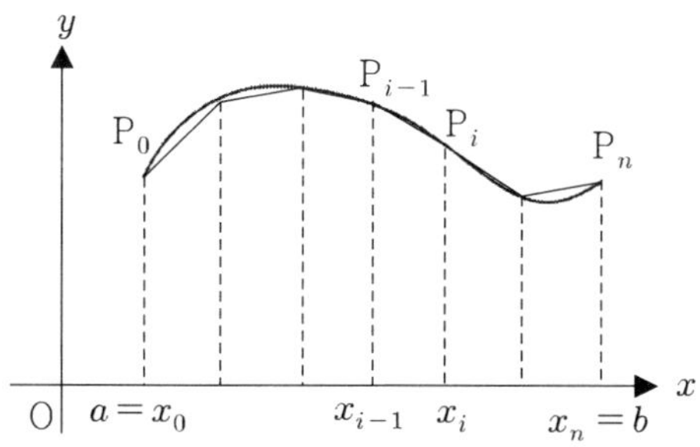

그림 7.34

$f(x)$의 도함수 $f'(x)$가 연속이라고 가정하자. 이런 함수를 연속적으로 미분가능(continuously differentiable)하다고 하고 이 곡선을 매끄럽다(smooth)고 한다.
$\triangle y_i = y_i - y_{i-1}$이라 하면

$$\overline{\mathrm{P}_{i-1}\mathrm{P}_i} = \sqrt{(x_i - x_{i-1})^2 + (y_i - y_{i-1})^2} = \sqrt{(\triangle x_i)^2 + (\triangle y_i)^2}$$

이다. 구간 $[x_{i-1}, x_i]$에서 f에 평균값 정리를 적용하면

$$f(x_i) - f(x_{i-1}) = y_i - y_{i-1} = f'(x_i^*)(x_i - x_{i-1})$$

를 만족하는 점 x_i^*가 구간 $[x_{i-1}, x_i]$에 존재한다. 즉,

$$\triangle y_i = f'(x_i^*)\triangle x_i$$

이다. 따라서

$$\overline{\mathrm{P}_{i-1}\mathrm{P}_i} = \sqrt{(\triangle x_i)^2 + (\triangle y_i)^2} = \sqrt{1 + (f'(x_i^*))^2}\,\triangle x_i$$

이다. 그러므로 곡선 C의 길이 L은

$$L = \lim_{n\to\infty}\sum_{i=1}^{n}\overline{\mathrm{P}_{i-1}\mathrm{P}_i} = \lim_{n\to\infty}\sum_{i=1}^{n}\sqrt{1 + (f'(x_i^*))^2}\,\triangle x_i$$

이고, 그리고 $\sqrt{1+(f'(x))^2}$ 가 적분가능하므로 이 식은 정적분의 정의에 의하여

$$\int_a^b \sqrt{1+(f'(x))^2}\,dx$$

와 같이 표현된다. 실제로 $\sqrt{1+(f'(x))^2}$ 가 연속이므로 이 적분은 존재한다.

예제 7.21

곡선 $f(x)=\frac{2}{3}(x^2+1)^{3/2}$의 구간 $[0,2]$에서의 길이를 구하라.

[풀이]

$f'(x)=(x^2+1)^{1/2}(2x)$이므로 곡선의 길이는

$$\int_0^2 \sqrt{1+(x^2+1)\cdot 4x^2}\,dx = \int_0^2 (2x^2+1)\,dx$$

$$= \left[\frac{2}{3}x^3+x\right]_0^2 = \frac{22}{3}$$

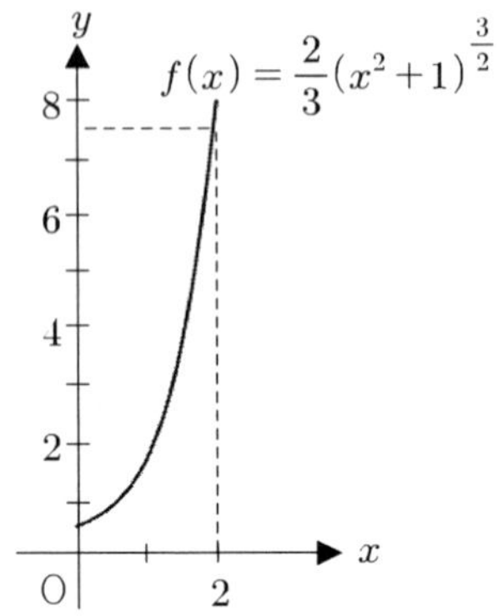

그림 7.35

문제 7.21 곡선 $f(x)=\frac{2}{3}(x-1)^{3/2}$의 구간 $[4,9]$에서의 길이를 구하라.

예제 7.22

곡선 $y=x^2$의 구간 $[0,1/2]$에서의 길이를 구하라.

[풀이]

$\frac{dy}{dx}=2x$이므로 곡선의 길이는

$$\int_a^b \sqrt{1+\left(\frac{dy}{dx}\right)^2}\,dx = \int_0^{1/2} \sqrt{1+4x^2}\,dx$$

이다. $x=\frac{1}{2}\tan\theta$로 두면 $dx=\frac{1}{2}\sec^2\theta\,d\theta$이고

$$\sqrt{1+4x^2}=\sqrt{1+\tan^2\theta}=\sec\theta$$

이다. $x=0$일 때 $\theta=0$이고 $x=\frac{1}{2}$일 때 $\theta=\frac{\pi}{4}$이므로

$$\int_0^{1/2}\sqrt{1+4x^2}\,dx=\int_0^{\pi/4}\sec\theta\cdot\frac{1}{2}\sec^2\theta\,d\theta$$
$$=\frac{1}{2}\int_0^{\pi/4}\sec^3\theta\,d\theta$$

이다. 예제 6.37의 결과에 의하여

$$\int\sec^3 x\,dx=\frac{1}{2}(\sec x\tan x+\ln|\sec x+\tan x|)+c$$

이다. 따라서

$$\int_0^{1/2}\sqrt{1+4x^2}\,dx=\frac{1}{2}\int_0^{\pi/4}\sec^3 x\,dx$$
$$=\frac{1}{4}[\sec x\tan x+\ln|\sec x+\tan x|]_0^{\pi/4}$$
$$=\frac{1}{4}(\sqrt{2}+\ln(\sqrt{2}+1))$$

이다.

문제 7.22 곡선 $f(x)=\dfrac{1}{\sqrt{x}}$ 의 구간 $[1,2]$에서의 길이를 나타내는 식을 구하라.

같은 방법으로 곡선이 연속함수 $x=g(y)$ $(c\le y\le d)$로 표현되고 $\dfrac{dx}{dy}$가 연속이면 곡선의 길이는

$$\int_c^d\sqrt{1+\left(\frac{dx}{dy}\right)^2}\,dy$$

이다.

예제 7.23

곡선 $x=\dfrac{e^y+e^{-y}}{2}$ $(0\le y\le 2)$의 길이를 구하라.

[풀이]

$\dfrac{dx}{dy} = \dfrac{e^y - e^{-y}}{2}$ 이므로 곡선의 길이는

$$\int_0^2 \sqrt{1+\left(\frac{e^y - e^{-y}}{2}\right)^2}\,dy = \frac{1}{2}\int_2 (e^y + e^{-y})\,dy$$

$$= \frac{1}{2}\left[e^y - e^{-y}\right]_0^2 = \frac{1}{2}(e^2 - e^{-2})$$

이다.

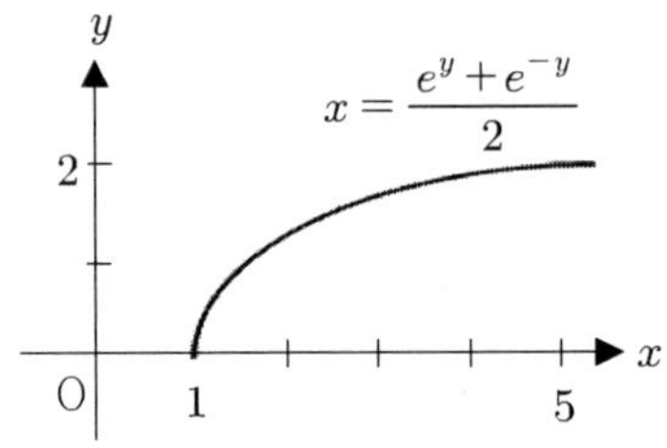

그림 7.36

문제 7.23 곡선 $f(x) = \dfrac{1}{\sqrt{x}}$ 의 구간 $[1, 2]$에서의 길이를 나타내는 식이

$$\int_1^e \sqrt{1+\frac{1}{t^2}}\,dt$$

임을 보여라

연습문제 7.3

1. 주어진 구간에서 다음 곡선의 길이를 나타내는 식을 구하라.

(1) $y = 2x\sqrt{x}$ $[0, 1]$
(2) $y = \ln x$ $[1, 2]$
(3) $y = \ln(\sin x)$ $[\pi/4, \pi/2]$
(4) $y = \ln(e^x + 1) - \ln(e^x - 1)$ $[1, 2]$

2. 곡선 $y = \frac{1}{16}x^4 + \frac{1}{2x^2}$ $(1 \le x \le 2)$의 길이를 구하라.

3. 곡선 $y = \frac{1}{6}x^3 + \frac{1}{2x}$ $(1 \le x \le 4)$의 길이를 구하라.

4. 곡선 $y = \frac{1}{3}\sqrt{x}(x-3)$ $(0 \le x \le 3)$의 길이를 구하라.

5. 곡선 $y = \sin x$ $(0 \le x \le \pi)$의 길이를 나타내는 식을 구하라.

MEMO

제 8 장

매개변수방정식

8.1 매개변수로 표현된 함수의 미분

평면 위의 한 점이 곡선 C를 따라 움직인다고 할 때, 이 점의 x좌표와 y좌표를 시간 t에 관한 함수

$$x = f(t), \quad y = g(t)$$

로 나타낼 수 있다. 이와 같이 x와 y가 매개변수라고 하는 새로운 변수의 함수로 표현된 방정식을 **매개변수방정식**이라 한다. 매개변수방정식이 주어지면 t가 주어질 때마다 좌표 (x, y)가 결정되고, 따라서 곡선의 그래프를 그릴 수 있다.

예제 8.1

매개변수방정식 $x = t^3$, $y = t^2 - 2t$로 주어진 곡선을 그려라.

[풀이]

t의 값에 대응하는 x와 y의 값을 구해보면 다음과 같다.

t	$\cdots$	$-\frac{3}{2}$	-1	$-\frac{1}{2}$	0	$\frac{1}{2}$	1	$\frac{3}{2}$	2	$\cdots$
x	$\cdots$	$-\frac{27}{8}$	-1	$-\frac{1}{8}$	0	$\frac{1}{8}$	1	$\frac{27}{8}$	8	$\cdots$
y	$\cdots$	$\frac{21}{4}$	3	$\frac{5}{4}$	0	$-\frac{3}{4}$	-1	$-\frac{3}{4}$	0	$\cdots$

이 점들을 좌표평면위에 나타내면 다음과 같은 곡선을 얻을 수 있다.

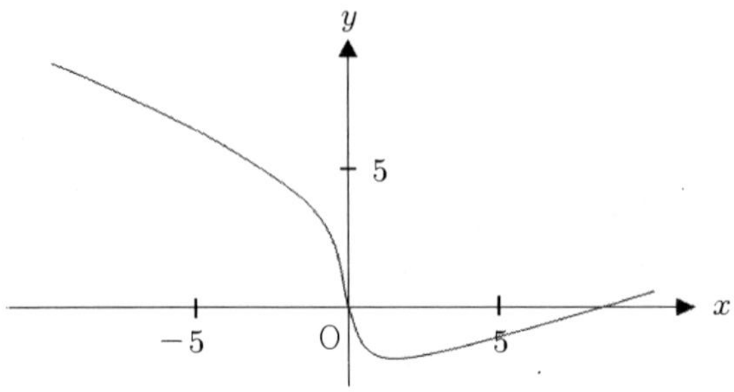

그림 8.1

주어진 매개변수방정식에서 매개변수를 소거하면 직교방정식을 얻을 수 있다. 예를 들어,

$$x = 2\cos\theta, \quad y = 2\sin\theta$$

로 표현된 매개변수방정식은 θ를 소거하면

$$x^2 + y^2 = 4$$

이다. 따라서 이 매개변수방정식이 나타내는 곡선은 반지름이 2인 원임을 알 수 있다. 매개변수방정식에서 매개변수를 소거하여 직교방정식으로 나타낼 때는 주의해야 할 점이 있다. 다음 예제를 살펴보자.

예제 8.2

매개변수방정식

$$x = \cos\theta, \quad y = \sin^2\theta$$

을 매개변수를 소거하여 직교방정식으로 나타내어라.

[풀이]

$\cos^2\theta + \sin^2\theta = 1$이므로 매개변수 θ를 소거하면

$$x^2 + y = 1$$

즉, $y = 1 - x^2$을 얻는다. 이 직교방정식은 포물선 전체를 나타낸다. 그러나 주어진 매개변수방정식에서는 $y = \sin^2\theta \geq 0$ 라는 조건이 들어 있으므로 매개변수방정식 $x = \cos\theta$, $y = \sin^2\theta$는 이 포물선 중에서 x축 윗부분만을 나타낸다.

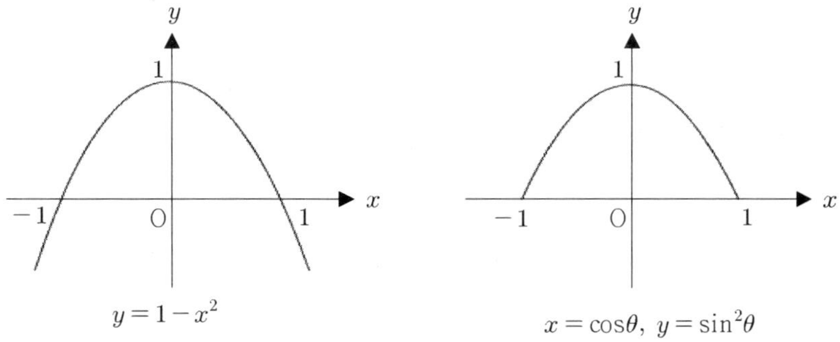

그림 8.2

직교방정식으로 나타내기는 어렵지만, 매개변수방정식으로는 어렵지 않게 표현할 수 있는 곡선들이 있다. 다음 예를 살펴보자.

예제 8.3

(사이클로이드) 한 직선 위에 반지름이 a인 원이 접하면서 놓여 있다. 이 원이 직선 위를 접하면서 회전할 때, 접점이 그리는 자취의 방정식을 구하라.

[풀이]

이 원이 x축과 원점에서 접하고, x축과 접하면서 회전한다고 하자. 그리고 접점을 P라 하자. 원의 중심을 C라 하고, 다음 그림과 같이 반지름 CP가 θ만큼 회전했다고 하자. 그리고 이 때 원이 x축에 접하는 점을 A라 하자.

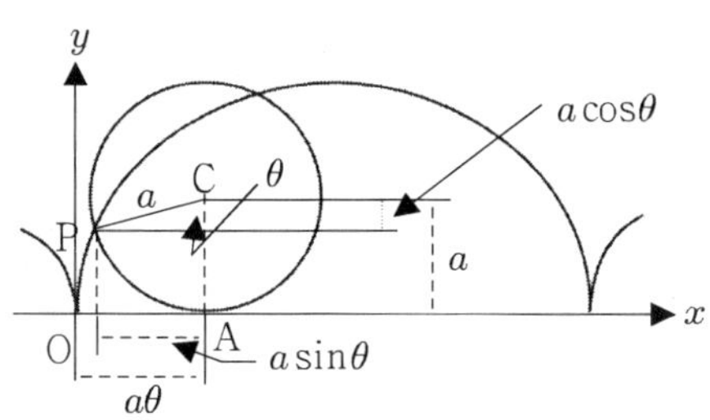

그림 8.3

이 때, 호 AP의 길이는 $a\theta$이고, 이 길이는 $\overline{\mathrm{OA}}$와 같다. 따라서 점 P의 x좌표를 생각하면

$$x = a\theta - a\sin\theta = a(\theta - \sin\theta)$$

이고 y좌표를 생각하면

$$y = a - a\cos\theta = a(1 - \cos\theta)$$

이다. 이 식은 θ가 $\frac{\pi}{2}$보다 큰 경우도 성립한다. 따라서 점 P의 좌표는

$$x = a(\theta - \sin\theta),\quad y = a(1 - \cos\theta)$$

로 표현된다. 이 식이 사이클로이드 곡선에 대한 매개변수방정식이다.

8.2 매개변수 방정식과 미분

이 장에서는 매개변수방정식으로 표현된 곡선들의 미분에 대해 살펴보기로 하자. 우선 간단한 매개변수방정식의 한 예를 가지고 생각해보자.

원점이 중심이고 반지름이 1인 원에 대한 매개변수방정식은 다음과 같이 표현될 수 있다.

$$x(t) = \cos t,\ y(t) = \sin t$$

이러한 원의 매개변수방정식은 $x^2 + y^2 = \cos^2 t + \sin^2 t = 1$을 만족하기 때문에 음함수 미분을 이용하여 $x^2 + y^2 = 1$ 위의 한 점에서 접선의 기울기를 구할 수 있으나 매개변수방정식만을 가지고 t일 때 접선의 기울기를 다음과 같이 구할 수 있다.

t일 때 접선의 기울기는 h가 0으로 갈 때 $(x(t),\ y(t))$와 $(x(t+h),\ y(t+h))$를 지나는 직선의 기울기의 극한값이므로,

$$\frac{dy}{dx} = \lim_{h\to 0}\frac{y(t+h)-y(t)}{x(t+h)-x(t)} = \lim_{h\to 0}\frac{\frac{y(t+h)-y(t)}{h}}{\frac{x(t+h)-x(t)}{h}}$$

$$= \frac{dy/dt}{dx/dt} = \frac{\cos t}{-\sin t} = -\cot t$$

매개변수방정식으로 곡선이 주어졌을 때, 음함수로도 표현이 안되는 상황에서 접선의 기울기를 구해야 할 상황이 있다. 이럴 때 위와 같은 방법을 사용하여 접선의 기울기를 구할 수 있다.

$$\frac{dy}{dx} = \frac{dy/dt}{dx/dt} \tag{1}$$

예제 8.4

매개변수방정식 $x(t) = t^3 + t + 1$, $y(t) = t^2 + 2t$로 주어진 곡선에 대해 $t = 1$일 때 접선의 방정식을 구하라.

[풀이]

수식 (1)에 의해 $\frac{dy}{dx} = \frac{y'(t)}{x'(t)} = \frac{3t^2+1}{2t+2}$이다. $t = 1$일 때 $(3, 2)$를 지나고 $\frac{dy}{dx} = \frac{3+1}{2+2} = 1$ 이므로 $t = 1$일 때 접선의 방정식은

$y - 2 = x - 3$ 즉, $y = x - 1$

문제 8.1 매개변수방정식 $x(t) = t^4 + t^2 + 1$, $y(t) = t^3 + 3t$로 주어진 곡선에 대해 $t = 1$일 때 접선의 방정식을 구하라.

예제 8.5

매개변수방정식 $x(t) = 3\cos t$, $y(t) = 4\sin t$으로 주어진 곡선은 장축이 4, 단축이 3인 타원이다. $t = \frac{\pi}{4}$ 일 때 $\frac{dy}{dx}$를 구하라.

[풀이]

매개변수방정식 미분에서 $x'(t) = -3\sin t$, $y'(t) = 4\cos t$이므로

$$\frac{dy}{dx} = \frac{dy/dt}{dx/dt} = \frac{y'(t)}{x'(t)} = -\frac{4\cos t}{3\sin t}$$

$$t=\frac{\pi}{4}\text{일 때}\quad \frac{dy}{dx}=-\frac{4\cos\frac{\pi}{4}}{3\sin\frac{\pi}{4}}=-\frac{4}{3}$$

문제 8.2 매개변수방정식 $x(t)=2\cos(2t+\pi)$, $y(t)=3\sin(2t+\pi)$에 대해 $t=0$ 일 때 접선의 방정식을 구하라.

예제 8.6

매개변수방정식 $x(t)=te^t$, $y(t)=t^2\ln t$으로 주어진 곡선에 대해 $t=1$일 때 접선의 방정식을 구하라.

[풀이]
$t=1$일 때 $(x(1),\ y(1))=(e,\ 0)$에 위치한다. 접선의 기울기를 구하기 위해 $x(t)$, $y(t)$ 함수들의 t에 대한 도함수를 구하면,

$$x'(t)=e^t+te^t,\quad y'(t)=2t\ln t+t$$

수식 (1)에 의해서

$$\frac{dy}{dx}=\frac{y'(t)}{x'(t)}=\frac{t(2\ln t+1)}{(1+t)e^t}$$

$t=1$일 때 $\frac{dy}{dx}=\frac{1}{2e}$이므로 $t=1$일 때 접선의 방정식은

$y-0=\frac{1}{2e}(x-e)$ 즉, $x-2ey-e=0$이다.

문제 8.3 매개변수방정식 $x(t)=t(\ln t)^2+t$, $y(t)=t(\ln t)^3$으로 주어진 곡선에 대해 $t=1$일 때 접선의 방정식을 구하라.

매개변수방정식 $(x(t),\ y(t))$로 주어진 곡선에서 t를 시간으로 보면 매개변수방정식은 시간에 따라 어떠한 물체가 움직이는 위치들을 나타낸다고 볼 수 있다. 이와 같은 관점에서 물체의 속력, 속도 개념을 생각할 수 있다. 그러면 시간이 t인 시점에서 이 물체의 속력,

속도는 어떻게 구할 수 있을까?

시간이 t인 시점에서 물체는 평면상에 $(x(t),\ y(t))$에 위치해 있다가 시간이 h만큼 지난 후 $t+h$인 시점에서는 평면상에 $(x(t+h),\ y(t+h))$에 위치해 있다. 그러면 h시간 동안 x축으로는 $x(t+h)-x(t)$만큼 이동했고, y축으로는 $y(t+h)-y(t)$만큼 이동한 것이다. 그러므로 x축 방향에서 평균 속력은 $\dfrac{x(t+h)-x(t)}{h}$이고, y축 방향에서 평균속력은 $\dfrac{y(t+h)-y(t)}{h}$임을 알 수 있다. h가 0으로 접근하면 x축 방향으로의 평균속력은 $x'(t)$로 접근하고, y축 방향으로의 평균속력은 $y'(t)$로 접근한다.

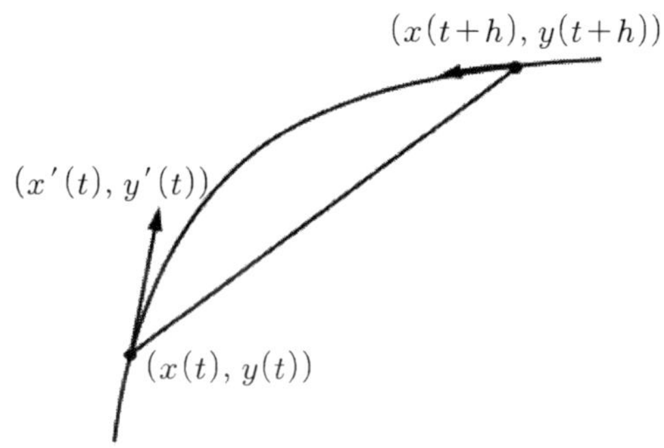

속도벡터의 관점에서 보면 물체는 시간 t일 때 평면 위의 $(x(t),\ y(t))$에서 시간 $t+h$일 때 평면 위의 $(x(t+h),\ y(t+h))$로 이동한 것이므로 h시간동안 방향을 고려한 평균속도벡터는 다음과 같다.

$$\left(\frac{x(t+h)-x(t)}{h},\ \frac{y(t+h)-y(t)}{h}\right)$$

즉, 출발점 $(x(t),\ y(t))$에서 위의 평균속도벡터로 시간 h만큼 이동하면 끝점 $(x(t+h),\ y(t+h))$에 도달하게 된다. h가 0으로 접근하면 평균속도벡터는 $(x'(t),\ y'(t))$로 접근하고 이 벡터를 t에서의 순간속도벡터라고 부른다(그림 참조).

$$\lim_{h\to 0}\left(\frac{x(t+h)-x(t)}{h},\ \frac{y(t+h)-y(t)}{h}\right)=(x'(t),y'(t))$$

t시점에서의 접선의 기울기는 $\frac{dy}{dx}=\frac{dy/dt}{dx/dt}=\frac{y'(t)}{x'(t)}$이므로 t에서의 순간속도벡터와 평행함을 알 수 있다.

예제 8.7

매개변수방정식 $x(t)=\cos t$, $y(t)=\sin t$로 주어진 곡선에서 $t=\frac{\pi}{4}$일 때 순간속도벡터를 구하라.

[풀이]
$x'(t)=-\sin t$, $y'(t)=\cos t$이므로 $t=0$에서의 속도벡터는

$$\left(x'\left(\frac{\pi}{4}\right), y'\left(\frac{\pi}{4}\right)\right)=\left(\frac{-\sqrt{2}}{2}, \frac{\sqrt{2}}{2}\right)$$

문제 8.4 매개변수방정식 $x(t)=t\cos t$, $y(t)=t^2\sin t$로 주어진 곡선에서 $t=0$일 때 순간속도벡터를 구하라.

예제 8.8

위 예제에서의 매개변수방정식은 2π시간동안 단위원 한 바퀴를 돈다. π시간동안 단위원을 한 바퀴 돌기 위해서는 속력은 2배 올려야 하는데 이러한 매개변수방정식은 $x(t)=\cos 2t$, $y(t)=\sin 2t$로 주어진다. 이때 $t=\frac{\pi}{4}$에서의 순간속도벡터를 구하고 위 예제에서 구한 순간속도벡터의 2배임을 확인하라.

[풀이]
시간 t일 때 순간속도벡터를 구하기 위해 $x'(t)$, $y'(t)$를 구하면 다음과 같다.

$$x'(t)=-2\sin 2t, \quad y'(t)=2\cos 2t$$

그러므로 $t=\frac{\pi}{4}$에서의 순간속도벡터가 $\left(x'\left(\frac{\pi}{4}\right), y'\left(\frac{\pi}{4}\right)\right)=(-\sqrt{2}, \sqrt{2})$이고 위 예제에서의 $t=\frac{\pi}{4}$일 때 순간속도벡터 $\left(\frac{-\sqrt{2}}{2}, \frac{\sqrt{2}}{2}\right)$의 2배임을 확인할 수 있다.

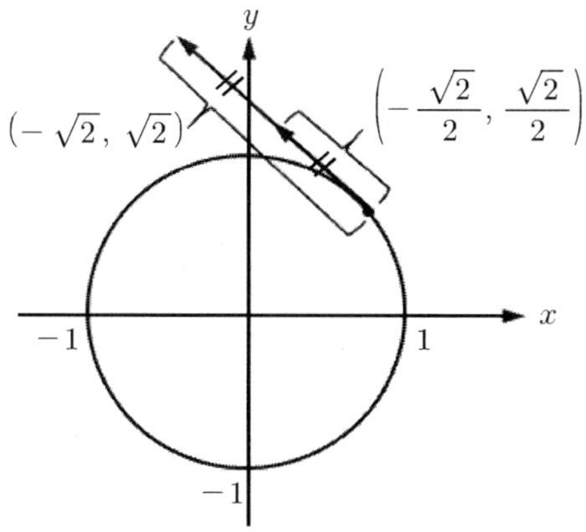

예제 8.9

매개변수방정식 $x(t) = t - \sin 2t$, $y(t) = t^2 + t\cos 3t$로 주어진 곡선에서 $t = 0$에서 순간속도벡터를 구하고 접선의 방정식을 구하라.

[풀이]
$x'(t) = 1 - 2\cos 2t$, $y'(t) = 2t + \cos 3t - 3t\sin 3t$이므로 $t = 0$에서의 순간속도벡터는 $(x'(0), y'(0)) = (-1, 1)$이다. $t = 0$에서 $(x(0), y(0)) = (0, 0)$을 지나므로 $t = 0$에서의 접선의 방정식은 $y = -x$이다.

문제 8.5 매개변수방정식 $x(t) = 4 - t^2$, $y(t) = t^2 + 4t$로 주어진 곡선에서 순간속도벡터의 크기, 즉 순간속력이 최소인 t값을 구하라.

예제 8.10

매개변수방정식 $x(t) = t^3 - 3t$, $y(t) = 3t^2 - 9$으로 주어진 곡선은 다음과 같이 그려진다.

(1) 곡선 위의 점 $(0,0)$에서 접선의 방정식을 구하라.
(2) 곡선 위의 점들 중 접선이 x축에 평행한 점들을 모두 구하라.
(3) 곡선 위의 점들 중 접선이 y축에 평행한 점들을 모두 구하라.

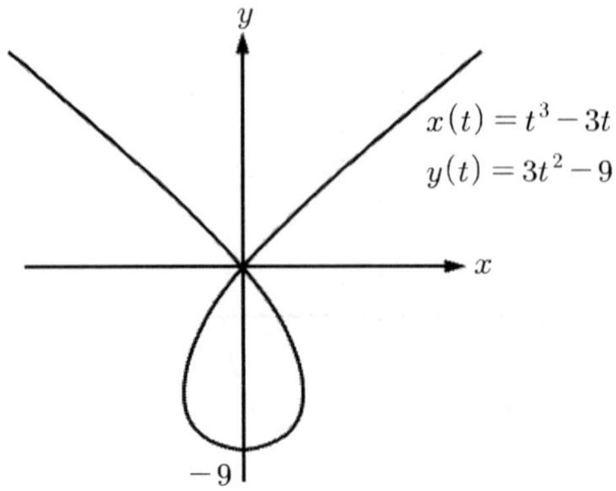

[풀이]

(1) $x(t)=y(t)=0$이기 위해서는 $t=\pm\sqrt{3}$임을 알 수 있다. 그러므로 $t=\pm\sqrt{3}$일 때 접선의 기울기만 구하면 된다. t에서의 접선의 기울기는 구해보면 $x'(t)=3t^2-3$, $y'(t)=6t$이므로

$$\frac{dy}{dx}=\frac{6t}{3t^2-3}=\frac{2t}{t^2-1}$$

계산을 통해 $t=-\sqrt{3}$일 때 $\frac{dy}{dx}=-\sqrt{3}$, $t=\sqrt{3}$일 때 $\frac{dy}{dx}=\sqrt{3}$임을 알 수 있으므로 $t=\pm\sqrt{3}$일 때 접선의 방정식은 $y=\pm\sqrt{3}x$이다.

(2) 순간속도벡터가 접선과 평행하므로 접선이 x축에 평행하면 순간속도벡터 $(x'(t),\ y'(t))$도 x축에 평행하다. 즉, $y'(t)=0$이다. $y'(t)=6t$이므로 $t=0$일 때 x축에 평행하므로 $(x(0),\ y(0))=(0,\ -9)$에서 접선이 x축에 평행하다.

(3) (2)와 마찬가지로 접선이 y축에 평행하면 순간속도벡터 $(x'(t),\ y'(t))$도 y축에 평행하므로 $x'(t)=0$이다. $x'(t)=3t^2-3=0$이므로 $t=\pm1$이다. 그래서 $(x(1), y(1))=(-2,\ -6)$, $(x(-1),\ y(-1))=(2,\ -6)$에서 접선이 y축에 평행하다.

문제 8.6 매개변수방정식 $x=\cos t+\sin t$, $y=\sin t-t\cos t$에 대해 수평, 수직접선을 갖는 점을 모두 구하라.

예제 8.11

매개변수방정식 $x(t)=\cos t,\ y(t)=\sin t$의 $\dfrac{d^2y}{dx^2}$를 구하라.

[풀이]

$\dfrac{dy}{dx}=\dfrac{dy/dt}{dx/dt}=\dfrac{\cos t}{-\sin t}$이므로 $\dfrac{d^2y}{dx^2}$는 다음과 같이 구할 수 있다.

$$\begin{aligned}\frac{d^2y}{dx^2}&=\frac{d}{dx}\left(\frac{dy}{dx}\right)=\frac{d}{dx}\left(-\frac{\cos t}{\sin t}\right)=\frac{dt}{dx}\frac{d}{dt}(-\cot t)\\&=\frac{1}{dx/dt}\csc^2 t=\frac{1}{-\sin t}\csc^2 t=-\csc^3 t\end{aligned}$$

문제 8.7 다음 매개방정식의 $\dfrac{dy}{dx}$, $\dfrac{d^2y}{dx^2}$를 구하라.

(1) $x=t^2,\ y=t^3$

(2) $x=t^3+t,\ y=t^2+1$

연습문제 8.1 / 8.2

1. 다음 매개변수방정식의 $\frac{dy}{dx}$를 구하라.

(1) $x = 3t^3 + 2t + 1,\ y = t^2 + 3t$

(2) $x = te^{-t},\ y = t^3 + 2t$

(3) $x = t^2 + 3,\ y = \sin(2t+5)$

(4) $x = t - \sin t,\ y = 1 - \cos t$

(5) $x = \cos t,\ y = \sin(t^2)$

(6) $x = t^3 + 3t + 1,\ y = e^t \cos t$

2. 매개변수방정식 $x = t^5 - 4t^3,\ y = t^2$으로 정의된 곡선 위의 점 $(0,4)$에서 접선의 방정식을 구하라.

3. 매개변수방정식 $x = 2\cos t + \cos 2t,\ y = 2\sin t - \sin 2t$으로 정의된 곡선 위의 점들 중 접선이 x축에 평행한 점들을 모두 구하라.

4. 매개변수방정식 $x = -2 + 2\cos t,\ y = 1 - 2\sin t$으로 정의된 곡선에 대해 접선의 기울기가 1인 점들을 모두 구하라.

5. 매개변수방정식 $x = t^3 - 4t,\ y = 2t^2 - 4t$로 정의된 곡선에 대해 다음 물음에 답하라.

(1) y축과 만나는 점들을 모두 구하라.

(2) 이 곡선의 위의 한 점에서 접선이 2개이다. 이러한 점을 구하고 이 점에 접하는 접선방정식을 구하라.

6. 어떤 물체가 시간 $t \geq 0$에 $\left(t^2 + 1,\ \frac{t^3}{3} - 3t\right)$에 위치해 있을 때 다음 물음에 답하라.

(1) 이 물체의 순간속력이 가장 느린 시점을 구하라.

(2) 이 물체의 순간속도가 x축 평행한 시점을 구하라.

8.3 매개변수로 표현된 함수의 적분

구간 $[a,b]$에서 정의된 연속함수와 x축, 그리고 두 직선 $x=a$, $x=b$로 유계된 영역의 넓이를 A라 하면

$$A=\int_a^b |y|\,dx$$

임을 알았다. 이제 곡선이 매개변수방정식 $x=f(t)$, $y=g(t)$ $(\alpha \le t \le \beta)$로 표현되고 이 구간에서 곡선이 한 번만 그려진다고 하자. 그리고 t가 α에서 β까지 변하는 동안 x가 증가하는 방향으로 변한다고 하자. 그러면 이 곡선과 x축으로 유계된 영역의 넓이 A는 치환적분을 이용하여 다음과 같이 구할 수 있다.

$$A=\int_a^b |y|\,dx=\int_\alpha^\beta |g(t)|f'(t)dt$$

[참고]

t가 α에서 β까지 변하는 동안 x가 증가하는 방향으로 변하지 않는 경우, 즉 $f'(t)<0$인 경우는 $f'(t)$ 대신 $-f'(t)$를 사용해야 한다. 왜냐하면 앞에서 유도된 공식들은 모두 x의 구간 $[a,b]$ $(a<b)$에서 정의되었기 때문이다. 일반적으로, $f'(t)$ 대신 $|f'(t)|$ 를 사용하면 된다.

예제 8.12

(1) $x=2t+1$, $y=1-t^2$ $(-1 \le t \le 1)$ 로 표현된 곡선과 x축으로 유계된 영역의 넓이를 구하라.

(2) 사이클로이드 $x=a(\theta-\sin\theta)$, $y=a(1-\cos\theta)$의 한 호와 x축으로 유계된 영역의 넓이를 구하라.

(3) 반 원 $x=a\cos\theta$, $y=a\sin\theta$ $(0 \le \theta \le \pi,\ a>0)$과 x축으로 유계된 영역의 넓이를 구하라.

[풀이]

(1) $\dfrac{dx}{dt}=2>0$ 이므로 넓이는

$$\int_{-1}^{1} |1-t^2| \cdot 2\,dt = \int_{-1}^{1} (2-2t^2)\,dt$$

$$= \left[2t - \frac{2}{3}t^3\right]_{-1}^{1} = \frac{8}{3}$$

이다.

(2) 사이클로이드의 한 호는 $[0, 2\pi]$에서 나타나므로 넓이는

$$\int_{\alpha}^{\beta} |g(t)|f'(t)dt = \int_{0}^{2\pi} |a(1-\cos\theta)|\, a(1-\cos\theta)d\theta$$

$$= a^2 \int_{0}^{2\pi} (1-\cos\theta)^2\, d\theta$$

$$= a^2 \int_{0}^{2\pi} \left(1 - 2\cos\theta + \cos^2\theta\right) d\theta$$

$$= a^2 \int_{0}^{2\pi} \left(1 - 2\cos\theta + \frac{1+\cos 2\theta}{2}\right) d\theta$$

$$= a^2 \left[\frac{3}{2}\theta - 2\sin\theta + \frac{1}{4}\sin 2\theta\right]_{0}^{2\pi} = 3\pi a^2$$

이다.

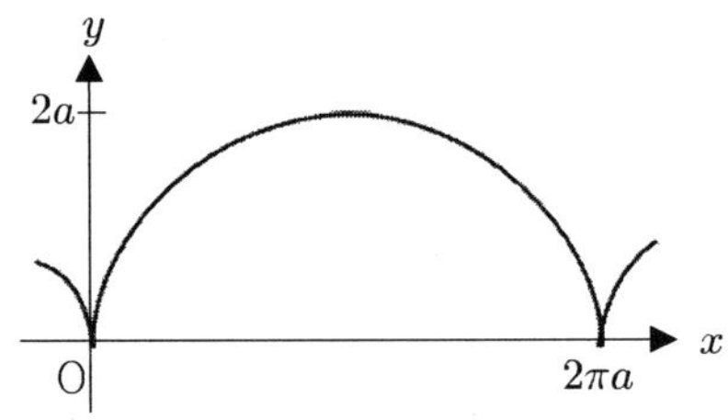

그림 8.4

(3) 이 곡선은 θ가 0에서 π까지 변하는 동안 $f(\theta) = -a\sin\theta < 0$이다. 따라서 영역의 넓이는

$$\int_{\alpha}^{\beta} |g(t)||f'(t)|dt = \int_{0}^{\pi} a\sin\theta \cdot a\sin\theta\, d\theta$$

$$= a^2 \int_{0}^{\pi} \sin^2\theta\, d\theta$$

$$= \int_{0}^{\pi} \frac{1-\cos 2\theta}{2}\, d\theta$$

$$= a^2\left[\frac{1}{2}\theta - \frac{1}{4}\sin 2\theta\right]_0^{\pi} = \frac{\pi}{2}a^2$$

문제 8.8 $x = t^2 + 2t$, $y = 2t - t^2$ $(0 \le t \le 1)$로 주어진 곡선과 직선 $x = 3$ 그리고 x축으로 유계된 영역의 넓이를 구하라. 이 곡선의 그래프는 다음 그림과 같다.

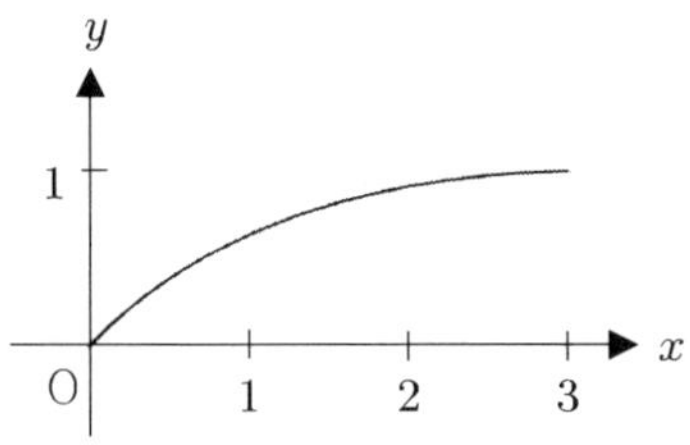

그림 8.5

매개변수방정식으로 주어진 곡선을 x축을 회전축으로 하여 회전할 때 생기는 회전체의 체적을 구해보자. 구간 $[a, b]$에서 정의된 함수로 표현되는 곡선이 x축을 회전축으로 하여 회전할 때 생기는 회전체의 체적 V는

$$V = \pi\int_a^b y^2\,dx$$

이다. 따라서 곡선이 매개변수방정식 $x = f(t)$, $y = g(t)$ $(\alpha \le t \le \beta)$로 주어지고 t가 α에서 β로 변하는 동안 x가 증가하는 방향으로 변하면 체적 V는

$$V = \pi\int_a^b y^2 dx = \pi\int_\alpha^\beta y^2\frac{dx}{dt}\,dt = \pi\int_\alpha^\beta (g(t))^2 f'(t)\,dt$$

이다.

예제 8.13

(1) $x = 2t + 1$, $y = 1 - t^2$ $(-1 \le t \le 1)$ 로 표현된 곡선과 x 축으로 유계된 영역이 x축을 회전축으로 하여 회전할 때 생기는 회전체의 체적을 구하라.

(2) 사이클로이드 곡선 $x = a(\theta - \sin\theta)$, $y = a(1 - \cos\theta)$의 한 호와 x축으로 유계된 영역이 x축을 회전축으로 하여 회전할 때 생기는 회전체의 체적을 구하라.

(3) 곡선 $x = 2\cos\theta$, $y = 2\sin\theta$ $(0 \le \theta \le \pi)$와 x축으로 유계된 영역이 x축을 회전축으로 하여 회전할 때 생기는 회전체의 체적을 구하라.

[풀이]

(1) $\dfrac{dx}{dt} = 2 > 0$이므로 회전체의 체적은

$$\pi \int_{-1}^{1} (1-t^2)^2 \cdot 2\,dt = \pi \int_{-1}^{1} (2 - 4t^2 + 2t^4)\,dt$$

$$= \left[2t - \frac{4}{3}t^3 + \frac{2}{5}t^5\right]_{-1}^{1} = \frac{32}{15}\pi$$

이다.

(2) $\dfrac{dx}{dt} = a(1-\cos\theta)$이므로 회전체의 체적은

$$\pi \int_0^{2\pi} y^2 \frac{dx}{d\theta}\,d\theta = \pi \int_0^{2\pi} a^2(1-\cos\theta)^2 a(1-\cos\theta)\,d\theta$$

$$= \pi a^3 \int_0^{2\pi} (1-\cos\theta)^3\,d\theta$$

$$= \pi a^3 \int_0^{2\pi} \left(2\sin^2\frac{\theta}{2}\right)^3 d\theta$$

$$= 8\pi a^3 \int_0^{2\pi} \sin^6\frac{\theta}{2}\,d\theta$$

이다. $u = \dfrac{\theta}{2}$로 치환하고 6.4절 연습문제의 점화식을 사용하면

$$8\pi a^3 \int_0^{2\pi} \sin^6\frac{\theta}{2}\,d\theta = 16\pi a^3 \int_0^{\pi} \sin^6 u\,du = 5\pi^2 a^3$$

이다.

(3) θ가 0에서 π까지 변하는 동안 $\dfrac{dx}{d\theta} < 0$이다. 따라서 회전체의 체적은

$$\pi \int_0^{\pi} y^2 \left|\frac{dx}{d\theta}\right| d\theta = \pi \int_0^{\pi} 4\sin^2\theta \cdot 2\sin\theta\,d\theta$$

$$= 8\pi \int_0^{\pi} \sin^3\theta\,d\theta$$

$$= 8\pi\left[-\frac{1}{3}\sin^2\theta\cos\theta - \frac{2}{3}\cos\theta\right]_0^{\pi} = \frac{32}{3}\pi$$

이다.

문제 8.9 $x = t^2 + 2t,\ y = 2t - t^2\ (0 \le t \le 1)$로 주어진 곡선과 직선 $x = 3$ 그리고 x축으로 유계된 영역이 x축을 회전축으로 하여 회전할 때 생기는 회전체의 체적을 구하라.

곡선이 매개변수방정식 $x = f(t),\ y = g(t)\ (\alpha \le t \le \beta)$로 주어진 경우 곡선의 길이를 구하는 문제를 알아보자. 구간 $[a, b]$에서 정의된 연속적으로 미분가능한 곡선의 길이 L은

$$L = \int_a^b \sqrt{1 + (y')^2}\, dx$$

이다. $f(\alpha) = a,\ f(\beta) = b$라 하고, 구간 $[\alpha, \beta]$에서 $\dfrac{dx}{dt} = f'(t) > 0$이라고 하면 t가 α에서 β로 변할 때, 이 곡선이 오른쪽으로 한 번 그려진다. 따라서 치환적분법을 이용하면 곡선의 길이 L은

$$\begin{aligned} L &= \int_a^b \sqrt{1 + (y')^2}\, dx = \int_a^b \sqrt{1 + \left(\frac{dy}{dx}\right)^2}\, dx \\ &= \int_\alpha^\beta \sqrt{1 + \left(\frac{dy/dt}{dx/dt}\right)^2}\, \frac{dx}{dt}\, dt \\ &= \int_\alpha^\beta \sqrt{\left(\frac{dx}{dt}\right)^2 + \left(\frac{dy}{dt}\right)^2}\, dt \\ &= \int_\alpha^\beta \sqrt{(f'(t))^2 + (g'(t))^2}\, dt \end{aligned}$$

이다. 이 공식은 더 일반적인 곡선에 대해서도 성립하며, 증명없이 다음 정리에 소개한다.

[정리 8.1] 곡선이 매개변수방정식 $x=f(t)$, $y=g(t)$ $(\alpha \leq t \leq \beta)$로 주어지고 $f'(t)$와 $g'(t)$가 연속이라 하자. t가 α에서 β로 변할 때 이 곡선이 한 번만 그려지면, 이 곡선의 길이 L은 다음과 같다.

$$L=\int_{\alpha}^{\beta}\sqrt{\left(\frac{dx}{dt}\right)^2+\left(\frac{dy}{dt}\right)^2}\,dt$$

예제 8.14

사이클로이드 $x=a(\theta-\sin\theta)$, $y=a(1-\cos\theta)$의 한 호의 길이를 구하라.

[풀이]

$\dfrac{dx}{dt}=a(1-\cos\theta)$, $\dfrac{dy}{dt}=a\sin\theta$이므로 한 호의 길이는

$$\begin{aligned}\int_0^{2\pi}\sqrt{\left(\frac{dx}{d\theta}\right)^2+\left(\frac{dy}{d\theta}\right)^2}\,d\theta &= \int_0^{2\pi}\sqrt{a^2(1-\cos\theta)^2+a^2\sin^2\theta}\,d\theta \\ &= a\int_0^{2\pi}\sqrt{2-2\cos\theta}\,d\theta \\ &= 2a\int_0^{2\pi}\left|\sin\frac{\theta}{2}\right|d\theta \\ &= 2a\left[-2\cos\frac{\theta}{2}\right]_0^{2\pi}=8a\end{aligned}$$

이다.

문제 8.10 $x=t^2+2t$, $y=2t-t^2$ $(0\leq t\leq 1)$로 표현된 곡선의 길이를 구하라.

연습문제 8.3

1. 매개변수방정식 $x=t^2+1$, $y=t^2+2t$로 나타나는 곡선과 x축 사이의 부분 중에서 $0 \le t \le 2$인 영역의 넓이를 구하라.

2. 매개변수방정식 $x=2\cos\theta$, $y=3\sin\theta$ $(0 \le \theta \le 2\pi)$으로 나타나는 곡선으로 유계된 영역의 넓이를 구하라.

3. 곡선 $x=-2t^2$, $y=t^2+3t$ $(0 \le t \le 1)$와 x축 사이의 영역이 x축을 회전축으로 하여 회전하였을 때 생기는 회전체의 체적을 구하라.

4. 다음 매개변수방정식으로 주어진 곡선의 길이를 구하는 식을 찾아라.

   (1) $x=\cos\theta,\quad y=\sin\theta \quad (0 \le \theta \le \pi)$
   (2) $x=2+3t^2,\quad y=3+2t^2 \quad (0 \le t \le 2)$

5. 타원 $x=a\cos\theta$, $y=b\sin\theta$의 길이를 구하는 식이

$$\sqrt{2}\int_0^{\pi}\sqrt{(b^2+a^2)+(b^2-a^2)\cos t}\,dt$$

임을 보여라.

MEMO

제 9 장

행렬

9.1 행렬의 정의와 기본성질

연립일차방정식

$$\begin{aligned} 2x+3y+4z &= 1 \\ 5x+6y+7z &= 8 \end{aligned}$$

에서 방정식의 계수만 따로 직사각형 모양으로 나열하면 다음과 같다.

$$\begin{bmatrix} 2 & 3 & 4 \\ 5 & 6 & 7 \end{bmatrix}$$

이와 같이 수나 수를 나타내는 문자를 직사각형 모양으로 배열한 것을 행렬이라고 하고 2, 3, 4, 5, 6, 7과 같이 행렬을 이루는 각각의 수나 문자를 행렬의 성분(component)이라고 한다.

또한, 행렬의 가로줄을 행(row)라고 하고, 위에서부터 차례대로 제1행, 제2행, 제3행, ⋯ 이라 한다. 행렬의 세로줄을 열(column)이라 하고, 왼쪽부터 차례로 제1열, 제2열, 제3열, ⋯ 이라고 한다.

위에 주어진 행렬

$$\begin{bmatrix} 2 & 3 & 4 \\ 5 & 6 & 7 \end{bmatrix}$$

에서 $(2,\ 3,\ 4)$는 제1행이고, $(5,\ 6,\ 7)$은 제2행이며, $\begin{pmatrix} 2 \\ 5 \end{pmatrix}$는 제1열, $\begin{pmatrix} 3 \\ 6 \end{pmatrix}$은 제2열, $\begin{pmatrix} 4 \\ 7 \end{pmatrix}$은 제3열이다. 또한 위 행렬은 2개의 행과 3개의 열로 된 행렬로 간단히 2×3 행렬이라고 한다.

예제 9.1

다음 행렬을 $m \times n$ 행렬의 형태로 표시하라.

(1) $\begin{bmatrix} 1 & 2 & 3 \\ 4 & 5 & 6 \\ 7 & 8 & 9 \end{bmatrix}$ (2) $\begin{bmatrix} -2 & 3 \\ 4 & 0 \\ 6 & 1 \end{bmatrix}$ (3) $\begin{bmatrix} 1 & 0 & 2 \end{bmatrix}$ (4) $\begin{bmatrix} -1 & -4 \\ 2 & 8 \end{bmatrix}$

[풀이]

(1) 3×3 (2) 3×2 (3) 1×3 (4) 2×2

문제 9.1 다음 행렬을 $m \times n$ 행렬의 형태로 표시하라.

(1) $\begin{bmatrix} 1 & 2 & 3 \\ 4 & 5 & 6 \end{bmatrix}$ (2) $\begin{bmatrix} -2 & 3 \\ 4 & 0 \end{bmatrix}$ (3) $\begin{bmatrix} -1 \\ 0 \\ 2 \end{bmatrix}$ (4) $\begin{bmatrix} 1 & 0 & 0 \\ 0 & 1 & 0 \\ 0 & 0 & 1 \end{bmatrix}$

일반적으로 다음과 같이 m개의 행과 n개의 열로 된 $m \times n$ 행렬 A에서 제i행과 제j열이 교차하는 위치에 있는 (i, j)성분을 간단히 a_{ij}와 같이 나타낸다. 이 때 두 개의 첨자 i, j는 각각 행과 열의 위치를 나타내며, $1 \le i \le m$, $1 \le j \le n$이다.

$$\begin{bmatrix} a_{11} & a_{12} & \cdots & a_{1j} & \cdots & a_{1n} \\ a_{21} & a_{22} & \cdots & a_{2j} & \cdots & a_{2n} \\ \cdots & \cdots & \cdots & \cdots & \cdots & \cdots \\ a_{i1} & a_{i2} & \cdots & a_{ij} & \cdots & a_{in} \\ \cdots & \cdots & \cdots & \cdots & \cdots & \cdots \\ a_{m1} & a_{m2} & \cdots & a_{mj} & \cdots & a_{mn} \end{bmatrix} \begin{matrix} \rightarrow \text{제}1\text{행} \\ \rightarrow \text{제}2\text{행} \\ \cdots \quad \cdots \\ \rightarrow \text{제}i\text{행} \\ \cdots \quad \cdots \\ \rightarrow \text{제}m\text{행} \end{matrix}$$

$$\begin{matrix} \downarrow & \downarrow & \cdots & \downarrow & \cdots & \downarrow \\ \text{제}1\text{열} & \text{제}2\text{열} & \cdots & \text{제}j\text{열} & \cdots & \text{제}n\text{열} \end{matrix}$$

몇 가지 특수한 행렬을 살펴보자. 만약 행렬의 모든 성분이 0 즉, $a_{ij} = 0$이면 이러한 행렬을 영행렬(zero matrix)이라고 하고 O로 나타낸다.

$$\begin{bmatrix} 0 & 0 \\ 0 & 0 \end{bmatrix}, \begin{bmatrix} 0 & 0 & 0 \\ 0 & 0 & 0 \end{bmatrix}, \begin{bmatrix} 0 & 0 & 0 \\ 0 & 0 & 0 \\ 0 & 0 & 0 \end{bmatrix}$$

또한, 행의 개수와 열의 개수가 같은 행렬을 정사각행렬(square matrix)이라 하고, $n \times n$ 행렬을 n차 정사각행렬이라고 한다. 또한 n차 정사각행렬에서 대각선에 있는 성분들 즉, $a_{11}, a_{22}, a_{33}, \cdots, a_{nn}$을 주대각성분이라고 한다.

n차 정사각행렬에서 $a_{ij} = 0\,(i \neq j)$인 행렬 즉, 주대각성분을 제외한 모든 성분이 0인 행렬을 **대각행렬**(diagonal matrix)이라고 한다.

예제 9.2

행렬 $A = \begin{bmatrix} 1 & 0 & -3 \\ 4 & -1 & 5 \\ 2 & 7 & 6 \end{bmatrix}$에 대하여 다음 물음에 답하라.

(1) $(2,3)$과 $(3,2)$의 성분을 각각 구하라.

(2) 주대각성분을 구하라.

[풀이]

(1) 5, 7 (2) 1, -1, 6

[정의 9.1] $m \times n$행렬 $A = (a_{ij})$와 $B = (b_{ij})$에서 모든 $i = 1, 2, 3, \cdots, m$과 $j = 1, 2, 3, \cdots, n$에 대하여 $a_{ij} = b_{ij}$일 때, 두 행렬은 **같다**고 하며 $A = B$로 나타낸다.

예제 9.3

두 행렬 A, B에 대하여 $A = B$일 때, x, y의 값을 구하라.

$$A = \begin{bmatrix} 1 & 2 \\ 3 & 4 \end{bmatrix}, \quad B = \begin{bmatrix} 1 & y \\ x & 4 \end{bmatrix}$$

[풀이]

$x = 3$, $y = 2$

문제 9.2 두 행렬 A, B에 대하여 $A=B$일 때, x, y의 값을 구하라.

$$A=\begin{bmatrix} x-y & 2 \\ 3 & x+y \end{bmatrix},\ B=\begin{bmatrix} 4 & 2 \\ 3 & 6 \end{bmatrix}$$

[정의 9.2] 두 개의 $m \times n$ 행렬 $A=(a_{ij})$와 $B=(b_{ij})$ 그리고 실수 r에 대하여 A와 B의 합 $A+B$, 실수배 rA를 다음과 같이 정의한다.

$$A+B=(a_{ij}+b_{ij})\ (1 \le i \le m,\ 1 \le j \le n)$$
$$rA=(ra_{ij})\ (1 \le i \le m,\ 1 \le j \le n)$$

정의 9.2에서 알 수 있듯이 행렬의 덧셈은 같은 크기의 행렬에 대해서만 정의됨을 알 수 있다. 또한 행렬의 실수배를 행렬의 스칼라곱(scalar multiplication)이라고도 한다.

예제 9.4

두 행렬 A, B에 대하여 $A+B$, $2A$, $-B$를 각각 구하라.

$$A=\begin{bmatrix} 1 & 2 & 3 \\ 0 & 5 & -1 \end{bmatrix},\quad B=\begin{bmatrix} 0 & -1 & 2 \\ 1 & 5 & -4 \end{bmatrix}$$

[풀이]

$$A+B=\begin{bmatrix} 1 & 1 & 5 \\ 1 & 10 & -5 \end{bmatrix},\quad 2A=\begin{bmatrix} 2 & 4 & 6 \\ 0 & 10 & -2 \end{bmatrix},\quad -\mathrm{B}=\begin{bmatrix} 0 & 1 & -2 \\ -1 & -5 & 4 \end{bmatrix}$$

문제 9.3 두 행렬 A, B에 대하여 $A+B$, $2A$, $-B$를 각각 구하라.

$$A=\begin{bmatrix} 0 & 1 & 3 \\ 1 & 0 & -2 \\ 2 & 4 & 5 \end{bmatrix},\quad B=\begin{bmatrix} 0 & 1 & -5 \\ 4 & 0 & -1 \\ 1 & 2 & 1 \end{bmatrix}$$

[정의 9.3] $m\times n$ 행렬 $A=(a_{ij})$와 $n\times p$행렬 $B=(b_{ij})$에 대하여 A와 B의 곱 $AB=(c_{ij})$는 다음과 같이 정의한다.

$$c_{ij}=a_{i1}b_{1j}+a_{i2}b_{2j}+\cdots+a_{in}b_{nj}\ (1\le i\le m,\ 1\le j\le p)$$

여기서, 행렬 $AB=(c_{ij})$는 $m\times p$행렬이다.

정의 9.3을 보면 행렬 A의 열의 수와 행렬 B의 행의 수가 같을 때에만 행렬의 곱 AB가 정의된다. 또한 행렬이 곱 AB가 정의되었다고 해서 $AB=BA$인 것은 아니다. 일반적으로 행렬의 곱셈은 교환법칙이 성립하지 않는다.

예제 9.5

다음 두 행렬 A, B에 대하여 AB, BA를 각각 구하라.

$$A=\begin{bmatrix}1&2\\3&4\end{bmatrix},\quad B=\begin{bmatrix}5&6\\7&8\end{bmatrix}$$

[풀이]
행렬 A는 2×2이고, 행렬B도 2×2행렬이므로 행렬의 곱 AB, BA가 모두 정의된다.

$$AB=\begin{bmatrix}1\times5+2\times7 & 1\times6+2\times8\\3\times5+4\times7 & 3\times6+4\times8\end{bmatrix}=\begin{bmatrix}19&22\\43&50\end{bmatrix}$$

$$BA=\begin{bmatrix}5\times1+6\times3 & 5\times2+6\times4\\7\times1+8\times3 & 7\times2+8\times4\end{bmatrix}=\begin{bmatrix}23&34\\31&46\end{bmatrix}$$

문제 9.4 다음 두 행렬 A, B에 대하여 AB, BA를 각각 구하라.

(1) $A=\begin{bmatrix}1&2\\3&0\\0&1\end{bmatrix},\ B=\begin{bmatrix}1&5&-1\\4&0&0\end{bmatrix}$

(2) $A=\begin{bmatrix}1&2&1\\3&0&-1\\0&1&0\end{bmatrix},\ B=\begin{bmatrix}1&0&0\\0&1&0\\0&0&1\end{bmatrix}$

(3) $A=\begin{bmatrix}1&2\\3&0\\0&1\\1&0\end{bmatrix}$, $B=\begin{bmatrix}1&5&-1&3\\4&0&0&-2\end{bmatrix}$

다음으로 행렬 연산의 하나인 전치행렬에 대하여 알아보자.

[정의 9.4] $m\times n$ 행렬 $A=(a_{ij})$에 대하여 행렬 A의 행과 열을 순서대로 바꾼 $n\times m$ 행렬을 A의 **전치행렬**(transpose matrix)이라 하고 A^T로 나타낸다.

$$A=\begin{bmatrix}a_{11}&a_{12}&\cdots&a_{1n}\\a_{21}&a_{22}&\cdots&a_{2n}\\\cdots&\cdots&\cdots&\cdots\\a_{m1}&a_{m2}&\cdots&a_{mn}\end{bmatrix}\to A^T=\begin{bmatrix}a_{11}&a_{21}&\cdots&a_{m1}\\a_{12}&a_{22}&\cdots&a_{m2}\\\cdots&\cdots&\cdots&\cdots\\a_{1n}&a_{2n}&\cdots&a_{mn}\end{bmatrix}$$

예제 9.6

다음 주어진 행렬 A, B에 대하여 A^T, B^T를 구하라.

$$A=\begin{bmatrix}1&0&0\\2&0&3\end{bmatrix},\quad B=\begin{bmatrix}1&2&3\\4&5&6\\7&8&9\end{bmatrix}$$

[풀이]

$$A^T=\begin{bmatrix}1&2\\0&0\\0&3\end{bmatrix},\quad B^T=\begin{bmatrix}1&4&7\\2&5&8\\3&6&9\end{bmatrix}$$

문제 9.5 다음 주어진 행렬 A, B에 대하여 A^T, B^T를 구하라.

$$A=\begin{bmatrix}1&0\\3&2\end{bmatrix},\ B=\begin{bmatrix}1&2\\4&0\\0&1\end{bmatrix}$$

[정리 9.5] 행렬 A, B와 실수 k에 대하여 다음이 성립한다.

(1) $(A^T)^T = A$

(2) $(A+B)^T = A^T + B^T$

(3) $(kA)^T = k(A^T)$

(4) $(AB)^T = B^T A^T$

예제 9.7

다음 행렬 A, B에 대하여 $(AB)^T = B^T A^T$임을 확인하라.

$$A = \begin{bmatrix} 1 & 2 \\ 4 & 5 \\ 0 & 0 \end{bmatrix}, \quad B = \begin{bmatrix} 1 & 0 & -1 \\ 3 & -1 & -2 \end{bmatrix}$$

[풀이]

$$AB = \begin{bmatrix} 7 & -2 & -5 \\ 19 & -5 & -14 \\ 0 & 0 & 0 \end{bmatrix} \text{이므로 } (AB)^T = \begin{bmatrix} 7 & 19 & 0 \\ -2 & -5 & 0 \\ -5 & -14 & 0 \end{bmatrix}$$

$$A^T = \begin{bmatrix} 1 & 4 & 0 \\ 2 & 5 & 0 \end{bmatrix}, \quad B^T = \begin{bmatrix} 1 & 3 \\ 0 & -1 \\ -1 & -2 \end{bmatrix} \text{이므로 } \quad B^T A^T = \begin{bmatrix} 7 & 19 & 0 \\ -2 & -5 & 0 \\ -5 & -14 & 0 \end{bmatrix}$$

문제 9.6 다음 행렬 A, B에 대하여 $(AB)^T = B^T A^T$임을 확인하라.

$$A = \begin{bmatrix} 1 & 0 & 0 \\ 2 & 0 & 3 \end{bmatrix}, \quad B = \begin{bmatrix} 1 & 2 \\ 3 & 0 \\ 0 & 1 \end{bmatrix}$$

연습문제 9.1

1. 행렬 A의 (i, j)성분 a_{ij}가 $a_{ij} = i+j$ (단, $i=1,2,\ j=1,2,3$)를 만족할 때, 행렬 A를 구하라.

2. 다음 관계를 만족시키는 x, y의 값을 구하라.

$$\begin{bmatrix} x+y \\ x-y \end{bmatrix} = \begin{bmatrix} 3 \\ 1 \end{bmatrix}$$

3. 다음을 계산하라.

$$\begin{bmatrix} 1 & 2 \\ 3 & 4 \end{bmatrix} + 2\begin{bmatrix} -1 & 0 \\ 0 & -2 \end{bmatrix}$$

4. 다음 주어진 행렬에 대하여 전치행렬을 구하라.

(1) $\begin{bmatrix} 1 & 2 \\ 3 & 4 \end{bmatrix}$　　(2) $\begin{bmatrix} -1 & 0 & 3 \\ -2 & 1 & 4 \end{bmatrix}$

5. 다음 명제가 거짓임을 보일 수 있는 반례를 제시하라.

$AB = AC$이고 $A \neq O$이면 $B = C$이다.

9.2 행렬식과 역행렬

실수 $a(\neq 0)$에 대하여 $ax = xa = 1$을 만족시키는 실수 x를 곱셈에 대한 a의 역원이라 하고 a^{-1}로 나타낸다. 행렬의 곱셈에서도 이와 유사한 성질을 만족하는 행렬이 존재하는지 살펴보자.

앞서 n차 정사각행렬에서 $a_{ij} = 0\,(i \neq j)$인 행렬 즉, 주대각성분을 제외한 모든 성분이 0인 행렬을 대각행렬이라고 하였다. 이러한 n차 대각행렬 중에서 주대각성분이 모두 1인 행렬을 n차 단위행렬 또는 항등행렬이라고 하고 보통 I_n으로 나타낸다. 일반적으로 항등행렬은 정사각행렬이며 그 차원이 분명히 드러나는 경우가 많다. 따라서 혼란을 주지 않는 상황이라면 n을 생략하여 I_n을 간단히 I로 나타낸다. 2차와 3차 단위행렬은 다음과 같다.

$$\begin{bmatrix} 1 & 0 \\ 0 & 1 \end{bmatrix}, \quad \begin{bmatrix} 1 & 0 & 0 \\ 0 & 1 & 0 \\ 0 & 0 & 1 \end{bmatrix}$$

> **[정의 9.6]** n차 정사각행렬 A에 대하여 $AX = XA = I$를 만족하는 행렬 X를 행렬 A의 **역행렬**이라고 하고 A^{-1}로 나타낸다.

예제 9.8

행렬 $A = \begin{bmatrix} 1 & 1 \\ 2 & 3 \end{bmatrix}$, $X = \begin{bmatrix} 3 & -1 \\ -2 & 1 \end{bmatrix}$이라고 하자. 두 행렬이 서로에 대한 역행렬임을 확인하라.

[풀이]

$$AX = \begin{bmatrix} 1 & 1 \\ 2 & 3 \end{bmatrix}\begin{bmatrix} 3 & -1 \\ -2 & 1 \end{bmatrix} = \begin{bmatrix} 1 & 0 \\ 0 & 1 \end{bmatrix}, \quad XA = \begin{bmatrix} 3 & -1 \\ -2 & 1 \end{bmatrix}\begin{bmatrix} 1 & 1 \\ 2 & 3 \end{bmatrix} = \begin{bmatrix} 1 & 0 \\ 0 & 1 \end{bmatrix}$$

과 같이 $AX = XA = I$를 만족하므로 행렬 X는 행렬 A의 역행렬이고, 행렬 A는 행렬 X의 역행렬이다.

문제 9.7 다음 두 행렬이 서로에 대하여 역행렬이 됨을 보여라.

$$A=\begin{bmatrix} 1 & 3 & -1 \\ -2 & -5 & 1 \\ 1 & 5 & -2 \end{bmatrix},\ B=\begin{bmatrix} 5 & 1 & -2 \\ -3 & -1 & 1 \\ -5 & -2 & 1 \end{bmatrix}$$

[정의 9.7] n차 정사각행렬 A에 대하여

$$AB = BA = I$$

을 만족하는 $n\times n$ 행렬 B가 존재하면 행렬 A를 **가역행렬**(invertible matrix) 또는 **정칙행렬**(nonsingular matrix)이라 한다.

일반적으로 모든 행렬이 가역행렬은 아니다. 따라서 어떤 행렬이 가역행렬인지 아닌지를 구분하는 것은 매우 중요하다. 이제부터 어떤 행렬이 가역행렬인지 아닌지를 구분하고 또 실제로 역행렬을 구하는 방법을 알아보자.

먼저 행렬식에 대하여 알아보자.

[정의 9.8] 이차정사각행렬 $A=\begin{bmatrix} a_{11} & a_{12} \\ a_{21} & a_{22} \end{bmatrix}$에 대하여 다음과 같은 스칼라를 행렬 A의 **행렬식**이라고 하며 $\det(A)$ 또는 $\begin{vmatrix} a_{11} & a_{12} \\ a_{21} & a_{22} \end{vmatrix}$로 나타낸다.

$$\det(A)=\begin{vmatrix} a_{11} & a_{12} \\ a_{21} & a_{22} \end{vmatrix}=a_{11}a_{22}-a_{12}a_{21}$$

예제 9.9

다음 행렬 A, B에 대하여 $\det(A)$, $\det(B)$를 각각 구하라.

$$A=\begin{bmatrix} 2 & 3 \\ 4 & 5 \end{bmatrix},\quad B=\begin{bmatrix} 1 & 3 \\ 2 & 6 \end{bmatrix}$$

[풀이]

$\det(A) = 2\times5-3\times4 = -2,\quad \det(B) = 1\times6-3\times2 = 0$

문제 9.8 다음 행렬 A, B에 대하여 $\det(A)$, $\det(B)$를 각각 구하라.

$$A=\begin{bmatrix}2 & -1\\1 & 0\end{bmatrix},\quad B=\begin{bmatrix}1 & 0\\0 & 2\end{bmatrix}$$

이제 일반적인 n차 정사각행렬에서 행렬식을 구하는 방법을 알아보자.

> **[정의 9.9]** n차 정사각행렬 $A=(a_{ij})$에서 임의의 i행과 j열을 제거하여 얻은 $(n-1)\times(n-1)$행렬의 행렬식을 성분 a_{ij}에 대한 **소행렬식**(minor)이라 하고 M_{ij}로 나타낸다. 또한, 성분 a_{ij}의 소행렬식 M_{ij}에 $(-1)^{i+j}$를 곱한 것을 성분 a_{ij}의 **여인수**(cofacter)라 하고 A_{ij}로 나타낸다. 즉, $A_{ij}=(-1)^{i+j}M_{ij}$이다.

예제 9.10

다음 행렬에 대하여 M_{23}, A_{23}을 각각 구하라.

$$A=\begin{bmatrix}1 & 1 & 0\\0 & 2 & 4\\1 & -1 & -2\end{bmatrix}$$

[풀이]

$$M_{23}=\det\begin{bmatrix}1 & 1\\1 & -1\end{bmatrix}=-1-1=-2$$

$$A_{23}=(-1)^{2+3}M_{23}=-1\times(-2)=2$$

문제 9.9 다음 행렬에 대하여 M_{31}, A_{31}을 각각 구하라.

$$A=\begin{bmatrix}1 & 1 & 0\\0 & 2 & 4\\1 & -1 & -2\end{bmatrix}$$

[정의 9.10] n차 정사각행렬 $A=(a_{ij})$의 임의의 성분 a_{ij}에 대한 여인수를 A_{ij}라 하면, 행렬 $A=(a_{ij})$의 행렬식 $\det(A)$는 다음과 같다.
임의의 $i=1, 2, \cdots, n$에 대하여

$$\det(A)=a_{i1}A_{i1}+a_{i2}A_{i2}+\cdots+a_{in}A_{in}$$

예제 9.11

다음 행렬에 대하여 $\det(A)$를 구하라.

$$A=\begin{bmatrix}1 & 1 & 0\\ 0 & 2 & 4\\ 1 & -1 & -2\end{bmatrix}$$

[풀이]
제1행에 대하여 정의 9.10을 적용하면

$$\begin{aligned}\det(A) &= a_{11}A_{11}+a_{12}A_{12}+a_{13}A_{13}\\ &= a_{11}(-1)^{1+1}M_{11}+a_{12}(-1)^{1+2}M_{12}+a_{13}(-1)^{1+3}M_{13}\\ &= 1(-1)^2\begin{vmatrix}2 & 4\\ -1 & -2\end{vmatrix}+1(-1)^3\begin{vmatrix}0 & 4\\ 1 & -2\end{vmatrix}+0(-1)^4\begin{vmatrix}0 & 2\\ 1 & -1\end{vmatrix}\\ &= \begin{vmatrix}2 & 4\\ -1 & -2\end{vmatrix}-\begin{vmatrix}0 & 4\\ 1 & -2\end{vmatrix}\\ &= \{-4-(-4)\}-(0-4)\\ &= 4\end{aligned}$$

문제 9.10 다음 행렬에 대하여 $\det(A)$를 구하라.

$$A=\begin{bmatrix}2 & 3 & 1\\ 0 & -2 & 5\\ 1 & 0 & -2\end{bmatrix}$$

예제 9.12

위 예제 9.11에 주어진 행렬 A에 대하여 제1열을 이용하여 $\det(A)$를 구하라.

[풀이] $\det(A) = a_{11}A_{11} + a_{21}A_{21} + a_{31}A_{31}$

$$= a_{11}(-1)^{1+1}M_{11} + a_{21}(-1)^{2+1}M_{21} + a_{31}(-1)^{3+1}M_{31}$$

$$= 1(-1)^2\begin{vmatrix} 2 & 4 \\ -1 & -2 \end{vmatrix} + 0(-1)^3\begin{vmatrix} 1 & 0 \\ -1 & -2 \end{vmatrix} + 1(-1)^4\begin{vmatrix} 1 & 0 \\ 2 & 4 \end{vmatrix}$$

$$= \begin{vmatrix} 2 & 4 \\ -1 & -2 \end{vmatrix} + \begin{vmatrix} 1 & 0 \\ 2 & 4 \end{vmatrix}$$

$$= \{-4-(-4)\} + (4-0)$$

$$= 4$$

예제 9.11과 9.12의 결과와 같이 주어진 행렬의 행렬식을 구하는 과정에서 어떤 행이나 열을 중심으로 구해도 그 값은 일정하다는 사실이 알려져 있다. 따라서 주어진 행렬의 행렬식을 구할 때에는 계산이 편리한 행이나 열을 선택하여 계산하는 것이 좋다.

다음은 행렬식을 구할 때 유용하게 사용될 수 있는 성질들이다.

[정리 9.11] n차 정사각행렬 A, B에 대하여 다음 성질이 성립한다.

(1) $\det(A) = \det(A^T)$

(2) 실수 k에 대하여 $\det(kA) = k^n \cdot \det(A)$

(3) $\det(AB) = \det(A) \cdot \det(B)$

(4) A의 임의의 한 행(또는 한 열)의 성분이 모두 0이면 $\det(A) = 0$

(5) A의 임의의 두 행(또는 두 열)의 성분이 같거나 비례하면 $\det(A) = 0$

(6) A의 임의의 두 행(또는 두 열)을 서로 바꾸어 놓은 행렬을 B라 하면

$$\det(B) = -\det(A)$$

(7) A의 임의의 한 행(또는 한 열)에 실수 k배를 한 행렬을 B라 하면

$$\det(B) = k \cdot \det(A)$$

(8) A의 임의의 한 행(또는 한 열)에 실수 k배하여 다른 행에 더한 행렬을 B라 하면

$$\det(A) = \det(B)$$

예제 9.13

다음 주어진 행렬에 대하여 정리 8.12를 적용하여 $\det(A)$를 구하라.

$$A = \begin{bmatrix} 1 & 1 & -1 & 1 \\ 3 & 2 & 4 & 1 \\ 1 & -1 & -2 & -1 \\ 2 & -1 & -2 & -3 \end{bmatrix}$$

[풀이]

행렬 A의 제1행에 -3, -1, -2를 곱하여 각각 제2행, 제3행, 제4행에 더하여 만든 행렬을 B라 하면 $\det(A) = \det(B)$ 이다. 즉,

$$B = \begin{bmatrix} 1 & 1 & -1 & 1 \\ 0 & -1 & 7 & -2 \\ 0 & -2 & -1 & -2 \\ 0 & -2 & -1 & -4 \end{bmatrix}$$

제1열을 중심으로 $\det(B)$를 구하면

$$\det(B) = 1(-1)^{1+1}\begin{vmatrix} -1 & 7 & -2 \\ -2 & -1 & -2 \\ -2 & -1 & -4 \end{vmatrix}$$

행렬 B의 제1행에 -2를 곱하여 2행과 3행에 각각 더하여 만든 행렬을 C라 하면 $\det(B) = \det(C)$이다. 즉,

$$C = \begin{bmatrix} -1 & 7 & -2 \\ 0 & -15 & 2 \\ 0 & -15 & 0 \end{bmatrix}$$

제1열을 중심으로 $\det(C)$를 구하면

$$\det(C) = -1(-1)^{1+1}\begin{vmatrix} -15 & 2 \\ -15 & 0 \end{vmatrix} = -\{0-(-30)\} = -30$$

따라서 $\det(A) = -30$

문제 9.11 다음 주어진 행렬에 대하여 정리 8.12를 적용하여 $\det(A)$를 구하라.

$$A = \begin{bmatrix} -1 & 0 & 2 & -2 \\ 1 & 2 & -1 & 1 \\ 2 & 0 & -1 & 1 \\ 3 & -1 & 1 & 1 \end{bmatrix}$$

이제부터 행렬식을 이용하여 주어진 행렬의 역행렬을 구하는 방법을 알아보자. 먼저 2차정사각행렬에서는 다음과 같이 역행렬을 구할 수 있다.

[정의 9.12] 이차정사각행렬 $A = \begin{bmatrix} a_{11} & a_{12} \\ a_{21} & a_{22} \end{bmatrix}$의 행렬식 $\det(A)$에 대하여

(1) $\det(A) = 0$이면, A의 역행렬은 존재하지 않는다.

(2) $\det(A) \neq 0$이면, A의 역행렬이 존재하고, A^{-1}는 다음과 같다.

$$A^{-1} = \frac{1}{\det(A)} \begin{bmatrix} a_{22} & -a_{12} \\ -a_{21} & a_{11} \end{bmatrix}$$

예제 9.14

다음 행렬 A, B에 대하여 역행렬이 존재하면 그 역행렬을 구하라.

$$A = \begin{bmatrix} 2 & 3 \\ 4 & 5 \end{bmatrix}, \quad B = \begin{bmatrix} 1 & 3 \\ 2 & 6 \end{bmatrix}$$

[풀이]

$\det(A) = 2 \times 5 - 3 \times 4 = -2$이므로 역행렬이 존재한다.

$$A^{-1} = \frac{1}{-2} \begin{bmatrix} 5 & -3 \\ -4 & 2 \end{bmatrix} = \frac{1}{2} \begin{bmatrix} -5 & 3 \\ 4 & -2 \end{bmatrix}$$

반면, $\det(B) = 1 \times 6 - 3 \times 2 = 0$이므로 역행렬이 존재하지 않는다.

문제 9.12 다음 행렬 A, B에 대하여 역행렬이 존재하면 그 역행렬을 구하라.

$$A = \begin{bmatrix} 1 & 2 \\ 0 & 3 \end{bmatrix}, \quad B = \begin{bmatrix} 1 & -2 \\ 2 & -4 \end{bmatrix}$$

2차정사각행렬 이상의 행렬 A는 다음과 같은 순서로 역행렬을 구할 수 있다.

(1) $\det(A)$를 구한다. $\det(A) \neq 0$이면 역행렬이 존재한다.

(2) A의 여인수행렬 $A_{ij} = (-1)^{i+j} M_{ij}$를 구한다.

(3) $A^{-1} = \dfrac{1}{\det(A)} (A_{ij})^T$이다. 이때, $(A_{ij})^T$를 A의 **수반행렬**이라고 한다.

예제 9.15

다음 행렬 A의 역행렬을 구하라.

$$A = \begin{bmatrix} 2 & 1 & 1 \\ 4 & -2 & 0 \\ 0 & -2 & -3 \end{bmatrix}$$

[풀이]

(1) $\det(A) = \begin{vmatrix} 2 & 1 & 1 \\ 4 & -2 & 0 \\ 0 & -2 & -3 \end{vmatrix} = 16 \neq 0$이므로 역행렬이 존재한다.

(2) 여인수행렬 A_{ij}를 구하자.

$$A_{11} = (-1)^{1+1}\begin{vmatrix} -2 & 0 \\ -2 & -3 \end{vmatrix} = 6, \quad A_{12} = (-1)^{1+2}\begin{vmatrix} 4 & 0 \\ 0 & -3 \end{vmatrix} = 12$$

$$A_{13} = (-1)^{1+3}\begin{vmatrix} 4 & -2 \\ 0 & -2 \end{vmatrix} = -8, \quad A_{21} = (-1)^{2+1}\begin{vmatrix} 1 & 1 \\ -2 & -3 \end{vmatrix} = 1$$

$$A_{22} = (-1)^{2+2}\begin{vmatrix} 2 & 1 \\ 0 & -3 \end{vmatrix} = -6, \quad A_{23} = (-1)^{2+3}\begin{vmatrix} 2 & 1 \\ 0 & -2 \end{vmatrix} = 4$$

$$A_{31} = (-1)^{3+1}\begin{vmatrix} 1 & 1 \\ -2 & 0 \end{vmatrix} = 2, \quad A_{32} = (-1)^{3+2}\begin{vmatrix} 2 & 1 \\ 4 & 0 \end{vmatrix} = 4$$

$$A_{33} = (-1)^{3+3}\begin{vmatrix} 2 & 1 \\ 4 & -2 \end{vmatrix} = -8$$

따라서, 여인수행렬은 $A_{ij} = \begin{bmatrix} 6 & 12 & -8 \\ 1 & -6 & 4 \\ 2 & 4 & -8 \end{bmatrix}$이다.

(3) $A^{-1} = \dfrac{1}{\det(A)}(A_{ij})^T$에 따라 역행렬을 구한다. A의 수반행렬은

$(A_{ij})^T = \begin{bmatrix} 6 & 1 & 2 \\ 12 & -6 & 4 \\ -8 & 4 & -8 \end{bmatrix}$이므로 $A^{-1} = \dfrac{1}{16}\begin{bmatrix} 6 & 1 & 2 \\ 12 & -6 & 4 \\ -8 & 4 & -8 \end{bmatrix}$이다.

문제 9.13 다음 행렬 A의 역행렬을 구하라.

$$A = \begin{bmatrix} 5 & 1 & -2 \\ -5 & -2 & 1 \\ -3 & -1 & 1 \end{bmatrix}$$

연습문제 9.2

1. 다음 주어진 행렬의 행렬식을 각각 구하라.

(1) $\begin{bmatrix} 1 & 2 \\ 3 & 4 \end{bmatrix}$ (2) $\begin{bmatrix} 1 & 0 & 0 \\ 0 & 1 & 1 \\ -1 & 0 & 1 \end{bmatrix}$

(3) $\begin{bmatrix} 1 & 2 & 0 \\ 2 & -1 & 1 \\ 3 & 0 & -1 \end{bmatrix}$ (4) $\begin{bmatrix} 1 & 2 & 3 & 4 \\ 0 & 1 & 2 & 3 \\ 0 & 0 & 1 & 2 \\ 0 & 0 & 0 & 1 \end{bmatrix}$

2. 다음 행렬의 역행렬이 존재하면 역행렬을 구하라.

(1) $\begin{bmatrix} 2 & 3 \\ 3 & 5 \end{bmatrix}$ (2) $\begin{bmatrix} 1 & 2 & 3 \\ -1 & 0 & 0 \\ 2 & 0 & 1 \end{bmatrix}$

(3) $\begin{bmatrix} 1 & 2 & 3 \\ 2 & 4 & 6 \\ 2 & 0 & 1 \end{bmatrix}$ (4) $\begin{bmatrix} 1 & 2 & 3 & 4 \\ 0 & 1 & 2 & 3 \\ 0 & 0 & 1 & 2 \\ 0 & 0 & 0 & 1 \end{bmatrix}$

3. 두 행렬 A, B에 대하여 $(AB)^{-1} = B^{-1}A^{-1}$임을 증명하라.

9.3 크레이머 공식(Cramer's rule)

다음과 같은 연립방정식을 보자.

$$\begin{cases} a_{11}x + a_{12}y = p & \cdots\cdots ① \\ a_{21}x + a_{22}y = q & \cdots\cdots ② \end{cases}$$

이 방정식에서 x값을 구하기 위해 ①식의 양변에 a_{22}, ②식의 양변에 a_{12}를 각각 곱하여 빼면

$$(a_{11}a_{22} - a_{12}a_{21})x = pa_{22} - qa_{12}$$

이다. $a_{11}a_{22} - a_{12}a_{21} \neq 0$ 이면

$$x = \frac{pa_{22} - qa_{12}}{a_{11}a_{22} - a_{12}a_{21}} \qquad \cdots\cdots ③$$

이다. 마찬가지 방법으로 y를 구하면

$$y = \frac{qa_{11} - pa_{21}}{a_{11}a_{22} - a_{12}a_{21}} \qquad \cdots\cdots ④$$

을 얻는다.

이제 ③, ④식을 행렬식을 이용하여 각각 나타내면

$$x = \frac{pa_{22} - qa_{12}}{a_{11}a_{22} - a_{12}a_{21}} = \frac{\begin{vmatrix} p & a_{12} \\ q & a_{22} \end{vmatrix}}{\begin{vmatrix} a_{11} & a_{12} \\ a_{21} & a_{22} \end{vmatrix}}, \quad y = \frac{qa_{11} - pa_{21}}{a_{11}a_{22} - a_{12}a_{21}} = \frac{\begin{vmatrix} a_{11} & p \\ a_{21} & q \end{vmatrix}}{\begin{vmatrix} a_{11} & a_{12} \\ a_{21} & a_{22} \end{vmatrix}}$$

이다. 즉, 위와 같이 일차연립방정식의 해를 행렬을 이용하여 해결할 수 있다.

일반적으로 미지수가 n개인 일차연립방정식의 해를 행렬을 이용하여 구하는 크레이머 공식(Cramer's rule)에 대하여 살펴보자.

미지수와 방정식의 개수가 각각 n인 일차연립방정식은 다음과 같다.

$$\begin{cases} a_{11}x_1 + a_{12}x_2 + \cdots + a_{1n}x_n = p_1 \\ a_{21}x_1 + a_{22}x_2 + \cdots + a_{2n}x_n = p_2 \\ \qquad\qquad \cdots \\ a_{n1}x_1 + a_{n2}x_2 + \cdots + a_{nn}x_n = p_n \end{cases} \qquad \cdots\cdots ⑤$$

이 연립방정식을 행렬을 이용하여 표현하면 다음과 같다.

$$\begin{bmatrix} a_{11} & a_{12} & \cdots & a_{1n} \\ a_{21} & a_{22} & \cdots & a_{2n} \\ \vdots & \vdots & \cdots & \vdots \\ a_{n1} & a_{n2} & \cdots & a_{nn} \end{bmatrix} \begin{bmatrix} x_1 \\ x_2 \\ \vdots \\ x_n \end{bmatrix} = \begin{bmatrix} p_1 \\ p_2 \\ \vdots \\ p_n \end{bmatrix}$$

이 행렬에서 계수들로 이루어진 n차정사각행렬을 위 연립방정식 ⑤의 계수행렬이라고 부른다.

또한, 계수행렬을 A라 할 때, 행렬 A의 i 열을 $\begin{bmatrix} p_1 \\ p_2 \\ \vdots \\ p_n \end{bmatrix}$로 대치한 행렬을 $A_i(i=1, 2, \cdots, n)$라 하자. 즉,

$$A_1 = \begin{bmatrix} p_1 & a_{12} & \cdots & a_{1n} \\ p_2 & a_{22} & \cdots & a_{2n} \\ \vdots & \vdots & \cdots & \vdots \\ p_n & a_{n2} & \cdots & a_{nn} \end{bmatrix}, \quad A_2 = \begin{bmatrix} a_{11} & p_1 & \cdots & a_{1n} \\ a_{21} & p_2 & \cdots & a_{2n} \\ \vdots & \vdots & \cdots & \vdots \\ a_{n1} & p_n & \cdots & a_{nn} \end{bmatrix}, \quad \cdots, \quad A_n = \begin{bmatrix} a_{11} & a_{12} & \cdots & p_1 \\ a_{21} & a_{22} & \cdots & p_2 \\ \vdots & \vdots & \cdots & \vdots \\ a_{n1} & a_{n2} & \cdots & p_n \end{bmatrix}$$

이다. 여기서 $\det(A) \neq 0$이면 연립방정식 ⑤의 해는 다음의 크레이머 공식에 의해 유일하게 주어진다.

> **[정리 9.13]** 만일 $\det(A) \neq 0$이면 연립방정식 ⑤의 해는 유일하며 다음과 같다.
>
> $$x_1 = \frac{\det(A_1)}{\det(A)}, \quad x_2 = \frac{\det(A_2)}{\det(A)}, \quad \cdots, \quad x_n = \frac{\det(A_n)}{\det(A)}$$

예제 9.16

크레이머 공식을 이용하여 다음 연립방정식의 해를 구하라.

$$\begin{cases} x+y+z=2 \\ 2x-y+z=6 \\ x-3y+2z=7 \end{cases}$$

[풀이]
주어진 연립방정식의 계수행렬을 A라 하면

$$A = \begin{bmatrix} 1 & 1 & 1 \\ 2 & -1 & 1 \\ 1 & -3 & 2 \end{bmatrix}$$

이므로

$$\det(A) = \begin{vmatrix} 1 & 1 & 1 \\ 2 & -1 & 1 \\ 1 & -3 & 2 \end{vmatrix} = -7, \quad \det(A_1) = \begin{vmatrix} 2 & 1 & 1 \\ 6 & -1 & 1 \\ 7 & -3 & 2 \end{vmatrix} = -14$$

$$\det(A_2) = \begin{vmatrix} 1 & 2 & 1 \\ 2 & 6 & 1 \\ 1 & 7 & 2 \end{vmatrix} = 7, \quad \det(A_3) = \begin{vmatrix} 1 & 1 & 2 \\ 2 & -1 & 6 \\ 1 & -3 & 7 \end{vmatrix} = -7$$

따라서

$$x = \frac{\det(A_1)}{\det(A)} = \frac{-14}{-7} = 2, \quad y = \frac{\det(A_2)}{\det(A)} = \frac{7}{-7} = -1, \quad z = \frac{\det(A_3)}{\det(A)} = \frac{-7}{-7} = 1$$

이다.

문제 9.14 크레이머 공식을 이용하여 다음 연립방정식의 해를 구하라.

$$\begin{cases} x - y + z = 0 \\ x + 2y + z = 6 \\ x + y - 2z = 1 \end{cases}$$

연습문제 9.3

※ 크레이머 공식을 이용하여 다음 연립방정식의 해를 구하라.

1. $\begin{cases} x+y=7 \\ y+z=8 \\ z+x=9 \end{cases}$

2. $\begin{cases} 2x+2y+z=2 \\ 3x+y+z=4 \\ -x+2y+2z=1 \end{cases}$

3. $\begin{cases} x-2y+z=-4 \\ 2x-y-z=-5 \\ 3x+y-2z=-1 \end{cases}$

9.4 기본행연산과 가우스 조르단 소거법

앞서 행렬식과 수반행렬을 이용하여 역행렬을 구하고 또 연립방정식을 해결하는 크레이머 공식을 배웠다. 이번 절에서는 같은 문제를 해결하는 또 다른 방법으로 가우스-조르단 소거법에 대하여 알아본다.

[정의 9.14] n차 단위행렬 I의 임의의 행에 대한 아래의 변환을 **기본행연산**이라고 한다.

(1) i행과 j행의 위치를 교환한다.

(2) i행에 스칼라 $r(r\neq0)$을 곱한다.

(3) i행에 스칼라 $r(r\neq0)$을 곱하여 j행에 더한다.

기본행연산은 주어진 행렬의 행에 대한 연산의 결과로 이는 열에 대해서도 마찬가지로 성립한다. 여기서는 행에 대한 연산을 중심으로 설명한다.

n차 단위행렬에 기본행연산을 단 한 번 적용하여 얻어지는 행렬을 **기본행렬**(Elementary Matrix)이라고 한다.

n차 단위행렬에 기본행연산 (1), (2), (3)을 각각 단 한 번 적용하였을 때 나타나는 기본행렬을 각각 E_{ij}, $E_i(r)$, $E_{ij}(r)$라 하자.

예제 9.17

3차 단위행렬에 대하여 다음 기본행렬을 각각 구하라.

(1) E_{23} (2) $E_1(4)$ (3) $E_{23}(-2)$

[풀이]

(1) E_{23}는 2행과 3행의 위치를 교환하여 만든 기본행렬이므로

$$E_{23}=\begin{bmatrix}1&0&0\\0&0&1\\0&1&0\end{bmatrix}$$

(2) $E_1(4)$는 1행에 4를 곱하여 만든 기본행렬이므로

$$E_1(4) = \begin{bmatrix} 4 & 0 & 0 \\ 0 & 1 & 0 \\ 0 & 0 & 1 \end{bmatrix}$$

(3) $E_{23}(-2)$는 2행에 -2를 곱하여 3행에 더하여 만든 기본행렬이므로

$$E_{23}(-2) = \begin{bmatrix} 1 & 0 & 0 \\ 0 & 1 & 0 \\ 0 & -2 & 1 \end{bmatrix}$$

문제 9.15 3차 단위행렬에 대하여 다음 기본행렬을 각각 구하라.

(1) E_{32}　　(2) $E_2(-1)$　　(3) $E_{12}(-2)$

3차 정사각행렬 A에 대하여 앞서 예제 9.17의 3가지 기본행렬을 행렬 A의 왼쪽에 곱한 결과는 행렬 A에 각각의 기본행연산을 시행한 결과와 같다. 즉,

$$A = \begin{bmatrix} a_{11} & a_{12} & a_{13} \\ a_{21} & a_{22} & a_{23} \\ a_{31} & a_{32} & a_{33} \end{bmatrix}$$

에 대하여

$$E_{23}A = \begin{bmatrix} 1 & 0 & 0 \\ 0 & 0 & 1 \\ 0 & 1 & 0 \end{bmatrix} \begin{bmatrix} a_{11} & a_{12} & a_{13} \\ a_{21} & a_{22} & a_{23} \\ a_{31} & a_{32} & a_{33} \end{bmatrix} = \begin{bmatrix} a_{11} & a_{12} & a_{13} \\ a_{31} & a_{32} & a_{33} \\ a_{21} & a_{22} & a_{23} \end{bmatrix}$$

$$E_1(4)A = \begin{bmatrix} 4 & 0 & 0 \\ 0 & 1 & 0 \\ 0 & 0 & 1 \end{bmatrix} \begin{bmatrix} a_{11} & a_{12} & a_{13} \\ a_{21} & a_{22} & a_{23} \\ a_{31} & a_{32} & a_{33} \end{bmatrix} = \begin{bmatrix} 4a_{11} & 4a_{12} & 4a_{13} \\ a_{21} & a_{22} & a_{23} \\ a_{31} & a_{32} & a_{33} \end{bmatrix}$$

$$E_{23}(-2)A = \begin{bmatrix} 1 & 0 & 0 \\ 0 & 1 & 0 \\ 0 & -2 & 1 \end{bmatrix} \begin{bmatrix} a_{11} & a_{12} & a_{13} \\ a_{21} & a_{22} & a_{23} \\ a_{31} & a_{32} & a_{33} \end{bmatrix} = \begin{bmatrix} a_{11} & a_{12} & a_{13} \\ a_{21} & a_{22} & a_{23} \\ -2a_{21}+a_{31} & -2a_{22}+a_{32} & -2a_{23}+a_{33} \end{bmatrix}$$

이다.

어떤 행렬 A에 여러 가지 기본행연산을 실행하여 행렬 B를 구했다면 두 행렬 A와 B는 서로 행동치라고 한다. 일반적으로 n차 정사각행렬 A가 가역행렬이면 A는 n차 단위행렬 I와 행동치이다.

한편, 다음과 같이 가역행렬 A에 k개의 기본행렬을 차례대로 곱하여 단위행렬이 되었다고 하자. 즉,

$$E_k E_{k-1} \cdots E_2 E_1 A = I$$

이므로

$$E_k E_{k-1} \cdots E_2 E_1 = A^{-1}$$

이다.

> **[정의 9.15]** n차 정사각행렬 A에 단위행렬을 첨가하여 $n \times 2n$ 행렬 $[A|I]$을 만들고 기본행연산을 이용하여 행렬A를 I로 변환시키면 I는 $E_k E_{k-1} \cdots E_2 E_1$, 즉 A^{-1}가 되는데 이러한 방법을 **가우스-조르단 소거법**이라고 한다.

예제 9.18

다음 행렬의 역행렬을 가우스-조르단 소거법을 이용하여 구하라. 예제 9.15의 결과와 비교하라.

$$A = \begin{bmatrix} 2 & 1 & 1 \\ 4 & -2 & 0 \\ 0 & -2 & -3 \end{bmatrix}$$

[풀이]

$$[A|I] = \left[\begin{array}{ccc|ccc} 2 & 1 & 1 & 1 & 0 & 0 \\ 4 & -2 & 0 & 0 & 1 & 0 \\ 0 & -2 & -3 & 0 & 0 & 1 \end{array}\right]$$

에서

$$\xrightarrow{E_1\left(\frac{1}{2}\right)} \left[\begin{array}{ccc|ccc} 1 & \frac{1}{2} & \frac{1}{2} & \frac{1}{2} & 0 & 0 \\ 4 & -2 & 0 & 0 & 1 & 0 \\ 0 & -2 & -3 & 0 & 0 & 1 \end{array}\right] \xrightarrow{E_{12}(-4)} \left[\begin{array}{ccc|ccc} 1 & \frac{1}{2} & \frac{1}{2} & \frac{1}{2} & 0 & 0 \\ 0 & -4 & -2 & -2 & 1 & 0 \\ 0 & -2 & -3 & 0 & 0 & 1 \end{array}\right]$$

$$\xrightarrow{E_2\left(-\frac{1}{4}\right)}\left[\begin{array}{ccc|ccc}1 & \frac{1}{2} & \frac{1}{2} & \frac{1}{2} & 0 & 0\\ 0 & 1 & \frac{1}{2} & \frac{1}{2} & -\frac{1}{4} & 0\\ 0 & -2 & -3 & 0 & 0 & 1\end{array}\right]\xrightarrow{E_{23}(2)}\left[\begin{array}{ccc|ccc}1 & \frac{1}{2} & \frac{1}{2} & \frac{1}{2} & 0 & 0\\ 0 & 1 & \frac{1}{2} & \frac{1}{2} & -\frac{1}{4} & 0\\ 0 & 0 & -2 & 1 & -\frac{1}{2} & 1\end{array}\right]$$

$$\xrightarrow{E_3\left(-\frac{1}{2}\right)}\left[\begin{array}{ccc|ccc}1 & \frac{1}{2} & \frac{1}{2} & \frac{1}{2} & 0 & 0\\ 0 & 1 & \frac{1}{2} & \frac{1}{2} & -\frac{1}{4} & 0\\ 0 & 0 & 1 & -\frac{1}{2} & \frac{1}{4} & -\frac{1}{2}\end{array}\right]\xrightarrow{E_{32}\left(-\frac{1}{2}\right)}\left[\begin{array}{ccc|ccc}1 & \frac{1}{2} & \frac{1}{2} & \frac{1}{2} & 0 & 0\\ 0 & 1 & 0 & \frac{3}{4} & -\frac{3}{8} & \frac{1}{4}\\ 0 & 0 & 1 & -\frac{1}{2} & \frac{1}{4} & -\frac{1}{2}\end{array}\right]$$

$$\xrightarrow{E_{31}\left(-\frac{1}{2}\right)}\left[\begin{array}{ccc|ccc}1 & \frac{1}{2} & 0 & \frac{3}{4} & -\frac{1}{8} & \frac{1}{4}\\ 0 & 1 & 0 & \frac{3}{4} & -\frac{3}{8} & \frac{1}{4}\\ 0 & 0 & 1 & -\frac{1}{2} & \frac{1}{4} & -\frac{1}{2}\end{array}\right]\xrightarrow{E_{21}\left(-\frac{1}{2}\right)}\left[\begin{array}{ccc|ccc}1 & 0 & 0 & \frac{3}{8} & \frac{1}{16} & \frac{1}{8}\\ 0 & 1 & 0 & \frac{3}{4} & -\frac{3}{8} & \frac{1}{4}\\ 0 & 0 & 1 & -\frac{1}{2} & \frac{1}{4} & -\frac{1}{2}\end{array}\right]$$

따라서 $A^{-1}=\begin{bmatrix}\frac{3}{8} & \frac{1}{16} & \frac{1}{8}\\ \frac{3}{4} & -\frac{3}{8} & \frac{1}{4}\\ -\frac{1}{2} & \frac{1}{4} & -\frac{1}{2}\end{bmatrix}=\frac{1}{16}\begin{bmatrix}6 & 1 & 2\\ 12 & -6 & 4\\ -8 & 4 & -8\end{bmatrix}$

예제 9.15의 결과와 같다.

문제 9.16 다음 행렬의 역행렬을 가우스-조르단 소거법을 이용하여 구하라. 문제 9.13의 결과와 비교하라.

$$A=\begin{bmatrix}5 & 1 & -2\\ -5 & -2 & 1\\ -3 & -1 & 1\end{bmatrix}$$

앞서 크레이머 공식을 이용하여 연립방정식의 해를 구하였다. 이제 가우스-조르단 소거법을 이용하여 연립방정식의 해를 구해보자.

연립방정식을 행렬 $AX=B$의 형태로 나타냈을 때, 계수행렬 A가 가역행렬이면 해는 $X=A^{-1}B$로 유일하게 주어진다.

만약 A^{-1}을 모른다면, 계수행렬 A와 행렬 B를 합하여 $[A|B]$의 형태로 나타낸 후, 기본행연산을 적용하여 $[A|B]$를 $[I|A^{-1}B]$로 만들어 해를 구할 수 있다.

예제 9.19

가우스-조르단 소거법을 이용하여 다음 연립방정식의 해를 구하라. 예제 9.16의 결과와 비교하라.

$$\begin{cases} x+y+z=2 \\ 2x-y+z=6 \\ x-3y+2z=7 \end{cases}$$

[풀이]

주어진 연립방정식에서 행렬 A, B가 각각

$$A=\begin{bmatrix} 1 & 1 & 1 \\ 2 & -1 & 1 \\ 1 & -3 & 2 \end{bmatrix},\quad B=\begin{bmatrix} 2 \\ 6 \\ 7 \end{bmatrix}$$

라고 하자.

$$[A\,|\,B]=\left[\begin{array}{ccc|c} 1 & 1 & 1 & 2 \\ 2 & -1 & 1 & 6 \\ 1 & -3 & 2 & 7 \end{array}\right]$$

에서

$$\left[\begin{array}{ccc|c} 1 & 1 & 1 & 2 \\ 2 & -1 & 1 & 6 \\ 1 & -3 & 2 & 7 \end{array}\right] \xrightarrow{E_{12}(-2)} \left[\begin{array}{ccc|c} 1 & 1 & 1 & 2 \\ 0 & -3 & -1 & 2 \\ 1 & -3 & 2 & 7 \end{array}\right] \xrightarrow{E_{13}(-1)} \left[\begin{array}{ccc|c} 1 & 1 & 1 & 2 \\ 0 & -3 & -1 & 2 \\ 0 & -4 & 1 & 5 \end{array}\right]$$

$$\xrightarrow{E_2\left(-\frac{1}{3}\right)} \left[\begin{array}{ccc|c} 1 & 1 & 1 & 2 \\ 0 & 1 & \frac{1}{3} & -\frac{2}{3} \\ 0 & -4 & 1 & 5 \end{array}\right] \xrightarrow{E_{23}(4)} \left[\begin{array}{ccc|c} 1 & 1 & 1 & 2 \\ 0 & 1 & \frac{1}{3} & -\frac{2}{3} \\ 0 & 0 & \frac{7}{3} & \frac{7}{3} \end{array}\right]$$

$$\xrightarrow{E_3\left(\frac{3}{7}\right)} \left[\begin{array}{ccc|c} 1 & 1 & 1 & 2 \\ 0 & 1 & \frac{1}{3} & -\frac{2}{3} \\ 0 & 0 & 1 & 1 \end{array}\right] \xrightarrow{E_{32}\left(-\frac{1}{3}\right)} \left[\begin{array}{ccc|c} 1 & 1 & 1 & 2 \\ 0 & 1 & 0 & -1 \\ 0 & 0 & 1 & 1 \end{array}\right]$$

$$\xrightarrow{E_{31}(-1)} \left[\begin{array}{ccc|c} 1 & 1 & 0 & 1 \\ 0 & 1 & 0 & -1 \\ 0 & 0 & 1 & 1 \end{array}\right] \xrightarrow{E_{21}(-1)} \left[\begin{array}{ccc|c} 1 & 0 & 0 & 2 \\ 0 & 1 & 0 & -1 \\ 0 & 0 & 1 & 1 \end{array}\right]$$

따라서 $x=2$, $y=-1$, $z=1$이다. 예제 9.16의 결과와 같다.

문제 9.17 가우스-조르단 소거법을 이용하여 다음 연립방정식의 해를 구하라. 문제 9.14의 결과와 비교하라.

$$\begin{cases} x-y+z=0 \\ x+2y+z=6 \\ x+y-2z=1 \end{cases}$$

연습문제 9.4

1. 다음 행렬의 역행렬을 가우스-조르단 소거법을 이용하여 구하고, 연습문제 9.2의 2번의 결과와 비교하라.

(1) $\begin{bmatrix} 2 & 3 \\ 3 & 5 \end{bmatrix}$

(2) $\begin{bmatrix} 1 & 2 & 3 \\ -1 & 0 & 0 \\ 2 & 0 & 1 \end{bmatrix}$

(3) $\begin{bmatrix} 1 & 2 & 3 \\ 2 & 4 & 6 \\ 2 & 0 & 1 \end{bmatrix}$

(4) $\begin{bmatrix} 1 & 2 & 3 & 4 \\ 0 & 1 & 2 & 3 \\ 0 & 0 & 1 & 2 \\ 0 & 0 & 0 & 1 \end{bmatrix}$

2. 다음 연립방정식의 해를 가우스-조르단 소거법을 이용하여 구하고, 연습문제 9.3의 결과와 비교하라.

(1) $\begin{cases} x+y=7 \\ y+z=8 \\ z+x=9 \end{cases}$

(2) $\begin{cases} 2x+2y+z=2 \\ 3x+y+z=4 \\ -x+2y+2z=1 \end{cases}$

(3) $\begin{cases} x-2y+z=-4 \\ 2x-y-z=-5 \\ 3x+y-2z=-1 \end{cases}$

제 10 장

벡터

10.1 기본개념

여러 가지 현상에서 나타나는 다양한 양을 수로 나타낼 수 있다. 예를 들어, 길이, 넓이, 무게 등은 3cm, 16cm^2, 5kg과 같이 하나의 실수를 이용하여 크기로 나타낼 수 있다. 그런데 힘이나 바람이 부는 상태와 같은 것은 그 크기 뿐만 아니라 방향을 고려해야 정확하게 이해할 수 있는 경우가 있다. 예를 들어, "남동풍이 시속 5km로 불고 있다"와 같이 표현해야 정확히 이해할 수 있다.

이처럼 크기와 방향을 함께 가지는 양을 **벡터**라 한다. 벡터는 보통 유향선분으로 나타낸다. 이때, 선분의 길이는 벡터의 크기를 나타내고 화살표의 방향은 벡터의 방향을 나타낸다. 어떤 유향선분의 시작점을 벡터의 시점, 끝점을 벡터의 종점이라고 한다. 이때, 시점이 A이고, 종점이 B인 벡터를 $\overrightarrow{AB}$로 나타낸다.

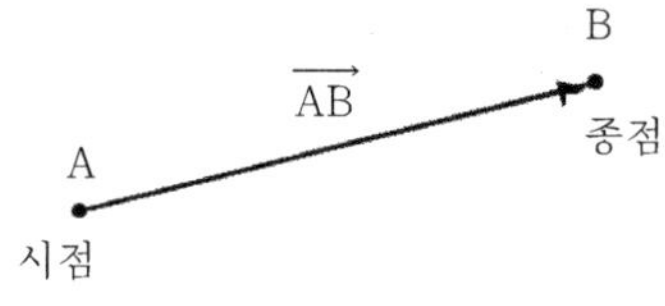

벡터는 크기와 방향을 함께 갖는다고 하였다. 그런데 여기서 출발점은 반드시 같을 필요는 없다. 즉, 두 벡터가 있을 때 하나의 벡터를 이동시켜 다른 벡터와 일치시킬 수 있으면 두 벡터는 같은 벡터가 된다.

따라서 벡터를 다룰 때 시점을 한 점으로 일치시킨 후 생각하면 보다 수월하다. 특히, 좌표공간에서 원점을 시점으로 하는 벡터를 생각하는 것이 좋다. 이처럼 원점을 시점으로 하는 벡터를 **위치벡터**라 한다. 시점을 원점으로 고정했으므로 다른 한 점에 의해 벡터는 크기와 방향이 정해진다.

이와 같은 논의를 바탕으로 이제부터는 공간상의 점의 좌표를 이용하여 벡터를 나타내자. 이러한 모든 3차원 벡터들의 집합을 V_3로 나타내자. 마찬가지 방법으로 V_n은 모든 n차원 벡터들의 집합이다.

시점은 원점으로 생각하면 벡터는 종점을 이용하여 나타낼 수 있다. 예를 들어, 종점이 $\mathrm{P} = (a, b, c)$ 인 벡터를 $\overrightarrow{\mathrm{OP}}$라 하면 $\overrightarrow{\mathrm{OP}} = < a, b, c >$ 와 같다. 이때, a, b, c를 각각 벡터 $\overrightarrow{\mathrm{OP}}$의 x성분, y성분, z성분이라고 한다. 모든 성분이 0인 벡터를 **영벡터**라 하고 O로 나타낸다.

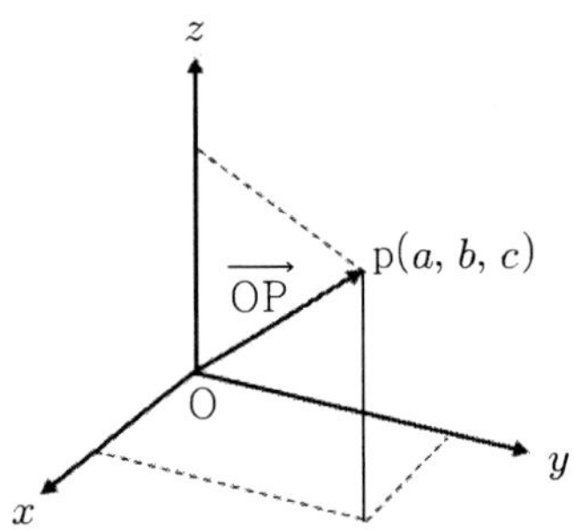

[정의 10.1] 공간상에 주어진 점 $\mathrm{A}(a_1, a_2, a_3)$를 시점으로 하고, $\mathrm{B}(b_1, b_2, b_3)$를 종점으로 하는 벡터 $\overrightarrow{\mathrm{AB}}$는 다음과 같다.

$$\overrightarrow{\mathrm{AB}} = < b_1 - a_1, b_2 - a_2, b_3 - a_3 >$$

특히, 시점이 원점 $\mathrm{O}\,(0, 0, 0)$이고 종점이 $\mathrm{B}(b_1, b_2, b_3)$ 인 벡터 $\overrightarrow{\mathrm{OB}}$는 $\overrightarrow{\mathrm{OB}} = < b_1, b_2, b_3 >$이다.

예제 10.1

다음에서 시점을 A, 종점을 B라 할 때, 벡터 $\overrightarrow{AB}$를 구하라.

(1) A$(-1,\ -3,\ 2)$, B$(4,\ 1,\ 0)$

(2) A$(0,\ 0,\ 0)$, B$(1,\ 3,\ 5)$

[풀이]

(1) $\overrightarrow{AB} = <4-(-1), 1-(-3), 0-2> = <5, 4, -2>$

(2) $\overrightarrow{AB} = <1, 3, 5>$

문제 10.1 다음에서 시점을 A, 종점을 B라 할 때, 벡터 $\overrightarrow{AB}$를 구하라.

(1) A$(0,\ -1,\ -2)$, B$(1,\ 2,\ 3)$

(2) A$(3,\ 2,\ 1)$, B$(0,\ 0,\ 0)$

> **[정의 10.2]** 공간상의 점 A$(a_1,\ a_2,\ a_3)$를 시점으로 하고, B$(b_1,\ b_2,\ b_3)$를 종점으로 하는 벡터 $\overrightarrow{AB}$에서 선분 $\overline{AB}$의 길이를 이 벡터의 **크기**라 하고 $|\overrightarrow{AB}|$와 같이 나타낸다.
>
> $$|\overrightarrow{AB}| = \sqrt{(b_1-a_1)^2+(b_2-a_2)^2+(b_3-a_3)^2}$$
>
> 특히, 크기가 1인 벡터를 **단위벡터**라 한다.

위와 같이 성분으로 주어진 벡터의 크기는 선분의 길이를 구하는 공식을 이용하면 쉽게 구할 수 있다.

예제 10.2

다음에서 시점을 A, 종점을 B라 할 때, $|\overrightarrow{AB}|$를 구하라.

(1) A$(0,\ 0,\ 0)$, B$(1,\ 2,\ 3)$

(2) A$(1,\ 0,\ 2)$, B$(-2,\ 4,\ 3)$

[풀이]

$$|\overrightarrow{AB}| = \sqrt{(1-0)^2+(2-0)^2+(3-0)^2} = \sqrt{14}$$

$$|\overrightarrow{AB}| = \sqrt{(-2-1)^2+(4-0)^2+(3-2)^2} = \sqrt{26}$$

문제 10.2 다음에서 시점을 A, 종점을 B라 할 때, $|\overrightarrow{AB}|$를 구하라.

(1) $A(0, -1, -2)$, $B(1, 2, 3)$

(2) $A(3, 2, 1)$, $B(0, 0, 0)$

> **[정의 10.3]** 크기와 방향이 같을 때 두 벡터는 서로 같다.

이제부터 특수한 경우를 제외하고 벡터는 $\boldsymbol{a}$, $\boldsymbol{b}$, $\boldsymbol{u}$, $\boldsymbol{v}$와 같이 진하게 스칼라는 a, b, c, r와 같이 연하게 표현하겠다.

예제 10.3

다음 주어진 벡터에서 같은 벡터를 찾으시오.

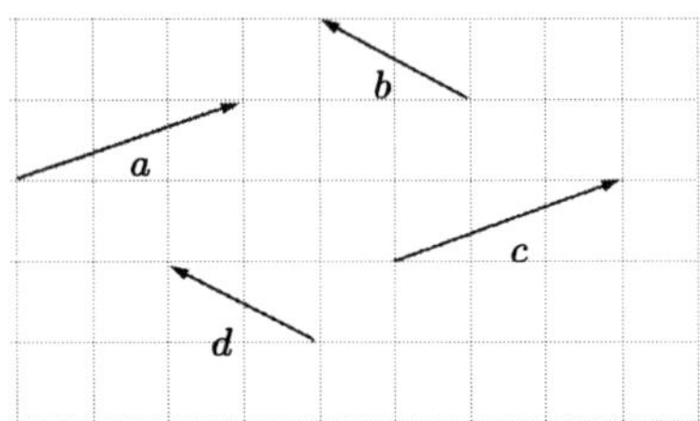

[풀이]

$\boldsymbol{a}$와 $\boldsymbol{c}$, $\boldsymbol{b}$와 $\boldsymbol{d}$

문제 10.3 다음 주어진 벡터에서 같은 벡터를 찾으시오.

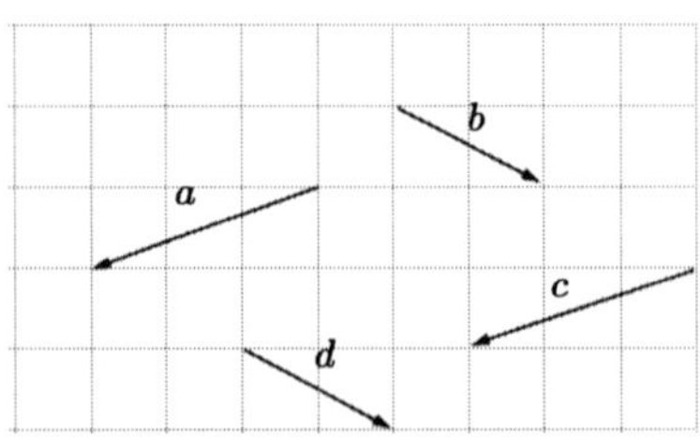

[정의 10.4] 두 벡터 $\boldsymbol{a} = < a_1, a_2, a_3 >$ 와 $\boldsymbol{b} = < b_1, b_2, b_3 >$ 의 합과 실수 r에 대한 스칼라배는 다음과 같다.

$$\boldsymbol{a}+\boldsymbol{b} = < a_1+b_1, a_2+b_2, a_3+b_3 > , \ r\boldsymbol{a} = < ra_1, ra_2, ra_3 >$$

벡터의 합과 스칼라배를 기하학적으로 표현해보자. 두 벡터의 합은 다음 그림과 같이 평행사변형의 법칙 또는 삼각형의 법칙으로 설명된다.

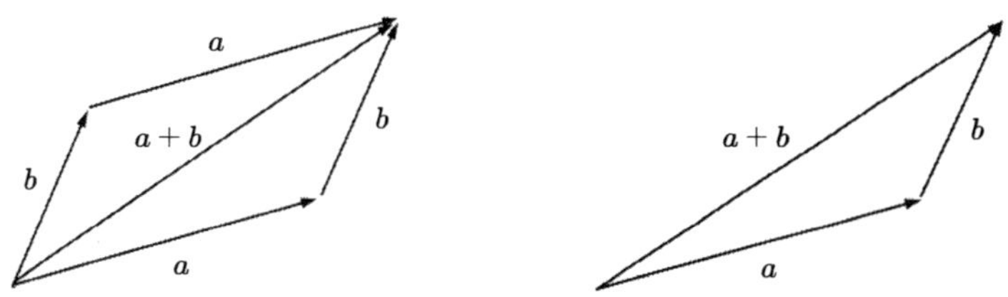

어떤 벡터에 실수 $r(r>1)$을 곱한 벡터 $r\boldsymbol{a}$는 $\boldsymbol{a}$의 방향으로 길이를 r배 늘린 것이다. 만약 $r>0$이면 $\boldsymbol{a}$의 방향으로, $r<0$이면 반대반향으로 $|r|$만큼 늘린 벡터가 된다.

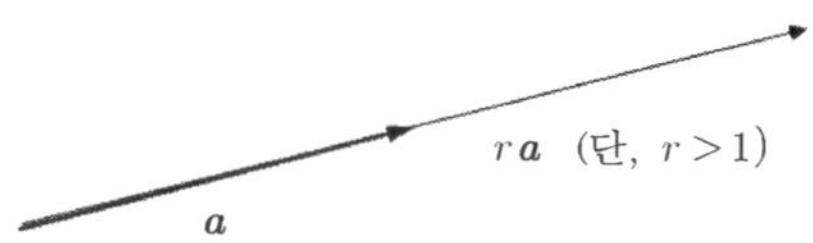

예제 10.4

$\boldsymbol{a} = < 2, 0, 3 >$, $\boldsymbol{b} = < 1, -1, 4 >$ 일 때, $\boldsymbol{a}+\boldsymbol{b}$, $2\boldsymbol{a}$, $3\boldsymbol{b}$, $2\boldsymbol{a}-3\boldsymbol{b}$를 각각 구하라.

[풀이]

$\boldsymbol{a}+\boldsymbol{b} = < 2+1, 0+(-1), 3+4 > = < 3, -1, 7 >$

$2\boldsymbol{a} = < 4, 0, 6 >$

$3\boldsymbol{b} = < 3, -3, 12 >$

$2\boldsymbol{a}-3\boldsymbol{b} = < 4, 0, 6 > - < 3, -3, 12 > = < 1, 3, -6 >$

문제 10.4 $\boldsymbol{a} = <1, 0, 0>$, $\boldsymbol{b} = <2, -1, 5>$ 일 때, $\boldsymbol{a}+\boldsymbol{b}$, $2\boldsymbol{a}$, $3\boldsymbol{b}$, $2\boldsymbol{a}-3\boldsymbol{b}$를 각각 구하라.

지금까지는 벡터를 주로 성분을 이용하여 $<a_1, a_2, a_3>$과 같이 나타내었다. 이제 벡터를 표현하는 다른 방법을 살펴보자.

> **[정의 10.5]** 모든 3차원 공간벡터들의 집합 V_3에서 다음 세 개의 벡터를 **표준기저벡터**라 한다.
>
> $$\boldsymbol{i} = <1, 0, 0>,\ \boldsymbol{j} = <0, 1, 0>,\ \boldsymbol{k} = <0, 0, 1>$$

세 개의 벡터 $\boldsymbol{i}, \boldsymbol{j}, \boldsymbol{k}$는 각각 길이가 1인 단위벡터이며 공간상에서 x축, y축, z축의 양의 방향을 가리킨다. 또한, 공간상의 임의의 벡터를 $\boldsymbol{a} = <a_1, a_2, a_3>$라 하면

$$\begin{aligned}\boldsymbol{a} = <a_1, a_2, a_3> &= <a_1, 0, 0> + <0, a_2, 0> + <0, 0, a_3> \\ &= a_1 <1, 0, 0> + a_2 <0, 1, 0> + a_3 <0, 0, 1> \\ &= a_1\boldsymbol{i} + a_2\boldsymbol{j} + a_3\boldsymbol{k}\end{aligned}$$

로 표현할 수 있다.

예제 10.5

다음 주어진 벡터를 표준기저벡터 $\boldsymbol{i}, \boldsymbol{j}, \boldsymbol{k}$를 이용하여 나타내시오.

(1) $<1, 2, 3>$ (2) $<2, 0, -3>$

[풀이]

(1) $<1, 2, 3> = \boldsymbol{i} + 2\boldsymbol{j} + 3\boldsymbol{k}$

(2) $<2, 0, -3> = 2\boldsymbol{i} - 3\boldsymbol{k}$

문제 10.5 다음 주어진 벡터를 표준기저벡터 $\boldsymbol{i}, \boldsymbol{j}, \boldsymbol{k}$를 이용하여 나타내시오.

(1) $<-3, 2, 1>$ (2) $<1, 0, -1>$

[정리 10.6] 영벡터가 아닌 임의의 벡터 $\boldsymbol{a}$에 대하여 $\boldsymbol{a}$와 같은 방향을 가지는 단위벡터를 $\boldsymbol{u}$라 하면

$$\boldsymbol{u} = \frac{1}{|\boldsymbol{a}|} \times \boldsymbol{a}$$

이다.

[증명]

$$|\vec{u}| = \left|\frac{1}{|\boldsymbol{a}|} \times \boldsymbol{a}\right| = \left|\frac{1}{|\boldsymbol{a}|}\right| \times |\boldsymbol{a}| = \frac{1}{|\boldsymbol{a}|} \times |\boldsymbol{a}| = 1 \qquad \square$$

예제 10.6

다음 주어진 벡터와 방향이 같은 단위벡터를 구하라.

(1) $< 1, 2, 3 >$　　(2) $3\boldsymbol{i} - 4\boldsymbol{j} + 2\boldsymbol{k}$

[풀이]

(1) $|< 1, 2, 3 >| = \sqrt{1^2+2^2+3^2} = \sqrt{14}$ 이므로 $< 1, 2, 3 >$와 방향이 같은 단위 벡터는

$$\frac{1}{\sqrt{14}} < 1, 2, 3 > = \left\langle \frac{1}{\sqrt{14}}, \frac{2}{\sqrt{14}}, \frac{3}{\sqrt{14}} \right\rangle$$

(2) $|3\boldsymbol{i} - 4\boldsymbol{j} + 2\boldsymbol{k}| = \sqrt{3^2+(-4)^2+2^2} = \sqrt{29}$ 이므로 $3\boldsymbol{i} - 4\boldsymbol{j} + 2\boldsymbol{k}$와 방향이 같은 단위벡터는

$$\frac{1}{\sqrt{29}}(3\boldsymbol{i} - 4\boldsymbol{j} + 2\boldsymbol{k}) = \frac{3}{\sqrt{29}}\boldsymbol{i} - \frac{4}{\sqrt{29}}\boldsymbol{j} + \frac{2}{\sqrt{29}}\boldsymbol{k}$$

문제 10.6 다음 주어진 벡터와 방향이 같은 단위벡터를 구하라.

(1) $<-3, 2, 1 >$　　(2) $\boldsymbol{i} - \boldsymbol{k}$

연습문제 10.1

1. 다음 그림을 보고 주어진 벡터를 하나의 벡터로 표현하라.

(1) $\overrightarrow{AB} + \overrightarrow{BC}$ (2) $\overrightarrow{AC} + \overrightarrow{CD}$

(3) $\overrightarrow{AD} - \overrightarrow{BD}$ (4) $\overrightarrow{AC} + \overrightarrow{CB} + \overrightarrow{BD}$

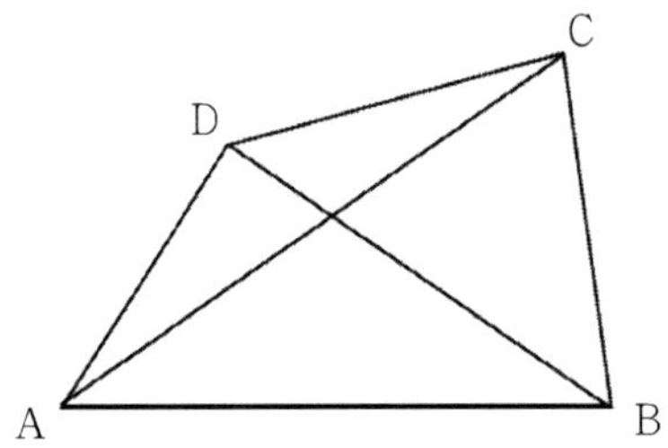

2. 다음 주어진 점을 차례대로 시점과 종점으로 하는 벡터를 성분으로 표현하라.

(1) $(0, 0, 0)$, $(-1, 2, -3)$ (2) $(-1, 2, 5)$, $(6, 2, 4)$

(3) $(1, 0, 0)$, $(0, 1, 2)$ (4) $(\sqrt{2}, 1, 0)$, $(\sqrt{2}, 0, 3)$

3. 다음 주어진 벡터에 대하여 $\boldsymbol{a}+\boldsymbol{b}$, $2\boldsymbol{a}-\boldsymbol{b}$, $|\boldsymbol{a}-\boldsymbol{b}|$를 각각 구하라.

(1) $\boldsymbol{a} = <1, 0, -1>$, $\boldsymbol{b} = <0, 1, 2>$

(2) $\boldsymbol{a} = \boldsymbol{i}-\boldsymbol{j}+2\boldsymbol{k}$, $\boldsymbol{b} = 2\boldsymbol{i}-\boldsymbol{k}$

4. 다음 주어진 벡터와 방향이 같은 단위벡터를 구하라.

(1) $<1, -2, -1>$ (2) $4\boldsymbol{i}-2\boldsymbol{j}+\boldsymbol{k}$

10.2 벡터의 내적

[정의 10.7] 두 벡터 $\boldsymbol{a} = <a_1, a_2, a_3>$와 $\boldsymbol{b} = <b_1, b_2, b_3>$ 에 대하여 $\boldsymbol{a}$와 $\boldsymbol{b}$의 **내적**(dot product, inner product) $\boldsymbol{a} \cdot \boldsymbol{b}$는

$$\boldsymbol{a} \cdot \boldsymbol{b} = a_1 b_1 + a_2 b_2 + a_3 b_3$$

이다.

위의 정의 10.7을 보면 두 벡터의 내적은 대응되는 성분끼리 곱한 후에 합하면 된다. 벡터의 내적을 계산한 결과는 벡터가 아니라 실수, 즉 스칼라이다.

예제 10.7

다음 두 벡터의 내적을 구하라.

(1) $<1, 2, 3>$, $<4, 5, 6>$ (2) $2\boldsymbol{i} - \boldsymbol{j} + 3\boldsymbol{k}$, $\boldsymbol{i} - \boldsymbol{k}$

[풀이]

(1) $<1, 2, 3> \cdot <4, 5, 6> = (1 \times 4) + (2 \times 5) + (3 \times 6) = 32$

(2) $(2\boldsymbol{i} - \boldsymbol{j} + 3\boldsymbol{k}) \cdot (\boldsymbol{i} - \boldsymbol{k}) = (2 \times 1) + ((-1) \times 0) + (3 \times (-1)) = -1$

문제 10.7 다음 두 벡터의 내적을 구하라.

(1) $<1, -1, 2>$, $<2, 3, -5>$ (2) $\boldsymbol{i} - \boldsymbol{j}$, $\boldsymbol{i} - \boldsymbol{j} + 2\boldsymbol{k}$

벡터의 내적 연산에서도 실수의 연산과 유사한 성질들이 성립한다.

[정리 10.8] $\boldsymbol{a}, \boldsymbol{b}, \boldsymbol{c}$가 V_3의 벡터이고, r이 스칼라이면

(1) $\boldsymbol{a} \cdot \boldsymbol{a} = |\boldsymbol{a}|^2$

(2) $\boldsymbol{a} \cdot \boldsymbol{b} = \boldsymbol{b} \cdot \boldsymbol{a}$

(3) $\boldsymbol{a} \cdot (\boldsymbol{b} + \boldsymbol{c}) = \boldsymbol{a} \cdot \boldsymbol{b} + \boldsymbol{a} \cdot \boldsymbol{c}$

(4) $(r\boldsymbol{a}) \cdot \boldsymbol{b} = r(\boldsymbol{a} \cdot \boldsymbol{b}) = \boldsymbol{a} \cdot (r\boldsymbol{b})$

(5) $\boldsymbol{0} \cdot \boldsymbol{a} = 0$

[증명]

(1) $\boldsymbol{a} \cdot \boldsymbol{a} = a_1^2 + a_2^2 + a_3^2 = |\boldsymbol{a}|^2$

(2) $\boldsymbol{a} \cdot \boldsymbol{b} = a_1b_1 + a_2b_2 + a_3b_3 = b_1a_1 + b_2a_2 + b_3a_3 = \boldsymbol{b} \cdot \boldsymbol{a}$ □

나머지 성질에 대한 증명은 연습문제로 남긴다.

이제 벡터의 내적에 대한 다른 접근으로 두 벡터의 크기와 두 벡터가 이루는 각이 주어진 경우에 벡터의 내적을 구하는 방법을 알아보자.

[정리 10.9] 영벡터가 아닌 두 벡터 $\boldsymbol{a}, \boldsymbol{b}$가 이루는 각을 θ라 하면

$$\boldsymbol{a} \cdot \boldsymbol{b} = |\boldsymbol{a}||\boldsymbol{b}|\cos\theta$$

이다.

[증명]

다음 그림에서 제2코사인법칙을 적용하면

$$|\boldsymbol{b} - \boldsymbol{a}|^2 = |\boldsymbol{a}|^2 + |\boldsymbol{b}|^2 - 2|\boldsymbol{a}||\boldsymbol{b}|\cos\theta$$

이다.

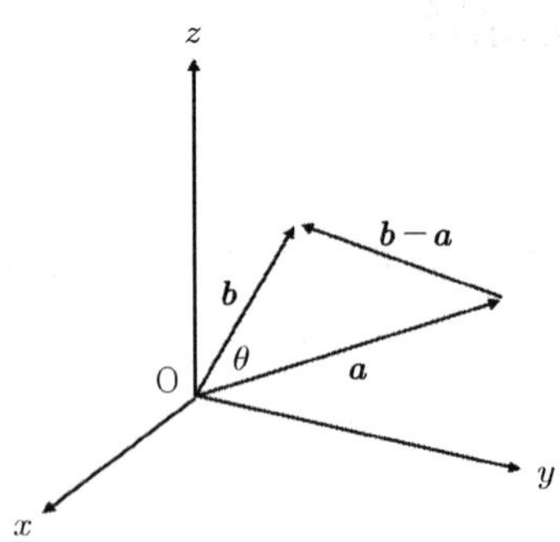

정리 10.8에 의하여

$$|\boldsymbol{b} - \boldsymbol{a}|^2 = (\boldsymbol{b} - \boldsymbol{a}) \cdot (\boldsymbol{b} - \boldsymbol{a}) = |\boldsymbol{b}|^2 - 2\boldsymbol{a} \cdot \boldsymbol{b} + |\boldsymbol{a}|^2$$

이므로

$$|\boldsymbol{b}|^2 - 2\boldsymbol{a} \cdot \boldsymbol{b} + |\boldsymbol{a}|^2 = |\boldsymbol{a}|^2 + |\boldsymbol{b}|^2 - 2|\boldsymbol{a}||\boldsymbol{b}|\cos\theta$$

이고, 따라서

$$\boldsymbol{a} \cdot \boldsymbol{b} = |\boldsymbol{a}||\boldsymbol{b}|\cos\theta$$

이다. □

예제 10.8

크기가 각각 3, 4인 두 벡터 $\boldsymbol{a}, \boldsymbol{b}$ 사이의 각이 $\frac{\pi}{6}$일 때, $\boldsymbol{a} \cdot \boldsymbol{b}$를 구하라.

[풀이]
$\boldsymbol{a} \cdot \boldsymbol{b} = |\boldsymbol{a}||\boldsymbol{b}|\cos\theta$ 에서

$$\vec{a} \cdot \vec{b} = 3 \cdot 4 \cdot \cos\left(\frac{\pi}{6}\right) = 6\sqrt{3}$$

문제 10.8 크기가 각각 2, 3인 두 벡터 $\boldsymbol{a}, \boldsymbol{b}$ 사이의 각이 $\frac{\pi}{3}$일 때, $\boldsymbol{a} \cdot \boldsymbol{b}$를 구하라.

영벡터가 아닌 두 벡터 $\boldsymbol{a}, \boldsymbol{b}$가 이루는 각은 θ라고 하면, 정리 10.9를 이용하여 두 벡터 사이의 각을 구할 수 있다.

[정리 10.10] θ가 영벡터가 아닌 두 벡터 $\boldsymbol{a}, \boldsymbol{b}$ 사이의 각이면

$$\cos\theta = \frac{\boldsymbol{a} \cdot \boldsymbol{b}}{|\boldsymbol{a}||\boldsymbol{b}|}$$

이다.

일반적으로 $0 \le \theta < \frac{\pi}{2}$ 이면 $\cos\theta > 0$ 이고, $\frac{\pi}{2} < \theta \le \pi$ 이면 $\cos\theta < 0$ 이다. 따라서, $\theta < \frac{\pi}{2}$ 이면 $\boldsymbol{a} \cdot \boldsymbol{b} > 0$ 이고, $\theta > \frac{\pi}{2}$ 이면 $\boldsymbol{a} \cdot \boldsymbol{b} < 0$ 이다.

즉, 두 벡터 $\boldsymbol{a}$와 $\boldsymbol{b}$가 같은 방향이면 두 벡터 사이의 각은 예각이므로 $\boldsymbol{a} \cdot \boldsymbol{b} > 0$ 이다. 또한

두 벡터가 서로 수직이면 $\theta = 90^\circ$ 이고 $\cos\theta = 0$ 이므로 $\boldsymbol{a} \cdot \boldsymbol{b} = 0$이다. 또한 두 벡터 $\boldsymbol{a}$와 $\boldsymbol{b}$가 반대방향이면 두 벡터 사이의 각은 둔각이므로 $\boldsymbol{a} \cdot \boldsymbol{b} < 0$ 이다.

특수한 경우로, 두 벡터의 방향이 정확히 같으면 $\theta = 0$ 이므로 $\cos\theta = 1$ 이고, $\boldsymbol{a} \cdot \boldsymbol{b} = |\boldsymbol{a}||\boldsymbol{b}|$이다. 또한, 두 벡터가 정확히 반대방향이면 $\theta = \pi$ 이므로 $\cos\theta = -1$ 이고, $\boldsymbol{a} \cdot \boldsymbol{b} = -|\boldsymbol{a}||\boldsymbol{b}|$이다.

예제 10.9

다음 두 벡터 사이의 각 θ를 구하라.

(1) $< 1, 0, -1 >$ $< 1, 1, 0 >$　　(2) $\boldsymbol{i} + 2\boldsymbol{j} - \boldsymbol{k}$, $\boldsymbol{j} + 2\boldsymbol{k}$

[풀이]

(1) $< 1, 0, -1 > \cdot < 1, 1, 0 > = 1$ 이고

$$|< 1, 0, -1 >| = \sqrt{2}, \quad |< 1, 1, 0 >| = \sqrt{2}$$

이므로 $\cos\theta = \dfrac{1}{2}$ 이다.

따라서, $\theta = \dfrac{\pi}{3}$

(2) $(\boldsymbol{i} + 2\boldsymbol{j} - \boldsymbol{k}) \cdot (\boldsymbol{j} + 2\boldsymbol{k}) = 0 + 2 - 2 = 0$이므로 $\theta = \dfrac{\pi}{2}$이다.

문제 10.9 다음 두 벡터 사이의 각 θ를 구하라.

(1) $< 1, 0, 0 >$ $< 0, 1, 0 >$　　(2) $\boldsymbol{i} + \boldsymbol{j} - \boldsymbol{k}$, $\boldsymbol{j} + \boldsymbol{k}$

연습문제 10.2

1. 다음 주어진 벡터에 대하여 $\boldsymbol{a} \cdot \boldsymbol{b}$를 구하라.

(1) $\boldsymbol{a} = \langle 1, 3 \rangle$, $\boldsymbol{b} = \langle 2, -1 \rangle$

(2) $\boldsymbol{a} = 2\boldsymbol{i} - 3\boldsymbol{j} + 4\boldsymbol{k}$, $\boldsymbol{b} = \boldsymbol{i} - \boldsymbol{k}$

(3) $|\boldsymbol{a}| = 3$, $|\boldsymbol{b}| = 2$, $\boldsymbol{a}$와 $\boldsymbol{b}$ 사이의 각은 $\dfrac{\pi}{3}$

2. 다음 주어진 두 벡터 사이의 각을 구하라.

(1) $\boldsymbol{a} = \langle 2, 0 \rangle$, $\boldsymbol{b} = \langle 1, 1 \rangle$

(2) $\boldsymbol{a} = \boldsymbol{i} - \boldsymbol{k}$, $\boldsymbol{b} = \boldsymbol{j} + \boldsymbol{k}$

3. 정리 10.8에 제시된 다음 내적의 성질을 증명하라.

(1) $\boldsymbol{a} \cdot (\boldsymbol{b} + \boldsymbol{c}) = \boldsymbol{a} \cdot \boldsymbol{b} + \boldsymbol{a} \cdot \boldsymbol{c}$

(2) $(r\boldsymbol{a}) \cdot \boldsymbol{b} = r(\boldsymbol{a} \cdot \boldsymbol{b}) = \boldsymbol{a} \cdot (r\boldsymbol{b})$

(3) $\boldsymbol{0} \cdot \boldsymbol{a} = 0$

4. 다음 두 벡터가 수직일 때, x의 값을 구하라.

(1) $\boldsymbol{a} = \langle x, 3, -2 \rangle$, $\boldsymbol{b} = \langle 2, x, 5 \rangle$

(2) $\boldsymbol{a} = x\boldsymbol{i} + \boldsymbol{j} - \boldsymbol{k}$, $\boldsymbol{b} = 2\boldsymbol{i} + x\boldsymbol{j} + 3\boldsymbol{k}$

10.3 벡터의 외적

영이 아닌 두 벡터 $\boldsymbol{a} = < a_1, a_2, a_3 >$ 와 $\boldsymbol{b} = < b_1, b_2, b_3 >$ 에 대하여 두 벡터에 동시에 수직인 영이 아닌 벡터 $\boldsymbol{c}$를 알아보자.

> **[정의 10.13]** 두 벡터 $\boldsymbol{a} = < a_1, a_2, a_3 >$와 $\boldsymbol{b} = < b_1, b_2, b_3 >$ 에 대하여 $\boldsymbol{a}$와 $\boldsymbol{b}$의 **외적**(cross product) $\boldsymbol{a} \times \boldsymbol{b}$는
>
> $$\boldsymbol{a} \times \boldsymbol{b} = < a_2b_3 - a_3b_2,\ a_3b_1 - a_1b_3,\ a_1b_2 - a_2b_1 >$$
>
> 이다.

위의 정의 10.13에 제시된 외적 $\boldsymbol{a} \times \boldsymbol{b}$의 표현은 매우 복잡해서 기억하기 쉽지 않다. 앞 장에서 학습한 3차 행렬식을 이용하여 이를 간단히 구할 수 있는 방법을 알아보자.

$\boldsymbol{a} \times \boldsymbol{b}$의 결과는 3차원 벡터이므로 이를 삼차원 공간의 표준기저벡터 $\boldsymbol{i}, \boldsymbol{j}, \boldsymbol{k}$와 행렬식 표현을 이용하여 나타내면 다음과 같다.

$$\begin{aligned}
\boldsymbol{a} \times \boldsymbol{b} &= (a_2b_3 - a_3b_2)\boldsymbol{i} + (a_3b_1 - a_1b_3)\boldsymbol{j} + (a_1b_2 - a_2b_1)\boldsymbol{k} \\
&= (a_2b_3 - a_3b_2)\boldsymbol{i} - (a_1b_3 - a_3b_1)\boldsymbol{j} + (a_1b_2 - a_2b_1)\boldsymbol{k} \\
&= \begin{vmatrix} a_2 & a_3 \\ b_2 & b_3 \end{vmatrix} i - \begin{vmatrix} a_1 & a_3 \\ b_1 & b_3 \end{vmatrix} j + \begin{vmatrix} a_1 & a_2 \\ b_1 & b_2 \end{vmatrix} \boldsymbol{k} \\
&= \begin{vmatrix} \boldsymbol{i} & \boldsymbol{j} & \boldsymbol{k} \\ a_1 & a_2 & a_3 \\ b_1 & b_2 & b_3 \end{vmatrix}
\end{aligned}$$

위의 결과에서 $\boldsymbol{a} \times \boldsymbol{b}$의 행렬식의 첫 번째 행이 벡터로 이루어져 있지만, 일반적인 행렬식의 규칙을 이용하여 외적을 나타내는 과정이라 생각하면 벡터의 외적을 쉽게 기억하고 또 구할 수 있다.

예제 10.13

다음 주어진 두 벡터에 대하여 외적 $\boldsymbol{a}\times\boldsymbol{b}$를 구하라.

$$\boldsymbol{a} = <1, 2, 3>, \ \boldsymbol{b} = <0, -1, -2>$$

[풀이]

$$\boldsymbol{a}\times\boldsymbol{b} = \begin{vmatrix} \boldsymbol{i} & \boldsymbol{j} & \boldsymbol{k} \\ 1 & 2 & 3 \\ 0 & -1 & -2 \end{vmatrix}$$

$$= \begin{vmatrix} 2 & 3 \\ -1 & -2 \end{vmatrix}\boldsymbol{i} - \begin{vmatrix} 1 & 3 \\ 0 & -2 \end{vmatrix}\boldsymbol{j} + \begin{vmatrix} 1 & 2 \\ 0 & -1 \end{vmatrix}\boldsymbol{k}$$

$$= -\boldsymbol{i}+2\boldsymbol{j}-\boldsymbol{k}$$

문제 10.13 다음 주어진 두 벡터에 대하여 외적 $\boldsymbol{a}\times\boldsymbol{b}$와 $\boldsymbol{b}\times\boldsymbol{a}$를 구하라.

$$\boldsymbol{a} = <1, 0, 2>, \ \boldsymbol{b} = <2, -1, 0>$$

$\boldsymbol{a}$와 $\boldsymbol{b}$의 외적(cross product) $\boldsymbol{a}\times\boldsymbol{b}$는 $\boldsymbol{a}$와 $\boldsymbol{b}$가 삼차원 벡터일 때만 정의된다. 외적 $\boldsymbol{a}\times\boldsymbol{b}$의 성질을 증명해보자.

[정리 10.14] 벡터 $\boldsymbol{a}\times\boldsymbol{b}$는 $\boldsymbol{a}$, $\boldsymbol{b}$에 동시에 수직이다.

[증명]

$\boldsymbol{a}\times\boldsymbol{b}$와 $\boldsymbol{a}$에 대하여 $(\boldsymbol{a}\times\boldsymbol{b})\cdot\boldsymbol{a}=0$임을 보이면 된다.

$$(\boldsymbol{a}\times\boldsymbol{b})\cdot\boldsymbol{a} = <a_2b_3-a_3b_2, a_3b_1-a_1b_3, a_1b_2-a_2b_1> \cdot <a_1, a_2, a_3>$$

$$= a_1(a_2b_3-a_3b_2)+a_2(a_3b_1-a_1b_3)+a_3(a_1b_2-a_2b_1)$$

$$= a_1a_2b_3-a_1a_3b_2+a_2a_3b_1-a_1a_2b_3+a_1a_3b_2-a_2a_3b_1$$

$$=0$$

마찬가지 방법으로 $(\boldsymbol{a} \times \boldsymbol{b}) \cdot \boldsymbol{b} = 0$임을 보일 수 있다.
따라서 $\boldsymbol{a} \times \boldsymbol{b}$는 $\boldsymbol{a}, \boldsymbol{b}$에 동시에 수직이다. □

이제 두 벡터 $\boldsymbol{a} \times \boldsymbol{b}$의 외적 $\boldsymbol{a} \times \boldsymbol{b}$의 크기 $|\boldsymbol{a} \times \boldsymbol{b}|$를 알아보자.

[정리 10.15] 두 벡터 $\boldsymbol{a}, \boldsymbol{b}$ 사이의 각을 $\theta\,(0 \le \theta \le \pi)$라 하면,

$$|\boldsymbol{a} \times \boldsymbol{b}| = |\boldsymbol{a}||\boldsymbol{b}|\sin\theta$$

이다.

이 정리를 그림을 통해 살펴보자. 만약 두 벡터 $\boldsymbol{a}, \boldsymbol{b}$가 아래와 같이 시점이 같은 벡터라 하자.

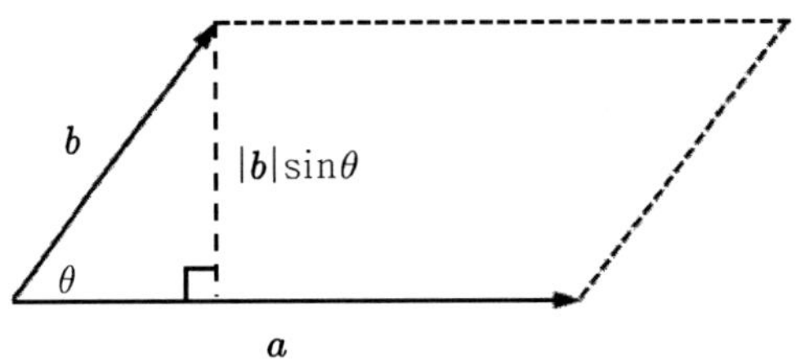

그러면 두 벡터 $\boldsymbol{a}, \boldsymbol{b}$에 의해 만들어지는 평행사변형에서 밑변의 길이는 $|\boldsymbol{a}|$이고, 높이는 $|\boldsymbol{b}|\sin\theta$이다. 따라서 평행사변형의 넓이를 S라 하면

$$S = |\boldsymbol{a}| \times (|\boldsymbol{b}|\sin\theta) = |\boldsymbol{a}||\boldsymbol{b}|\sin\theta = |\boldsymbol{a} \times \boldsymbol{b}|$$

이다. 즉, 두 벡터 $\boldsymbol{a}, \boldsymbol{b}$의 외적의 크기는 $\boldsymbol{a}, \boldsymbol{b}$에 의해 만들어지는 평행사변형의 넓이와 같다.

예제 10.14

두 벡터 $\boldsymbol{a} = \langle 1, 3, 4 \rangle$와 $\boldsymbol{b} = \langle 0, -2, 5 \rangle$로 만들어지는 평행사변형의 넓이 S를 구하라.

[풀이]

$$a \times b = \begin{vmatrix} i & j & k \\ 1 & 3 & 4 \\ 0 & -2 & 5 \end{vmatrix}$$

$$= \begin{vmatrix} 3 & 4 \\ -2 & 5 \end{vmatrix} i - \begin{vmatrix} 1 & 4 \\ 0 & 5 \end{vmatrix} j + \begin{vmatrix} 1 & 3 \\ 0 & -2 \end{vmatrix} k$$

$$= 23i - 5j - 2k$$

이므로

$$S = |a \times b| = \sqrt{23^2 + (-5)^2 + (-2)^2} = \sqrt{558}$$

문제 10.14 두 벡터 $a = <1, 0, 2>$와 $b = <2, -1, 0>$로 만들어지는 평행사변형의 넓이 S를 구하라.

예제 10.15

공간상의 세 점 P(0, 0, 0), Q(1, 3, 4), R(0, − 2, 5)를 각각 꼭짓점으로 하는 삼각형 PQR의 넓이를 구하라.

[풀이]

위 예제 10.14와 비교하면

$$\overrightarrow{PQ} = <1, 3, 4> = a, \quad \overrightarrow{PR} = <0, -2, 5> = b$$

구하고자 하는 삼각형 PQR의 넓이는 예제 10.14에서 구한 평행사변형의 넓이의 $\frac{1}{2}$이다.

따라서, $\triangle PQR = \frac{1}{2}\sqrt{558}$

문제 10.15 공간상의 세 점 P(0, 0, 0), Q(1, 0, 2), R(2, − 1, 0)를 각각 꼭짓점으로 하는 삼각형 PQR의 넓이를 구하라.

스칼라 삼중곱에 대하여 알아보자.

> **[정의 10.16]** 세 개의 벡터 $\boldsymbol{a}, \boldsymbol{b}, \boldsymbol{c}$에 대하여 $\boldsymbol{a} \cdot (\boldsymbol{b} \times \boldsymbol{c})$를 벡터 $\boldsymbol{a}, \boldsymbol{b}, \boldsymbol{c}$의 **스칼라 삼중곱**(scalar triple product)이라 한다.

스칼라 삼중곱을 행렬식을 이용한 표현으로 나타내 보자. 세 개의 행렬을 각각

$$\boldsymbol{a} = \langle a_1, a_2, a_3 \rangle,\ \boldsymbol{b} = \langle b_1, b_2, b_3 \rangle,\ \boldsymbol{c} = \langle c_1, c_2, c_3 \rangle$$

라 하면,

$$\begin{aligned}\boldsymbol{a} \cdot (\boldsymbol{b} \times \boldsymbol{c}) &= \langle a_1, a_2, a_3 \rangle \cdot \langle b_2c_3 - b_3c_2, b_3c_1 - b_1c_3, b_1c_2 - b_2c_1 \rangle \\ &= a_1(b_2c_3 - b_3c_2) + a_2(b_3c_1 - b_1c_3) + a_3(b_1c_2 - b_2c_1) \\ &= a_1\begin{vmatrix} b_2 & b_3 \\ c_2 & c_3 \end{vmatrix} - a_2\begin{vmatrix} b_1 & b_3 \\ c_1 & c_3 \end{vmatrix} + a_3\begin{vmatrix} b_1 & b_2 \\ c_1 & c_2 \end{vmatrix} \\ &= \begin{vmatrix} a_1 & a_2 & a_3 \\ b_1 & b_2 & b_3 \\ c_1 & c_2 & c_3 \end{vmatrix}\end{aligned}$$

로 표현할 수 있다.

> **[정리 10.17]** $\boldsymbol{u}, \boldsymbol{v}, \boldsymbol{w}$가 이웃하는 변인 평행육면체의 부피($V$)는
>
> $$V = |\boldsymbol{u} \cdot (\boldsymbol{v} \times \boldsymbol{w})|$$
>
> 이다.

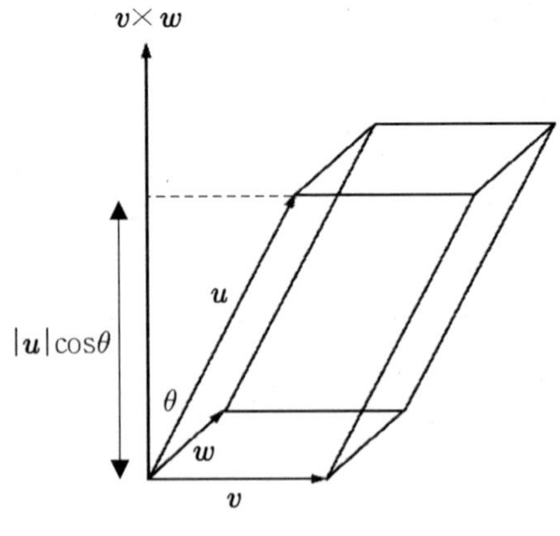

예제 10.16

세 벡터 $\boldsymbol{u} = 3\boldsymbol{i}+4\boldsymbol{j}-\boldsymbol{k}$, $\boldsymbol{v} = 2\boldsymbol{i}+3\boldsymbol{j}-4\boldsymbol{k}$, $\boldsymbol{w} = \boldsymbol{i}-\boldsymbol{j}+2\boldsymbol{k}$가 이웃하는 세 변인 평행육면체의 부피를 구하라.

[풀이]

정리 10.17에 따라 부피 V는

$$\begin{aligned} V &= |\boldsymbol{u} \cdot (\boldsymbol{v} \times \boldsymbol{w})| \\ &= \left| \begin{vmatrix} 3 & 4 & -1 \\ 2 & 3 & -4 \\ 1 & -1 & 2 \end{vmatrix} \right| \\ &= \left| 3 \begin{vmatrix} 3 & -4 \\ -1 & 2 \end{vmatrix} - 4 \begin{vmatrix} 2 & -4 \\ 1 & 2 \end{vmatrix} + (-1) \begin{vmatrix} 2 & 3 \\ 1 & -1 \end{vmatrix} \right| \\ &= |6 - 32 + 5| = 21 \end{aligned}$$

문제 10.16 세 벡터 $\boldsymbol{u} = \boldsymbol{i}+\boldsymbol{j}-\boldsymbol{k}$, $\boldsymbol{v} = 2\boldsymbol{i}-\boldsymbol{k}$, $\boldsymbol{w} = -\boldsymbol{j}+2\boldsymbol{k}$가 이웃하는 세 변인 평행육면체의 부피를 구하라.

연습문제 10.3

1. 다음에서 $u\times v$, $v\times u$를 각각 구하라.

(1) $u=<1, 4, 2>$, $v=<0, 2, -4>$

(2) $u=-i+k$, $v=3i-2j+2k$

2. 다음 주어진 벡터가 이웃하는 변인 평행사변형의 넓이를 구하라.

(1) $u=<1, -2, 3>$, $v=<0, 2, 1>$

(2) $u=k$, $v=i+j$

3. 다음 주어진 벡터에 대하여 $u\cdot(v\times w)$를 구하라.

$$u=<0, 1, -1>,\ v=<1, 2, 3>,\ w=<1, 0, 0>$$

4. 다음 세 벡터 u, v, w가 이웃하는 세 변인 평행육면체의 부피 V를 구하라.

$$u=i-k,\ v=j+k,\ w=i-j$$

5. 두 벡터 u와 v가 서로 수직이면 $|u\times v|=|u||v|$임을 증명하라.

10.4 직선과 평면의 방정식

이번 절에서는 3차원 공간에서 벡터를 이용하여 직선 및 평면의 방정식을 나타내는 방법을 살펴본다.

먼저, 2차원 평면에서 한 점 (x_0, y_0)를 지나고 기울기가 m인 직선의 방정식은

$$y - y_0 = m(x - x_0)$$

로 표현할 수 있다. 즉, 지나는 한 점과 직선의 기울기를 알면 직선의 방정식이 결정된다. 마찬가지 방법으로 3차원 공간의 직선 L 역시 지나는 한 점 $P_0(x_0, y_0, z_0)$과 L의 방향을 알면 결정된다. 이때 3차원 공간에서 직선의 방향은 벡터로 쉽게 설명할 수 있다.

예를 들어, 다음 그림과 같이 $\boldsymbol{v}$를 직선 L과 평행인 벡터라 하자. $P(x, y, z)$를 직선 L 위의 임의의 점이라 하고, $\boldsymbol{r}_0$과 $\boldsymbol{r}$을 각각 P_0과 P의 위치벡터라 하자.

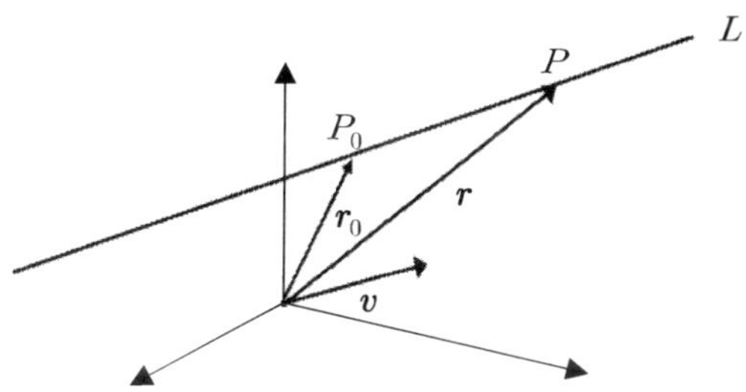

만약 $\boldsymbol{a}$가 $\overrightarrow{P_0P}$라 하면, $\boldsymbol{r} = \boldsymbol{r}_0 + \boldsymbol{a}$를 얻는다. 그런데 $\boldsymbol{a}$와 $\boldsymbol{v}$는 평행인 벡터이므로 $\boldsymbol{a} = t\boldsymbol{v}$를 만족하는 스칼라 t가 존재하고 따라서, 직선 L의 벡터방정식은

$$\boldsymbol{r} = \boldsymbol{r}_0 + t\boldsymbol{v} \qquad \cdots ①$$

이다.

위 식을 보면 벡터 $\boldsymbol{r}$은 매개변수 t의 값에 따라 결정된다. 즉, t의 값이 변함에 따라 벡터 $\boldsymbol{r}$의 종점의 위치가 정해지고, 이 벡터 $\boldsymbol{r}$의 자취는 직선을 그린다.

만약 $t > 0$이면 P_0의 한 쪽에 있는 L위의 점이 대응되며, $t < 0$이면 P_0의 다른 한 쪽에 있는 L위의 점이 대응된다.

이제 벡터의 성분을 이용해서 앞서 살펴본 벡터방정식을 표현해보자.

직선 L의 방향을 정해주는 것은 벡터 $\boldsymbol{v}$이다.

$\boldsymbol{v} = <a, b, c>$ 라고 하면, $t\boldsymbol{v} = <ta, tb, tc>$ 이다. 마찬가지로 $\boldsymbol{r} = <x, y, z>$, $\boldsymbol{r}_0 = <x_0, y_0, z_0>$ 로 표현할 수 있으므로 앞서 살펴본 벡터 방정식 ①은 다음과 같다.

$$<x, y, z> = <x_0 + ta,\ y_0 + tb,\ z_0 + tc>$$

위 식에서 두 벡터가 같으므로, 따라서 각각의 대응하는 성분끼리 같다. 이를 이용하면 임의의 실수 t에 대하여 다음과 같은 세 개의 방정식을 얻을 수 있다.

$$x = x_0 + at,\ y = y_0 + bt,\ z = z_0 + ct \qquad \cdots ②$$

이 세 개의 방정식을 점 $P_0(x_0, y_0, z_0)$를 지나고, 벡터 $\boldsymbol{v} = <a, b, c>$ 에 평행한 직선 L의 매개변수방정식이라고 한다.

또한, 식 ②에서 a, b, c가 모두 0이 아니면 세 개의 방정식을 t에 관하여 풀어서 매개변수 t를 소거할 수 있고, 그 결과 다음과 같은 식을 얻을 수 있다.

$$\frac{x - x_0}{a} = \frac{y - y_0}{b} = \frac{z - z_0}{c} \qquad \cdots ③$$

이 방정식을 L의 대칭방정식이라 한다.

예제 10.17

다음 조건에 맞는 직선의 방정식을 매개변수방정식과 대칭방정식 형태로 표현하여 보아라.

(1) 점 $(1, -2, 3)$을 지나고 $<5, 6, 7>$ 에 평행한 직선

(2) 두 점 $\mathrm{A}(1, -2, 3)$과 $\mathrm{B}(0, 1, -2)$를 지나는 직선

[풀이]

(1) 매개변수방정식은 $x = 1 + 5t,\ y = -2 + 6t,\ z = 3 + 7t$이다.

대칭방정식은 $\dfrac{x-1}{5} = \dfrac{y+2}{6} = \dfrac{z-3}{7}$이다.

(2) 두 점 A, B를 이용하여 직선의 방향을 구하면,

$$\boldsymbol{v} = <0-1, 1-(-2), -2-3> = <-1, 3, -5>$$

에 평행이다. 또한 두 점 중 어느 한 점(예를 들어, $\mathrm{A}(1, -2, 3)$)을 지나는 점으로 선택하면 구하고자 하는 직선의 매개변수방정식은 $x = 1 - t,\ y = -2 + 3t,\ z = 3 - 5t$이다.

대칭방정식은 매개변수방정식에서 매개변수 t를 소거하면 된다. 따라서 대칭방정식은

$$\frac{x-1}{-1} = \frac{y+2}{3} = \frac{z-3}{-5}$$

이다.

문제 10.17 다음 조건에 맞는 직선의 방정식을 매개변수방정식과 대칭방정식 형태로 표현하여 보아라.

(1) 점 $(0,\ -2,\ 1)$을 지나고 $<2,\ 1,\ -1>$ 에 평행한 직선

(2) 두 점 $\mathrm{A}(1,\ -1,\ 2)$과 $\mathrm{B}(3,\ -4,\ -2)$를 지나는 직선

직선의 매개변수방정식 또는 대칭방정식은 지나는 점이나 평행인 벡터를 다른 벡터로 택하면 표현이 달라진다. 예를 들어, 위 예제 10.17의 (1)에서 점 $(1,\ -2,\ 3)$은 결국 매개변수방정식에서 $t=0$일 때의 점이다.

만약 $t=1$이라고 하면 지나는 점은 $(6,\ 4,\ 10)$이 되고 매개변수방정식은 $x=6+5t$, $y=4+6t$, $z=10+7t$가 되며, 대칭방정식 역시 $\dfrac{x-6}{5}=\dfrac{y+4}{6}=\dfrac{z-10}{7}$이 된다. 마찬가지로 지나는 점은 $(1,\ -2,\ 3)$로 그대로 하고 평행인 벡터가 $<10,\ 12,\ 14>$ 와 같이 바뀐 경우의 방정식은 $x=1+10t$, $y=-2+12t$, $z=3+14t$이다.

일반적으로 직선 L의 방향을 벡터 $v=<a,\ b,\ c>$ 로 표시할 때, 세 수 $a,\ b,\ c$를 직선 L의 방향수라 한다. 직선의 방향은 $\boldsymbol{v}$와 평행인 임의의 벡터를 사용할 수 있다.

이제, 공간에서 평면의 방정식에 대하여 알아보자. 직선을 결정할 때는 지나는 한 점과 직선의 방향을 알면 충분하였다. 비슷하게 평면의 방향을 하나의 벡터로 결정할 수 있을까를 생각해보자. 예를 들어, 책상의 윗면을 공간상의 한 평면이라 하면 이 책상 윗면의 방향은 무엇이라 말하면 좋을까? 아마도 책상 윗면에 수직인 벡터를 생각할 것이다. 이를 책상 윗면에 수직으로 세워진 연필이라고 하면 책상과 연필이 만나는 점과 책상에 수직인 연필이 가리키는 방향으로 결정된다. 이때, 책상 위에 그은 모든 벡터들은 연필과 수직이다.

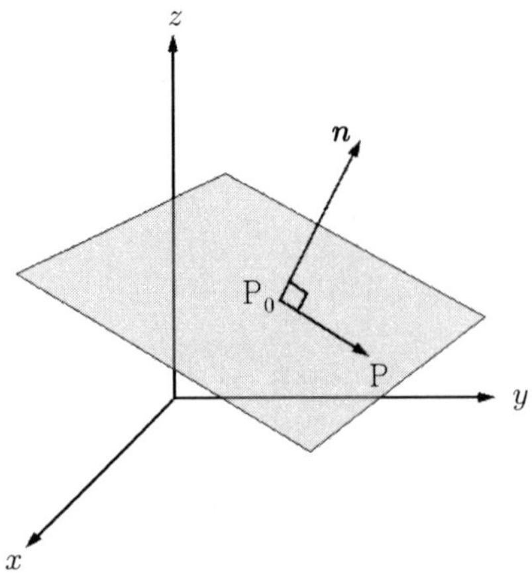

다시 말하자면, 공간에서 평면은 평면 안에 있는 한 점 $P_0(x_0, y_0, z_0)$와 이 평면에 수직인 벡터 $\boldsymbol{n}$으로 결정된다. 이때 평면에 수직인 벡터 $\boldsymbol{n}$을 평면의 법선벡터라 한다.

점 $P_0(x_0, y_0, z_0)$과 $P(x, y, z)$를 평면 위의 점이라 하자. $\boldsymbol{n} = <a, b, c>$ 를 평면의 법선벡터라고 하면, $\boldsymbol{n}$은 평면 위의 모든 벡터와 수직이므로

$$\boldsymbol{n} \cdot \overrightarrow{P_0P} = <a, b, c> \cdot <x-x_0, y-y_0, z-z_0> = 0$$

이다. 이를 정리하면,

$$a(x-x_0)+b(y-y_0)+c(z-z_0)=0$$

이다. 이 식을 점 $P_0(x_0, y_0, z_0)$을 지나고 법선벡터가 $\boldsymbol{n} = <a, b, c>$ 인 평면의 스칼라방정식이라고 한다.

예제 10.18

점 $(-1, 2, 4)$를 지나고 법선벡터가 $<1, 3, 5>$ 인 평면의 방정식을 구하라.

[풀이]
$<1, 3, 5> \cdot <x+1, y-2, z-4> = 0$에서

$$(x+1)+3(y-2)+5(z-4)=0$$

따라서 $x+3y+5z = 5$ 이다.

문제 10.18 점 $(-1, 2, 1)$를 지나고 법선벡터가 $< 1, 4, -3 >$ 인 평면의 방정식을 구하라.

한 평면에서 임의의 두 점은 하나의 직선을 결정한다. 즉, 임의의 두 점이 주어진 경우 평면상에서 두 점을 지나는 직선을 구할 수 있다. 마찬가지로 공간에서 임의의 세 점이 주어진 경우 이 세 점을 지나는 평면의 방정식을 구할 수 있다.

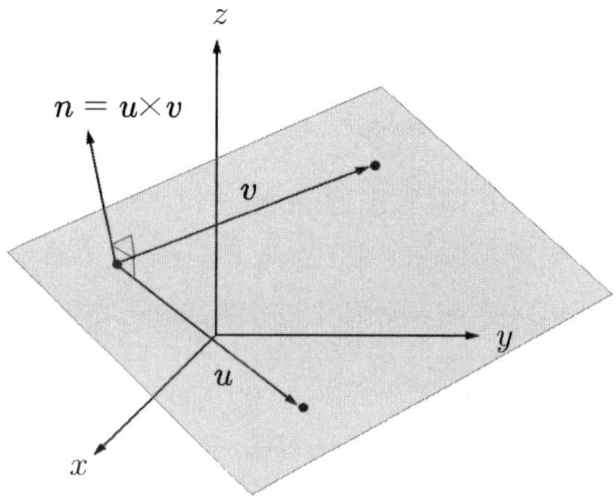

다시 말해, 어떤 평면이 지나는 점이 이미 주어진 경우이므로 법선벡터만 구하면 평면의 방정식을 구할 수 있다. 앞서 두 벡터가 주어졌을 때, 이 두 벡터에 동시에 수직인 벡터를 외적을 이용하여 구하였다. 즉, 두 벡터 $\boldsymbol{u}, \boldsymbol{v}$에 대하여 외적 $\boldsymbol{u}\times\boldsymbol{v}$는 두 벡터에 동시에 수직이므로 두 벡터가 이루는 평면과 수직이다. 따라서 $\boldsymbol{n}=\boldsymbol{u}\times\boldsymbol{v}$를 법선벡터로 정하여 평면의 방정식을 구할 수 있다.

예제 10.19

세 점 $\mathrm{P}(3, 2, 1)$, $\mathrm{Q}(2, -1, 1)$, $\mathrm{R}(-1, 0, 4)$를 지나는 평면의 방정식을 구하라.

[풀이]

점 $\mathrm{P}(3, 2, 1)$을 시점으로 하는 두 벡터 $\overrightarrow{\mathrm{PQ}}$, $\overrightarrow{\mathrm{PR}}$을 생각하자.

$$\overrightarrow{\mathrm{PQ}} = < 2-3, -1-2, 1-1 > = < -1, -3, 0 >$$

$$\overrightarrow{\mathrm{PR}} = < -1-3, 0-2, 4-1 > = < -4, -2, 3 >$$

$$\boldsymbol{n} = \overrightarrow{PQ} \times \overrightarrow{PR} = \begin{vmatrix} \boldsymbol{i} & \boldsymbol{j} & \boldsymbol{k} \\ -1 & -3 & 0 \\ -4 & -2 & 3 \end{vmatrix}$$

$$= \begin{vmatrix} -3 & 0 \\ -2 & 3 \end{vmatrix}\boldsymbol{i} - \begin{vmatrix} -1 & 0 \\ -4 & 3 \end{vmatrix}\boldsymbol{j} + \begin{vmatrix} -1 & -3 \\ -4 & -2 \end{vmatrix}\boldsymbol{k}$$

$$= -9\boldsymbol{i} + 3\boldsymbol{j} - 10\boldsymbol{k}$$

따라서 점 P(3, 2, 1)를 지나고 법선벡터가 $<-9, 3, -10>$ 인 평면의 방정식은

$$<x-3, y-2, z-1> \cdot <-9, 3, -10> = 0$$

이다. 즉, $-9x+3y-10z = -31$이다.

문제 10.19 세 점 P(1, 0, 0), Q(0, 1, 0), R(0, 0, 1)를 지나는 평면의 방정식을 구하라.

두 평면은 서로 평행이 아니면 한 직선에서 만난다. 이때, 두 평면 사이의 각은 두 평면의 법선벡터 사이의 예각으로 정의된다. 즉,

두 평면 α, β의 법선벡터를 각각 $\boldsymbol{n}_1$, $\boldsymbol{n}_2$라 하면 $\cos\theta = \dfrac{|\boldsymbol{n}_1 \cdot \boldsymbol{n}_2|}{|\boldsymbol{n}_1||\boldsymbol{n}_2|}$이고, 따라서

$$\theta = \cos^{-1}\left(\frac{|\boldsymbol{n}_1 \cdot \boldsymbol{n}_2|}{|\boldsymbol{n}_1||\boldsymbol{n}_2|}\right)$$

이다.

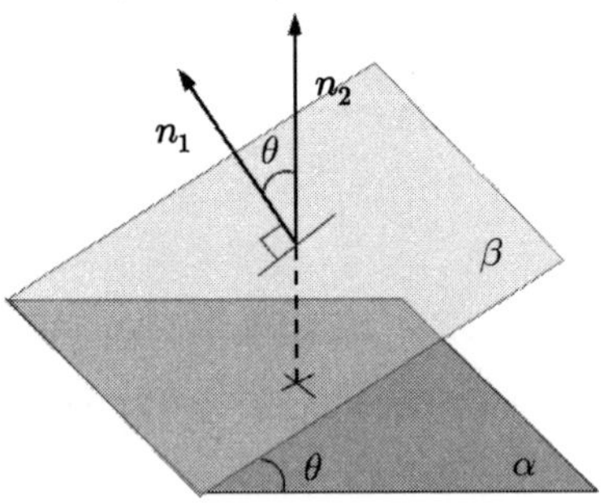

만약, 두 직선이 $a_1x+b_1y+c_1z = d_1$과 $a_2x+b_2y+c_2z = d_2$라고 하면 두 직선의 법선벡터는 각각 $\boldsymbol{n}_1 = <a_1, b_1, c_1>$과 $\boldsymbol{n}_2 = <a_2, b_2, c_2>$ 이다. 따라서,

$$\cos\theta = \frac{|\boldsymbol{n}_1 \cdot \boldsymbol{n}_2|}{|\boldsymbol{n}_1||\boldsymbol{n}_2|} = \frac{|a_1a_2 + b_1b_2 + c_1c_2|}{\sqrt{a_1^2 + b_1^2 + c_1^2}\sqrt{a_2^2 + b_2^2 + c_2^2}}$$

이다.

예제 10.20

두 평면 $x+2y+3z=4$와 $x-y+z=2$ 사이의 각을 구하라.

[풀이]
두 평면의 법선벡터는 각각 $\boldsymbol{n}_1 = <1, 2, 3>$, $\boldsymbol{n}_2 = <1, -1, 1>$ 이다. 두 평면 사이의 각을 θ라 하면

$$\cos\theta = \frac{|\boldsymbol{n}_1 \cdot \boldsymbol{n}_2|}{|\boldsymbol{n}_1||\boldsymbol{n}_2|} = \frac{|1\cdot 1 + 2\cdot(-1) + 3\cdot 1|}{\sqrt{1^2+2^2+3^2}\sqrt{1^2+(-1)^2+1^2}} = \frac{2}{\sqrt{42}}$$

문제 10.20 두 평면 $x-y+2z=4$와 $2x-y+3z=5$사이의 각을 구하라.

이제 한 점에서 평면까지의 거리를 구해보자.

주어진 평면 α위에 있지 않은 한 점 P_1에서 평면 $ax+by+cz+d=0$까지의 거리를 D라 하자.

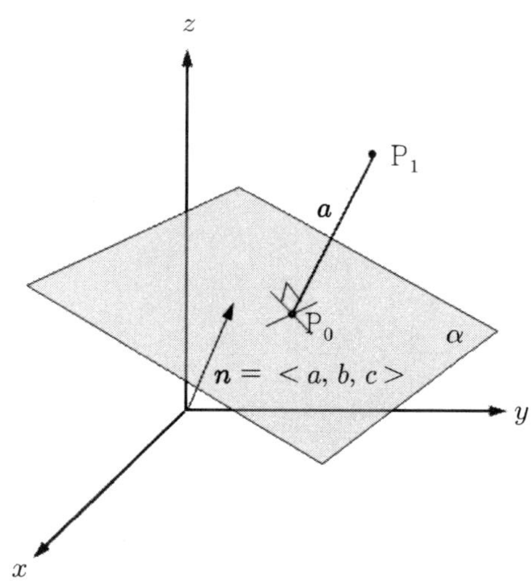

평면 $ax+by+cz+d=0$의 법선벡터는 $\boldsymbol{n} = \langle a, b, c \rangle$ 이다. 또, 점 P_0를 주어진 평면 위의 점이라 하고 $\boldsymbol{a} = \overrightarrow{P_0P_1}$라고 하면

$$D = \frac{|\boldsymbol{n} \cdot \boldsymbol{a}|}{|\boldsymbol{n}|}$$

이다. 특히, $P_0 = (x_0, y_0, z_0)$, $P_1 = (x_1, y_1, z_1)$이라 하면, $\boldsymbol{a} = \overrightarrow{P_0P_1}$이고

$$\boldsymbol{a} = \langle x_1 - x_0, y_1 - y_0, z_1 - z_0 \rangle$$

이다. 따라서

$$\begin{aligned} D &= \frac{|\boldsymbol{n} \cdot \boldsymbol{a}|}{|\boldsymbol{n}|} \\ &= \frac{|a(x_1 - x_0) + b(y_1 - y_0) + c(z_1 - z_0)|}{\sqrt{a^2+b^2+c^2}} \\ &= \frac{|(ax_1 + by_1 + cz_1) - (ax_0 + by_0 + cz_0)|}{\sqrt{a^2+b^2+c^2}} \end{aligned}$$

그런데 P_0는 평면 위의 점이므로 $ax_0 + by_0 + cz_0 + d = 0$이다. 따라서

$$D = \frac{|ax_1 + by_1 + cz_1 + d|}{\sqrt{a^2+b^2+c^2}}$$

이다.

예제 10.21

점 $(1, -2, 4)$에서 평면 $2x - y + 3z + 6 = 0$까지의 거리 D를 구하라.

[풀이]
평면의 법선벡터는 $\boldsymbol{n} = \langle 2, -1, 3 \rangle$ 이므로

$$D = \frac{|2 \cdot 1 + (-1) \cdot (-2) + 3 \cdot 4 + 6|}{\sqrt{2^2 + (-1)^2 + 3^2}} = \frac{22}{\sqrt{14}} = \frac{11}{7}\sqrt{14}$$

문제 10.21 점 $(0, 0, 0)$에서 평면 $x+y+z+6=0$까지의 거리 D를 구하라.

한편, 두 평면의 법선벡터가 평행이면 두 평면은 평행이다. 즉, 0이 아닌 스칼라 r에 대하여 두 법선벡터 $\boldsymbol{n}_1$, $\boldsymbol{n}_2$에 대하여 $\boldsymbol{n}_1 = r\boldsymbol{n}_2$이면 두 법선벡터는 평행이다. 평행인 두 평면 사이의 거리는 한 평면에서 임의의 점을 잡고 이 점에서 다른 평면까지 거리를 구하면 된다.

예제 10.22

두 평면 $2x+2y-4z=4$와 $x-y+2z=5$ 사이의 거리를 구하라.

[풀이]
두 평면의 법선벡터는 각각 $<2, -2, 4>$, $<1, -1, 2>$ 이므로 두 평면은 평행이다. 평면 $2x+2y-4z=4$ 에서 $y=z=0$이면 $x=2$이다. 따라서 $(2, 0, 0)$은 평면 위의 점이고, 이 점에서 다른 평면 $x-y+z=5$까지의 거리를 구하면 된다.

$$D = \frac{|1\cdot 2+(-1)\cdot 0+1\cdot 0-5|}{\sqrt{1^2+(-1)^2+1^2}} = \frac{3}{\sqrt{3}} = \sqrt{3}$$

문제 10.22 두 평면 $x+y-3z=4$와 $-x+y+3z=1$ 사이의 거리를 구하라.

연습문제 10.4

1. 다음 직선의 방정식을 구하라.

(1) 점 $(1,\ -1,\ 2)$를 지나고 $\boldsymbol{u} = \ <1,\ 1,\ -1>$ 에 평행한 직선

(2) 두 점 $(1,\ 3,\ 0)$, $(0,\ -2,,-1)$을 지나는 직선

2. 다음 두 직선이 이루는 각을 θ라 할 때, $\cos\theta$를 구하라.

$$x-1=\frac{y+1}{3}=\frac{1-z}{2},\quad \frac{x-1}{2}=y+3=\frac{z-2}{4}$$

3. 다음 평면의 방정식을 구하라.

(1) $(2,\ 1,\ -1)$을 지나고 $\boldsymbol{n} = \ <1,\ -1,\ 2>$ 에 수직인 평면

(2) 세 점 $(1,\ 0,\ 1)$, $(2,\ -1,\ 1)$, $(0,\ 1,\ -1)$을 지나는 평면

4. 다음 주어진 점과 평면 사이의 거리를 구하라.

(1) 점 $(0,\ 0,\ 0)$, 평면 $x-2y+z=4$

(2) 점 $(1,\ -1,\ 1)$, 평면 $x-y+z+9=0$

5. 다음 두 평면이 이루는 각을 θ라 할 때, $\cos\theta$를 구하라.

$$x-y+z+5=0,\ 2x-y+z-2=0$$

찾아보기

INDEX

기초대학수학

초판인쇄 | 2018년 7월 13일
초판발행 | 2018년 7월 20일

저 자 | 박진원 · 이경언 · 진현성 · 김성운
발 행 인 | 이성범
발 행 처 | 문운당
주 소 | 서울시 종로구 혜화로5길 16 (명륜1가 45-3)
전 화 | (02)762-6010
팩 스 | 영업 (02)745-0265 / 편집 (02)762-8758
이 메 일 | 영업 munun2@chol.com
편집 munundang@naver.com
홈페이지 | http://munundang.co.kr

ISBN 979-11-5692-368-8 93410

정가 28,000원